微服务架构原理与开发实战

张刚　编著

電子工業出版社
Publishing House of Electronics Industry
北京·BEIJING

内 容 简 介

最近几年软件开发方法层出不穷，微服务作为一种主流的架构模式一直热度不减。为了帮助广大程序员们更好更快地理解微服务的概念，学习微服务在项目中的实践，本书全面阐述了微服务架构模式的特点、架构思路、设计理念、技术框架及具体的代码实战，以软件开发过程中遇到的各种疑难问题为切入点，逐步解析微服务架构是如何设计及解决这些问题的。

书中使用主流技术框架进行演示，采用通俗易懂的图例和真实的项目事例来阐述遇到问题时的解决思路和做法，并附有具体的实践演示，读者可以跟随本书进行代码试验，理解并运用微服务技术架构的原理，了解微服务的适应场景和优势。

本书实用性强，是目前市面上关于微服务实践方面介绍得较为全面的书籍之一，适合想要了解和学习微服务的初、高级程序员和架构师等不同水平的读者阅读。

图书在版编目（CIP）数据

微服务架构原理与开发实战 / 张刚编著. —北京：电子工业出版社，2021.5
ISBN 978-7-121-40860-1

Ⅰ. ①微… Ⅱ. ①张… Ⅲ. ①网络服务器 Ⅳ. ①TP368.5

中国版本图书馆 CIP 数据核字（2021）第 053943 号

责任编辑：李　冰　　文字编辑：张梦菲　　特约编辑：武瑞敏
印　　刷：三河市鑫金马印装有限公司
装　　订：三河市鑫金马印装有限公司
出版发行：电子工业出版社
　　　　　北京市海淀区万寿路 173 信箱　　邮编：100036
开　　本：787×1 092　1/16　印张：22　　字数：563 千字
版　　次：2021 年 5 月第 1 版
印　　次：2021 年 5 月第 1 次印刷
定　　价：95.00 元

凡所购买电子工业出版社图书有缺损问题，请向购买书店调换。若书店售缺，请与本社发行部联系，联系及邮购电话：（010）88254888，88258888。

质量投诉请发邮件至 zlts@phei.com.cn，盗版侵权举报请发邮件至 dbqq@phei.com.cn。

本书咨询联系方式：libing@phei.com.cn。

前　言

微服务是一种架构模式，但也不仅仅是一种架构模式，还涵盖了众多的软件开发方法和技术，又代表着敏捷的开发体系，提倡重构和持续演进，对于开发、测试、运维等有着不同的要求。同时，它可能还需要更加复杂的设计方法，更加轻量的协议，甚至还会影响组织或团队的规模和结构，可能给团队带来技术栈的“爆炸”。在这个技术浮躁的年代，对于已经成为主流的微服务架构，我们应该如何面对？

微服务到底是什么，一直众说纷纭，我们只知道各大企业纷纷追捧和实践微服务架构，有的项目可能使用了 Spring Cloud 就算是使用微服务了，然后说微服务就是 Spring Cloud，有的系统可能越做越像 SOA，然后说微服务就是 SOA 的一种，还有的把自己的应用拆分，然后觉得把应用拆分成小块就是微服务。并不是说以上说法都是错的，但行业里确实还没有一个标准的试金石来验证微服务的好与坏，微服务的“酸甜苦辣”可能只有用过了才知道。

其实，每个新概念的出现都填补了一些空白领域，每个新技术的产生都有它擅长解决的问题，每个语言的发明都有它专注处理的场景。软件开发的世界就是这样，我们会遇到各式各样的麻烦，会蹚过数不清的坑，会学习学不完的框架，甚至有的技术还没有搞清楚原理就已经被淘汰了，但我们仍然乐此不疲。

很多年前笔者就听说过“微服务”的概念，但一直没有合适的机会和方法去系统地学习微服务，好在根据多年工作经验的积累，从不同的项目实践中慢慢总结了一些微服务的经验。不敢说全部都是绝对的权威理论，但大多都是从真实的实战场景出发，以解决问题为导向慢慢推演出的架构模式。本书旨在为广大读者介绍一个较为全面的微服务开发体系。

受作者水平和成书时间所限，本书难免存有疏漏和不当之处，敬请指正。

本书特色

1．内容实用、详略得当，讲授符合初学者的认知规律

本书多采用图例与案例分析，行文深入浅出、图文并茂，以通俗易懂的语言来讲解各种

软件知识，每讲到新的概念或有关联的概念时，都会做出解释，软件基础知识薄弱的读者也能够跟随本书的节奏，快速地理解和掌握微服务的相关知识。

2. 不只是开发技术，还包括软件设计、测试及运维等全面的微服务领域的解析

书中除讲解具体的微服务核心开发架构和技术框架以外，还特别强调软件设计、测试及运维等知识点，如契约测试、领域驱动设计、容器化技术、持续集成和持续交付等理论和实战知识，因此特别适合拥有一定基础的中、高级程序员阅读，可以学习和了解到更多纯开发以外需要掌握的知识。

3. 以解决问题为导向，引发架构思考

本书更加注重解决问题的思路引导，通过实际的场景分析，不只是解释了框架和技术概念，还展现了相关技术的由来，正所谓知其然知其所以然，本书也十分适合已经从事架构工作的架构师阅读，能够帮助架构师更好地梳理解决问题的思路和方法。

本书内容及体系结构

第 1 章　微服务概述

微服务并不是一个新的概念，但从提出至今一直热度不减，而且随着技术的不断创新，不同的技术团队会产生不同的理解，这也导致了好像大家都在做微服务，也都想做好微服务，但具体的软件设计或架构实践会有很多的不同，本章就深入探讨到底什么是微服务。

第 2 章　微服务架构设计

微服务架构有两个难点：一是微服务架构本身核心组件的落地设计，即技术实现；二是微服务在物理上的层次结构和拆分设计。这两点是实现微服务架构设计成功的关键因素，本章将详细介绍微服务架构的核心架构。

第 3 章　Spring Cloud 相关组件

很多人都觉得使用了 Spring Cloud 就是用了微服务，虽然 Spring Cloud 并不能代表微服务的全部，但是通过学习 Spring Cloud，确实可以更加深入地了解微服务的理念和实践，如海量服务的容错问题、雪崩问题、配置和监控问题、日志追踪问题等，本章将介绍 Spring Cloud 的相关微服务组件，学习使用 Spring Cloud 解决这些问题的方法。

第 4 章　契约测试

微服务架构中最常见的就是远程调用，如服务和服务之间的远程调用，前端和后端的远程调用，BFF 和服务的远程调用，等等。当系统体量越来越大时，如何保证服务间调用关系的正确性？哪个接口会影响到哪个调用者？这就需要一个自动的方法来帮助人们测试接口的可靠性，这就是契约测试。

第 5 章　API 网关

网关的英文是 Gateway，翻译为门、方法、通道、途径。网关就是接口的通道或接口的大门，要想访问 API，就必须通过 API 网关，那为什么要有 API 网关，这么做有什么作用呢？本章将详细介绍微服务架构中 API 网关的作用和具体用法。

第 6 章　BFF 用于前端的后端

随着前端技术的大爆发，面对逐渐复杂化的前端工程体系，越来越多的企业开始采用前后端分离的开发模式。随着微服务模式的流行，前后端的交互也变得越来越复杂，如大量接口的组合、复杂的配置、重复的代码等问题使前后端的开发者饱受折磨。于是，一个新的模式诞生了，BFF 用于前端的后端。越来越多的项目开始采用 BFF 模式，本章将详细介绍 BFF 模式的具体实践用法。

第 7 章　领域驱动设计

近几年来，随着微服务的流行，一个新的软件设计方法逐渐流行起来，这就是领域驱动设计。当我们有了众多的技术框架和架构模式时，具体去落地实施一个微服务项目的难处似乎并不仅仅体现在软件技术上，例如，我们该如何设计微服务的软件模型和划分服务职责？本章将介绍领域驱动设计这一新兴的科学设计方法。

第 8 章　Docker 和 K8s

提到微服务，首先想到的是服务很小、职责很小，那如果是一个庞大复杂的系统，我们必然会建立很多的微服务，而且服务都是可以水平扩展的，在一些大型的互联网企业，一个服务的数量可能是成百上千的，那么部署和管理这些服务就成了一个难题。本章将介绍服务容器化部署的相关知识。

第 9 章　持续集成、部署与交付

虽然第 8 章中提到了使用容器化技术的部署方式，但似乎和微服务定义中的自动化没什么关系，本章将介绍自动化部署和快速交付的相关概念与方法案例，同时思考微服务项目中需要自动化部署机制的原因。

第 10 章　任务管理

在软件开发过程中，无论是项目还是产品都有着自己的独特性，不可能所有的项目都千篇一律，我们会遇到各种各样的场景，除了一些宏观的架构和设计，微服务架构在技术细节上也有很多需要注意的地方，如任务管理，当然这可能是一些分布式架构的特性，而不仅限于微服务架构，本章将介绍一些微服务架构下任务管理的实践。

第 11 章　事务管理

事务管理一直都是软件开发中的难点，即使很多优秀的框架能够帮助我们处理一些简单的逻辑，如在单体式架构中使用 AOP 的事务管理框架来管理事务，但在微服务架构下，事务管理的需求与复杂度都比单体式架构更高。那么，在微服务中应该如何管理事务呢？本章将介绍事务管理的方式和方法。

第 12 章　传统架构的微服务转型之路

虽然微服务的浪潮越来越热，但是软件工程这么多年来，还是产生了大量传统架构的系统，面对已经存在了多年的老项目，系统性能越来越差，想要扩展又显得捉襟见肘，想要做微服务架构转型也处处受限，很多项目团队甚至直接选择丢弃老的系统，重新开发新的系统。那么，当我们面对技术陈旧、业务庞杂、技术债众多的老旧系统时，该如何实现微服务的转型呢？本章将告诉大家从现有传统架构向微服务架构转型的思路和过程。

本书读者对象

- 想要学习和了解微服务的人
- 已经了解微服务想要查漏补缺的人
- 初、中、高级程序员
- 软件架构师
- 对软件架构有兴趣的各类人员

目录

第 1 章　微服务概述 ……… 001

1.1　微服务的概念 ……… 002

1.2　微服务与 SOA ……… 003

1.2.1　SOA 的定义 ……… 003

1.2.2　微服务与 SOA 的异同点 ……… 004

1.2.3　服务调用设计 ……… 005

1.3　单体式架构 ……… 007

1.3.1　单体式架构概述 ……… 007

1.3.2　单体式架构的痛点 ……… 008

1.3.3　经典的 MVC 架构模式 ……… 010

1.4　微服务架构概述 ……… 012

1.4.1　微服务能解决的问题 ……… 012

1.4.2　微服务架构的特点 ……… 013

1.4.3　微服务架构的优势 ……… 016

1.5　微服务的挑战 ……… 017

1.5.1　使用微服务的难点 ……… 018

1.5.2　微服务不是银弹 ……… 019

第 2 章　微服务架构设计 ……… 020

2.1　微服务架构的难点 ……… 021

2.2　架构设计 ……… 022

2.2.1　了解什么才是架构 ……… 022

2.2.2　软件设计的 3 个阶段 ……… 023

2.2.3　软件架构的目的与方法 ……… 024

2.3　微服务的核心组件 ……… 028

2.3.1　微服务的远程调用方式 ……… 028

2.3.2 HTTP 通信方法 031
2.3.3 服务的注册与发现 037
2.3.4 负载均衡 044

第 3 章 Spring Cloud 相关组件 050

3.1 统一配置中心 051
3.1.1 配置中心的难点 051
3.1.2 Spring Cloud Config 框架 053
3.1.3 集成消息总线 058
3.2 断路器 060
3.2.1 服务熔断 060
3.2.2 服务降级 064
3.2.3 线程隔离 065
3.2.4 请求合并 068
3.2.5 请求缓存 073
3.2.6 Hystrix 注解 075
3.2.7 Hystrix 控制台 078
3.3 健康监控 080
3.4 分布式链路跟踪 084
3.4.1 设计要素和术语 084
3.4.2 Spring Cloud Sleuth 链路监控 085

第 4 章 契约测试 088

4.1 契约测试概述 089
4.2 契约测试与 TDD 091
4.2.1 TDD 的定义 091
4.2.2 TDD 的价值 094
4.2.3 TDD 的种类 095
4.2.4 契约测试也是 TDD 096
4.3 契约测试与独立交付 097
4.3.1 独立交付 097
4.3.2 集成测试 098
4.3.3 真正的独立交付 100
4.4 契约测试的相关技术与用法实战 102

4.4.1 Mock 测试……102
4.4.2 消费者驱动的契约测试 Pact……106
4.4.3 Spring 家族契约测试 Spring Cloud Contract……122
4.4.4 服务提供者的契约测试 Moscow……129

第 5 章 API 网关……133

5.1 API 网关的意义……134
5.2 API 网关的职责……137
5.2.1 请求路由……137
5.2.2 请求过滤……138
5.2.3 服务治理……139
5.3 API 网关的缺点……141
5.4 使用 API 网关认证身份……141
5.4.1 分清认证与授权……141
5.4.2 API 网关是否需要管理授权……142
5.4.3 传统的 Cookie 和 Session 认证……143
5.4.4 基于 JSON 的令牌 JWT……148
5.5 API 网关技术实战……151
5.5.1 Zuul 网关……151
5.5.2 Spring Cloud Gateway……159
5.5.3 Spring Security……166
5.5.4 Java-JWT……178

第 6 章 BFF 用于前端的后端……183

6.1 回顾前后端分离发展史……184
6.1.1 日渐臃肿的前端……184
6.1.2 前端技术栈大爆发……185
6.1.3 前后端分离的必然性……185
6.1.4 分离后的挑战……186
6.2 BFF 诞生……187
6.2.1 BFF 的概念……187
6.2.2 BFF 的适用场景……188
6.2.3 BFF 模式……189
6.3 基于 RESTful 的 BFF……190

6.4 基于 GraphQL 的 BFF ······ 193
6.4.1 GraphQL 的概念 ······ 193
6.4.2 GraphQL 在客户端的基本用法 ······ 197
6.4.3 GraphQL 与 Java 集成 ······ 204
6.4.4 GraphQL 与 WebFlux 集成 ······ 215
第 7 章 领域驱动设计 ······ 220
7.1 如何划分微服务 ······ 221
7.1.1 微服务的划分方式 ······ 221
7.1.2 DDD 与服务划分 ······ 222
7.2 领域驱动设计概述 ······ 223
7.2.1 DDD 的概念 ······ 223
7.2.2 DDD 解决了什么问题 ······ 224
7.2.3 DDD 适合小项目吗 ······ 226
7.2.4 为了统一语言 ······ 227
7.3 领域和子域 ······ 229
7.4 领域事件 ······ 230
7.4.1 领域事件的定义 ······ 230
7.4.2 事件风暴 ······ 230
7.4.3 用户旅程与事件风暴 ······ 232
7.5 聚合和聚合根 ······ 233
7.6 限界上下文 ······ 234
7.7 六边形架构 ······ 236
7.8 DDD 的挑战 ······ 237
第 8 章 Docker 和 K8s ······ 239
8.1 虚拟化技术 ······ 240
8.2 Docker 容器化 ······ 241
8.2.1 Docker 的概念 ······ 241
8.2.2 容器的概念 ······ 242
8.3 学习使用 Docker ······ 244
8.3.1 Docker 的安装方法 ······ 244
8.3.2 构建 Docker 镜像 ······ 246
8.3.3 运行 Docker 容器 ······ 250

8.3.4 了解 Docker 的网络……252
8.3.5 日志监控的利器 ELK……253
8.4 容器编排……258
8.4.1 容器为什么需要编排……258
8.4.2 Kubernetes 的概念……259
8.4.3 K8s 的设计理念……260
8.4.4 K8s 的命名空间……264
8.4.5 K8s 与 Docker……265
8.4.6 K8s 与 Docker Swarm……266
8.5 云商的支持……267

第 9 章 持续集成、部署与交付……270

9.1 持续集成（CI）……271
9.1.1 传统的系统集成……271
9.1.2 持续集成的概念……273
9.1.3 微服务的 CI……275
9.2 持续交付（CD）……275
9.2.1 CD 的概念……276
9.2.2 DevOps 与持续交付……277
9.2.3 软件质量门……277
9.3 持续部署（CD）……279
9.3.1 生产环境部署的难点……280
9.3.2 蓝绿部署……281
9.3.3 滚动部署……282
9.3.4 灰度发布……283
9.4 CI/CD 工具……284
9.4.1 Jenkins……284
9.4.2 GoCD 概述……291
9.4.3 DevOps 概述……300

第 10 章 任务管理……302

10.1 任务管理概述……303
10.1.1 如何解决任务互斥……303
10.1.2 任务调度平台……304

10.2 实战演练 ······ 305
10.2.1 Quartz ······ 306
10.2.2 XXL-JOB ······ 310
第 11 章 事务管理 ······ 318
11.1 事务概述 ······ 319
11.2 CAP 理论 ······ 320
11.3 BASE 理论 ······ 321
11.4 解决方案 ······ 322
11.4.1 基于可靠消息的事务管理 ······ 322
11.4.2 两段提交事务 ······ 325
11.4.3 TCC 模式事务管理 ······ 326
11.5 对账是最后的屏障 ······ 328
第 12 章 传统架构的微服务转型之路 ······ 329
12.1 传统架构转型的难点 ······ 330
12.2 识别领域与界限 ······ 332
12.3 分块重构法 ······ 334
12.4 代理隔离法 ······ 336
12.5 转型不是一蹴而就的 ······ 338

01

第 1 章　微服务概述

- 微服务的概念
- 微服务与 SOA
- 单体式架构
- 微服务架构概述
- 微服务的挑战

笔者在职业早期曾被教导，做一件事最好能理论先行。虽然现实中理论和实际应用会有很大的差距，但是经验告诉我们，理论不仅可以帮助我们更系统地理解事物的本质，而且能科学地选择事情的发展方向。

微服务并不是一个新的概念，从其提出至今热度一直不减，而且随着技术的不断创新，不同的技术团队会产生不同的理解，这也导致了大家都在做微服务，也都想做好微服务，但具体的软件设计或架构实践有很多不同。

1.1 微服务的概念

关于最早的微服务概念有很多版本，据说 50 年前就已经开始使用微服务的概念了，如 UNIX 的管道设计其实就是微服务设计的一种体现，还有后续提出的面向服务架构（Service-Oriented Architecture，SOA）、企业服务总线（Enterprise Serice Bus，ESB）等概念，都是微服务的一种。

其实，微服务相对比较正式地被提出是在 2011 年威尼斯举办的一个软件架构师研讨会上，“微服务”被描述为一种提供微小服务的软件架构，在不到一年的时间里，各路大咖开始定义自己理解的微服务。后来，关于微服务的讨论和实践迅速扩散至整个行业，各大公司相继研发了自己的微服务技术框架，打造自己的微服务体系和生态。

一个简单的微服务架构示意图如图 1.1 所示。

介绍到这里，大家对微服务的理解可能还是一知半解，那么不妨来看看微服务不是什么，也许可以帮助我们更好地理解微服务的概念。这里主要给大家比较面向服务架构（SOA）和单体式架构，这两种架构在微服务被提出之前流行了相当长的时间，而且单体式架构在一些中小型项目中仍然占据很重要的地位。

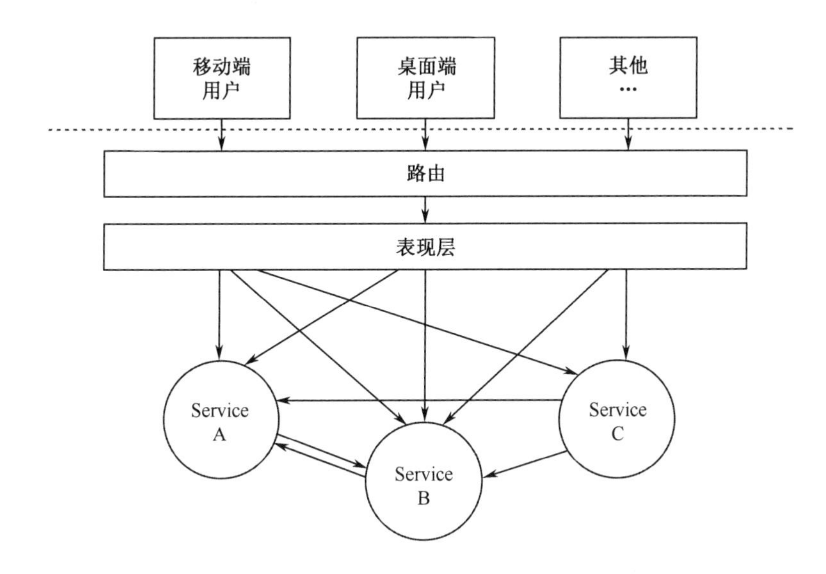

图 1.1　微服务架构示意图

1.2　微服务与 SOA

关于微服务讨论最多的就是 SOA，有人说微服务就是 SOA 的衍生版，也有人说 SOA 包括微服务，当然，也有相当数量的人认为微服务和 SOA 完全不一样。那么，微服务与 SOA 到底有什么关系呢？

1.2.1　SOA 的定义

SOA（Service-Oriented Architecture，面向服务架构）是一种粗粒度的、松耦合的、面向服务的架构，在架构中使用一个标准的通信协议，通过网络提供应用程序的业务功能服务，且服务都是完全独立部署和维护的，并且可以组合使用。一个 SOA 的服务应该有以下几个特点。

（1）逻辑上代表某项具有指定结果的业务活动。

（2）服务是独立的。

（3）对消费者而言，服务是黑盒的（黑盒是指一个只知道输入输出关系而不知道内部结构的系统或设备）。

（4）一个服务可以包含其他基础服务，一个 SOA 服务可以组合其他服务使用。

例如，某商城的 SOA 示意图如图 1.2 所示。

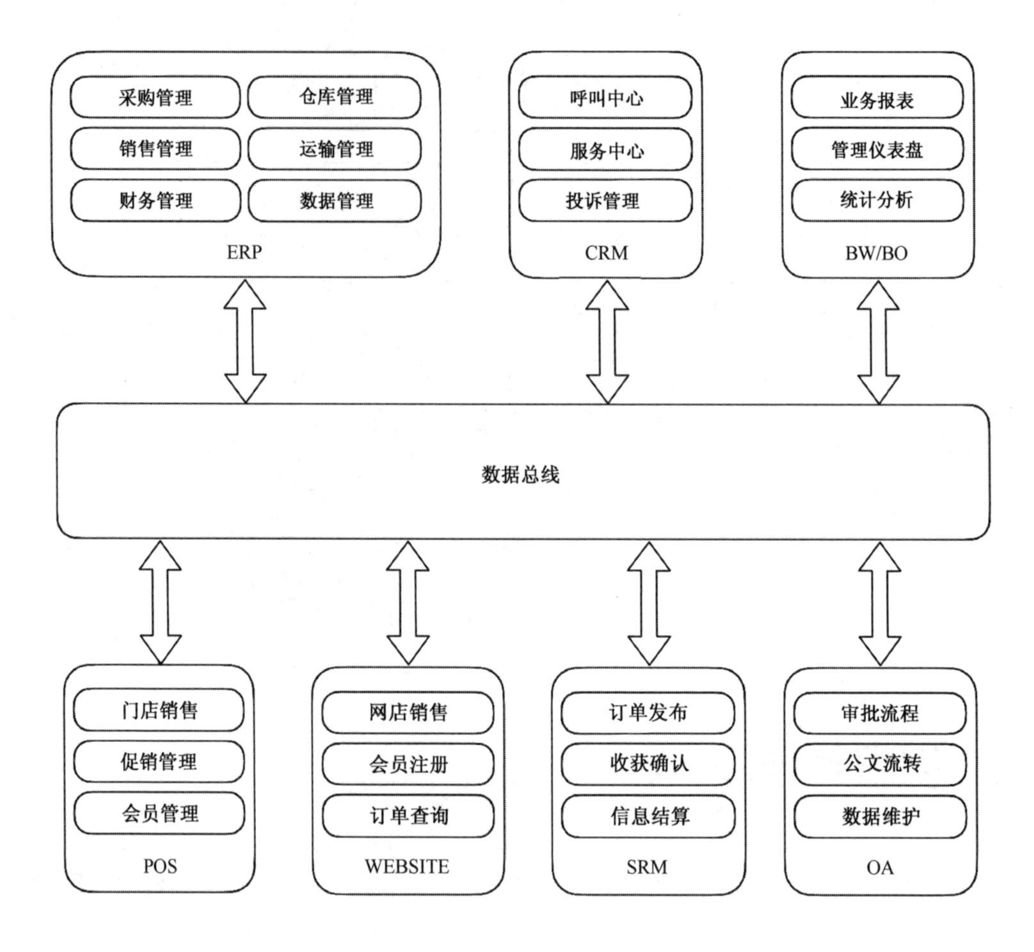

图 1.2　某商城的 SOA 示意图

从图 1.2 中可以看出，SOA 的几个特点还是很明显的。首先，每个服务都代表着一个业务活动；其次，每个业务活动都是相对独立的，并且通过一个统一的数据总线进行交互；最后，一个服务可以包含多个基础服务。这样看来，SOA 似乎和微服务不太一样，虽然概念看起来很相似，但为什么实际架构会有这么大的差别呢？下面将仔细梳理两者的概念，看看概念上是否真的相似。

1.2.2　微服务与 SOA 的异同点

无论是从架构图出发，还是从核心概念相比，经过仔细对比后发现，微服务与 SOA 的概念异同点如下。

1. 相同点

（1）服务都是独立运行和部署的。

（2）对消费者而言，服务都是黑盒的。

（3）服务都是通过网络通信的。

2. 不同点

（1）微服务间的通信是轻量级的，既可以是不统一标准的，也可以是跨语言的。

（2）微服务是围绕业务功能设计的，但往往不能代表一项完整的业务活动，在服务划分上比 SOA 的粒度更细、更微小。

（3）SOA 可以包含其他基础服务，而微服务本身可以调用其他服务，但不会包含或组合其他服务。两者相比较，微服务更像是基础服务。

概念上的不同导致了两者的发展方向完全不同。SOA 更强调两点：一是业务封装；二是统一标准。一个 SOA 的服务往往包容一套完整的基础业务服务，提供统一对外接口，关于该业务所有的功能都可以通过这个服务来提供。而微服务可能更强调拆分，每个服务都是细粒度的、独立的存储方式，可以轻量级的进行通信，也可以跨语言。战略设计的不同导致了微服务和 SOA 在实际运用中的架构方式渐行渐远。

在一套 SOA 下的所有服务会定义一个统一的服务标准，消费者也需要遵守相应的标准才能调用相应的服务，这也导致 SOA 的整体架构显得有些笨重，无论是在原有 SOA 的体系下开发一个新的服务，还是集成已有的 SOA 服务，都需要做很多额外的工作。例如，无论是服务提供方还是调用者，都要遵循这个标准去开发统一的接口和客户端，而这样做往往会限制服务双方的技术选型。

那么，这个标准到底是怎样的呢？这里就不介绍具体的 SOA 接口标准的某个技术实现了，毕竟本书的重点是微服务，感兴趣的读者可以自行学习 SOA 具体实践。

1.2.3 服务调用设计

SOA 的服务调用标准提出了 3 个核心概念，即服务提供者、服务消费者和服务注册，应用程序可以通过服务注册中心来管理服务提供者的服务信息，服务提供者可以主动向服务注册中心注册自己的服务信息，而服务消费者可以从服务注册中心订阅服务信息，服务注册中心通过消息等方式通知与服务消费者相关的服务提供者的注册信息，SOA 服务调用设计图如图 1.3 所示。

笔者认为 SOA 的设计精华就在图 1.3 中，不管微服务是否属于 SOA，它也采用了这一设计，可以说微服务和 SOA 在战术设计上是类似的，但由于战略设计的不同，微服务后来选择了更轻量级的技术实现。

或许大家不是很明白，下面举例说明，服务注册与发现实例图如图 1.4 所示。

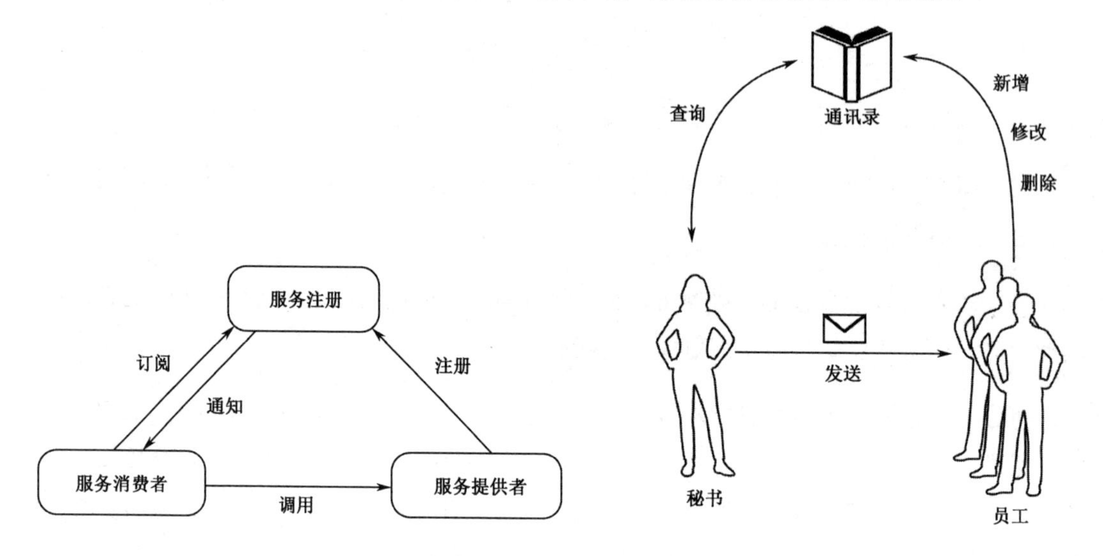

图 1.3　SOA 服务调用设计图　　　　图 1.4　服务注册与发现实例图

一个公司往往有自己的 OA 系统，而 OA 系统中有一个最常用的功能——通讯录，通讯录里存储着公司员工的通信方式，如邮件、电话、地址等。当员工的通信信息有变动时，员工会主动在通讯录中更新自己的信息；当新员工入职或老员工离职时，也会有专人新增和删除通讯录中的员工信息。

这时，如果部门秘书给部分人发送邮件，传达部门经理的一些工作任务安排，他（她）可以通过通讯录来查询这些人的邮箱信息，得到邮箱地址信息后，就可以发送邮件了。此时，这个部门秘书就相当于服务消费者，通讯录就好比服务注册中心，而每个员工就是各个服务的提供者。

当然，关于服务注册与发现在实际应用中的场景可能远比这个复杂，功能也更多，这里的例子可能不太恰当，但也能反映最基础的服务处理过程，希望能够帮助大家更快地理解这些概念。

了解了 SOA 的设计理念后，回到最初的问题，微服务与 SOA 到底是什么关系呢？微服务是 SOA 的衍生吗？可能是因为 SOA 的提出早于微服务近 10 年，并且运用了很多年，而且微服务的设计方式确实与 SOA 的一些设计相似，所以很多人都认为 SOA 的概念应该包含微服务，或者微服务本身就是一种 SOA 的变体。

但事实上大多数的时候被称为“SOA”的东西与本书中所描述的微服务有很大不同，最常见的例子就是 ESB（Enterprise Service Bus，企业服务总线），这里对 ESB 不做介绍。总之，ESB 是一个不太好的实现，完全的服务导向和过度的追求标准化带来了更多的复杂性和技术瓶颈，也许 SOA 设计之初和现在的微服务目标或倡导的概念类似，但其后来在战略上的偏执，导致了实施者过度关注于技术和标准，忽略了真正的业务价值，最终导致 SOA 慢慢被微服务所取代。战略思想上的不一致也导致那些致力于敏捷的微服务拥护者完全拒绝给微服务加上 SOA 的标签。

所以，笔者更倾向于把微服务当作一个独立的新概念，用微服务来定义这种新的架构风格，以区别于 SOA 的设计体系。

上面介绍的是与 SOA 相似的架构模式，下面介绍一个完全相反的架构模式，即单体式架构。该架构模式至今仍在软件架构的舞台上占据着相当大的位置。下面通过分析传统的单应用架构模式，帮助我们更清楚地了解微服务的设计意图。

1.3 单体式架构

一个新事物的提出，往往伴随着一个旧问题被解决。当我们无法忍受这些问题的时候，就会开始思考，有没有新的方法能够帮助我们摆脱这些问题的困扰，用微服务替代单体式架构就是这样一个过程。那么，与微服务相比，什么是单体式架构呢？单体式架构又有哪些痛点呢？

1.3.1 单体式架构概述

单体式架构又称为单应用架构或单体架构，也就是系统所有的功能，前端页面也好，后端服务也好，所有的功能模块都在同一个工程上开发，最终将所有模块、所有功能都打包在一起，放在一个进程上运行。例如，很多企业的 Java Web 项目就是将应用程序打成 WAR 包，然后部署在一个 Web 容器中运行。

总结起来就是 8 个字：一包在手，天下我有。现在回想一下在 1.2.1 节中 SOA 的例子，如果换单体式架构又会是什么样的呢？在单应用模式下，它的架构如图 1.5 所示。

由图 1.5 可见，所有的功能都在一个 WAR 包内，部署在 Web 容器（通常是 TOMCAT）中运行，在资源允许的情况下，可以任意地水平扩展多个 Web 容器，客户端（通常是浏览器）通过代理服务器（通常是 Nginx）定义一些负载策略，反向代理集群的节点，达到负载均衡的目的。

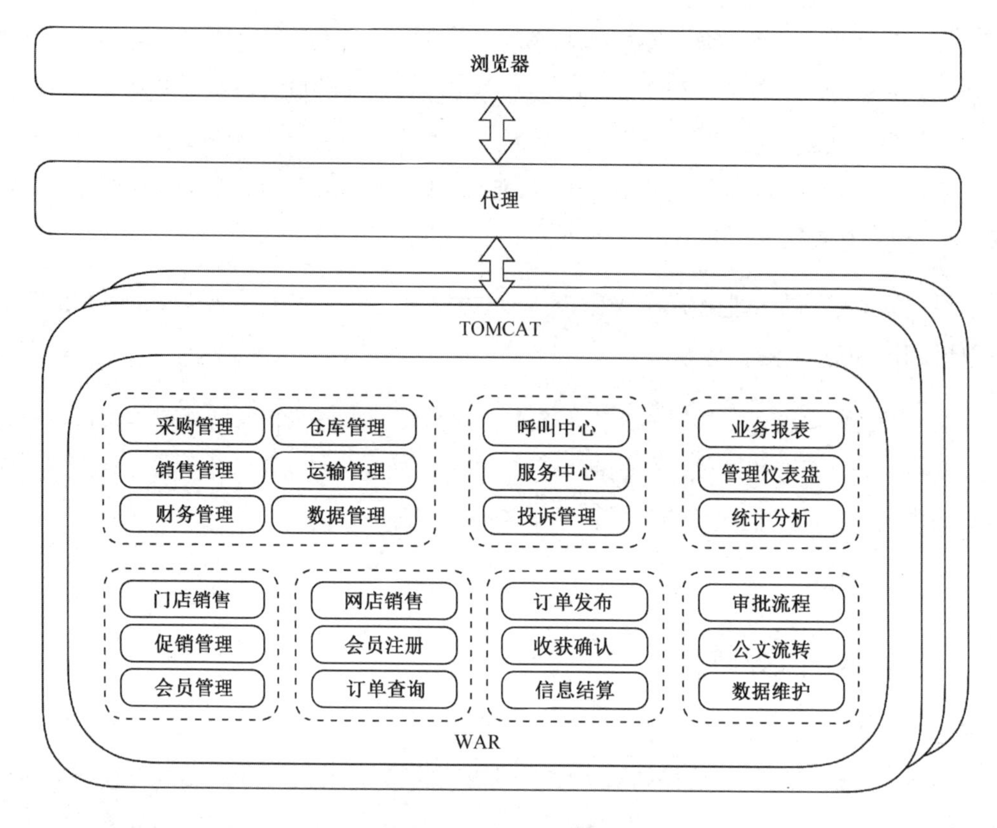

图 1.5　单体式架构

这样的模式问题是显而易见的，系统中没有明确的边界和职责划分，所有代码都杂糅在一起，随着系统越做越大，代码量越来越多，重复的代码随处可见，模块之间调用逻辑杂乱无章，代码质量越来越难以管理，最终导致无论任何人也无法在这套系统上添加任何功能，这套系统让人闻风色变，都不愿意在其中修改任何逻辑。

单体式架构模式是笔者接触最早的模式，虽然现在看来，其设计有些不可思议，但不得不承认，单体式架构是在微服务之前最流行、运用最广泛的模式。直到今天，仍然有很多公司和项目在采用这种模式。

然而，任何软件系统都没有经久不衰的解决方案，也没有一开始就很完美的设计，就像人们打游戏，没有万能的装备组合，也没有一开始就很完美的打法，都是随着经验的不断积累，随着对游戏理解的不断加深，才发明了各种装备组合，各种团战战术。软件设计的发展和创造往往也是同样的思路。

1.3.2　单体式架构的痛点

1.3.1 节中提到了单体式架构的特点，就是所有的东西都在一起开发、维护和部署，这套系统就像一个大杂烩，什么都有。这样的系统很明显是难以维护的，举个最常见的例子，没有明确的边界和职责，重复的代码到处都是，改动一个逻辑，就要改动多处，如果单元测试做得不好，就可能或很容易遗漏而产生 BUG。

当然，不能否认单体式架构的优点，而且在中小型项目中，它的开发效率和运维的简便性等好处，要远超微服务架构。但是，随着时间的推移，项目越做越大，代码越来越复杂，单体式架构的缺点逐渐暴露出来，有些问题会让团队越来越无法忍受，甚至导致项目的失败。

1. 单体式架构的优点

（1）前期开发效率高。在项目早期，单体式架构有着明显的优势，开发者只需维护一个工程，应用的测试和调试也非常简单。

（2）易于上手。单体式架构的学习成本相对较低，服务之间都是本地调用，不存在分布式事务、会话同步等复杂问题。

（3）易于部署。这个优势很明显，相比微服务或 SOA，单体式架构无论是新部署还是升级部署，只要打好一个包在服务器上运行即可。

（4）易于水平扩展。这也是易于部署的一点，由于单体式架构所有的代码都在一个包中，只需完整地复制这个节点，前置一台代理服务器，很容易就能做到水平扩展、集群部署。

2. 单体式架构的缺点

（1）难以维护。代码大量冗余且耦合度高、逻辑松散，导致代码新增或修改困难。

（2）过载的 IDE。几乎每个单体式架构到了后期，都没有一款 IDE 能够保证这样巨大的代码量可以流畅地进行开发和调试，甚至笔者见过一个开发了 10 年的产品代码，仅是 IDE 上运行起来就需要半个小时，严重影响开发和测试效率。

（3）过载的 Web 容器。这与 IDE 的情况相同，随着包的体积越来越大，Web 容器的运行效率也将越来越差。

（4）资源浪费。前面提到过单体式架构易于水平扩展的优点，这也正是单体式架构在水平扩展时的缺点。大家知道，集群部署一般是解决用户并发量大的负载问题。可能只是想扩展应用的存储能力，需要一台 I/O 读写效率高的机器，但是单体式架构所有的代码都是一体的，且集群的各个节点都完全相等，因此需要提供能够支撑其他模块数据处理能力的 CPU 或者带宽等相同配置的机器。

（5）部署风险大。这是单体式架构相对比较大的痛点，每当有新功能上线，哪怕是很小的功能，都需要进行整包部署。如果是集群，那么工作量就更大了，而且重新部署了所有功能，可能导致本身没有打算更新的功能出现问题。

（6）很难追求技术创新。如果一个单体式架构经历了比较长的时间，那么它的技术一定是陈旧的，由于都在同一个工程下开发，技术选型会有很多的限制，而且更改之前的技术框架是很难的，除非团队有毅力和很多时间，还要加上领导和资金上的支持，而这对大部分项目而言几乎是不可能的。

大家很快认识到这些问题，所有人都觉得这样不行，然后开始想办法，紧接着 MVC（Model–View–Controller，模型—视图—控制器）的概念——一种软件的架构模式被提出来。一时间，MVC 似乎成了软件架构新的希望，并且迅速在整个软件业流行起来，而且持续了很长时间，包括现在仍有很多微服务的内部结构在采用 MVC 的模式进行开发。

1.3.3 经典的 MVC 架构模式

本书中 MVC 并不是重点，但谈到单体式架构，就不得不介绍 MVC，早在 1978 年 MVC 的概念就被提出，可以说 MVC 的出现极大地延缓了单体式架构的衰败时间，它虽然不能从本质上改变单体式架构本身的缺陷，但在很大程度上确实改善了单体式架构代码混乱、难以维护的问题。

MVC 将程序简单地划分为 3 层。

（1）模型层：用于封装与应用程序的业务逻辑相关的数据以及对数据的处理方法。模型有对数据直接访问的权力，如对数据库的访问。模型不依赖视图和控制器，即模型不关心它会被如何显示或如何被操作。除此之外，模型还负责具体的业务逻辑和算法的编写。

（2）视图层：能够实现数据有目的的显示，即将模型处理的数据通过图形界面的形式进行展示，在视图中一般没有程序上的逻辑。

（3）控制层：负责转发请求或对请求的处理，起到不同层面之间的组织作用，用于控制应用程序的流程、页面的跳转等。

MVC 的各层之间保持相对的独立，视图不用关心用户的请求和数据的存储，通过不同的控制器可以连接不同的模型和视图来完成用户的需求。多个视图可以共用一个模型，它实现了一种动态的程序设计，使后续对程序的修改和扩展简化，并且使程序某一部分的重复利用成为可能。

MVC 各组件之间的具体协作如图 1.6 所示。

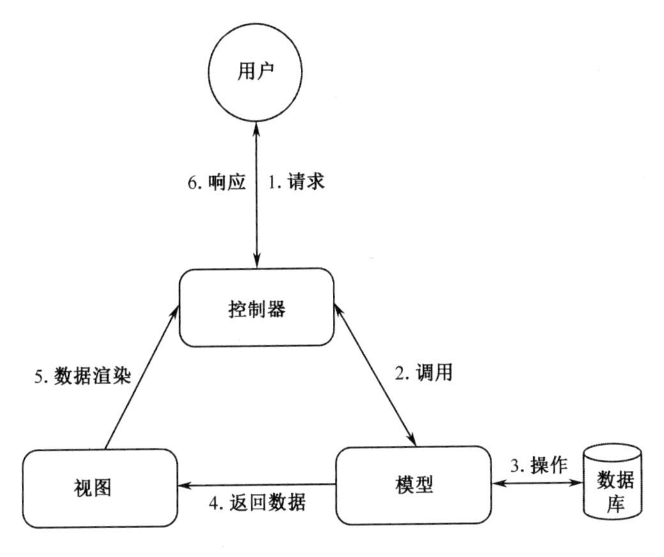

图 1.6　MVC 协作示意图

由图 1.6 可以看出，MVC 可以让单体式架构的层次更加简单、清晰，代码职责更加独立，虽然不能改变单体式架构本身的结构，但也大大提升了项目代码的可维护性和可复用性。那么，为什么说 MVC 并不能改变单体式架构本身的结构呢？继续回到图 1.5 的例子来分析，如果采用 MVC 的模式，它又将变成什么样子呢？单体式架构 MVC 结构如图 1.7 所示。

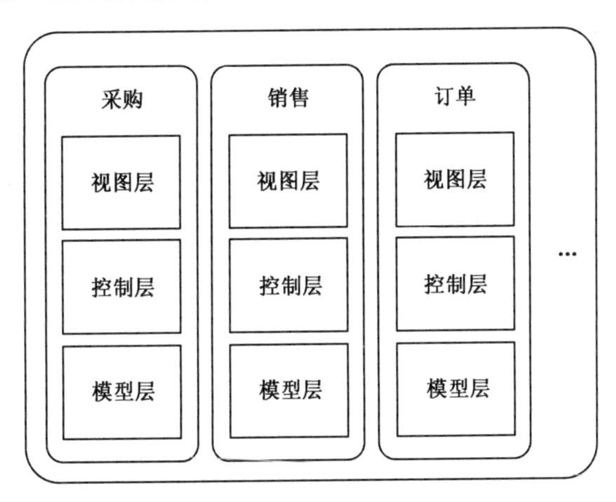

图 1.7　单体式架构 MVC 结构

由图 1.7 可以看出，与图 1.5 相比，其架构进行了很大的优化，先是根据业务的领域或一些边界规则将代码横向拆分成各个模块，然后每个模块内部通过 MVC 的方式进行了纵向分层。但是，外部单体式的结构并没有改变，所有的代码还在一个容器中运行，所以在 1.3.2 节中所提到的单体式架构的缺点还是存在的。MVC 就像止疼药，只能缓解这些问题，但随着项目的逐渐发展，系统的不断扩大，这些问题还是会暴露出来。这时，急需一种新的模式来从根本上解决这些问题，微服务架构就是这种新的模式。

1.4 微服务架构概述

微服务在设计之初就是致力于解决单体式架构的问题而出发的，所以它几乎可以解决单体式架构面临的所有问题。虽然微服务本身也有一些缺陷，但丝毫不影响它替代单体式架构成为主流架构的步伐。那么，微服务架构到底能解决哪些问题呢？

1.4.1 微服务能解决的问题

下面从 1.3.2 节中总结的单体式架构的缺点来分析。

首先，微服务解决了难以维护的问题。微服务本身微小的设计，导致一个服务的职责不会过大，从而轻松地解决了难以维护的问题，单对一个服务来讲，它的代码量不会特别多，量少的东西不一定简单，但一定是好管理的，而且后续介绍的有关微服务更科学的程序设计方法，也会大大增加代码的可维护性。

其次，过载的 IDE 和过载的 Web 容器，似乎也随着服务的微小化而轻松解决了，微服务架构中的每个服务都是独立部署的，拥有自己独立的进程，无论是 IDE 还是 Web 容器，都可以轻松地承载，而且应用程序的启动和调试效率也要高得多。

然后，对于部署，微服务架构中，服务都是自动部署的（具体的方式后续章节会有介绍），而且每个服务负责的职责都很小，只会部署有变化的服务，所以单体式架构中需要部署全部功能的风险也就没有了。

这样的方式，在应用需要做水平扩展的时候，只需增加需要的服务节点即可，再根据具体增加节点的特性，如存储、CPU、内存等增加具体的符合需求的资源，也就不会出现资源的浪费了。

最后，关于技术创新，微服务本身是独立的，而且每个微服务之间的通信是轻量级的，这就导致微服务之前几乎是没有技术依赖和限制的，服务既可以有自己独立的存储方式，也可以有不同的语言，服务所采用的技术栈也可以是完全不一样的。所以，你几乎可以使用任何你认为合适的技术，当然，做技术选型往往可能需要考虑更多的问题，但至少在项目的服务架构层面，微服务并不会对一个项目的技术选择造成什么困扰。

看上去微服务似乎真的解决了单体式架构的所有问题，那除了能解决这些问题，微服务本身又有哪些新的特点呢？

1.4.2 微服务架构的特点

1.1 节的微服务定义大致反映出微服务架构的一些特点：微服务是小的服务；微服务是独立运行的；微服务的交互是轻量级的，是可以跨语言的；服务的设计是围绕业务的；微服务是可以自动部署的，有集中式的服务管理等。

但随着微服务的发展，它的定义是多变的，每个人在使用微服务架构时的做法都不完全一样，其中有很多很好的实践，有复杂的，也有简单的，似乎很难去界定谁对谁错，毕竟由于软件项目的独特性，每种实践都是在特定的需求和场景下产生的，因此不妨把目光放在它们的共同点上。此前有过无数人的大胆尝试和实践，我们可以通过分析来看看大多数人都在怎样做着微服务。

ThoughtWorks 的 Martin Fowler 是业界的权威专家，他认为虽然很难给微服务的架构一个正确的定义，但可以尝试描述我们认为有合适标签的架构的共同特征。并非所有的微服务架构都具有所有的特征，但是 Martin Fowler 希望大多数微服务能具有大部分特征。最后，他总结了微服务的九大特征，成为当下这个松散的社区关于微服务的一个宽松的标准。

下面就来看看微服务的九大特征，如图 1.8 所示。

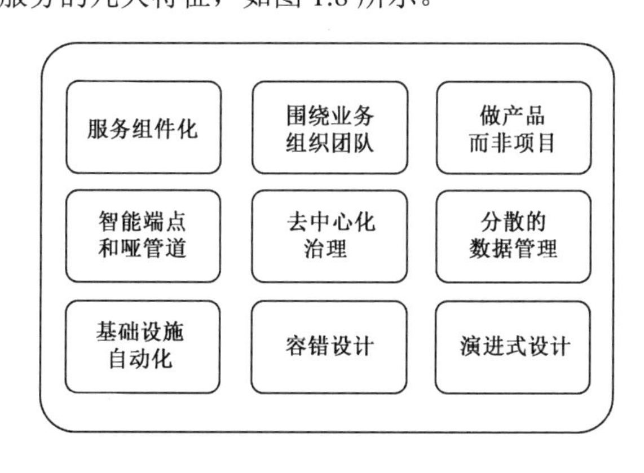

图 1.8 微服务的九大特征

1. 服务组件化

组件简单来说就是一个可以独立更换和升级的软件单元，就像计算机的内存、显卡、硬盘一样，是可插拔的，而且更换和设计不会影响其他单元。在微服务架构设计中，我们将应用拆分为一个个独立的服务，这些服务像组件一样可以独立更换和升级。每个服务拥有独立的进程，可以独立开发和部署；每个服务可以拥有独立的存储，服务之间通过 HTTP 等轻量级的通信协议进行交互，而不是传统的嵌入式的方式。

2. 围绕业务组织团队

通常，传统的公司可能会按照技术去组建团队，如测试团队、前端开发团队、后端开发团队、数据库团队、运维团队等，但微服务本身的设计是围绕业务展开的，各个服务按照业务价值来划分边界，这样就导致了微服务的团队组织结构上是必须跨技术能力的，一个团队中可能需要包括各种能力的人，如前业务分析师、测试工程师、前端开发工程师、后端开发工程师、数据库工程师、UI 设计师、运维工程师等。

当然，由于微服务小的设计理念，团队的规模不会很大，如亚马逊的“Two Pizza Team”原则，一个团队吃一餐饭只需两个披萨就够了。这样一个团队，工作中的内耗是很低的，因为团队的职责边界更加清晰，团队间沟通不畅或者推卸责任等现象将会得到改善。

3. 做产品而非项目

微服务架构中流行着一句话：“You build，you run it！”意思是你构建的应用，那么由你来负责运行它。

人们在传统的软件项目中，往往以一个做交付的方式来做项目，而不会考虑整个产品的运作方式或生命周期。例如，产品将需求交付给开发，开发将应用交付给测试，测试将构建好的版本交付给运维，运维负责将应用运行起来。

微服务架构的团队组织可以说是麻雀虽小五脏俱全，一个团队往往需要负责项目的全部阶段的工作，微服务团队更像是在做产品而非项目，大家需要关注整个产品的生命周期，负责各个阶段的各种工作，并且持续关注服务的运作情况，从而不断分析，来帮助客户提升业务价值，倡导开发运维一体化，现在很流行的 DevOps 等角色，也是在微服务流行趋势下所产生的。

4. 智能端点和哑管道

由于微服务本身分离的特点，它并不能像单体式架构那样通过本地的函数调用即可进行服务间的交互，那么选择一个好的远程调用的通信方式是关键。

在 SOA 中，有一些较好的实践，如在 1.2.3 节中提到的 ESB 就强调需要将调用逻辑放入沟通机制本身，各个端点遵循统一的标准，由企业服务总线来完成消息路由、编排和转换等功能。这会导致服务间的通信更加烦琐，笨重的调用方式在服务升级或更换时显得尤为吃力。所以，我们需要更加粗粒度、更加轻量的通信机制。

微服务社区更倾向于采用另一种方法：智能端点和哑管道。微服务在设计上不只是在意分离，还强调内聚，每个服务拥有自己的领域逻辑，就像是 UNIX 的管道设计一样。目前最常用的有两种协议：一种是带有资源 API 的 HTTP 请求，即人们常说的 RESTful API 请求；另一种是通过轻量级的消息总线，如使用 RabbitMQ 或 ZeroMQ 等来进行消息传递。

5. 去中心化治理

无论是单体式架构，还是 SOA，似乎都需要定义一个统一的技术平台标准，但经验表明，这种做法并不好，不是每个问题都是钉子，不是每个解决方案都是锤子，每种技术平台都会有它的短板，一旦规定了统一的技术平台标准，在遇到它的短板时，开发者将感到十分痛苦。

微服务团队更提倡采用不同的方法或标准，使用正确的工具和技术来完成工作。通过轻量级的、粗粒度的通信机制，不同的服务不再需要中心化的技术平台标准，服务可以是不同语言、不同框架的，可以根据不同的业务场景需要来选择合适的技术。

6. 分散的数据管理

分散的数据管理十分符合微服务最初的定义，服务间是独立运行的，每个服务都可以拥有自己独立的存储。当然，关于去中心化数据管理，业界也有很多解决方案，如模型概念上的不同，可以抽象出不同的视图，可以使用领域驱动设计的方式（后面章节会介绍）将复杂的领域划分成不同的限界上下文，这有助于澄清业务边界，强化数据模型上的分离。

微服务除在概念模型上的分散策略之外，还分散了数据的存储决策，让每个服务管理自己的数据库，可以是相同的数据库技术的不同实现，也可以是完全不同的数据库系统。人们把这种方式称为“Polyglot Persistence”（多语言持久化）。

当然，这种做法也会带来一些弊端，如分布式事务等问题，往往需要通过额外的工作来保证事务的最终一致性，但是这丝毫不会阻碍其在微服务架构中的应用，微服务团队往往把这个问题的解决寄希望于服务拆分的合理性上。

7. 基础设施自动化

微服务由于小和分离的特点，往往一个大型复杂的项目运作需要部署很多服务，如果都是人工手动来完成这项工作，那么无疑将会耗费巨大的成本，而且人工容易出错，一旦出错，排查会十分费力，好在基础设施自动化技术在过去几年中发生了巨大的变化，特别是云技术、Docker 和 K8s 等技术的发展，大大降低了构建、部署和运行软件的成本。

各种持续集成和持久交付的工具层出不穷，而微服务架构中就需要这样的服务或技术工具来保证服务的构建、部署和测试等工作可以做到自动化。

8. 容错设计

使用服务作为组件的结果就是需要设计的应用程序能够容忍服务的失败。由于服务提供者不可用，任务服务消费者调用此服务时都可能失败，因此服务消费者必须尽可能优雅地对此做出响应。

单体式架构在这方面似乎有一定的优势，由于都是本地函数调用，它无须引入额外的复杂代码就可达到优雅响应的目的，但任何事情都有其多面性，单体式架构的优点是系统复杂度降低了，但缺点也是毋庸置疑的。也就是说，如果服务不可用，可能会影响整个应用，致使其他无关的功能都不可用。

所以，微服务架构中一般最基本的做法是针对每个服务都进行弹性的监控和日志记录，这样能够保证在服务出现故障时快速地监控并加以恢复。有关断路器、当前吞吐量和延迟的信息监控等其他方式，在后续的章节中详细介绍。

9. 演进式设计

现在已经知道了很多微服设计的关键因素，不难看出，要设计一个完美的微服务架构，尤其是对于没有足够经验的团队来说，无疑是很难的。但从软件设计的思路来看，没有设计从一开始就是完美的。

所以，很多情况下，微服务从业者都会以演进的方式进行系统的设计，笔者在工作中也常被项目的业务分析师问道：为什么我看你们总在重构，就不能一开始写代码时把结构设计好吗？这时，笔者反而觉得这是软件设计好的表现，然后很耐心地和他解释软件设计的思路就是这样的。人们称其为演进式设计。

当然，重构也是需要条件的，开发人员应该能够控制应用程序的更改，而且不会降低变更速度。变更控制并不一定意味着改变，但可以通过正确的态度和工具，如单元测试、契约测试等，对软件进行频繁、快速和良好控制的更改。

1.4.3 微服务架构的优势

综上所述，微服务不是SOA，它能直击单体式架构的痛点，在比较其他架构之后，了解到了微服务的九大特性，那么，在实际应用过程中，微服务到底能带给人们哪些便利呢？与其他框架比较，它的优势究竟是什么呢？

当然，一个流程的架构模式必然是有很多优势的，要列举全部的微服务架构的优势不太现实，在这里列举微服架构的几个强大优势，强大到各大公司，如亚马逊、Netflix、eBay，包括国内的某些大公司都开始转型。

（1）微服务架构的一个重要优势在于可以做到故障隔离，应用程序可以不受单个模块故障的影响，这是软件工程尤为重要的一点，微服务是松散耦合的，各个部署单元都是独立的，加上服务监控及熔断的机制，可以轻松地保证一个系统的健壮性。无论是运行还是部署，各个服务都可以做到完全独立。

（2）微服务架构消除了项目需要长期保持单个技术栈的状况，微服务的分散式设计本身就鼓励开发者在不同的场景和需求下使用最合适的技术，而且服务本身运行的独立性和通信的轻便性也保证了开发者在做技术选型时不会受到太多的限制。

（3）微服务架构使新开发人员更容易上手，微服务架的复杂性是本地化的，服务前较低的依赖可以让开发人员不用过多地关注服务之外的逻辑，而只关注本地服务的业务，再加上服务本身小巧的特性，单个微服务的业务不会特别复杂，新开发人员很容易就能上手，对项目整体而言，也可以通过对各个服务的熟悉，来逐步了解整个系统的全貌。

（4）微服务架构除了在技术上能带来诸多好处，在企业的组织结构上也能起到优化作用。微服务架构通常是围绕着业务进行设计的，那么它的团队也常常围绕业务的价值和优先级进行配置，从而使团队组建者能够完全专注于所分配服务的特定扩展和可用性要求。因此，团队往往是全能的、高效的，同时也是跨职能的。这样的团队也带来了外包的灵活性，虽然许多企业主希望能够将工作转交给第三方合作伙伴，但他们常常担心自己的知识产权，微服务架构则可以满足企业在不披露其核心服务的情况下，将其与非核心业务功能外包的工作分割开来。

这些令人印象深刻的优势使微服务看起来非常诱人，那么微服务架构就是我们要找的完美架构了？当然不是，与前文所说一样，并不是每个问题都是钉子，不是每个解决方案都是锤子，微服务架构自然也有其缺点，而微服务架构的优势也并不是每个项目都能发挥出来的，可能还取决于具体项目技术和组织等各种内在和外在的因素。

1.5　微服务的挑战

仅仅是因为某些事情在整个行业风靡一时，并不意味着它没有任何缺点。相反，站在风口浪尖，微服务所面临的挑战也不会小。微服务就是为了应付那些大而复杂的项目而诞生的，所以往往面对的问题都不会太简单，而且似乎很多团队在做微服务转型时都遇到了不少困难，其中不乏一些很有经验、很成熟的团队。

那么，使用微服务究竟有哪些难点呢？微服务本身又有哪些缺点呢？

1.5.1 使用微服务的难点

要评价一个软件架构或技术框架的缺点，笔者认为最直接的就是看这个架构或技术是否好用，使用过程中的难点就代表着这个架构或技术框架的缺点。微服务也应该如此，微服务在使用过程中的难点如图 1.9 所示。

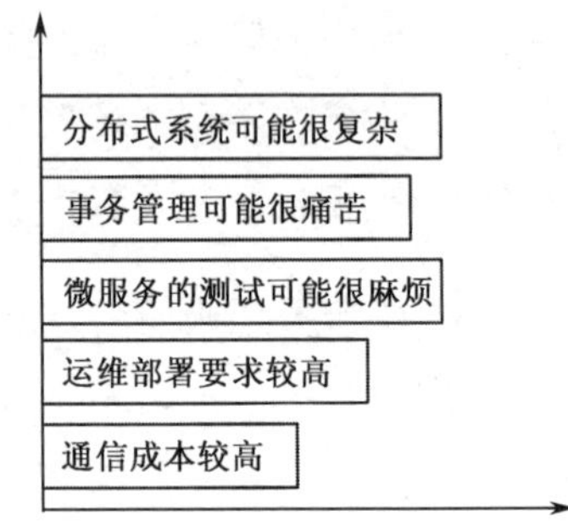

图 1.9 使用微服务的难点

1. 分布式系统可能很复杂

微服务的架构设计导致了它一定是分布式的，所以分布式系统的难点，几乎微服务全都有。由于一切都是组件化的，而且各个服务都是独立的，因此必须仔细处理模块之间的请求，为了保证系统的健壮性，需要专门额外的代码去监控服务的健康状态，记录和收集各种日志，否则当远程呼叫中断或延迟时，事情会变得更加复杂。

2. 事务管理可能很痛苦

微服务具有分散的数据管理特性，服务不仅可以拥有独立的数据存储，而且可以使用不同的技术实现。这就导致了如果需要做到事务的一致性将变得非常困难，当然困难还是有办法解决的，如现在比较流行的分布式事务最终一致性的解决方案等，也有不少的开源框架来做这件事。但是这无疑给系统实现增加了相当的复杂度，而且针对这些复杂度而产生的工作可能对用户来讲，并没有直接的业务价值。

3. 微服务的测试可能很麻烦

与单体式架构比较，微服务的测试可能很复杂，单体式架构往往是一些外部组件依赖，如数据库，而一个微服务架构的系统，往往一个完成的业务功能测试需要依赖多个服务组合共同完成，而且服务之前可能会存在调用顺序的依赖，在某一个时间点上，同一个微服务可能具有多个版本，这无疑又增加了测试和调试的成本。

4. 运维部署要求较高

由于系统被拆分为多个服务，部署时需要了解服务整体的关联关系，工程师除需要使用和搭建自动化技术来进行服务部署之外，还需要对整个系统进行有效的监控。因此，DevOps 的角色是必需的，而很多企业或项目，一个全职的 DevOps 无疑是奢侈的。

5. 通信成本较高

微服务都采用远程的方式进行调研，通常会采用轻量级的 HTTP 协议或消息机制进行通信，所以可能在规模不大时与本地函数调用的区别不会很大，但随着项目时间的推移，系统规模的扩大，服务间的调用越来越频繁，获得单个业务结果的调用链越来越长，这时通信成本的消耗将是可怕的。

1.5.2　微服务不是银弹

综上所述，微服务并不是万能的，它会有各式各样的问题，只不过目前我们尚能接受，或者说它带给我们的好处远大于这些缺点。而且，这些问题并不是没有解决方案，毕竟有些问题可能在其他架构中仍然存在。

例如，部署难度大，我们可以使用一些易用的平台或工具，来帮助快速地搭建自动部署的流水线，如 Jenkins、PaaS 平台等技术；又如，难以测试多版本的问题，可以通过 WireMock 等技术消除依赖，把测试做到尽可能的单元，然后建立良好的契约测试规范，保证不同版本的兼容测试；再如，分布式事务，如二段提交、补偿事务、最终一致性等方案也都比较成熟；此外，还有服务监控和容错及日志记录等，Spring Cloud 提供了相应全面的框架来实现这些功能，这些方案和技术都会在后续章节中介绍。

当然，即使解决了这些问题，微服务仍然不能作为一个银弹，毕竟软件工程本就没有银弹，甚至有人认为微服务并不能代表软件架构在未来的发展方向。我们也无法评估现在的微服务架构是否成熟，但这丝毫不会阻止勇敢的程序员探索和追求真理的步伐。

我们希望微服务变得越来越成熟，就如同希望自己的系统组件化做得越来越好一样，至少目前看来，微服务是一条值得走的路，虽然我们无法确定这条路最终会走到哪里，但是对事物本质和真理的探索及追求技术卓越的脚步永远不会停下。

02 第 2 章　微服务架构设计

- 微服务架构的难点
- 架构设计
- 微服务的核心组件

微服务架构有两个难点：一是微服务架构本身的核心组件的落地设计，即技术实现；二是微服务在物理上的层次结构和拆分设计，这也是微服务架构设计是否成功的关键因素。

2.1 微服务架构的难点

讲到微服务的核心架构，大家不妨回忆一下 1.2.3 节中的图 1.3，关于服务的注册与发现，微服务架构中也采用了类似的设计思路，大多数技术框架都是依托于这种方式实现了微服务架构的核心组件：远程调用和服务治理。当然，仅仅解决了服务的相互调用问题是远远不够的，在使用微服务架构的过程中，还会遇到各式各样的难题，这些难题都是必须要解决的问题。

例如，如何管理大量的服务配置？微服务之间都是独立的，它们往往拥有自己的技术体系、独立的数据存储，自然每个微服务都会拥有自己的配置文件，其中还包括相同服务在不同环境下的配置，最常见的就是数据库地址、服务域名端口号等。随着微服务数量的增加，有关配置管理的工作量则呈几何倍数的增长。因此，实现便捷的配置管理似乎成了刻不容缓需要解决的问题。

有过微服务项目经验的人不难发现，如果要画一个微服务的依赖关系图，那么它一定像一张网一样，杂乱无章、纵横交错，虽然看似各司其职，但是环环相扣，这样的网状式结构带来了一个严峻的问题，就是一旦其中任何一个节点不可用或运行缓慢，它带来的阻碍或影响就可能是灾难性的，因为任何一个服务都可能出现在业务功能的关键路径上，所以完善的监控和容错机制也是迫切需要解决的问题。

最后，还有一个最大的难题，就是关于日志的跟踪和收集，日志是在开发和调试程序时的关键利器，我们无法通过 DUBUG 等工具进行程序执行过程的追踪，那么一个没有日志的应用程序和一个拥有完善日志体系的应用程序，在解决各种问题时的效率是完全不同的。而微服务分散的服务设计理念，导致了日志在物理上的分散，可能在调试单个服务时不会有问题，但是当一个完整的业务功能需要各个服务组合而成时，日志则很难被收集起来，更不用说对问题的追踪和分析了。因此，对日志整体的追踪也是微服务架构的一大技术难题。

说了这么多，是不是感觉微服务架构太难了？确实很难，不过问题都由前人解决了，我们现在是站在巨人的肩膀上来学习微服务架构的，这些难题的解决方案和技术实现也会重点在本章中探究和学习。

当然还是那句话：理论先行。虽然可能有些枯燥，但其理论就是对过往做事情的经验和思路的总结，花时间看看别人的经验总是好的，一方面可以少走些弯路，另一方面可以提高理解问题和归纳事物本质的能力。下面先来了解一下架构设计的本质。

2.2 架构设计

相信大家应该看过不少关于软件架构和设计的讨论，讲得最多的可能就是什么是架构师，如何成为一个好的架构师之类的话题了。笔者认为成为架构师的第一步，就是先要搞清楚什么是架构设计，架构设计的目的是什么。

在很多时候，架构设计可能会受到各种场景的限制，其中就包括技术手段、组件和框架等，尤其是在特定的假设和约束条件下，设计出最合适的架构显得尤为重要。

那么，到底什么才是架构设计呢？架构设计的关注点是什么呢？下面就来依次了解这些问题。

2.2.1 了解什么才是架构

软件架构是有关软件整体结构与组件的抽象描述。换句话说，就是采用一些通用、具有代表性和概括性的语言将软件的整体结构描述出来，并提供其行为方式的说明。总体来说，软件架构告诉了我们系统能做什么，怎么做的，如图 2.1 所示。

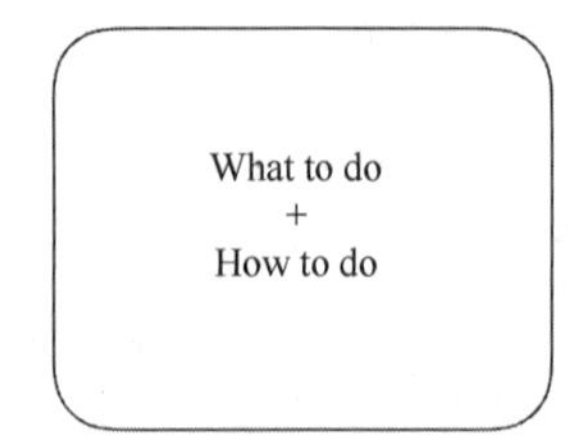

图 2.1　软件架构的作用

架构还给程序提供了一个基础，人们可以依托它在上面构建软件。在同一个软件中，人们常常使用各种不同的设计模式或高级框架，但大多都会使用一系列相同的架构模式或设计原则，这种相同的架构模式被称为软件的架构风格。微服务架构就是一种架构风格。

架构一般采用一些描述性的视图工具来完成，在建筑学中，称之为蓝图。软件架构中包括了很多视图，如逻辑视图、结构视图、线程视图、部署视图等，当然，架构不是文档本身，而是系统元素的一组原则、属性或依赖性，它是抽象的东西，是我们思考得出的创建系统的方式。图像、图表或描述仅是记录架构的规划。

图 2.2 所示为一个简单的软件架构，可以简单地表述系统的大致运行结构。

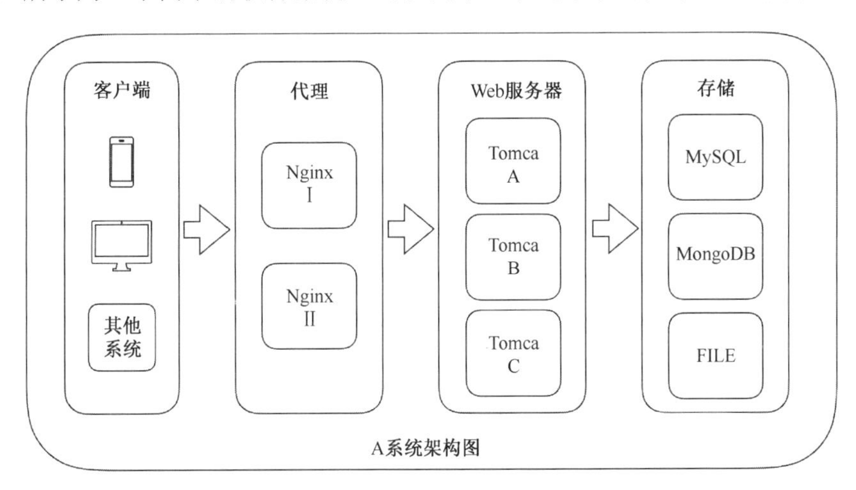

图 2.2　简单的软件架构

那么，什么是软件设计呢？

2.2.2　软件设计的 3 个阶段

软件设计是程序员按照特定顺序撰写计算机数据和指令的集合，它可以是撰写基础上的二进制 0 和 1 比特，也可以是创建在比特之上的各类软件语言、算法、架构、程序、图像化代码。换句话说，软件设计是将软件需求转化为软件实现的过程，即将软件能做什么转变成怎么做的过程。

软件设计的过程大体上可以划分为 3 个阶段，即软件需求规范阶段、高级设计阶段和详细设计阶段。当然，这个划分不是绝对的，细分还有总体设计、概要设计、基础设计等，这里为大家介绍比较常见的 3 个设计阶段，如图 2.3 所示。

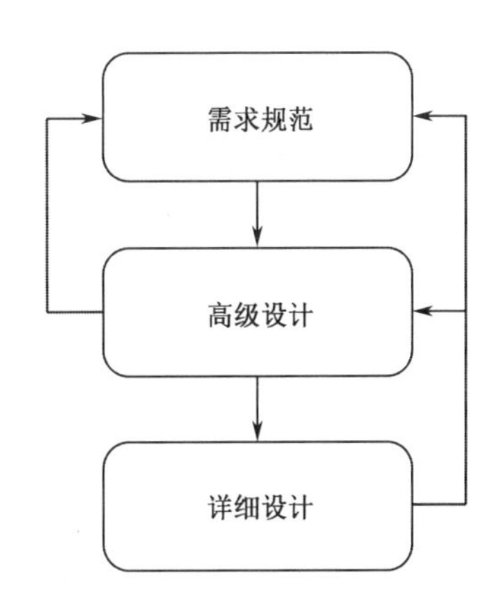

图 2.3　软件设计的 3 个阶段

软件需求规范阶段的目的很明显，就是把客户的原始需求转化为可以理解、可以衡量的软件的功能需求，也可能包含非功能需求，如安全和性能需求等。

高级设计是将系统粗略地划分为若干模块，以抽象的形式记录下来，并描绘它们之间的相互作用。这种设计视角侧重于系统及其所有组件如何以模块的形式实现，不同的模块之间是如何相互作用的，而不关注具体模块内部的实现细节。

详细设计则是在搞清楚系统大致架构和模块间的关系后，对模块及其实现进行更加详细的设计，它定义了每个模块的逻辑结构以及其与其他模块通信的接口等。

从图 2.3 中可以看出，软件的设计流程并不是一个单向的链状结构，而是更像一个可以无限循环的环状结构。其实任何事情都有渐进明细的特点，软件也是如此，无论是客户需求还是产品设计，都是随着我们不断地深入，在不断地变化，并不断地去近似于我们想要的样子。

因此，一个好的软件架构设计一定是要能够不断进化的，任何阶段都有可能产生新的变化，这些变化可能会影响最初的设计，这时就需要设计者去判断、去权衡利弊，新的设计是更合理，还是对之前的影响更大，这些决策才是设计中最难的地方。

2.2.3 软件架构的目的与方法

架构设计其实就是通过一定的设计手段，得到软件的架构的过程。即使掌握了完善的视图工具，分清了步骤来执行软件设计的过程，软件架构设计仍然不是一个轻松的工作，它可能还需要结合业务的场景、软件的约束和假设条件来考虑各种要素，如软件的扩展性、健壮性、可用性、安全性、模块化等。当然，鱼和熊掌不可兼得，在设计过程中，不可能将每种要素都考虑到极致、设计到极致。软件架构设计的精髓就是在遵循一定的设计原则下，对各种设计要素进行合理的分析和取舍，从而设计出最合适的架构方案。

那么，为了能设计出最合适的架构，需要遵循哪些比较科学的设计原则或考虑哪些关键要素呢？可能大部分程序员听到最多的一句话就是“高内聚低耦合”，如图 2.4 所示，但笔者遇到的很多程序员都觉得没有新意。这确实是一个非常经典的设计原则，但是又有多少人能真正在软件开发过程中坚持做好这一点呢？

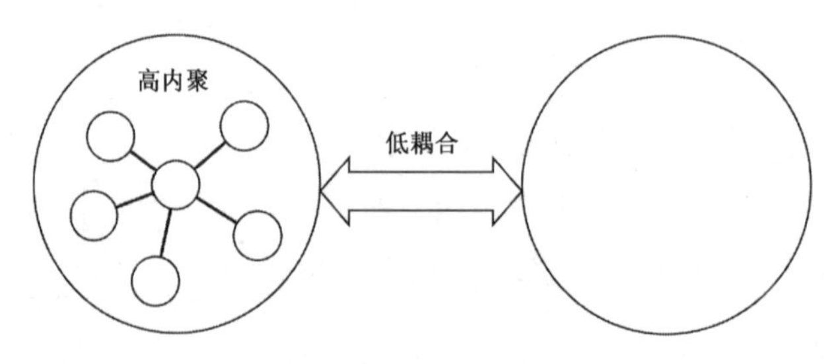

图 2.4　高内聚低耦合

下面先来看什么是耦合。在不同的领域，耦合可能有着不同的含义：在软件中，人们通常会把耦合作为一种度量词来使用，用来表示程序中模块或者代码逻辑之间的依赖程度，例如，某模块之间的耦合性很低，某代码之间的耦合度较高，等等。

因此，无论是大到系统或服务，还是小到某一个方法，人们希望它的逻辑是内聚的，调用者无须关心其他逻辑，只要使用它就好了，也不需要关心其他的依赖，无论是修改还是替换这个服务或方法，对其相关的依赖影响都是很小的，这就是“高内聚低耦合”。

那么，如何才能设计出这样的程序？当然也有方法，而且在真正的架构设计实战中，除了耦合性，可能还需要关注扩展性、健壮性、可用性、安全性、模块化等，下面来了解一下都有哪些方法？

1. 使用增量和迭代

一个软件的开发往往是渐进明细的，架构设计在一开始就要明白一件事，那就是不要想着一开始就让你的架构很完美，应用程序可能需要随时间的变化以满足新的需求和挑战，你的架构应该保证具有足够的灵活性，往往一个灵活可变的粗糙架构设计要比一个一开始就考虑很多条件，可能连细节都设计得很完善、很全面的稳定架构要实用得多。

因为越完善、越全面的架构带来的问题就是只要有变化，改造架构的成本也就越高。在软件工程中，很多因素甚至业务需求都不能在一开始就考虑得很全面，因此过度的设计往往是错误的选择。

所以，架构师都很推崇从基础架构开始设计，然后通过不断地迭代，向系统增量地添加细节设计，从而逐渐完善架构。采用增量和迭代的设计方法还能在一开始就告诫设计者，这个架构后面肯定会不断地修改和完善，促使设计者在一开始就要注意考虑架构的灵活性、扩展性等。

2. 善于使用图形来表达设计

可以借助一些设计工具（如可视化的视图工具）或一些通用的建模系统（如 UML 等）来表达架构的设计。图形化的好处是直观，直观的好处是可以快速地、有效地给所有利益相关者传递架构的设计，包括技术人员和非技术人员，同样，也可以快速传达设计的变更，快速地收集反馈，提高决策效率，设计的有效沟通、决策以及对设计的持续变更对于良好的架构至关重要。图 2.5 所示为一个简单的 UML 类图。

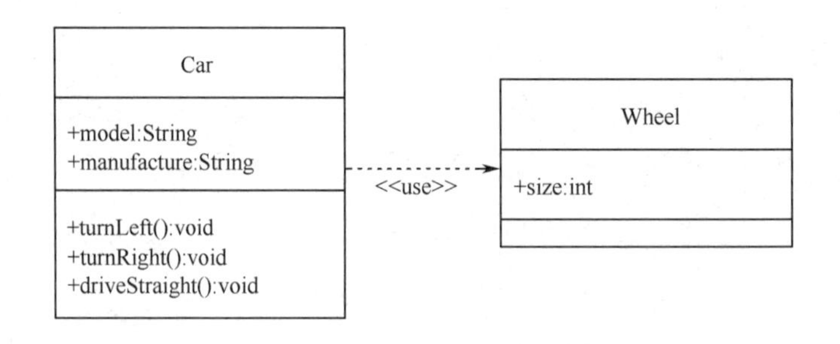

图 2.5　简单的 UML 类图

3. 合理的分离

组件化是每个系统架构的追求，而组件化的前提是分离，将系统组件划分为特定的功能，以便组件功能之间不会重叠，这也将提供高内聚力和低耦合度，避免了系统组件之间的相互依赖性，有助于系统维护。

例如，在领域驱动设计中，我们通过事件风暴等方法将系统功能划分不同的领域模型，又将不同的领域模型分组为不同的限界上下文，这将有助于用户在较高层次上理解系统的结构，避免在同一层中混合不同类型的组件。有关领域驱动设计的具体概念和使用方法将在后面的章节中进行详细介绍。

4. 多用组合而不是继承

这可能是比较有争议的一点，继承是面向对象中的概念，可以使得子类具有父类的各种属性和方法，而不需要再次编写相同的代码。子类也可以重新定义某些属性或重写父类原有的方法，使其获得与父类不同的功能。另外，子类还可以追加新的属性和方法。

继承一般为了重用或者约束相同的行为，可以规范同一类型对象的操作，也可以有效地减少重复代码，是部分面向对象开发中最常用的方式。但继承会在子类和父类之间创建依赖关系，因此会阻止子类的自由使用。这在实际应用中有时会带来很多困扰，例如，有一个父类的存储模型的主键 ID 的类型是整数类型，那么所有继承它的子类的 ID 都要是整数类型。因此，在现代的面向对象程序设计模式中提到了“多用组合，少用继承”的原则。也就是说，在程序设计时多用组合的方式替代继承。首先，将功能组件化之后，如果有需要重复或扩展的地方，可以多采用将组件进行组合的方式，该组合提供了很大的自由度并减少了继承层次结构。

5. 减少重复的功能

原则上不应该重复组件的功能，因此一段代码应该仅在一个组件中实现。在单应用模式的应用程序中，功能的重复可能难以实现更改，这会降低架构的清晰度并引入一些潜在的不一致的风险性。

设想一下，当一个修改商品的功能出现在两个组件中时，一旦后续需求有所变更，开发者很可能已经不是当时的开发者，他可能只找到了一处进行修改，那么系统中就会出现一种功能两种实现的情况，如果不注意重构，随着系统中重复的组件越来越多，系统很快会出现无人能看懂、无法维护的状况。

系统的每个模块都应该有一个特定的职责，这有助于用户、开发者、测试人员、运维人员等了解系统。此外，它还应该有助于将组件与其他组件集成。例如，与安全性、通信或系统服务（如日志记录、性能分析和配置）相关的代码应在单独的组件中进行抽象，不要将这些代码与业务逻辑混合，因为它很容易扩展设计和维护。

6. 合理异常处理和日志管理

事先定义异常处理机制，有助于组件以优雅的方式管理系统错误。合理有效的日志管理，包括设计日志的记录、分类、收集、展示等方面，将大大提升系统的运维效率。其中，最常见的就是当系统出现问题时，有效的日志输出可以帮助运维人员更快速地定位问题的原因。

7. 命名约定统一

强调统一而非命名，注重约定而非规范文档。这一点是笔者最近才学习到的，并且觉得是十分重要的。关于命名，各个公司应该都有很多详细的规范，如词性规范、缩写规范、字数限制、大小写规范等，但更重要的是对相同事物描述的统一，名称实际上就是一种事或物的代表。也就是说，在一个系统中，对某个模块的命名可以是 A，也可以是 B，那么在一个项目团队中，只要提到这个模块，所有人都知道它在系统中是 A，比它可能在意思上更适合命名为 B 更重要。笔者曾帮助某大型软件公司开发一个集成它现有的所有内部系统和管理流程的项目管理平台，其中就包括需要集成 Jira 和该公司内部的组织结构管理系统。由于该公司的规模比较庞大，Jira 现有的管理层级设计不能很好地满足他们的业务需求，因此把 Jira 的项目当作自己的部门，把 Jira 中的史诗问题当作项目，这样的方式在集成时会产生很多沟通的成本，当我们说项目时，不知道是表示 Jira 中的项目还是真正意义上的项目。

在做系统设计时，和自己人沟通起来也很费劲，更别提和客户沟通，后来在不断的沟通中去约定统一的命名，如 VP 项目就是真正意义上的项目，也就是 Jira 的史诗问题（Epic/ssue），说 Jira 项目或部门，才是部门。后来无论是沟通还是模型设计都变得顺畅起来。

当然，如果命名既能统一又能够更贴切、更合理肯定更好，这里并不是说名称本身不重要，只是强调统一更重要，而且命名约定应事先定义，约定应该有文档记录，但约定本身比文档更重要。命名约定能够提供一致的模型，可以帮助用户轻松地了解系统，帮助团队成员更容易地验证其他人编写的代码，从而提高系统的可维护性。

2.3 微服务的核心组件

微服务的架构设计之前总结过，微服务的思想是分离，微服务模式下将应用程序拆分为不同的微小服务，通过使用或者组合不同的服务来完成不同的业务功能。那么一旦分离后再组合，就意味着服务之间一定会存在相互调用的过程，在前面微服务的定义中提到过，微服务之间都使用粗糙的通信机制，它一定是轻量级的，而且是可以支持跨语言调用的，包括微服务本身对客户端提供服务也是采用这种机制的。因此，设计并实现适合的通信组件来提供远程调用的能力是微服务架构的核心。下面来了解微服务的远程调用方式。

2.3.1 微服务的远程调用方式

微服务架构中常用的调用方式有两种：一种是通过异步的消息交换来通信，这里服务调用双方一般使用一些中间件，如 RabbitMQ、Kafka 等；另一种是通过 HTTP 的资源接口，通过 JSON 作为信息载体的格式，即 REST API 的方式进行远程通信。

1. 异步消息通信

先来看一下异步消息是如何通信的，这里以 RabbitMQ 的工作原理为例，如图 2.6 所示。

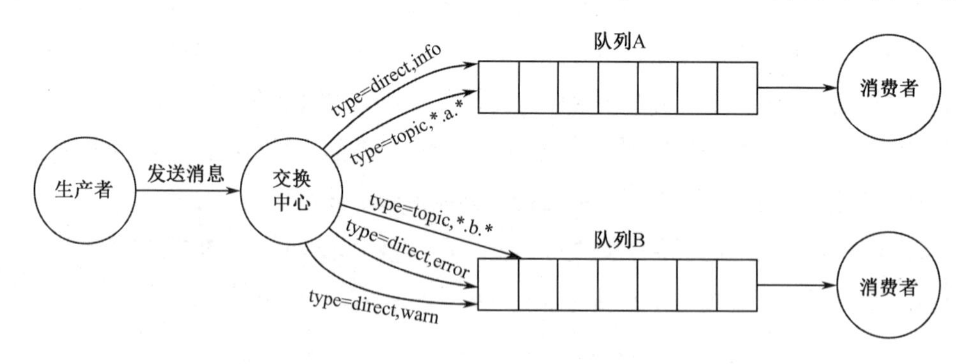

图 2.6 RabbitMQ 工作原理

首先消息由生产者发送到一个统一的交换中心（又称交易所），交换中心根据一定的转发规则（如直接、主题匹配、扇出等方式），将消息转发到对应的队列中，然后通过消息队列最终将消息传递给消费者。消费者可以选择只订阅自己关心的消息。

可以利用消息机制来做很多事情，如可以做一个简单的任务队列，也可以去订阅和发布消息。当然，订阅和发布的方式有很多，最常见的就是图 2.7 RabbitMQ 远程调用工作原理中描述的定向转发和 Topic 机制，这里对消息机制的原理不做阐述，利用这种发布和订阅的工作方式，我们可以通过消息做到服务的远程调用。

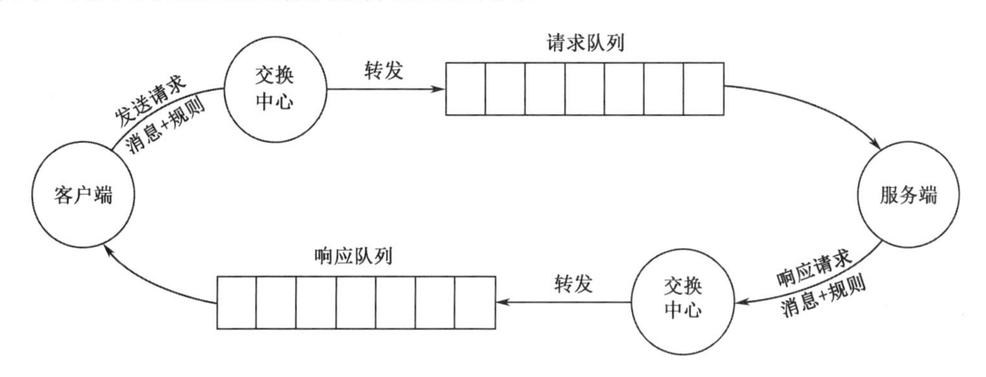

图 2.7　RabbitMQ 远程调用工作原理

但是，在微服务中这并不是常见的用法，因为本身消息机制的实现会依赖相关的中间件或框架，服务调用双方都需要集成相同的消息服务或技术框架，这本身就会加重微服务架构的通信方式，而且过度松散异步的操作也为代码带来了一定的复杂度。所以，在微服务中最常见的通信还是基于 HTTP 的 REST API。

2. REST API

REST（Representational State Transfer，表述性状态转移）用来描述创建 HTTP API 的标准方法，REST API 的核心概念是资源，对于资源有 4 种常见的行为：查看、创建、编辑和删除，都可以直接映射到 HTTP 中已实现的 GET、POST、PUT 和 DELETE 方法。REST 本身并没有创造新的技术、组件或服务，只是正确地使用 Web 的现有特征和能力，更好地使用现有 Web 标准中的一些准则和约束。

如果一个架构符合 REST 的约束条件和原则，就称它为 RESTful 架构，当然理论上 REST 架构风格并不是绑定在 HTTP 上的，只不过目前 HTTP 是唯一与 REST 相关的实现，所以一般情况下 REST API 都是表示基于 HTTP 的 RESTful 接口。

既然是一种标准、一种架构风格，就必然会有它的相关概念和设计原则。表 2.1 所示为 REST API 中的一些重要术语。

表 2.1 REST API 重要术语

资源（Resource）	对象的单个实例，如 product
集合（Collection）	同类对象的集合，如 products
HTTP	通过网络进行通信的协议
消费者（Consumer）	能够发出 HTTP 请求的客户端应用程序
服务端（Server）	消费者可以通过网络访问的 HTTP 服务器或应用
端点（Endpoint）	服务器上的 API URL，表示资源或整个集合
幂等（Idempotent）	无副作用，可以发生多次而不受惩罚

同时，REST API 也有很多设计原则，如 URL 中永远不能包含动词，那么 URL 如何表示自己的行为呢？前面提到过 4 种常见的行为（查看、创建、编辑和删除）映射到 HTTP 中已实现的方法中，具体如下。

（1）GET（查看）：从服务器或资源列表中检索特定资源。

（2）POST（创建）：在服务器上创建一个新资源。

（3）PUT（编辑）：更新服务器上的资源，提供整个资源。

（4）PATCH（编辑）：更新服务器上的资源，仅提供已更改的属性。

（5）DELETE（删除）：从服务器中删除资源。

下面两个不是很常用。

（1）HEAD（查看）：检索有关资源的元数据，如数据的哈希值或上次更新的时间。

（2）OPTIONS（查看）：检索有关允许消费者使用资源的信息。

客户端和服务端的交互是无状态的，GET 请求通常是可以被缓存的，资源使用复数，URL 中可以有表述版本的信息，举例如下。

```
POST - /rest/api/2.0/product
GET - /rest/api/2.0/ products/{id}
PUT - /rest/api/1.0/ products/{id}
PATCH - /rest/api/1.0/ products/{id}
DELETE - /rest/api/1.0/ products/{id}
```

按照顺序对应的含义如下。

（1）使用 2.0 版本的接口，创建一个产品。

（2）使用 2.0 版本的接口，根据 ID 查看产品信息。

（3）使用 1.0 版本的接口，根据 ID 全量更新产品信息。

（4）使用 1.0 版本的接口，根据 ID 部分更新产品信息。

（5）使用 1.0 版本的接口，根据 ID 删除产品。

RESTful 的接口还有很多设计原则，这里不再赘述，感兴趣的读者可以查阅相关资料进行学习，在微服务中使用的 HTTP 通信协议就是采用的 RESTful 的接口设计，所以熟练掌握 REST API 的设计用法在微服务架构中是十分重要的。

2.3.2　HTTP 通信方法

一般在项目中采用什么技术来完成 HTTP 通信？在一些早期的项目中，可以看到 Apache HttpComponents 的身影，它的功能也十分强大，但是在使用时，需要编写大量的基础代码，往往还需要进行二次封装，而在如今 Spring Boot 盛行的时代，大家更热衷于现取现用，正所谓约定大于配置，所有的基础工作都按照一定的约定交由框架来完成。下面以 Spring 为例，主要介绍 RestTemplate 和 WebClient 两种方式进行 HTTP 的通信。

1. RestTemplate

RestTemplate 是 Spring Web 中提供的用于在客户端完成同步的 HTTP 请求的核心类，大大简化了与 HTTP 服务器的通信，并实现了 RESTful 的设计原则。RestTemplate 默认采用 JDK 原生的 HTTP 连接工具实现，当然也可以切换库，如 Apache HttpComponents、Netty 和 OKHttp 等第三方的 HTTP 库。我们以默认的实现为例，首先需要声明一个 RestTemplate，这里采用 Spring Boot 的注解式声明方式，代码如下。

```
@Bean
public RestTemplate restTemplate() {
    //直接 new 一个 RestTemplate
    return new RestTemplate();
}
```

当然，还可以给它初始化一些公共属性，如 URL、用户名密码，或者一些连接超时等设置，代码如下。

```
@Bean
public RestTemplate restTemplate() {
    //通过 RestTemplateBuilder 来构建一个 RestTemplate
    return new RestTemplateBuilder()
        .uriTemplateHandler(new DefaultUriBuilderFactory(url))
        .basicAuthorization(username, password)
        .build();
}
```

完成 RestTemplate 的声明之后就可以使用它了，之前说过 RestTemplate 实现了 RESTful

的设计原则，所以 RestTemplate 提供了便捷的方法去实现 HTTP 的 GET、POST、PUT、PATCH 和 DELETE 方法。例如，getForEntity()就是以 GET 的方式发送 HTTP 请求，而 postForEntity()则是以 POST 的方式发送 HTTP 请求。当然，还有其他实现，如 patchForObject()、put()、delete()和 optionsForAllow()等方法，这里就不一一介绍了。下面以 GET 和 POST 两种最常见的方式来介绍 RestTemplate 的用法，其他的大同小异。

（1）RestTemplate 的 GET 方法。

RestTemplate 提供了 getForObject 和 getForEntity 两种方式发送 GET 的 HTTP 请求，其中 getForObject 方法可以直接将响应的 Body 转换为指定的类型，方法定义如下。

```
/**
 * 通过指定的 URL 来进行 GET 查询
 * 响应（如果有）将会被返回和转换
 * <p>使用给定的 URI 变量来扩展 URI 模板变量
 * @param url URL
 * @param responseType 返回值类型
 * @param uriVariables URI 模板变量
 * @return 转换后的对象
 */
<T> T getForObject(String url, Class<T> responseType, Object... uriVariables)
throws RestClientException;

/**
 * 通过指定的 URL 来进行 GET 查询
 * 响应（如果有）将会被返回和转换
 * <p>使用给定的 Map 来扩展 URI 模板变量
 * @param url the URL
 * @param responseType 返回值类型
 * @param uriVariables URI 模板变量由 Map 内的变量提供
 * @return 转换后的对象
 */
<T> T getForObject(String url, Class<T> responseType, Map<String, ?> uriVariables)
throws RestClientException;

/**
 * 通过指定的 URL 来进行 GET 查询（没有模板变量）
 * 响应（如果有）将会被返回和转换
 * @param url URL
 * @param responseType 返回值类型
 * @return 转换后的对象
 */
<T> T getForObject(URI url, Class<T> responseType) throws RestClientException;
```

其中，第一个方法比较常用，按照顺序传递 URL 的参数，通过在 URL 中定义{}来表示参数的站位，{}中可以写具体含义的单词，也可以写数字，如{0}，代码如下。

```
Employee employee = restTemplate.getForObject("http://example.com/employees/{id}",
Employee.class, "001");
```

此外，getForObject 还提供了另外两种重载方法，分别提供了通过 Map 传递参数和没有参数两种功能。没有参数很好理解，不再赘述，下面的代码展示了通过 Map 传递参数的方式。

```
Map<String, Object> params = new HashMap<>();
params.put("id", "001");
Employee employee = restTemplate.getForObject("http://example.com/employees/{id}", Employee.class,
params);
```

不难看出，Map 中的 key 对应着 URL 中{}里的单词，使用 Map 的不足之处是当参数太多时，顺序容易弄错，而且方法会写得很长，不易读，也不易维护。

getForObject 方法能满足我们大部分的需求，但有时可能需要获取除 Body 之外的信息，如响应头、响应状态码等，这时就需要 getForEntity 了，getForEntity 和 getForObject 一样，提供了 3 种实现，方法定义如下。

```
/**
 * 通过指定的 URL 来进行 GET 查询一个实体
 * 响应将被转换并储存在一个{@link ResponseEntity}中
 * <p>使用给定的 URI 变量来扩展 URI 模板变量
 * @param url URL
 * @param responseType 返回值类型
 * @param uriVariables the variables to expand the template
 * @return 实体
 * @since 3.0.2
 */
<T> ResponseEntity<T> getForEntity(String url, Class<T> responseType, Object... uriVariables) throws
RestClientException;

/**
 * 通过指定的 URL 来进行 GET 查询一个实体
 * 响应将被转换并储存在一个{@link ResponseEntity}中
 * <p>使用给定的 Map 来扩展 URI 模板变量
 * @param url URL
 * @param responseType 返回值类型
 * @param uriVariables URI 模板变量由 Map 内的变量提供
 * @return 转换后的对象
 * @since 3.0.2
 */
<T> ResponseEntity<T> getForEntity(String url, Class<T> responseType, Map<String, ?> uriVariables)
```

```
throws RestClientException;

    /**
     * 通过指定的 URL 来进行 GET 查询（没有模板变量）
     * 响应将被转换并储存在一个{@link ResponseEntity}中
     * @param url URL
     * @param responseType 返回值类型
     * @return 转换后的对象
     * @since 3.0.2
    <T> ResponseEntity<T> getForEntity(URI url, Class<T> responseType) throws RestClientException;
```

可以发现，getForEntity 的方法参数和 getForObject 的一样，唯一的区别是 getForEntity 的返回类型是 ResponseEntity。这里不再对每个方法进行详细介绍了，下面还是以第一个方法为例，代码如下。

```
    ResponseEntity<User>responseEntity=restTemplate.getForEntity("http://example.com/users/{id}",User.class,"001");
    //获取响应 Header 中的值
    String headerValue = responseEntity.getHeaders().getFirst("headerName");
    //通过响应 Header 获取响应内容的类型
    MediaType contentType = responseEntity.getHeaders().getContentType();
    //获取响应的 HTTP 状态
    HttpStatus status = responseEntity.getStatusCode();
    //获取响应 Body
    User user = responseEntity.getBody();
```

（2）RestTemplate 的 POST 方法。

与 GET 的方式一样，POST 也提供了 postForObject 和 postForEntity 两种方式来完成 POST 的 HTTP 请求。方法定义如下。

```
    <T> T postForObject(String url, Object request, Class<T> responseType, Object... uriVariables) throws
RestClientException;
    <T> T postForObject(String url, Object request, Class<T> responseType, Map<String, ?> uriVariables)
throws RestClientException;
    <T> T postForObject(URI url, Object request, Class<T> responseType) throws RestClientException;
    <T> ResponseEntity<T> postForEntity(String url, Object request, Class<T> responseType, Object...
uriVariables) throws RestClientException;
    <T> ResponseEntity<T> postForEntity(String url, Object request, Class<T> responseType, Map<String, ?>
uriVariables) throws RestClientException;
    <T> ResponseEntity<T> postForEntity(URI url, Object request, Class<T> responseType) throws
RestClientException;
```

POST 的 6 个方法定义与 GET 几乎一样，所以这里没有把方法说明粘贴进来，仔细观察可以发现，POST 的方法多了一个 request 的参数，这个参数会被放进请求的 Body 中，当没有需要时也可以传入 null，举例如下。

```
    User user = restTemplate.postForEntity("http://example.com/users", new User("001", "张三"), User.class);
```

关于 RestTemplate 的其他方法就不再列举了，感兴趣的读者可以查看 Spring Web 库的源码，或者访问 Spring 的官网查阅相关教程。

2. WebClient

WebClient 相比 RestTemplate 是一个较新的 HTTP 访问方式，之前提到过，RestTemplate 是一个同步的请求方式，当请求发出后，当前线程会等待，直到有响应后才会继续执行后续代码。其实远程调用是一个可以异步的过程，在等待请求响应时，我们完全可以做其他的事情，所以 RestTemplate 在一些性能要求比较高的地方使用就显得不是那么合适了。

这时就需要使用可以异步完成请求的 WebClient 了，当然，我们可以仍然使用 RestTemplate，然后通过线程池或 CompletableFuture 等方式创建新的线程来执行 RestTemplate 的请求而不阻塞当前线程的执行。不过这样做不是特别优雅，而且每次还需要自行维护关于创建不同线程的代码。

随着 JavaScript 的 Reactive 设计理念越来越流行，不少语言和框架开始相继模仿。Spring 也采用了“No blocking”（无阻塞）的方式，推出了 Spring WebFlux，关于 WebFlux 的功能有很多，这里主要来看一下 WebFlux 中 WebClient 的用法。

相比 RestTemplate，WebClient 最大的优势就是可以使用 Reactive 的方式执行非阻塞的 HTTP 请求，即异步的请求服务端。WebClient 同样实现了 RESTful 的设计原则，支持 GET、POST、PUT、PATCH 和 DELETE 等操作，而且写法更接近于流式，示例代码如下。

```
public Mono<User> findUserById(String id) {
    return webClient.get().uri("http://example.com/users/{id}", id)
    .retrieve().bodyToMono(User.class);
}
```

这是一个 GET 方法，代码很好理解，只不过是流式的写法，先定义 HTTP 的方法，然后定义 URI，最后定义返回类型。再来看一个 POST 的例子，代码如下。

```
public Mono<User> createUser(User user) {
    return webClient.post().uri("http://example.com/users").syncBody(user)
    .retrieve().bodyToMono(User.class);
}
```

很显然，相比 GET 方法多了一个 syncBody 方法，类似于 RestTemplate 的 request 参数，这个方法会把该参数当作请求的 Body 发送到服务端。

仔细观察可以发现，与 RestTemplate 相比有一个最大的不同，就是方法的返回值变成了 Mono 类型，其实除了 Mono 类型，WebFlux 还提供了 Flux 类型，代码如下。

```
public Flux<User> findAllUsers() {
    return webClient.get().uri("http://example.com/users").retrieve().bodyToFlux(User.class);
}
```

首先通过代码可以发现，Mono 和 Flux 的区别在于前者是单个元素，后者是集合，当然这不是最关键的，Mono 中也可以是一个集合，如 Mono<List<User>>、Mono 和 Flux 之间可以相互转换。关键在于 WebClient 是异步的请求，在调用它时得到的返回类型不可能是直接的期待返回的类型，如 findAllUsers 得到的不是 List<User>类型，而是 Flux<User>类型。

这就好比我们通过 CompletableFuture 创建了一个线程 A，然后在执行时会立刻返回一个 CompletableFuture 类型的对象，这时主线程就不会阻塞，而是继续执行。当我们需要得到返回值时，可以通过 CompletableFuture 的 join 方法，将线程 A 加入当前线程，这时如果线程 A 已经执行完成，那么当前线程就会立刻得到线程 A 的执行结果，如果线程 A 还没有执行完，那么当前线程就会等待，直到线程 A 执行完成。这是一个典型的异步执行方法的例子，而 WebClient 的 Mono 和 Flux 就和 CompletableFuture 具有相同的作用，而且更加强大。

例如，可以提前定义对返回数据的操作，代码如下。

```
Mono<User> userMono = webClient.get().uri("http://example.com/users/{id}", id)
    .retrieve().bodyToMono(User.class)
.map(user -> {
    //通过 map 方法改变 user 的 avatar 属性
        if (user.avatar == null) {
            user.avatar = "http://example.com/avatar/default";
        }
        return user;
    });
```

再如，可以打包合并多个 Mono 或 Flux，然后只执行一次 join，代码如下。

```
public List<User> findAllUsers() {
    //获取 Mono 类型的 user 列表 1
    Mono<List<User>> userMonoList1 = webClient.get().uri("http://example1.com/users")
        .retrieve().bodyToFlux(User.class).collectList();
    //获取 Mono 类型的 user 列表 2
    Mono<List<User>> userMonoList2 = webClient.get().uri("http://example2.com/users")
        .retrieve().bodyToFlux(User.class).collectList();
    //通过 Mono.zip 方法可以将 user 列表 1 和列表 2 组合在一起
    Mono<List<User>> userMonoList = Mono.zip(userMonoList1, userMonoList2).map(zip -> {
        List<User> userList1 = zip.getT1();
        List<User> userList2 = zip.getT2();
        userList1.addAll(userList2);
        return userList1;
    });

    return userMonoList.block();
}
```

可以看到，Mono 提供了类似 join 的方法：block。如果你更喜欢使用 CompletableFuture，Mono 和 Flux 也可以轻松地转换成 CompletableFuture，代码如下。

```
Mono<User> userMono = webClient.get().uri("http://example.com/users/{id}", id)
        .retrieve().bodyToMono(User.class);
//Mono 可以转换成 Future 对象，然后通过 Future 的 join 方法可以使线程等待，获取返回值
User user = userMono.toFuture().join();
```

2.3.3　服务的注册与发现

解决了服务的远程调用问题之后，是不是就足够了呢？答案肯定是不够的。言归正传，设想一下，在微服务架构中会有多个服务进行交互，假设我们使用的是 HTTP 的通信方式，那么系统结构应该为如图 2.8 所示的网状调用结构，多个微服务直接相互调用。

HTTP 的交互方式显然比消息队列简单得多，多个微服务相互调用也变得简单而直接。但不管是哪种方式，随着服务越来越多，微服务的调用网也将越来越大、越来越复杂。你会发现需要管理的服务信息越来越多，这些信息可能包括服务的 IP、端口和 URL 等数据，而且这些信息需要在每个服务的消费方进行维护。

在图 2.8 中，服务 A 需要维护服务 B 和服务 E 的信息，服务 B 则需要维护服务 A、服务 D 和服务 E 的消息，一旦某一个服务的地址或端口发生变化，所有调用它的消费方都需要进行相应的配置修改。笔者曾经做过拥有一百多个服务组成的产品级项目，当时的架构设计服务之间就是直接相互调用，所有的服务信息都是服务调用方在自己的服务端的配置文件中进行配置。

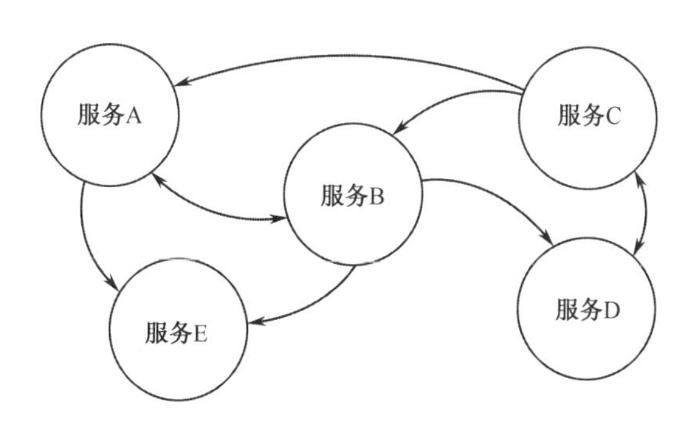

图 2.8　微服务网状调用结构

当然，一个服务不可能与一百多个服务都进行交互，但可能会与十几个服务进行通信，当服务信息发生变化时，需要非常熟悉系统的人花费接近一周的时间进行人工测试和排查，然后去修改被影响的服务的配置，才能保证服务更新后系统的正常运行，而且就算是再熟悉系统的人也可能会有遗漏。

那么如何才能解决这个问题呢？答案非常简单，既然人工检测和更新效率低下且容易出错，那就改用自动即可。回忆一下 1.2.3 节中介绍过的 SOA 的服务调用设计，微服务架构中沿用了服务注册这一设计，提供服务注册的服务通常称为注册中心，如图 2.9 所示。

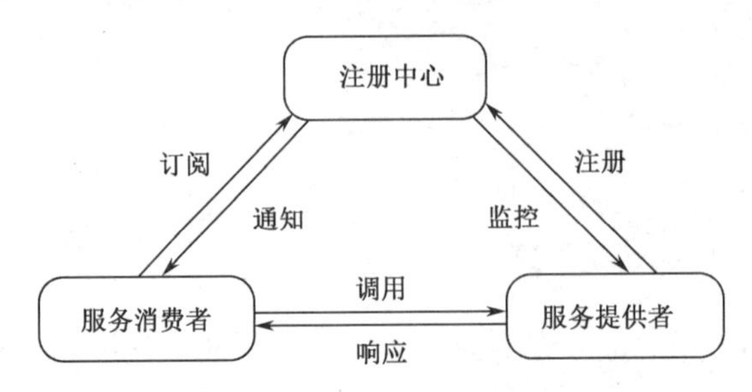

图 2.9　微服务注册中心设计

服务注册中心的设计有效地解决了这个问题，服务提供者可以理解为微服务中的一个服务，服务消费者可以是其他的微服务，也可以是 BFF（Backend For Frontend，用于前端的后端）、API 网关等服务。关于 BFF 和 API 网关将在后续章节陆续介绍。

当服务提供者需要对外提供服务时，会主动向服务注册中心注册，注册中心会保存各个服务提供者的信息，并且通过心跳等机制定期检查服务提供者的健康情况，一旦检测到服务不可用，就要根据一定的规则从注册中心剔除该服务的信息。

服务消费者只需配置注册中心的信息，然后通过唯一标识（如服务提供者的应用名称），就可以查询到服务提供者的信息，也包括服务提供者的健康状态。当服务提供者的信息发生变化时，如修改了一些服务实例的端口号，只要服务提供者在注册时所使用的唯一标识不变，服务消费者是无须修改任何代码或配置的，注册中心会将最新的、可用的服务提供者的信息返回服务消费者。

那么，具体的技术实现有哪些？目前作为注册中心，比较主流的可能是通过 ZooKeeper、Consul 和 Eureka 这样的服务框架来完成，当然也完全可以自己设计一个，笔者曾经用 Redis 写过一个服务注册中心。要实现注册中心并不难，难的是需要开发全套的、完整的服务治理框架，Spring 在这一点上有着天然的优势。因此，我们还是以 Spring Cloud 为例，Spring 在众多框架中选择 Netflix 的 Eureka 作为默认的基础服务注册框架，当然 Spring 也分别实现了基于 ZooKeeper 和 Consul 的注册中心，同时 Spring 也在开发一套原生的注册中心，以摆脱第三方的框架，但是无论是从成熟度还是从运用的广度来看，Spring Cloud Netflix Eureka 还是目前的首选。下面来看看 Spring Cloud Netflix Eureka 的具体实践。

Spring Cloud Netflix Eureka 主要分为 Server 和 Client 两个概念，注册中心就是 Server，其他的服务注册者和服务调用者都是 Client。当然，如果你部署的是一个注册中心的集群，那么注册中心之间也会以 Client 的身份相互注册。

下面先来看如何配置 Eureka 的 Server，首先需要引入相关的包，其中最主要的是 spring-cloud-starter-eureka-server，如果你使用的是 Gradle，那么可以按照如下代码配置。

```
plugins {
    id 'java'
    id 'org.springframework.boot' version '2.1.4.RELEASE'
}
apply plugin: 'io.spring.dependency-management'
group = 'com.ms.book'
version = '0.0.1-SNAPSHOT'
sourceCompatibility = '1.8'
repositories {
    mavenCentral()
}
ext {
    set('springCloudVersion', 'Greenwich.SR1')
}
dependencies {
    implementation 'org.springframework.cloud:spring-cloud-starter-netflix-eureka-server'
    testImplementation 'org.springframework.boot:spring-boot-starter-test'
}
dependencyManagement {
    imports {
        mavenBom "org.springframework.cloud:spring-cloud-dependencies:${springCloudVersion}"
    }
}
```

笔者比较喜欢从 Spring 的官网上自动生成干净的新项目，然后稍作修改即可投入使用，推荐大家一个网址：https://start.spring.io/，该网站可以自由选择 Spring 的组件进行组合，然后生成项目初始代码，如图 2.10 所示的 Spring 应用初始化工具界面。

在完成了项目的基本配置后，只需简单的几个步骤就可以启动注册中心了，首先需要在 Spring Boot 对应的启动类上增加@EnableEurekaServer 注解，代码如下。

```
@EnableEurekaServer
@SpringBootApplication
public class RegistryApplication{

    public static void main(String[] args) {
        SpringApplication.run(RegistryApplication.class, args);
    }

}
```

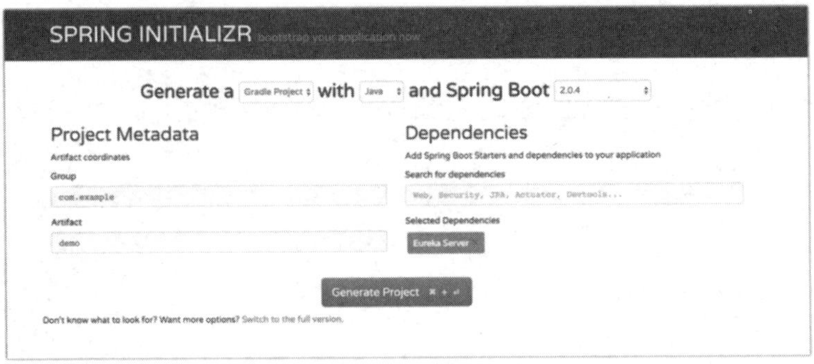

图 2.10　Spring 应用初始化工具界面

然后，需要在 application.yml 中增加一些 Eureka Server 的配置，此处只做一些简单的配置，详细配置可以参考 Spring 的官方教程，代码如下。

```
spring:
  application:
    #应用名称
    name: ms-register1
server:
  #注册中心端口
  port: 8080
eureka:
  instance:
    #注册中心域名
    hostname: ${spring.application.name}
  client:
    # 单实例下取消自动注册自己为客户端的功能
    register-with-eureka: false
    fetch-registry: false
```

当然，除了域名也可以使用 ip-address 来配置注册中心的 IP 地址，笔者这里配置了计算机的 HOSTS，编辑/etc/hosts 文件，内容如下。

```
##
# Host Database
#
# localhost is used to configure the loopback interface
# when the system is booting.  Do not change this entry.
##
127.0.0.1          localhost
255.255.255.255 broadcasthost
::1                localhost
#ms book
127.0.0.1 ms-registry1
127.0.0.1 ms-registry2
```

直接使用 hostname 配置的注册中心，完成这项基本配置后，就可以直接启动服务了，服务启动后会提供一个监控页面，访问地址为 http://ms-registry1:8080，监控页面如图 2.11 所示。

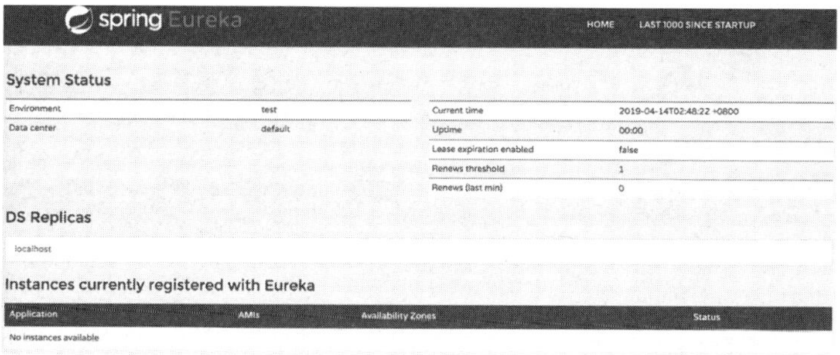

图 2.11　Spring Cloud Eureka Server 监控页面 1

该页面会显示 Eureka Client 的注册信息及它们的健康情况，现在只有一个 Eureka Server 在运行，可以看到在图 2.11 的最下面，当前在 Eureka 注册的实例显示的是无可用的实例，在 DS Replicas （副本）中显示的是 localhost，即没有副本，只有本地一个实例。

我们可以尝试配置一个简单的集群，来看看这个监控页面的变化，首先需要再启动一个 Eureka Server 的实例。假设我们配置的新的 Eureka Server 实例的应用名称是 ms-register2，域名是 ms-registry2，application.yml 中的配置如下。

```
spring:
  application:
    name: ms-registry2
server:
  port: 8082
eureka:
  instance:
    hostname: ${spring.application.name}
  client:
    service-url:
      defaultZone: http://ms-registry1:8080/eureka
```

那么，回到 ms-registry1，之前其他的配置都不变，唯一需要修改的是 application.yml 中的配置，代码如下。

```
spring:
  application:
    name: ms-registry1
server:
  port: 8080
eureka:
  instance:
```

```
      hostname: ${spring.application.name}
    client:
      service-url:
        defaultZone: http://ms-registry2:8082/eureka
```

我们增加了 client 下 service-url 的配置，正如之前所说的，这里将 ms-registry1 当作 ms-registry2 的 Client，这时再次访问 http:// ms-registry1:8080，来看看现在的变化，监控页面如图 2.12 所示。

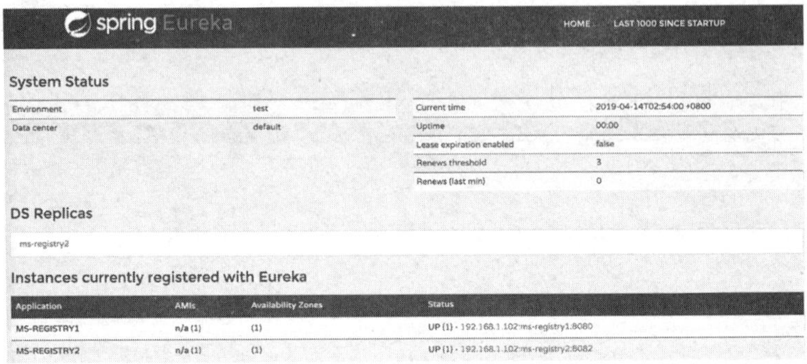

图 2.12　Spring Cloud Eureka Server 监控页面 2

这时 DS Replicas 显示的不再是 localhost，而是 ms-registry2，这表示 ms-registry1 和 ms-registry2 已经建立同步副本的关系。访问一下 ms-registry2 的监控页面，监控页面如图 2.13 所示。

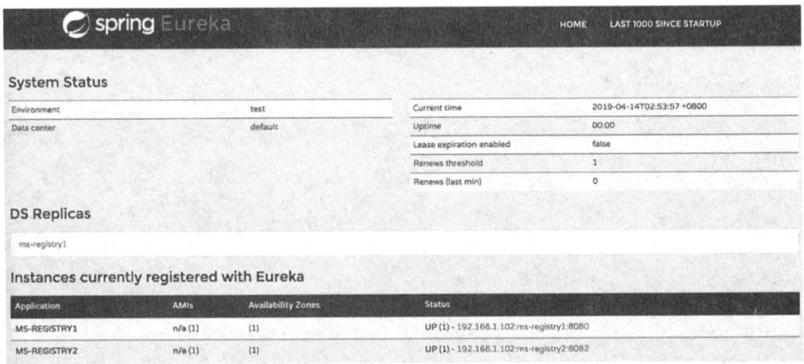

图 2.13　Spring Cloud Eureka Server 监控页面 3

这说明 ms-registry1 已经成功注册到了 ms-registry2 中，通常我们会将多个 Eureka Server 相互注册，构成一个统一的集群，以达到高可用的目的。

配置完 Server，如何配置 Client 呢？无论是服务提供者还是服务消费者，对于 Eureka Server 来说都是 Client，这里需要引入 spring-cloud-starter-netflix-eureka-client 的库，新建一个工程，项目可以通过 https://start.spring.io/进行初始化，build.gradle 代码如下。

```
plugins {
    id 'org.springframework.boot' version '2.1.4.RELEASE'
    id 'java'
}
apply plugin: 'io.spring.dependency-management'
group = 'com.ms.zg.book'
version = '0.0.1-SNAPSHOT'
sourceCompatibility = '1.8'
repositories {
    mavenCentral()
}
ext {
    set('springCloudVersion', 'Greenwich.SR1')
}
dependencies {
    implementation 'org.springframework.cloud:spring-cloud-starter-netflix-eureka-client'
    testImplementation 'org.springframework.boot:spring-boot-starter-test'
}
dependencyManagement {
    imports {
        mavenBom "org.springframework.cloud:spring-cloud-dependencies:${springCloudVersion}"
    }
}
```

application.yml 的配置可以参考上文配置 Server 集群时的 client 下 service-url 的配置，毕竟 Server 相互之间就是 Server 与 Client 的关系，如果 Server 之间都相互进行注册，那么 service-url 只配置一个实例的地址即可，Eureka Server 之间可以进行信息复制，具体代码如下。

```
spring:
  application:
    name: ms-provider
server:
  port: 0
eureka:
  client:
    service-url:
      defaultZone: http://ms-registry1:8080/eureka
```

如果不配置服务的端口，Spring 默认为 8080，一般我们会设置服务的端口为 0，那么 Spring 就会生成一个随机数作为端口号，如果端口占用就会重新生成一个，这样也省去了我们去关心端口的配置，服务消费者只需通过应用名称（如 ms-provider），就可以对该服务进行调用，如果使用的是 RestTemplate，那么调用的 URL 可以写成如下代码。

```
User user = restTemplate.getForObject("http://ms-provider/users/{id}",
User.class, "001");
```

Client 的配置还有一点不同，就是在 Spring Boot 的启动类上不再使用@EnableEurekaServer 注解，而是使用@EnableDiscoveryClient 或@EnableEurekaClient 注解，代码如下。

```
@SpringBootApplication
@EnableDiscoveryClient
public class Application {
    public static void main(String[] args) {
        SpringApplication.run(Application.class, args);
    }
}
```

当然，有时我们也使用@EnableEurekaClient，那么它和@EnableDiscoveryClient 有什么区别呢？从两者的所属库就可以看出，@EnableEurekaClient 是 Netflix Eureka Client 中的实现，它只支持 Eureka 作为注册中心，如果你使用 Eureka，那么可以使用@EnableEurekaClient。@EnableDiscoveryClient 是 Spring Cloud Common 中的实现，使用时 Spring 会根据你的 classpath 中的依赖来判断目前使用的是 Eureka 还是 ZooKeeper，或者是 Consul，然后动态地去初始化注册服务的配置。

启动后，再次访问注册中心页面，监控页面如图 2.14 所示。

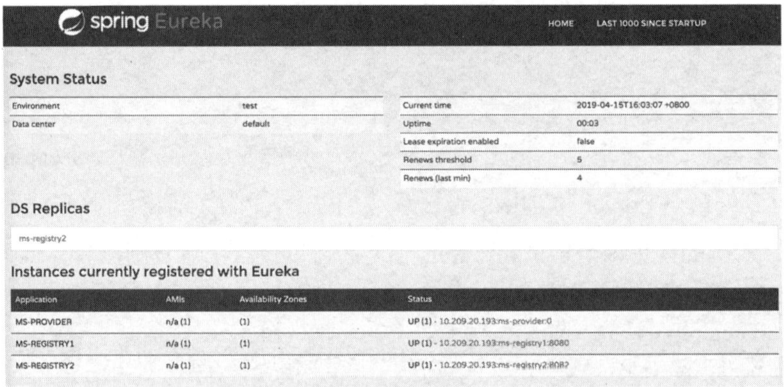

图 2.14 Spring Cloud Eureka Server 监控页面 4

在当前注册的实例列表中，除本身两个相互注册的注册中心 ms-registry1 和 ms-registry2，ms-provider 也出现在列表中，此时表明服务已经注册成功。

2.3.4 负载均衡

如果服务部署了多个实例？这时又如何处理？

首先可能想到的是反向代理，提到负载均衡，很多人都想到 Nginx，确实在以往的单应用模式下的系统中，最常见的做法就是通过 Nginx 来完成负载均衡策略，如随机、轮询和权重等。例如，我们一般会部署多个 Tomcat 实例作为多个 Web 服务器，然后通过 Nginx 的反向代理来分发客户端的请求到不同的 Web 服务器，而 Nginx 可以定义不同的规则来分发这些请求，以达到负责均衡的目的。反向代理好比是集中式的统一入口，所有的服务信息都需要被描述在入口处，然后由入口来决定请求的去向，也就是负载的策略。

当然，也有通过一些中间件的方式来达到负载均衡，如 SOA 中的消息总线模式，通过中间的消息层来转发请求，从而达到负载均衡的目的。

那么，在微服务中又是如何设计的呢？微服务强调分离，提倡职责单一，虽然引入了注册中心的概念，但是注册中心除了负责对服务信息的统一微服，还包括对服务的健康状况等信息进行监控，而真正去完成负载均衡任务的是服务的消费者，这样做也比较符合逻辑，消费者自行决定需要采用哪些策略去调用服务提供者。

不过，消费者在做决定时，可以通过注册中心的消息来帮助自己做决定。例如，注册中心告诉消费者服务 A 的 B 实例是不可用状态，那么消费者在请求服务 A 时，则会把 B 实例剔除，如果注册中心告诉消费者 B 实例已经恢复为可用状态，那么消费者会重新把 B 实例加入自己可调用的目标中。

下面以 Spring Cloud 为例，一起来看看在 Java 的微服务项目中远程调用的具体技术实践。

Spring Cloud 的设计是让服务之间采用 HTTP 的方式进行远程调用，所以 Spring Web 框架本身就提供 RestTemplate、WebClient 等 HTTP 通信的实现。而 Spring Cloud Ribbon 是客户端的负载均衡器，还有 Spring Cloud Feign，Feign 是对 Ribbon 的封装，提供了一些便捷的高级功能。如果不考虑使用客户端的负载均衡，就可以完全不集成该组件。在大多数情况下，通过软方法在客户端使用负载均衡也是一个不错的选择，下面介绍 Spring Cloud Ribbon 和 Spring Cloud Feign 的用法。

新建一个工程，build.gradle 配置如下。

```
plugins {
    id 'org.springframework.boot' version '2.1.4.RELEASE'
    id 'java'
}
apply plugin: 'io.spring.dependency-management'
group = 'com.ms.zg.book'
version = '0.0.1-SNAPSHOT'
sourceCompatibility = '1.8'
repositories {
    mavenCentral()
}
```

```
ext {
    set('springCloudVersion', 'Greenwich.SR1')
}
dependencies {
    implementation 'org.springframework.boot:spring-boot-starter-web'
    implementation 'org.springframework.boot:spring-boot-starter-webflux'
    implementation 'org.springframework.cloud:spring-cloud-starter-netflix-eureka-client'
    implementation 'org.springframework.cloud:spring-cloud-starter-netflix-ribbon'
    implementation 'org.springframework.cloud:spring-cloud-starter-openfeign'
    testImplementation 'org.springframework.boot:spring-boot-starter-test'
    testImplementation 'io.projectreactor:reactor-test'
}
dependencyManagement {
    imports {
        mavenBom "org.springframework.cloud:spring-cloud-dependencies:${springCloudVersion}"
    }
}
```

然后需要使用和 provider 相同的方式，将项目实例加入注册中心中，application.yml 的配置如下。

1. Spring Cloud Ribbon

Spring Cloud Ribbon 的用法十分简单，首先是要引入 spring-cloud-starter-netflix-ribbon 的库，下面以使用 RestTemplate 为例，需要在初始化 RestTemplate 时加上@LoadBalanced 注解，代码如下。

```
@Bean
@LoadBalanced
RestTemplate restTemplate() {
    return new RestTemplate();
}
```

如果使用了 WebFlux，那么 WebClient 的用法如下。

```
@LoadBalanced
public WebClient.Builder loadBalancedWebClientBuilder() {
    return WebClient.builder();
}
```

然后调用时需要 build()一下，如调用一个程序用户的接口，其代码如下。

```
public Mono<User> getMonoUserById(String id) {
    return loadBalancedWebClientBuilder.baseUrl(PROVIDER_BASE_URL).build().get().uri("/users/{0}", id)
            .retrieve().bodyToMono(User.class);
}
```

当你在使用 RestTemplate 请求其他服务时，就会默认使用 Ribbon 的负载均衡策略进行请求，默认的是轮询，即会对所有可用的服务实例进行轮询访问。可以编写测试程序来测试代码是否生效。

```
/**
 * 需要启动注册中心和 provider
 */
@RunWith(SpringRunner.class)
@SpringBootTest
public class UserRepositoryTest {
    @Autowired
    private UserRepository userRepository;
    @Test
    public void getUserById() {
        final User user = userRepository.getUserById("1");
        assert user != null;
        assertThat(user.getId()).isEqualTo("1");
        assertThat(user.getName()).isEqualTo("demo");
    }
    @Test
    public void getMonoUserById() {
        final Mono<User> monoUser = userRepository.getMonoUserById("2");
        final User user = monoUser.block();
        assert user != null;
        assertThat(user.getId()).isEqualTo("2");
        assertThat(user.getName()).isEqualTo("demo");
    }
}
```

当然，Ribbon 为我们提供了 7 种负载均衡策略，如表 2.2 所示。

表 2.2　Spring Cloud Ribbon 负载均衡策略

负载均衡策略	介　绍
BestAvailableRule	选择一个请求量最小的服务实例进行请求
AvailabilityFilteringRule	跳过被"断路的"或具有高并发连接数的服务器
WeightedResponseTimeRule	每个服务器根据其平均响应时间给予权重，响应时间越长，权重就越小，然后随机选择服务器，被选中的可能性就由所计算的权重来决定
RetryRule	为请求增加重试策略，如果在一个配置的时间段内选择的服务请求不成功，就会一直尝试使用一个已定义的子规则来选择一个可用的服务
RoundRobinRule	循环选择服务器，它通常用作默认规则或更高级规则的后备
RandomRule	随机选择一个服务器
ZoneAvoidanceRule	筛选出与客户端不在同一区域中的服务器，除非客户端区域中没有可用的服务器

然后，可以通过配置 application.yml 文件来配置我们想要的策略。例如，想将负载均衡策略改成随机选择 RandomRule，那么配置如下。

```
ms-provider.ribbon.NFLoadBalancerRuleClassName=com.netflix.loadbalancer.RandomRule
```

配置完成后，还需要配置对应 IRule 类型的 Bean 去覆盖原有的 Rule 实例，代码如下。

```
@Bean
public IRule ribbonRule() {
    return new RandomRule();
}
```

2. Spring Cloud Feign

Feign 其实是对 Ribbon 的一个高级的封装，负载策略与 Ribbon 一致。首先，Feign 在 Ribbon 的基础上提供了更加简便的服务调用方式，可以像调用本地方法一样调用远程服务；其次，Feign 还集成了断路器：Spring Cloud Netflix Hystrix。这里先来介绍 Spring Cloud Feign 是如何优化远程调用方式的。

首先，需要引入 spring-cloud-starter-openfeign 的库，然后在 Spring Boot 的启动类上加上 @EnableFeignClients 注解，代码如下。

```
@SpringBootApplication
@EnableDiscoveryClient
@EnableFeignClients
public class ConsumerApplication {

    public static void main(String[] args) {
        SpringApplication.run(ConsumerApplication.class, args);
    }

}
```

然后，需要定义一个接口，并加上@FeignClient 注解的 value 指定具体要调用的服务提供者的应用名称，接口的方法必须与服务提供者的 Controller 中的方法一样，代码如下。

```
@FeignClient("ms-provider")
public interface UserFeignRepository {
    @GetMapping("/users/{id}")
    User getUserById(@PathVariable("id") String id);
}
```

服务消费者在需要调用该服务时，直接通过 Spring 的依赖注入的方式，即可自动注入 FeignClient，然后调用响应的方法，代码如下。

```
@Service
public class UserService {
    private final UserFeignRepository userFeignRepository;
    @Autowired
    public UserService(UserFeignRepository userFeignRepository) {
        this.userFeignRepository = userFeignRepository;
    }
    public User getUserById(String id) {
        return userFeignRepository.getUserById(id);
```

```
    }

}
```

可以编写测试来测试代码是否生效。

```
/**
 * 需要启动注册中心和 provider
 */
@RunWith(SpringRunner.class)
@SpringBootTest
public class UserServiceTest {
    @Autowired
    private UserService userService;
    @Test
    public void getUserById() {
        final User user = userService.getUserById("3");
        assert user != null;
        assertThat(user.getId()).isEqualTo("3");
        assertThat(user.getName()).isEqualTo("demo");
    }
}
```

本书中所有的代码示例均可在 GitHub 中找到，地址为 https://github.com/FutureElement/microservice-patterns-book。

03 第 3 章 Spring Cloud 相关组件

- 统一配置中心
- 断路器
- 健康监控
- 分布式链路跟踪

第 2 章中介绍了微服务的核心技术及相关的技术实现，服务的远程调用和服务的注册发现是微服务的两大核心架构组件，当有了这两个功能，服务消费者就可以动态地发现和剔除服务提供者，并且可以设置适合的负载均衡策略，灵活地选择需要调用的服务器。这虽然已经可以满足微服务一些基础的日常功能要求，但也没有这么简单，还存在一些如海量服务的容错问题、雪崩问题、配置和监控问题、日志追踪问题等。本章将介绍 Spring Cloud 的相关微服务组件，以及解决这些问题的方法。

3.1　统一配置中心

统一配置中心就是将所有的配置中心化，放在一处来维护，然后通过一定的方法让大家都能读取自己需要的配置信息，一旦有配置需要修改，只需修改配置中心的配置即可，所有依赖该配置信息的服务通过配置中心就能读取到修改后的配置信息。

那么，统一配置中心的目的是什么？又会给系统带来哪些便利？

3.1.1　配置中心的难点

设想一下，如果一个应用服务部署了多个实例，那么这个服务的配置文件一般是随着实例存在多份的，当多实例达到一定量级时，再加上可能开发环境、ST 环境、UAT 环境和生成环境等的配置文件，要增加或修改一项配置无疑是痛苦的。当然，我们可以通过一些自动化脚本或工具来完成这项配置，但哪怕是再智能的工具也必须要维护这些实例和不同环境的信息，尤其是在微服务项目中，开发和运维人员可能经常需要面对成百上千的服务，而一些 IT 大厂可能轻轻松松就能达到上万甚至几十万的服务实例数量，这就不是一些脚本和工具能轻松完成的工作了。因此，解决海量服务的配置问题成了微服架构的又一核心问题。

统一配置中心最大的好处就是不需要批量维护所有服务实例的配置信息，各个服务按需从配置中心读取配置，不需要修改所有的服务，只需修改配置中心的配置，不仅简单方便，而且效率高。还有一个好处就是相同的配置不需要维护多处，比如我们现在要做一个与第三方系统集成的项目，在项目中划分了很多独立的服务，可能服务 A 和服务 B 都需要与第三方系统进行交互，第三方系统提供了一些 HTTP 的接口给项目使用，那么关于第三方系统的接口配置可能既需要写在服务 A 中，也需要写在服务 B 中，哪怕它们是一模一样的，但如果有一个统一的配置中心，我们就只需要一份配置，然后服务 A 和服务 B 就都可以从这一份配置中读取配置信息。

配置中心的设计也不是没有缺点。中心化本身就有一些共性的弊端，其中最大的问题就是一旦配置中心不可用，带来的灾难就可能是成片的。设想一下，有上百个服务都依赖一套中心化的配置中心，如果这个配置中心“挂掉”，就意味着上百个服务都可能出现不可用的情况，这在微服务中是无法容忍的。

当然，我们可以通过分布式集群等方式来保证中心服务的高可用。因此，现在摆在我们面前的问题就是如何实现一个高可用的配置中心服务。

笔者在几年前利用业余时间开发了一套统一配置中心，那时还是用关系型数据库做的配置信息的存储，在经过测试之后就投入公司的小型项目中试用，系统提供后台管理页面，可以支持不同项目、不同环境的信息配置，然后提供 HTTP 接口给外部系统调用来读取配置，最初使用效果不错，但随着项目时间的推进，很多问题就逐步暴露出来。

首先，经常会有人误操作，造成项目配置信息错乱，导致应用程序出错，甚至开始直接修改数据库来维护配置，这样做可能很方便，但导致维护更加混乱，而且操作追溯困难。

其次，由于使用的是关系型数据库，而本身在设计上也是采用 key 和 value 的形式进行配置的编写，因此只能支持简单类型的数据配置，复杂的就只能通过 JSON 或一些自定义分隔符等方式来完成。

再次，可能相同的服务在同时期会存在不同版本的配置文件，与不同环境不太一样，应用程序环境不同可能只是配置项的值不同，配置项一般都一样，但不同版本则需要在相同的应用下，各个环境中维护不同版本的配置，而这些配置可能都不一样。这一点如果不做特殊的设计，单从数据库层面似乎很难解决。

最后，就是 Spring 的支持不友好，由于使用的是 HTTP 方式，因此如果要集成 Spring 的一些加载配置的方式，就需要在客户端写大量的代码来完成这一需求，而且随着 Spring Boot 等框架的流行，支持 Spring 显得尤为重要。

当然，除了这些问题，还可能是使用的配置文件存在问题，每次修改配置都需要重新启动服务，因为配置只会在启动时加载，虽然也会有一些热加载的方式，但是没办法做到完全的动态获取配置，既然现在的策略是通过服务端来加载配置信息的，那么能不能做到如果修改了配置信息，就通知所有相关的服务端是一个问题。

综上所述，要实现一个操作可追溯，数据种类多样化，可维护版本，Spring 支持友好、可动态更新、高可用的统一配置中心还是很难的。

当然，大公司往往比较热衷于让自己的团队来开发这些框架或服务，可能由于是太久之前的开源产品，功能并不是很完善，很多开源作者贡献了优秀的框架，这里就不一一列举了。本书中想给大家介绍的框架依然是 Spring Cloud 系列框架的 Spring Cloud Config。

Spring Cloud Config 是目前开源社区中最火的一款配置中心框架，它采用 git 作为配置信息的存储引擎，完美地解决了操作可追溯、配置数据种类多样、可维护版本等问题。

对 Spring 的支持自然不用说，完美地支持 Spring Boot，而且可以继承 Spring Cloud 系列的其他组件，如集成 Spring Cloud Netflix Eureka，可以将 Spring Cloud Config 部署多个实例，然后当作 Eureka 的 Client 注册到 Server 中，其他服务可以通过 Eureka Server 来发现 Spring Cloud Config 的服务，满足高可用的目的。也可以集成 Spring Cloud Bus，通过对消息的发布和订阅，及时地通知服务配置信息的变更，从而达到动态更新配置信息的目的。

Spring Cloud Config 的功能似乎很强大，而且也解决了之前所说的所有问题，那么到底如何使用呢？如何去集成这些高级的功能呢？下面为大家介绍 Spring Cloud Config 的具体用法。

3.1.2　Spring Cloud Config 框架

Spring Cloud Config 的设计结构有些类似 Spring Cloud Netflix Eureka，也提供了 Server 和 Client 两个组件。借用 Spring 官方对它的描述，Spring Cloud Config 为分布式系统中的外部化配置提供服务器和客户端支持。使用 Config Server，可以在所有环境中管理应用程序的外部属性。Config Client 将服务器上的配置映射到 Spring Environment 和 PropertySource 中，因此它们非常适合 Spring 应用程序，并且可以与任何语言运行的应用程序一起使用。

当应用程序通过部署管道从开发到测试并进入生产时，Spring Cloud Config 可以管理这些环境之间的配置，并确保应用程序具有迁移时需要运行的所有内容。服务器存储后端的默认实现使用 git，因此它可以轻松支持配置环境的标记版本，以及可用于管理内容的各种工具，当然也可以很容易地替换 git 的实现，具体运行原理如图 3.1 所示。

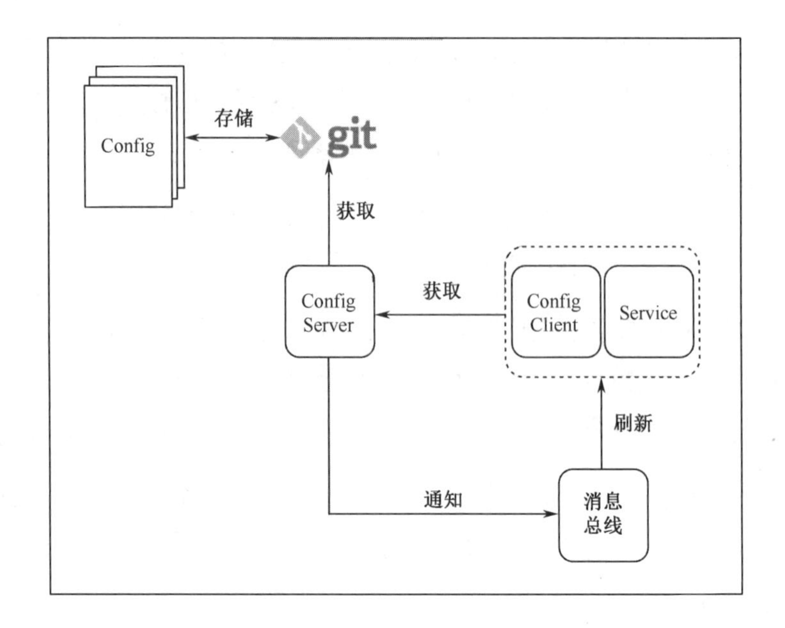

图 3.1　Spring Cloud Config 运行原理

下面来看看具体是如何使用 Spring Cloud Config 的 Server 和 Client 的。

1. Spring Cloud Config Server

首先，可以去 Spring Initializr 的网站（https://start.spring.io/）初始化我们的代码库，在 Dependencies 中添加 Config Server，下面还是以 Gradle 为例，生成的配置如下。

```
plugins {
    id 'org.springframework.boot' version '2.1.4.RELEASE'
    id 'java'
}
apply plugin: 'io.spring.dependency-management'
group = 'com.ms.zg.book'
version = '0.0.1-SNAPSHOT'
sourceCompatibility = '1.8'
repositories {
    mavenCentral()
}
ext {
    set('springCloudVersion', 'Greenwich.SR1')
}
dependencies {
    //需要引入 Spring Cloud Config Server 的依赖包
    implementation 'org.springframework.cloud:spring-cloud-config-server'
    //引入注册中心客户端依赖，可以将 Config Server 注册到注册中心
    implementation 'org.springframework.cloud:spring-cloud-starter-netflix-eureka-client'
```

```
    testImplementation 'org.springframework.boot:spring-boot-starter-test'
}
dependencyManagement {
    imports {
        mavenBom "org.springframework.cloud:spring-cloud-dependencies:${springCloudVersion}"
    }
}
```

其实需要引入 spring-cloud-config-server 这个依赖，然后在对应的 Spring Boot 的启动类上增加@EnableConfigServer 注解，代码如下。

```
@SpringBootApplication
@EnableConfigServer
@EnableDiscoveryClient
public class ConfigServerApplication {
    public static void main(String[] args) {
        SpringApplication.run(ConfigServerApplication.class, args);
    }
}
```

之前提到过，Spring Cloud Config 其实默认是使用的 git 作为配置文件的存储的，那么这里还需要配置 Git 仓库的地址、用户名密码等相关信息，所以在 application.yml 中添加如下配置。

```
server:
  port: 0
spring:
  application:
    #应用名称
    name: ms-config-server
  cloud:
    config:
      server:
        git:
          #Git 仓库的地址
          uri: https://github.com/FutureElement/microservice-patterns-book.git
          #指定搜索的路径
          search-paths: chapter-3/config-resources
          #username: #GitHub 的用户名
          #password: #GitHub 的密码
```

当然，可以把配置中心作为一个 Eureka Client 注册到我们的注册中心，添加配置代码如下。

```
eureka:
  client:
    service-url:
      defaultZone: http://ms-registry1:8080/eureka
```

最后，可能配置信息会有些敏感，不希望公开访问，最简单的方式是集成 Spring Security，Spring Cloud 提供对应的 Security 的 starter 版本，这里可以引入 spring-cloud-starter-security 的依赖库，在 build.gradle 中添加如下依赖配置。

```
implementation 'org.springframework.boot:spring-boot-starter-security'
```

然后，在 application.yml 文件中添加安全的配置，代码如下。

```
spring:
  security:
    user:
      name: demo
      password: 123456
```

这时，有关 Spring Cloud Config Server 的配置就基本完成了。在服务正常启动后，即可通过 Spring Cloud Config Client 从 git 中读取配置信息了，如果此时 Git 仓库已经有了一些配置，那么可以通过 HTTP 的请求来认证是否配置成功，请求的规则如下。

```
/{application}/{profile}[/{label}]
/{application}-{profile}.yml
/{label}/{application}-{profile}.yml
/{application}-{profile}.properties
/{label}/{application}-{profile}.properties
```

假设我们现在要对项目的测试环境编写配置文件，在指定的 GitHub 地址中的 chapter-3/config-resources 目录下添加 application-name-test.yml 文件（在客户端不指定 spring.profile.active 时会默认读取 application-name.yml 的配置，和本地配置文件规则一致），内容如下。

```
app:
  name: test-configuration
```

然后在浏览器访问 URL: http://localhost:64949/application-name/default（64949 是因为配置了 port 是 0 而产生的随机端口号地址），如果配置了 Spring Security，那么在浏览器中还需要输入用户名与密码，最后得到如下结果就证明 Config Server 配置成功了。

```
{
  "name": "application-name",
  "profiles": [
    "test"
  ],
  "label": null,
  "version": "fc8a9a4199cd21971f2f7f0897f136f560988933",
  "state": null,
  "propertySources": [
    {
      "name": "https://github.com/FutureElement/microservice-patterns-book.git/chapter-3/config-resources/application-name-test.yml",
      "source": {
```

```
                "app.name": "test-configuration"
            }
        },
        {
            "name": "https://github.com/FutureElement/microservice-patterns-book.git/chapter-3/config-resources/application-name.yml",
            "source": {
                "app.name": "demo-configuration"
            }
        }
    ]
}
```

那么，在客户端如何与配置中心集成呢？Spring Cloud Config 也提供了友好的客户端支持，不需要我们写任何代码，即可像读取本地配置一样读取配置中心的配置，下面来了解一下 Spring Cloud Config Client 的用法。

2. Spring Cloud Config Client

首先，我们在想要集成配置中心的项目中引入 Spring Cloud Config Client 的依赖包“spring-cloud-starter-config”，然后需要在本地配置注册中心的信息。build.gradle 需要引入依赖包如下。

```
implementation 'org.springframework.cloud:spring-cloud-starter-config'
implementation 'org.springframework.cloud:spring-cloud-starter-netflix-eureka-client'
```

因为需要先加载配置中心的信息，然后才能读取项目所需的配置信息，所以一般把 Spring Cloud Config 的配置写在 bootstrap.yml 文件中，bootstrap.yml 文件的配置会先于 application.yml 加载。

当然，如果配置中心集成了 Eureka，那么注册中心的配置也需要挪到 bootstrap.yml 文件中，具体的配置如下。

```
spring:
  application:
    name: application-name
  cloud:
    config:
      discovery:
        enabled: true
        #配置中心应用名
        service-id: ms-config-server
      # 对应 Spring Config Server 配置的用户名密码，如果 Server 端没有配置可以不填
      username: demo
      password: 123456
```

```
    # Spring Config Client 会读取相应 profile 的远程配置文件
    profiles:
      active: test
eureka:
  client:
    service-url:
      defaultZone: http://ms-registry1:8080/eureka/
```

由上面的配置信息可以看到，因为是集成的注册中心，所以不需要关心配置中心具体的服务地址和端口，只需写上相应配置中心的应用名即可。由于在服务端加了安全组件，这里还需要配置正确的用户名和密码，然后就可以像读取本地配置一样获取配置中心的配置了，具体配置如下。

```
@Component
public class ApplicationConfig {
    @Value("${app.name}")
    private String appName;
    public String getAppName() {
        return appName;
    }
}
```

3.1.3 集成消息总线

在上述配置完成后，我们在微服务架构中所需的关于配置信息管理的大部分功能似乎已被满足，但项目中的场景往往没有这么简单，在有的项目中，配置信息还需要动态获取。若项目要求每次修改配置不重启服务器，则使用 Spring Cloud Config 应该怎么做？

一般的做法是把这些配置信息加到数据库中，通过数据库来存储和读取这些信息，只要数据库的数据发生变化，不需要重启服务器就能直接查询到最新的配置。

但 Spring Cloud Config 使用 git 作为存储，这种方式可以满足动态获取配置的需求吗？答案是可以的，而且 Spring Cloud Config 做到的不只是可以动态获取，就连更新内存中的配置都不需要多写一行代码，在检测到配置发生变化时，Spring Cloud Config 就能自动完成配置信息的更新，这是如何做到的呢？

Spring Cloud Config 是通过集成了 Spring Cloud Bus（消息总线）框架完成的这个功能，也就是说，当 Spring Cloud Config 的服务端检测到配置发生变化时，通过消息机制通知其他的客户端。这里不介绍 Spring Cloud Bus 的全部功能，只了解一下 Spring Cloud Bus 和 Spring Cloud Config 是如何配合工作的。

首先，我们知道 Spring Cloud Bus 并不是消息中间件，本身并不具备消息中间件的能力，只不过是集成了第三方的消息中间件，Spring Cloud Bus 提供了两个消息中间件的 starter、AMQP（RabbitMQ）和 Kafka。这里选择 RabbitMQ 作为我们的消息中间件，假设已经成功启动 RabbitMQ，具体方法可以参考 RabbitMQ 的官网，有 Docker 环境的可以通过以下指令快速启动 RabbitMQ。

```
docker run -d --hostname my-rabbit --name some-rabbit -p 15672:15672 -p 5672:5672
 rabbitmq:3-management
```

其次，我们在之前 Spring Cloud Config 的 Client 端中引入新的包：spring-cloud-starter-bus-amqp。build.gradle 中的配置如下。

```
Implementation 'org.springframework.cloud:spring-cloud-starter-bus-amqpstart'
```

再次，在 application.yml 中添加关于 RabbitMQ 的配置，具体如下。

```
spring:
   rabbitmq:
   host: localhost
   port: 5672
   username: guest
   password: guest
```

最后，需要引入 actuator 框架，提供配置刷新的入口，build.gradle 中依赖如下。

```
implementation 'org.springframework.boot:spring-boot-starter-actuator'
```

并且在 application.yml 中开启 actuator 的端点（Endpoint），内容如下。

```
management:
  endpoints:
    web:
      exposure:
        include: '*'
```

可以访问 http://localhost:port/actuator 查询所有的端点，在集成消息总线后，refresh 的端点地址为/actuator/bus-refresh，我们可以通过 POST 请求该地址主动刷新配置，通过 @RefreshScope 注解可以指定配置刷新的范围，具体代码如下。

```
@Component
@RefreshScope
public class ApplicationConfig {
    @Value("${app.name}")
    private String appName;
    public String getAppName() {
        return appName;
    }
}
```

通过控制台输出可以看出请求 refresh 端点会清空服务本身的配置缓存，从而使服务重新从 Config Server 获取最新的配置，达到刷新配置的目的。而消息总线的作用就是在一个服务有多个实例时，我们不需要去 refresh 每个服务实例，只需刷新其中一个实例，消息总线会自动刷新其他的实例，达到多实例同步更新的效果。

那么，如何让配置自动刷新呢？这就需要相应的代码仓库有支持 Webhook 的功能，如我们示例中使用的 GitHub 就可以配置仓库的 Webhook，也可以配置相应的事件通知。例如，当有新的 commit 时，就发送请求给配置的地址，如/actuator/bus-refresh，从而达到自动刷新配置信息的目的。

在实现了统一配置中心的设计之后，微服务架构看起来更加完善。回想一下，现在我们的微服务拥有自动注册和发现服务的功能，并且可以通过在客户端定义负载均衡策略，灵活地选择合适的服务端实例，然后有了统一配置中心，解决海量服务配置难的问题，那么这样的架构还有其他问题吗？答案是肯定的。

下面通过微服务架构中又一个重要的架构设计“断路器”来寻找答案。

3.2 断路器

在微服务项目中常常会遇到雪崩效应。什么是雪崩效应呢？雪崩效应最开始出现在密码学中，是指当输入发生最微小的改变，如反转一个二进制位时，也会导致输出的不可区分性的改变。也就是说，无论密钥或明文的任何细微变化都必将引起密文的改变，这对密码学来说是一个好事情，雪崩效应会导致你的加密算法无法仅仅通过输出和输入就被推算出来。因此，从加密算法或加密设备的设计者角度来说，满足雪崩效应是必不可缺的准则。

而在微服务中，雪崩效应就不是一个好事情了。雪崩效应就好比蝴蝶效应，任何一个微小的错误，都可能逐步被放大，产生雪崩效应，造成毁灭性的结果。那么，如何解决微服务中的雪崩效应呢？

3.2.1 服务熔断

微服务之间的相互关系往往比较复杂，最普遍的就是网状结构。下面举一个极端的例子，假如我有多个服务，相互之间都有依赖，如图 3.2 所示为极端情况下的微服务网状调用示意图。

最常见的场景就是当负载过高时，如果某个服务的性能或抗压能力不好，那么当请求到这个服务时就需要等待或直接出现超时、不可用等情况。在图 3.2 中，一旦服务 C 出现问题，可能会影响服务 A 和服务 B，虽然服务 D、E、F 并没有直接与服务 C 相互依赖，但是服务 C 导致了服务 A 和服务 B 的阻塞，就会间接地影响服务 D、E、F，从而让整个系统变得缓慢或不可用，这就是微服务的雪崩效应。

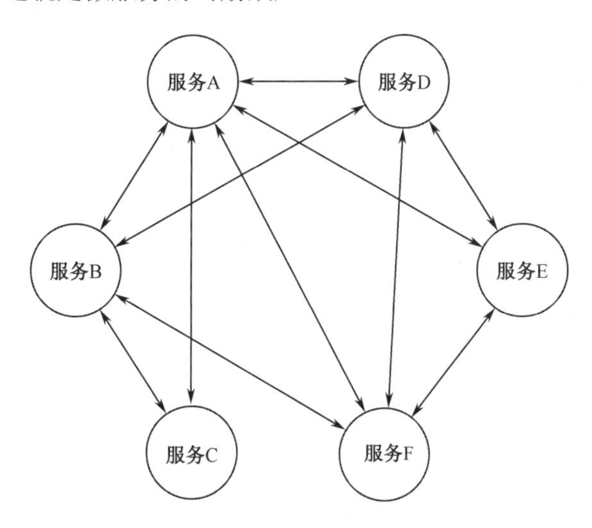

图 3.2 极端情况下的微服务网状调用示意图

微服务调用都以远程调用为主，内存中调用和远程调用之间的一个重大区别是远程调用可能会失败，或者在达到某个超时限制之前挂起而没有响应。如果在没有响应的供应商上有许多呼叫者，那么更糟糕的是，你可能会耗尽关键资源，导致跨多个系统的级联故障。这些问题还是很容易发生的，那么应该如何避免呢？其实要避免雪崩效应，根本的问题就是如何让单个有问题的服务不去影响其他服务的正常运行，这样就能将“雪崩”的范围控制到最小，从而不会将问题的影响蔓延至整个系统。

断路器（Circuit Breaker）就是为了解决这个问题而产生的。那么什么是断路器呢？听起来就像日常生活中的保险丝或空气开关一样，很多高功率的电器、家中和生产场所中都会有电路的保险装置，这些装置一般称为断路器，断路器会在短路和严重超载的情况下切断电路，从而有效地保护回路中的电器，防止电器损坏和火灾的情况发生。

技术有很多时候的设计往往都源于生活，微服务中的断路器其实就是效仿真实生活中的断路器，当服务过载而导致响应过慢或不可用时，断路器能及时地切断真实的服务调用，并返回提前设定好的响应，保证调用方其他功能的正常运行。

那么，如何实现一个断路器呢？你可以自己去实现一个断路器，首先需要在服务调用方监控服务的调用情况，然后设置一些阈值，如响应时间不得超过 15s、错误次数比例不得超过 30%等，再去定义一些调用失败后预期的返回结果，如查询一个员工的姓名，返回张三，当调用结果情况超过了设定的阈值时，断路器就改变服务的调用策略，消费者将不再调用原来的服务，当请求发起时，直接返回之前设置的另一个调用策略，通常称这种方式为服务降级策略，这样就可以实现一个断路器的基本功能了。下面来了解一下 Spring Cloud 系列的断路器：Spring Cloud Netflix Hystrix 是如何使用的。

Spring Cloud Netflix Hystrix 是 Spring Cloud 关于解决微服务雪崩效应的解决方案，不过看名称可以知道，Hystrix 仍然是由大名鼎鼎的 Netflix 开发并开源的产品，Spring Cloud 很好地对它进行了封装，并且与 Spring Cloud Ribbon、Spring Cloud Feign 等框架可以无缝集成。

Spring Cloud Netflix Hystrix 提供了断路器的全部功能，首先需要在服务调用端引入 Hystrix 的 starter：spring-cloud-starter-netflix-hystrix，配置如下。

```
implementation 'org.springframework.cloud:spring-cloud-starter-netflix-hystrix'
```

在 Spring Boot 的启动类上添加@EnableCircuitBreaker 注解即可，代码如下。

```
@EnableCircuitBreaker
@EnableDiscoveryClient
@SpringBootApplication
public class Application {
  public static void main(String[] args) {
        SpringApplication.run(Application.class, args);
  }
}
```

如果我们集成了 Spring Cloud Netflix Eureka，还有一种简便的写法，可以直接使用@SpringCloudApplication 注解来替代其他注解，代码如下。

```
@SpringCloudApplication
public class Application {
  public static void main(String[] args) {
        SpringApplication.run(Application.class, args);
  }
}
```

通过查看@SpringCloudApplication 的源码可以发现，实际上 SpringCloudApplication 就包括了@SpringBootApplication、@EnableDiscoveryClient 和@EnableCircuitBreaker 3 个注解，SpringCloudApplication 的源码如下。

```
@Target(ElementType.TYPE)
@Retention(RetentionPolicy.RUNTIME)
@Documented
@Inherited
@SpringBootApplication
@EnableDiscoveryClient
@EnableCircuitBreaker
public @interface SpringCloudApplication {
}
```

这样就完成了断路器的基本配置，之前提到过，断路器的开启有触发条件，通常通过设置阈值来作为断路器的触发条件，Spring Cloud Netflix Hystrix 提供了几种常用的阈值配置。首先由 circuitBreakerEnabled 的配置项来配置是否启用断路器，默认开启，但是如果使用 Spring Cloud Feign 作为远程调用框架，那么这里需要额外的配置来启动 Hystrix，在 application.yml 中添加如下配置即可。

```
feign:
  hystrix:
    enabled: true
```

其实，设置阈值就是和现实情况的统计做对比，如服务失败比例、最大并发数等，一旦统计的结果超过阈值，就开启断路器。既然做统计，就会有一个维度，通过观察 Hystrix 的源码，我们发现在 Hystrix 中称这个维度为 Statistical Window Buckets（统计窗口时段），即采用时间的维度，默认 10s，也就是 10 个 Bucket，通过在 application.yml 的配置设置 metrics.rollingStats.numBuckets 的值可以改变这个窗口时段。例如，想设置统计时间是 20s，那么代码如下。

```
#统计窗口时段配置，单位是个，表示多少个时间段，一个时间段是 1s
metrics.rollingStats.numBuckets: 20
```

需要注意的是，numBuckets 的配置不能动态更新，如果修改了，只能重启服务器才能生效。

断路器提供了错误百分比的阈值设置，表示错误的百分比，默认是 50%。也就是说，如果我们的 numBuckets 是 20，就表示在 20s 内，请求的失败比例超过 50%时，断路器就开启，当然可以通过配置来修改它，具体如下。

```
#单位是%，默认是 50，表示错误次数超过 50%断路器就会启动
circuitBreaker.errorThresholdPercentage: 50
```

断路器还提供了最大请求数的阈值设置，表示在指定的时段内，请求数量超过了阈值，则启动断路器，这项配置主要针对高并发时服务负载过大的情况下，有效地缓解服务的压力，做到负载保护，这也是断路器的一个比较核心的功能，对应的配置如下。

```
#最大请求数，默认是 20
circuitBreaker.requestVolumeThreshold: 20
```

断路器中还有个配置，称为 sleepWindowInMilliseconds，源码中的注释是 seconds that we will sleep before trying again after tripping the circuit（我们将会切断线路之后在重试之前休眠的秒数），意思就是断路器一旦启动，就会熔断之前的请求线路，当新的请求进来时，则会采用一定的降级策略来处理请求，但断路器并不会一直运行，在一定时间后会进入半开启状态，即会释放一部分的请求进行重试，若重试结果正常则断路器关闭，若仍然有问题，则断路器再由半开启状态进入完全开启状态。sleepWindowInMilliseconds 就是用来配置断路器开启后多长时间会进入半开启状态的，即配置断路器的工作时间，具体如下。

```
# 单位是毫秒，默认是 5000，表示断路器开启后 5s 后会进入半开启状态
circuitBreaker.sleepWindowInMilliseconds: 5000
```

常用的配置还有很多，如设置请求的超时时间：execution.isolation.thread、timeoutInMilliseconds 等，这里就不一一介绍了，其他的阈值配置大家可以通过查看 GitHub 的 Netflix Hystrix 的教程 wiki，或者查看 HystrixCommandProperties 类的源码来学习。

3.2.2 服务降级

3.2.1 节讲解了开启断路器的方法和断路器启动的阈值配置，那么断路器开启后会如何处理新到来的请求呢？最常用的就是采用服务降级的方式，即提前指定好降级方法，当断路器启动时，则调用降级方法而不再调用原来的服务，以达到服务降级、保护负载的目的。

下面来看一下在 Spring Cloud Netflix Hystrix 中如何做到服务降级。其实很简单，如果在服务消费者端使用的是 Spring Cloud Ribbon，那么只需在调用服务的方法上增加@HystrixCommand 注解，然后指定对应熔断后调用的方法名即可，代码如下。

```
@HystrixCommand(fallbackMethod = "findUserNameByIdFallback")
public String findUserNameById(String id) {
    return restTemplate.getForObject("/users/{id}/name", String.class, id);
}

public String findUserNameByIdFallback() {
    return "ZhangGang";
}
```

在上述代码中，fallbackMethod = "findUserNameByIdFallback"就指定了服务被熔断时的降级方法，当断路器启动后，原来调用 restTemplate 的方法（findUserNameById）就不会被执行，findUserNameById 方法将直接返回 findUserNameByIdFallback 的执行结果（ZhangGang）。

在之前介绍过，Spring Cloud Feign 是对 Spring Cloud Ribbon 的封装，提供了更简便的远程方法调用方式，其实 Spring Cloud Feign 不仅封装了 Ribbon，还封装了 Hystrix，因为几乎在微服务架构中每个服务调用方都需要使用断路器，Spring Cloud 干脆就开发了一个集成了远程调用（Spring Cloud Ribbon）和断路器（Spring Cloud Netflix Hystrix）的框架，它就是 Spring Cloud Feign。

那么，在 Feign 中如何使用服务降级呢？配置代码如下。

```
@FeignClient(value = "ms-provider", fallbackFactory = UserFeignClientFallBack.class)
public interface UserFeignClient {
    @GetMapping("/user/{id}")
    User getUserById(@PathVariable("id") String id);
}
```

在以上代码中，Spring Cloud Feign 可以直接定义类级别的 fallback，也可以直接在 Feign 的接口注解@FeignClient 中配置 FallbackFactory，指定降级服务为 UserFeignClientFallBack。UserFeignClientFallBack 的代码如下。

```
@Component
public class UserFeignClientFallBack implements FallbackFactory<UserFeignClient> {
    @Override
    public UserFeignClient create(Throwable cause) {
        return id -> new User(id, "ZhangGang");
    }
}
```

由以上代码可以看出，fallback 的类继承了 FallbackFactory，实现的 create 方法会创建一个新的服务实现，用来代替之前的真实方法来达到降级的目的。

3.2.3 线程隔离

线程隔离又称为舱壁机制。一般为了提高船的生存能力，会将船体分为多个舱室，当船体发生事故导致进水时，只有受损的舱室会进水，其他舱室由于舱壁的隔离，并不会受到影响，从而将船体浮力的下降控制到最小。

Spring Cloud Netflix Hystrix 也采用了同样的设计原理来保护微服务应用，在微服务的远程调用中，如果所有的请求都在一个线程池中，一旦有个别请求响应缓慢，这些请求可能会不断地消耗可用的资源，直至占满整个资源，其他的请求都会进入等待队列，从而拖垮整个应用。

那么，如何做到线程隔离呢？Hystrix 提供了两种实现方式：线程池、信号量。

1. 线程池

线程池的做法很简单，可以将同一个请求分到同一个线程池中，使不同的请求拥有不同的线程池，这样每个请求就像有了自己的舱室，当其中一个舱室由于故障导致线程池被占满后，并不会影响其他“舱室”的请求。

Hystrix 采用命令模式来完成线程池隔离线程的功能（命令模式是一种数据驱动的设计模式，也属于行为型模式）。也就是说，请求会以命令的形式包裹在对象中，并传给调用对象。调用对象寻找可以处理该命令的合适对象，并把该命令传给相应的对象，由该对象执行命令。图 3.3 所示为 Hystrix 的命令模式+线程池模式实现线程隔离的方式。

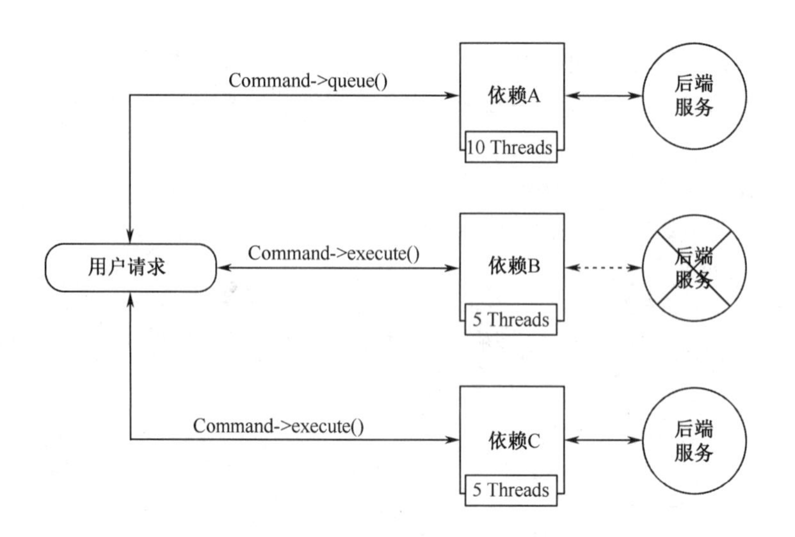

图 3.3　命令模式+线程池模式

由图 3.3 可知，当依赖 B 调用的后端服务故障时，请求可能会超时或报错，但是只会阻碍自己资源池内的请求，并不会影响依赖 A 和依赖 C 中的请求。

Hystrix 中要执行 Command 有 4 种方式：execute()、queue()、observe()和 toObservable()。详细说明如下。

（1）execute()是以阻塞的方式运行 Command 的，在执行时会先以与 queue()同样的方式获得 Future 对象，然后调用 Future 的 get 方法，get 方法会阻塞 execute 的执行，直到方法运行完成。

（2）queue()是以非阻塞的方式运行 Command 的，调用 queue 方法会直接返回 Future 对象。需要调用者使用 get 方法来获取 Command 的返回，get 是阻塞式的。

（3）observe()表示立即订阅并开始执行 Command，然后返回一个 Observable，当 subscribe 到该对象时，会重新触发流程的排序和通知。

（4）toObservable()与 observe 类似，返回 Observable，但 Command 不会立即执行，必须 subscribe 后才能真正开始执行命令的流程。

下面来看一个简单的 HelloCommand，代码如下。

```
public class HelloCommand extends HystrixCommand<String> {
    private final String name;
    public HelloCommand(String name) {
        //设置线程池的 key
        super(HystrixCommandGroupKey.Factory.asKey("HelloGroup"));
        this.name = name;
    }
    @Override
    protected String run() {
```

```
            //这里一般执行真正的调用逻辑，此处模拟一个异常的发生
            throw new IllegalArgumentException ("test failed");
        }
        @Override
        protected String getFallback() {
            return "Hello Failure " + name + "!";
        }
        public static void main(String[] args) {
            String result = new HelloCommand("hystrix").execute();
            assertEquals("Hello Failure hystrix!", result);
        }
    }
```

在上述代码中，要执行一个 hello 的方法，那么首先可以定义一个 HelloCommand，继承 HystrixCommand，再通过构造器将参数传递到 Command，然后通过设置 HystrixCommandGroupKey.Factory.asKey("HelloGroup")的方法返回 HystrixCommandGroupKey，Hystrix 通过 HystrixCommandGroupKey 来定义线程池，当 HystrixCommandGroupKey 相同时，则会在同一个线程池内执行，最后通过 getFallback 方法来定义断路后的返回，当我们在执行 execute 时，run 方法首先被执行，然后执行异常后，getFallback 将被执行，以达到优雅的降级。

2. 信号量

尽管线程池的做法能够优雅地将应用程序的依赖服务保护起来，而不会在依赖服务出错时影响到服务本身，但是通常线程池更适合于远程调用依赖服务的模式，当我们在调用一些本地依赖服务时，或者网络开销基本忽略不计、服务响应延迟极低时，就没有必要再拥有另外一个线程，线程池本身就会增加一定计算的开销，从而影响到应用程序本身的性能。

Hystrix 提供了信号量作为另一种方式来实现线程隔离，信号量又称为计数器，其实就是对任何给定依赖项的并发调用数进行计数，然后限制信号量的大小，而不是使用线程池/队列大小。因此，信号量的开销是很低的，其前提是保障依赖服务能够快速地返回异常，所以通常我们在非远程的依赖服务的调用中使用信号量来做线程隔离。

那么，具体是如何使用的呢？其实相比于线程池的用法，使用信号量只需在 Command 的构造器中设置隔离策略为 SEMAPHORE，代码如下。

```
    public HelloCommand(String name) {
            super(Setter.withGroupKey(HystrixCommandGroupKey.Factory.asKey("HelloGroup")).
            andCommandPropertiesDefaults(HystrixCommandProperties.Setter().withExecutionIsolationStrategy(
                            HystrixCommandProperties.ExecutionIsolationStrategy.SEMAPHORE))
            );
            this.name = name;
        }
```

需要注意的是，在使用线程隔离时，无论是信号量的方式还是线程池的方式，客户端在

调用依赖服务时都需要有超时的设置来防止服务被无限期阻塞，避免隔离区长期饱和。

3.2.4 请求合并

除提供基本的断路器和服务降级功能之外，Hystrix 还有其他的高级功能，如请求合并和请求缓存。请求合并就是把多次请求合并为一次请求，为什么要合并请求，合并什么样的请求？带着这些问题，我们来了解一下请求合并的功能。

请求合并是在前端开发中常用的手段。例如，我们往往将一些页面的 JS、CSS 和图片分别合并到一个文件中，如 webpack，然后只通过一次请求就可以加载这个文件；再如，一些 BFF（Backend For Frontend）的框架，也都将短时间内的请求合并为一次请求进行发送，这些都是请求合并的体现，这样做可以减少与后端服务建立连接的次数，有效地减少不必要的网络消耗，提高系统性能和负载。

那么，后端的请求合并是如何做的呢？请求未合并和合并的对比具体如图 3.4 所示。

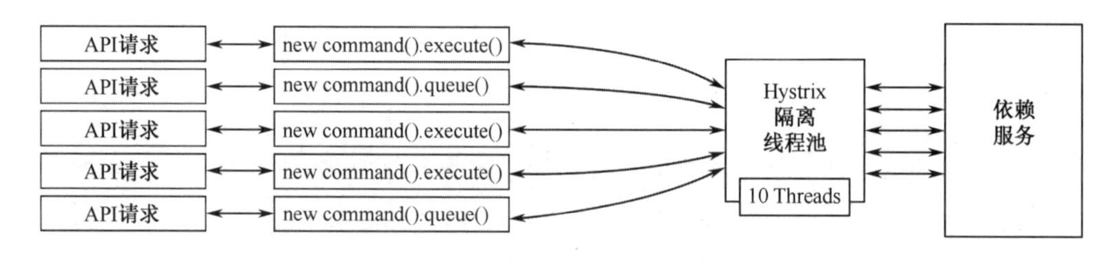

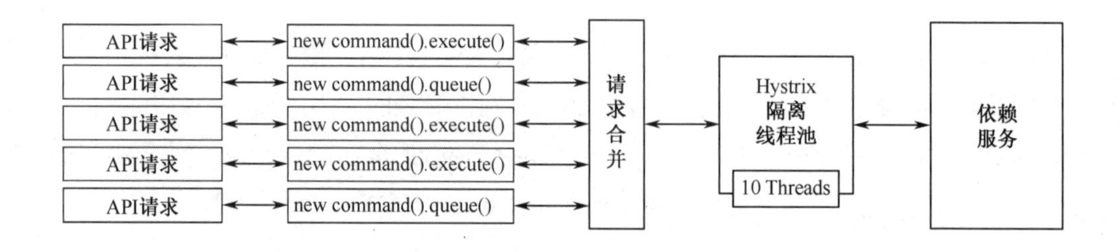

图 3.4　请求未合并和合并对比

由图 3.4 可以看出，当请求没有进行合并操作时，5 次请求就会占用 5 个线程池中的线程，并且会与依赖服务建立 5 次新的连接，而当进行请求合并操作后，5 次请求只会占用一个线程池的线程，并且与依赖服务建立一次连接。

Hystrix 提供了请求合并的功能，采用的还是指令模式，我们通过继承 HystrixCollapser 类和自定义 BatchCommand 的方式来实现请求的合并。

具体如何实现呢？假设现在有个请求是根据用户 ID 来查询用户，那么使用 Hystrix 合并请求的示例如下。

```
//继承 HystrixCollapser 类并且声明合并的类型、单次请求的类型和 ID 的类型
public class CommandCollapserGetUserById extends HystrixCollapser<List<User>, User, String> {
    private final String id;
    private final UserService userService;
    //注入用户 ID 和用户服务
    public CommandCollapserGetUserById(String id, UserService userService) {
        this.id = id;
        this.userService = userService;
    }
    //获取请求参数，这里直接返回用户 ID
    @Override
    public String getRequestArgument() {
        return id;
    }
    //重写批量查询的方法
    @Override
    protected   HystrixCommand<List<User>>   createCommand(Collection<CollapsedRequest<User,
String>> collapsedRequests) {
        return new BatchUserCommand(collapsedRequests);
    }

    //重写响应和请求映射的方法
    @Override
    protected void mapResponseToRequests(List<User> batchResponse,
                                         Collection<CollapsedRequest<User, String>> collapsedRequests) {
        int count = 0;
        //根据查询顺序进行结果映射
        for (CollapsedRequest<User, String> request : collapsedRequests) {
            request.setResponse(batchResponse.get(count++));
        }
    }
    //继承 HystrixCommand，实现具体的批量查询方法
    public class BatchUserCommand extends HystrixCommand<List<User>> {
        private final Collection<HystrixCollapser.CollapsedRequest<User, String>> requests;
        private   BatchUserCommand(Collection<HystrixCollapser.CollapsedRequest<User,   String>>
requests) {
            super(HystrixCommand.Setter
                    .withGroupKey(HystrixCommandGroupKey.Factory.asKey("ExampleGroup"))
                    .andCommandKey(HystrixCommandKey.Factory.asKey("GetUserById")));
            this.requests = requests;
        }
```

```
            @Override
            protected List<User> run() {
                List<String> ids = requests.stream()
                        .map(HystrixCollapser.CollapsedRequest::getArgument)
                        .collect(Collectors.toList());
                //调用依赖服务的批量查询用户的方法
                return userService.findUserByIds(ids);
            }
        }
    }
```

由上述代码可以看出，首先需要定义一个合并查询用户的指令，并继承 HystrixCollapser 类，而且需要定义 HystrixCollapser 的泛型，具体说明如下。

```
/*
 * @param <BatchReturnType>
 *              批量返回的类型 {@link HystrixCommand} 将会触发批量方法的执行
 * @param <ResponseType>
 *              指令的返回类型
 * @param <RequestArgumentType>
 *              请求参数的类型。如果需要多个参数，请将它们包装在另一个对象或元组中
 */
HystrixCollapser<BatchReturnType, ResponseType, RequestArgumentType>
```

本例中批量查询返回值是 List<User>，单个查询返回值是 User，请求参数类型是 String，所以应该是继承 HystrixCollapser<List<User>, User, String>，然后通过构造器的方式设置请求参数和依赖服务到全局属性中，通过 createCommand 方法，返回具体批量查询的指令，通过 mapResponseToRequests 来定义具体返回结果和请求的映射关系。在一般情况下，返回顺序与请求的顺序相同。

批量的查询指令需要另外定义，并且继承 HystrixCommand，用法与之前一样，在 run 方法中定义具体的实现，如调用依赖服务。这里可以看出，如果要实现请求合并，不仅客户端需要进行改造，服务端也需要提供相应的批量查询方法，代码如下。

```
@Service
public class UserService {
    //声明一个 AtomicInteger 用于记录服务的调用次数
    private static int count = 0;
    @Autowired
    public UserService() {
        cleanCount();
    }
    @SuppressWarnings("unused")
    public String findUserNameByIdFallback(String id) {
        return "ZhangGang";
```

```
    }
    public List<User> findUserByIds(List<String> ids) {
        //增加次数
            increment();
            return ids.stream().map(id -> new User(id, "test")).collect(Collectors.toList());
        }
        private static void increment() {
            count++;
        }
        private static void cleanCount() {
            count = 0;
        }
        public int getCounts() {
            return count;
        }
}
```

写个测试来验证一下，代码如下。

```
/public class CommandCollapserGetUserByIdTest {
    private HystrixRequestContext context;
    @Before
    public void before() {
        //初始化 Hystrix
        context = HystrixRequestContext.initializeContext();
        //设置当前 context
        HystrixRequestContext.setContextOnCurrentThread(context);
    }
    @After
    public void after() {
        context.shutdown();
    }
    @Test
    public void testOneCallUserService() throws ExecutionException, InterruptedException {
        final UserService userService = new UserService();
        //使用 CommandCollapserGetUserById 模拟 5 次用户查询的请求
        Future<User> f1 = new CommandCollapserGetUserById("1", userService).queue();
        Future<User> f2 = new CommandCollapserGetUserById("2", userService).queue();
        Future<User> f3 = new CommandCollapserGetUserById("3", userService).queue();
        Future<User> f4 = new CommandCollapserGetUserById("4", userService).queue();
        Future<User> f5 = new CommandCollapserGetUserById("5", userService).queue();
        //输出 5 次请求的结果
        assertThat(f1.get().getId()).isEqualTo("1");
        assertThat(f2.get().getId()).isEqualTo("2");
        assertThat(f3.get().getId()).isEqualTo("3");
```

```
            assertThat(f4.get().getId()).isEqualTo("4");
            assertThat(f5.get().getId()).isEqualTo("5");
            //验证 UserService 只被调用了一次
            assertThat(userService.getServiceCallCounts()).isEqualTo(1);
        }
    }
```

可以看到，采用 queue 的方式调用指令，批量查询只执行了一次，并且返回的数据也对应正确。这样便将多次 GetUserById 的方法合并了，减少了请求的次数。

那么，什么样的请求会被合并？是不是所有的 GetUserById 都会被合并？当然不是，如果所有的 GetUserById 请求都被合并，那么所有的请求都要等到在一起时进行合并，这显然不可能，Hystrix 默认是使用一个单位的 Window Bucket 时间，即会合并 10ms 内的请求，那么可以再次验证一下，修改之前的 main 方法，代码如下。

```
@Test
public void testTwoCallUserService() throws ExecutionException, InterruptedException {
    final UserService userService = new UserService();
    //使用 CommandCollapserGetUserById 模拟 5 次用户查询的请求
    Future<User> f1 = new CommandCollapserGetUserById("1", userService).queue();
    Future<User> f2 = new CommandCollapserGetUserById("2", userService).queue();
    Future<User> f3 = new CommandCollapserGetUserById("3", userService).queue();
    //延迟 20ms
    Thread.sleep(20);
    Future<User> f4 = new CommandCollapserGetUserById("4", userService).queue();
    Future<User> f5 = new CommandCollapserGetUserById("5", userService).queue();
    //输出 5 次请求的结果
    assertThat(f1.get().getId()).isEqualTo("1");
    assertThat(f2.get().getId()).isEqualTo("2");
    assertThat(f3.get().getId()).isEqualTo("3");
    assertThat(f4.get().getId()).isEqualTo("4");
    assertThat(f5.get().getId()).isEqualTo("5");
    //验证 UserService 被调用了两次
    assertThat(userService.getServiceCallCounts()).isEqualTo(2);
}
```

先发送两次请求，将主线程设置为 sleep 20ms，再发送两次请求，得到查询结果不变，但是批量查询的方法执行了两次，证明了请求合并只会合并极短时间内的相同请求。因此，我们并不用担心所有请求都会等待在一起发送的问题。

除了请求合并，Hystrix 还提供了请求缓存的功能，下面来了解一下请求缓存的用法。

3.2.5　请求缓存

缓存的概念相信大家并不陌生，缓存的原理一般都是对查询的操作设置一个 key 值，然后将查询结果缓存起来。当然，缓存的手段有很多，如 Hibernate 中使用的内存缓存 Ehcache、集中式缓存 Redis 等，其目的都是当我们再次查询 key 值相同的数据时，可以不用再次请求依赖的服务或数据库，直接从缓存中快速返回结果，起到提高系统性能的作用。

那么，Hystrix 的缓存如何工作？其实很简单，还是使用 HystrixCommand，在我们发送请求时，都会通过 Hystrix 的指令模式定义一个继承与 HystrixCommand 的指令，然后在 run 方法中定义具体的请求实现。如果我们希望请求能够缓存，同样还是使用指令模式，在指令中只需增加 getCacheKey 方法返回相应的 key 值即可。下面来改造 3.2.4 节中的批量查询指令，代码如下。

```
public class BatchUserCommand extends HystrixCommand<List<User>> {
    private final List<String> ids;
    //构造一个 BatchUserCommand
    private BatchUserCommand(Collection<HystrixCollapser.CollapsedRequest<User, String>>
requests) {
        super(HystrixCommand.Setter
                .withGroupKey(HystrixCommandGroupKey.Factory.asKey("ExampleGroup"))
                .andCommandKey(HystrixCommandKey.Factory.asKey("GetUserById")));
        this.ids = requests.stream()
                .map(HystrixCollapser.CollapsedRequest::getArgument)
                .collect(Collectors.toList());
    }
    @Override
    protected List<User> run() {
        //调用批量查询用户的方法
        return userService.findUserByIds(ids);
    }
    @Override
    protected String getCacheKey() {
        return "get_user_by_ids_" + Arrays.toString(ids.toArray(new String[0]));
    }
}
```

由上述代码可知，将批量查询的 ID 作为缓存的 key 值，那么当再次批量查询到相同 ID 的用户时，缓存的数据就会生效，真实请求就不会被调用。下面来验证一下效果，同样是使用 main 方法，代码如下。

```
@Test
public void testCallUserServiceByCache() throws ExecutionException, InterruptedException {
    final UserService userService = new UserService();
```

```
        //使用 CommandCollapserGetUserById 模拟 5 次用户查询的请求
        Future<User> f1 = new CommandCollapserGetUserById2("1", userService).queue();
        Future<User> f2 = new CommandCollapserGetUserById2("2", userService).queue();
        //延迟 20ms
        Thread.sleep(20);
        Future<User> f3 = new CommandCollapserGetUserById2("1", userService).queue();
        Future<User> f4 = new CommandCollapserGetUserById2("2", userService).queue();
        //输出 5 次请求的结果
        assertThat(f1.get().getId()).isEqualTo("1");
        assertThat(f2.get().getId()).isEqualTo("2");
        assertThat(f3.get().getId()).isEqualTo("1");
        assertThat(f4.get().getId()).isEqualTo("2");
        //由于缓存，UserService 被调用了 1 次
        assertThat(userService.getServiceCallCounts()).isEqualTo(1);
    }
```

在代码中发送了 4 次请求，并且在中间将主线程设置为 sleep 20ms，保证请求不会全部被合并，那么在不加缓存时，理论上会发送两次请求，这两次请求都会查询 ID 为 1 和 2 的用户。当加了缓存后，第二次请求时缓存生效，并没有再次调用用户服务，而是直接返回结果。所以，只要我们在指令中添加 getCacheKey 方法，并且返回正确的 key 值，Hystrix 的请求缓存机制就会生效。我们查看源码可以发现，getCacheKey 方法被定义在 AbstractCommand 中，默认返回 null，返回 null 时就代表不使用缓存。

使用缓存还涉及缓存失效的问题，假如数据发生变化，并不希望缓存一直存在，这时就需要清除缓存，Hystrix 也提供了便捷清除缓存的方式，首先将之前的 main 方法改造一下，代码如下。

```
    @Test
    public void testCallUserServiceByNotCleanCache() throws ExecutionException, InterruptedException {
        final UserService userService = new UserService();
        //使用 CommandCollapserGetUserById 模拟 5 次用户查询的请求
        Future<User> f1 = new CommandCollapserGetUserById2("1", userService).queue();
        Future<User> f2 = new CommandCollapserGetUserById2("2", userService).queue();
        //延迟 20ms
        Thread.sleep(20);
        Future<User> f3 = new CommandCollapserGetUserById2("1", userService).queue();
        Future<User> f4 = new CommandCollapserGetUserById2("2", userService).queue();
        //输出 5 次请求的结果
        assertThat(f1.get().getId()).isEqualTo("1");
        assertThat(f2.get().getId()).isEqualTo("2");
        assertThat(f3.get().getId()).isEqualTo("1");
        assertThat(f4.get().getId()).isEqualTo("2");
        //增加 f5，f6 次请求
```

```
        Future<User> f5 = new CommandCollapserGetUserById2("1", userService).queue();
        Future<User> f6 = new CommandCollapserGetUserById2("2", userService).queue();
        assertThat(f5.get().getId()).isEqualTo("1");
        assertThat(f6.get().getId()).isEqualTo("2");
        //由于缓存，UserService 被调用了 1 次
        assertThat(userService.getCounts()).isEqualTo(1);
    }
```

可以看出，此处 f5 和 f6 仍然命中了缓存的数据，并没有请求批量查询，若想要 f5 和 f6 不再使用缓存，则需要手动清除对应的缓存值，代码如下。

```
    @Test
    public void testCallUserServiceByCleanCache() throws ExecutionException, InterruptedException {
        final UserService userService = new UserService();
        //使用 CommandCollapserGetUserById 模拟 5 次用户查询的请求
        Future<User> f1 = new CommandCollapserGetUserById2("1", userService).queue();
        Future<User> f2 = new CommandCollapserGetUserById2("2", userService).queue();
        //延迟 20ms
        Thread.sleep(20);
        Future<User> f3 = new CommandCollapserGetUserById2("1", userService).queue();
        Future<User> f4 = new CommandCollapserGetUserById2("2", userService).queue();
        //输出 5 次请求的结果
        assertThat(f1.get().getId()).isEqualTo("1");
        assertThat(f2.get().getId()).isEqualTo("2");
        assertThat(f3.get().getId()).isEqualTo("1");
        assertThat(f4.get().getId()).isEqualTo("2");
        //增加 f5，f6 次请求
        Future<User> f5 = new CommandCollapserGetUserById2("1", userService).queue();
        Future<User> f6 = new CommandCollapserGetUserById2("2", userService).queue();
        //调用 HystrixRequestCache 的 clear 方法清除缓存
        final String cacheKey = "get_user_by_ids_" + Arrays.toString(new String[]{"1", "2"});
        HystrixRequestCache.getInstance(HystrixCommandKey.Factory.asKey("GetUserById"),
HystrixConcurrencyStrategyDefault.getInstance()).clear(cacheKey);
        assertThat(f5.get().getId()).isEqualTo("1");
        assertThat(f6.get().getId()).isEqualTo("2");
        //UserService 被调用了 2 次
        assertThat(userService.getCounts()).isEqualTo(2);
    }
```

通过获取 HystrixRequestCache 的实例，并调用 clear 方法可以清除 CommandKey 下指定的缓存 key 的缓存值。可以看出，缓存清除生效了，f5 和 f6 再次请求了批量查询的服务。

3.2.6 Hystrix 注解

通过前面的内容，基本上了解了 Hystrix 的大部分功能的设计意图和用法，但是发现使用 Hystrix 需要配合大量的命令模式，需要编写除业务代码之外更多的代码，当然 Hystrix

也提供了一些简单的用法，如通过注解来完成指令和缓存的配置。

虽然使用注解也有一定的侵入性，但是比每次创建一个 Command 要优雅一些，比较常见的就是@HystrixCommand 注解。通过 HystrixCommand 可以快速设置 fallback，同样也可以完成如 commandKey 和 groupKey 的配置，具体代码如下。

```
@HystrixCommand(commandKey = "findUserById", groupKey = "UserClient")
public User findUserById(String id) {
    return ...
}
```

同样，在使用请求缓存时，也可以通过@CacheResult、@CacheRemove 来实现，代码如下。

```
@Service
public class UserService {
    @CacheResult(cacheKeyMethod = "getCacheKey")
    @HystrixCommand(commandKey = "findUserById", groupKey = "UserClient")
    public User findUserById(String id) {
        System.out.println("调用了 findUserById");
        return User.builder().id(Long.valueOf(id)).build();
    }
    @CacheRemove(commandKey = "findUserById", cacheKeyMethod = "getCacheKey")
    @HystrixCommand(commandKey = "updateUser", groupKey = "UserClient")
    public User updateUser(User user) {
        System.out.println("调用了 updateUser");
        return null;
    }
    public String getCacheKey(String id) {
        return "find_user_by_id_" + id;
    }
    public String getCacheKey(User user) {
        return "find_user_by_id_" + user.getId();
    }
}
```

在上述代码中，通过@CacheResult 来标记需要 Hystrix 缓存的方法，然后通过 cacheKey Method 来指定生成缓存 key 的方法，当数据更新后，可以通过@CacheRemove 清除缓存。下面写一个测试来验证一下，代码如下。

```
@Autowired
private UserService userService;
@Test
public void testAnnotation() {
    //第一次查询调用真实服务
    User user = userService.findUserById("1");
    assertThat(user.getId()).isEqualTo("1");
    //再次查询缓存命中
```

```
        User user2 = userService.findUserById("1");
        assertThat(user2.getId()).isEqualTo("1");
        //更新后清除缓存
        userService.updateUser(new User("1"));
        //更新后再次调用真实服务
        User user3 = userService.findUserById("1");
        assertThat(user3.getId()).isEqualTo("1");
    }
```

我们期望得到的输出如下。

```
调用了 findUserById
调用了 updateUser
调用了 findUserById
```

如果仅仅是单元测试，那么这里应该会报错。

```
Casue by:
…
Request caching is not available. Maybe you need to initialize the HystrixRequestContext?
…
```

所以还需要初始化 HystrixRequestContext，代码如下。

```
private HystrixRequestContext context;
@Before
public void before() {
    context = HystrixRequestContext.initializeContext();
    HystrixRequestContext.setContextOnCurrentThread(context);
}
@After
public void after() {
    context.shutdown();
}
```

当然，大多数情况下可能不需要每次都定义 cacheKeyMethod，通常可以直接使用@CacheKey 来设置缓存的 key 值。下面使用之前 cacheKeyMethod 的例子，使用@CacheKey 改造后的代码如下。

```
@CacheResult
@HystrixCommand(commandKey = "findUserById", groupKey = "UserClient")
public User findUserById(@CacheKey String id) {
    System.out.println("调用了 findUserById");
    return User.builder().id(Long.valueOf(id)).build();
}
@CacheRemove(commandKey = "findUserById")
@HystrixCommand(commandKey = "updateUser", groupKey = "UserClient")
public User updateUser(@CacheKey("id") User user) {
    System.out.println("调用了 updateUser");
    return null;
}
```

由上述代码可知，直接使用用户的 ID 作为缓存的 key，@CacheKey 是作用在方法参数上的，也可以通过@CacheKey 的 value 来指定 key 的规则。例如，在 updateUser 方法上，方法参数是 User，可以通过指定@CacheKey("id")来表示使用 User 中属性名为 ID 的值来作为缓存的 key 值。下面查看@CacheKey 的源码来了解该注解 value 的详细说明。

```
/**
 * 允许指定某个参数属性的名称
 * 例如: <code>@CacheKey("id") User user</code>,
 * 或者是复合属性: <code>@CacheKey("profile.name") User user</code>
 * <code>null</code> 属性被忽略, 即如果<code>profile</code> 是 <code>null</code>
 * 那么结果<code>@CacheKey("profile.name") User user</code> 将是空的 String
 *
 * @return 参数属性的名称
 */
String value() default "";
```

3.2.7 Hystrix 控制台

Hystrix Dashboard 是 Hystrix 为我们提供的一个友好的监控页面，它收集了 Hystrix 中的每个 HystrixCommand 的执行情况，使用时需要添加额外的依赖 spring-cloud-starter-hystrix-dashboard，还需要在 Spring Boot 的启动类上增加@EnableHystrixDashboard 注解来启动监控。假如此时本地的服务端口是 8080，就可以通过访问 localhost:8080/hystrix 进入 Dashboard 首页，如图 3.5 所示。

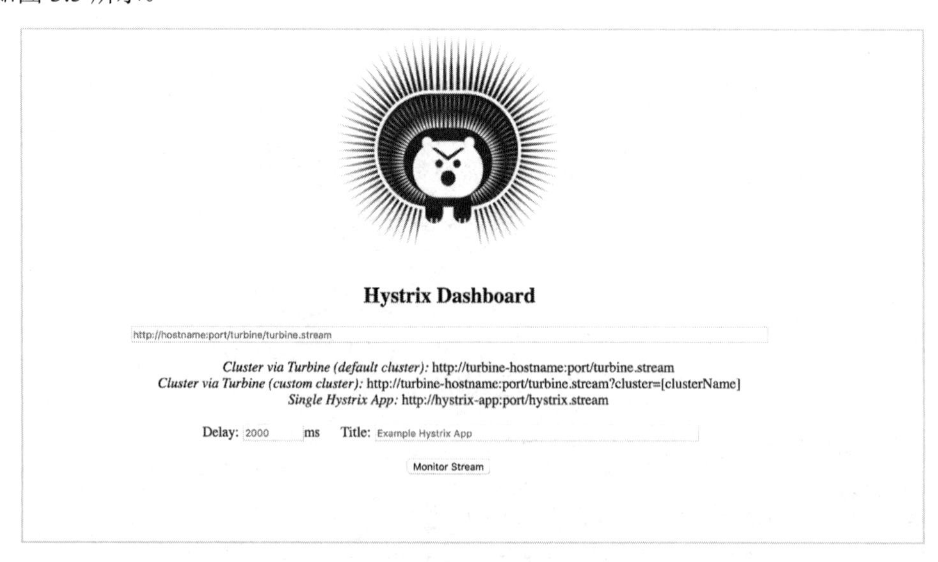

图 3.5 Hystrix Dashboard 首页

假如此时我们想查看本地 8080 服务的断路器使用情况，可以在第一个地址栏中输入服务的地址，然后加上 hystrix.stream，如 http://localhost:8080/hystrix.stream，最后单击图 3.5 所示最下方的 Monitor Stream 按钮，就会进入具体的统计页面，如图 3.6 所示。

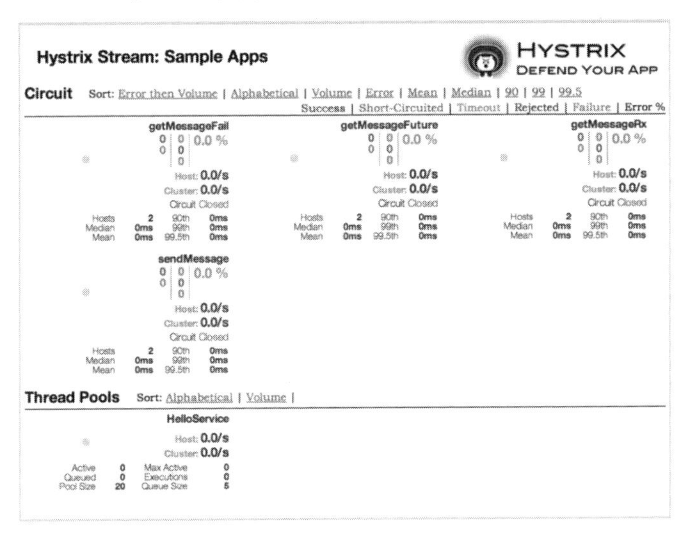

图 3.6　Hystrix Dashboard 统计详情页

Hystrix Dashboard 是基于 Spring Boot Actuator（Spring Boot 健康监控组件，在下节中会详细介绍）来进行数据收集的，而且是以 Web 的方式，如果你使用的是 2.0 及以上版本的 Spring Boot，那么这里需要注意，在新版本中，监控组件并不会默认开启所有的 Web 端点数据，所以 Hystrix Dashboard 并不能访问 Hystrix 的监控数据，这里需要手动开放 Web 的 Hystrix 的监控端点，在 application.yml 中的配置代码如下。

```
management:
  endpoints:
    web:
      exposure:
        include: hystrix.stream
```

hystrix.stream 是 Hystrix 监控端点的名称，开启后重启服务即可，新版本监控地址也发生了变化，hystrix.stream 的地址变成了 http://localhost:8080/actuator/hystrix.stream，在 Hystrix Dashboard 的首页输入该地址即可。

首次使用时会出现没有数据的现象，如图 3.7 所示。

那是因为这是第一次启动，还没有任何配置断路器的请求发生，我们可以手动发送几次请求，数据就会出现了。

至此，关于 Spring Cloud Netflix Hystrix 的功能和用法基本介绍完了，还想深度了解的读者可以访问 Spring Cloud Netflix 的官方教程。

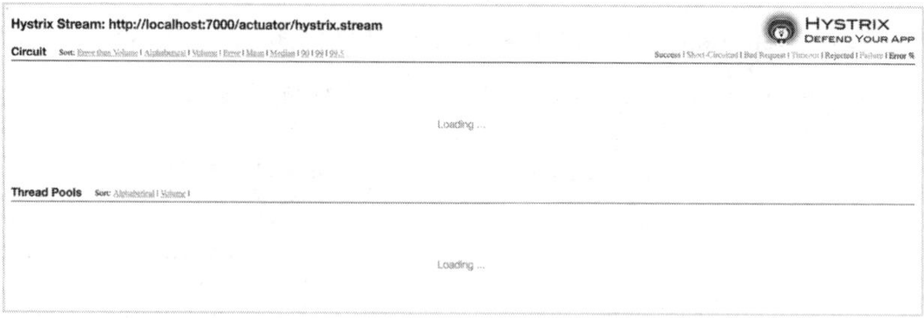

图 3.7　Hystrix Dashboard 一直 loading（加载中）

3.3　健康监控

在生产环境中，我们通常会为服务添加各种监控组件或日志追踪等功能，看了 Hystrix 的监控功能是不是觉得很好用？除了 Hystrix，我们还能对微服务进行哪些监控？下面了解一下其他的监控组件。

Spring Boot 为我们提供了一个十分便捷的框架：Spring Boot Actuator。Actuator 提供了几个生产级的服务，用于监控应用程序的运行信息，如运行状态、指标、环境变量、配置信息等，只要简单的几个步骤就可以使用。

Actuator 本身的用法也十分简单，只需引入 Actuator 的依赖包 spring-boot-starter-actuator 即可，然后启动服务。假设本地的端口还是 8080，通过 HTTP 的方式在浏览器中访问地址 http://localhost:8080/actuator，得到 JSON 数据如下。


```
{
    "_links": {
        "self": {
            "href": "http://localhost:8080/actuator",
            "templated": false
        },
        "health": {
            "href": "http://localhost:8080/actuator/health",
            "templated": false
        },
        "info": {
            "href": "http://localhost:8080/actuator/info",
            "templated": false
        }
    }
}
```

其中，每个地址都被称为一个 Endpoint（端点），Actuator 提供了很多端点的实现，并且提供了 JMX 和 Web 两种接口方式。其中，JMX 的接口几乎暴露了所有的端点，而 Web 的接口默认只开启 health 和 info 的端点，我们可以通过配置开启和关闭这些端点，具体如下。

```
management:
  endpoints:
    web:
      exposure:
        include: health,env,metrics,beans
        exclude: info
```

通过在 application.yml 中添加如上配置，在 Web 接口上增加了 env、metrics、beans 等端点，移除了 info 的端点，如果想配置开启全部的端点，也可以配置 include:*，在重启服务后，再次访问/actuator 的地址来验证配置是否生效，得到的 JSON 数据如下。

```
{
    "_links": {
        "self": {
            "href": "http://localhost:8080/actuator",
            "templated": false
        },
        "beans": {
            //获取 Spring 所有的 Bean
            "href": "http://localhost:8080/actuator/beans",
            "templated": false
        },
        "health": {
            "href": "http://localhost:8080/actuator/health",
            "templated": false
        },
        "env": {
            //获取当前应用的环境变量
            "href": "http://localhost:8080/actuator/env",
            "templated": false
        },
        "env-toMatch": {
            //查询应用的环境变量是否匹配
            "href": "http://localhost:8080/actuator/env/{toMatch}",
            "templated": true
        },
        "metrics-requiredMetricName": {
            "href": "http://localhost:8080/actuator/metrics/{requiredMetricName}",
            "templated": true
```

```
        },
        "metrics": {
            "href": "http://localhost:8080/actuator/metrics",
            "templated": false
        }
    }
}
```

那么，这些端点是什么意思，监控了哪些信息，还有哪些端点呢？下面就为大家展示一些常用的端口说明。

（1）auditevents：安全相关的统计信息，如用户登录、注销等。

（2）beans：返回所有 BeanFactory 使用的 Bean。

（3）conditions：之前版本是 autoconfig，展示所有的自动化配置信息。

（4）configprops：所有@ConfigurationProperties 的 Bean。

（5）env：应用的环境属性，可以通过/env/{name}进行过滤。

（6）flyway：flyway 数据迁移的信息，flyway 是一个数据库管理和迁移的工具。

（7）health：应用的健康信息总览。

（8）info：应用的一般信息，也可以是自定义数据。

（9）Liquibase：同 flyway，是另一个数据库管理工具。

（10）Metrics：应用程序的指标信息，包括通用指标和自定义指标。

（11）Mappings：应用的 Mapped 的 URL 信息，包括 Servlet 和 Filter 的信息。

（12）Scheduledtasks：应用程序中计划任务的详细信息。

（13）Sessions：正在使用的 Spring Session 详细信息。

（14）Shutdown：关闭应用程序，不推荐使用，默认是关闭。

（15）threaddump：执行一个 JVM 线程 dump。

（16）heapdump：从我们的应用程序使用的 JVM 构建，并返回当前 JVM 的堆快照信息（二进制格式）。

（17）logfile：应用程序日志信息。

（18）loggers：查询和修改应用程序的日志记录级别。

虽然 Spring Boot Actuator 提供了大量的内置端口，可以满足大部分的服务健康监控的需求，但实际项目中会遇到各种需求，有时想要自定义监控逻辑，但又不想从零全部自己实现监控的代码，这时该如何处理？Actuator 也提供了自定义端点的方式，只需自己实现具体的监控业务代码即可。

例如，统计一个通过 ID 获取用户的 API 的请求次数，先定义一个端点来做统计这件事情，代码如下。

```
//声明一个 Component，添加 getuserbyid 端点
@Component
@Endpoint(id = "getuserbyid")
public class GetUserByIdEndpoint {
    //使用 AtomicInteger 来记录请求次数
    private final AtomicInteger count;
    public GetUserByIdEndpoint() {
        this.count = new AtomicInteger();
    }
    //GET 方法对应调用的 method
    @ReadOperation
    public int getRecord() {
        return count.get();
    }
    public void record() {
        count.incrementAndGet();
    }

}
```

使用@Endpoint 注解来声明这是一个端点，并且定义了端点的 ID，为了简便就不实现持久化的存储了，仅使用 AtomicInteger 来做请求次数的统计，提供 record 方法去记录请求次数，通过@ReadOperation 注解提供 GET 方法的返回，Actuator 还提供了@WriteOperation 和@DeleteOperation 注解，与 HTTP 的方法映射关系如下。

@ReadOperation　⟷　GET

@WriteOperation　⟷　POST

@DeleteOperation　⟷　DELETE

使用@ReadOperation，然后在对应的 Controller 或 WebFilter 中做记录即可。例如，这里将计数方法添加到 Controller 中，代码如下。

```
//在 Controller 中添加计数的埋点
@RestController
@RequestMapping("/users")
public class UserController {
    private final UserService userService;
```

```
        private final GetUserByIdEndpoint getUserByIdEndpoint;
        @Autowired
        public UserController(UserService userService, GetUserByIdEndpoint getUserByIdEndpoint) {
            this.userService = userService;
            this.getUserByIdEndpoint = getUserByIdEndpoint;
        }
        @GetMapping("/{id}")
        public User getById(@PathVariable String id) {
        //计数
            getUserByIdEndpoint.record();
            return userService.findById(id);
        }
    }
```

然后需要在配置文件中配置端口的 ID，具体如下。

```
management:
  endpoints:
    web:
      exposure:
        include: health,env,metrics,beans,mappings,getuserbyid
        exclude: info
```

在启动服务后，先通过浏览器调用几次 getById 的接口，最后访问地址 http://localhost:8080/actuator/getuserbyid，得到我们想要的统计。当然，通常我们会返回一些对象，如 Map，这样可以得到 JSON 数据，这里的例子为了简便，直接返回基本数据类型，得到结果如下。

```
3
```

3.4 分布式链路跟踪

已经可以通过如 Hystrix Dashboard 和 Spring Boot Actuator 等方式监控服务的运行状况，微服务的调用和依赖往往是复杂的，如图 3.2 所示，这时如果系统出现异常，随着系统的调用链越来越长，我们将无法快速地定位，甚至无法定位到底哪个服务出现了问题。

所以需要一种可以追踪调用链、快速定位问题信息的工具，分布式链路跟踪就是这种工具。同样地，Spring Cloud 也为我们提供了分布式链路跟踪的框架：Spring Cloud Sleuth。

3.4.1 设计要素和术语

凡是跟踪或监控系统都会对业务代码有一定的侵入性，所以设计的首要目的是低侵入性，所有的埋点都应该尽量少地侵入或不侵入业务代码，从而减少开发人员的负担，3.3 节中监控方法的调用次数的例子就是不好的设计，将埋点直接写在了业务代码中。

其次，只要是埋点，就会涉及数据的收集、传递和存储等操作，会有一定的资源开销，但我们要尽可能地降低这些开销，降低埋点本身的性能消耗等非业务系统本身的开销。例如，一个接口本身运行只需要 200ms，埋点需要 1s，这个接口整体运行下来需要 1.2s，这就得不偿失了。

跟踪系统一定要支持分布式，要具有良好的扩展能力。除了具备这些能力，一个完整的分布式跟踪系统还应该具备日志的生成、收集和存储的功能，以及统计和分析日志数据的功能，此外，还有展示结果辅助决策的功能。

满足以上几点，才能算是一个好的分布式链路跟踪系统。Spring Cloud Sleuth 中使用了 Dapper 的术语，其中要了解以下关键术语。

（1）Span：最基本的工作单元，如一次调用，Span 中描述了该工作单元的基本信息。

（2）Trace：由一串 Span 组成的树状的链路，通过对 Trace 的分析可以得到很多有用的信息。

（3）Annotation：用于及时记录事件的存在，主要包括 CS、SR、SS 和 CR 事件，详细描述如下。

①CS：Client Sent，客户提出了请求。

②SR：Server Received，服务端获得请求并开始处理它。

③SS：Server Sent，响应被服务端发送回客户端。

④CR：Client Received，客户端已成功收到服务端的响应。

3.4.2 Spring Cloud Sleuth 链路监控

Spring Cloud Sleuth 的使用大量借助了 Dapper、Zipkin 和 HTrace 等开源框架，用于记录和追踪链路数据，对于一般使用者来讲，跟踪是隐形的，并且与外部系统的交互都会有检测，我们可以通过 Sleuth 简单地在日志中捕获数据，也可以将数据发送到远程收集服务器上。因此，要使用它也十分简单，以集成 Zipkin 为例，我们只需在想要监控的服务上增加 Spring Cloud Sleuth 和 Zipkin 的依赖即可，代码如下。

```
dependencies {
    ...
```

```
        implementation 'org.springframework.cloud:spring-cloud-starter-sleuth'
        implementation 'org.springframework.cloud:spring-cloud-starter-zipkin'
        ...
}
```

同时，需要在 Gradle 中配置 Spring Cloud 的依赖管理插件，代码如下。

```
ext {
    springCloudVersion = 'Greenwich.SR1'
}

dependencyManagement {
    imports {
        mavenBom "org.springframework.cloud:spring-cloud-dependencies:${springCloudVersion}"
    }
}
```

Spring Cloud Sleuth 有一个 Sampler 策略，可以通过这个策略来控制采样算法。采样器不会阻碍与 Span 相关 ID 的产生，但是会对导出以及附加事件标签的相关操作造成影响。Sleuth 默认采样算法的实现是 Reservoir sampling，具体的实现类是 PercentageBasedSampler，默认的采样比例为 0.1（10%）。不过可以通过 spring.sleuth.sampler.percentage 来设置，所设置的值为 0.0～1.0，1.0 表示全部采集。若需要全部采集，则配置如下。

```
sleuth:
    sampler:
      percentage: 1.0
```

Spring Cloud Sleuth 的工作模式就是将 Trace 和 Span 添加到 Slf4j MDC，因此可以从日志聚合器中的给定跟踪或跨度中提取所有日志。同时，Sleuth 还提供对分布式跟踪数据模型的抽象：traces、spans、annotations 和 key-value annotations 等。基于 HTrace，但兼容 Zipkin 和 Dapper。其中，大部分埋点的出口和入口均来自 Spring 框架的组件，如 Servlet Filter、RestTemplate、Cheduled Actions、Message Channels、Zuul Filters 和 Feign Client 等。

Spring Cloud Sleuth 会在不同的服务中自动添加相关的监控埋点，如果这里想要将埋点数据收集并进行统计，就要借助 Zipkin 服务器把埋点的数据收集起来，默认的 Sleuth 会将收集的数据发送到 localhost（端口 9411）上的 Zipkin 收集器服务上。也可以通过配置项 spring.zipkin.baseUrl 来修改这个地址，在 application.yml 中的配置如下。

```
spring:
  zipkin:
    base-url: http://localhost:9411
```

可以通过 Docker 的方式快速启动一个 Zipkin 服务，指令如下。

```
docker run -d -p 9411:9411 openzipkin/zipkin
```

Zipkin 也可以通过安装源码或者 Jar 包的方式运行，Zipkin 的运行并不是本章介绍的重点，感兴趣的读者可以查阅 Zipkin 的 GitHub 官方地址 https://github.com/openzipkin/zipkin 进行学习。下面为大家展示 Zipkin 的一些监控效果，如图 3.8 所示。

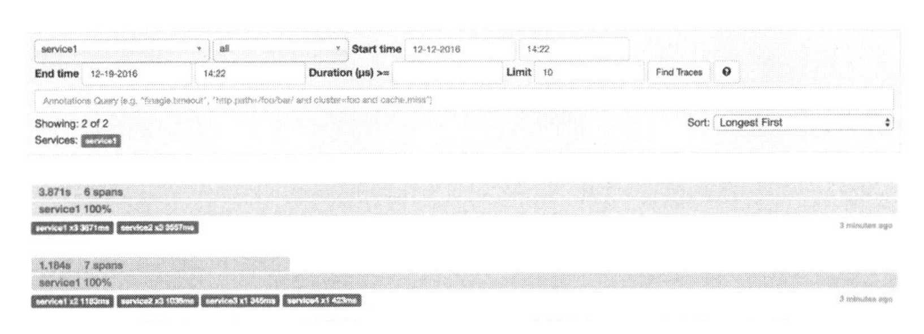

图 3.8 Zipkin 监控效果

关于 Spring Cloud Sleuth 的基础功能就介绍到这里，Spring Cloud Sleuth 还有很多高级的用法，如抽样、传播、自定义 Span 等，可以到 Spring 的官网上查询详细的教程。

在学习众多技术实践后，读者基本上可以搭建一套包含服务治理、监控、熔断、跟踪等功能比较完善的微服务系统，但在实际项目中，还会遇到一些技术本身无法处理的问题，这时就需要在设计层面来优化微服务结构。契约测试就是一个很好的维护服务间相互依赖的设计（将在第 4 章介绍）。

04

第 4 章　契约测试

- 契约测试概述
- 契约测试与 TDD
- 契约测试与独立交付
- 契约测试的相关技术与用法实战

在微服务架构中最常见的事情就是远程调用，如服务和服务之间的远程调用，前端和后端之间的远程调用，BFF 和服务之间的远程调用，等等。当一个服务的接口发生变化时，依赖它的消费者也需要进行相应的调试或修改，如果这个过程采用口口相传或文件通知的办法，就会很低效，而且容易遗漏。在大多数时候服务端并不能清楚地知道全部的消费者有哪些，哪个接口会影响哪个消费者。这时就需要一种自动的方法来帮助我们测试接口的可靠性，这就是契约测试。

4.1 契约测试概述

契约也就是合约，是双方当事人意见一致并且要共同遵守的行为表示，服务的调用者和提供者就好比签订契约的甲方和乙方。契约测试就是验证签订契约双方的行为是否符合契约。

通常我们并不知道服务间的依赖关系是怎样的，如每个接口的消费者是谁，相同的接口不同的消费者都需要哪些数据，这些消费者正在消费哪个版本的接口等，要在一个项目中厘清这些问题显然有些困难，哪怕管理做得再好，也不可能面面俱到，而且文件记录和实际情况往往会有差距。

如何能准确地检测接口的变化所带来的影响？是否管理所有服务端与消费者之间的关系？虽然这样做看似可行且最直接，但是要管理所有接口的版本、调用关系等信息无疑是一个巨大的工程，而且也只能完成快速定位接口，并不能完全保证把影响降低，解决这些影响。一旦有遗漏，就意味着系统有问题。

契约测试的做法能解决上述问题，在微服务中，无论是服务与服务之间，还是服务与前端之间，抑或是服务与 API Gateway 之间，只要双方有远程调用的依赖关系，都可以定义一个关于双方所依赖的接口契约，约定好接口的请求和返回信息，包括地址、参数、头部、响应数据等，并且最好通过 Git 等版本管理工具将契约管理起来。

由服务提供者和调用者共同维护，双方需要严格遵守这份契约，通常我们会将这份文件的信息解析出来，作为双方单元测试的基准，然后消费者和服务者双方都会测试自己的服务或请求是否遵守这份契约的规则，从而保证双方依赖接口的正常使用，契约测试示意如图 4.1 所示。

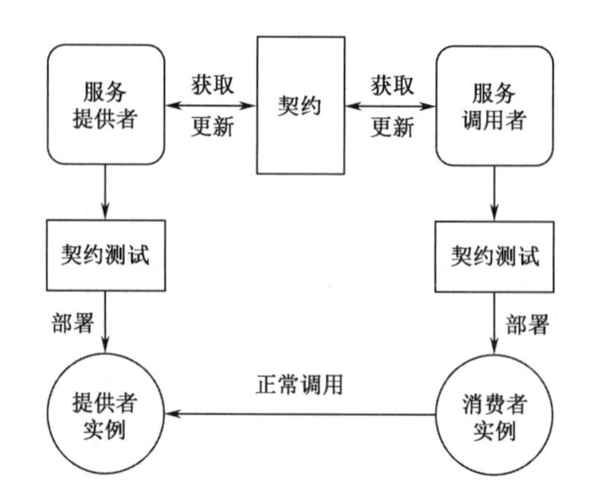

图 4.1　契约测试示意

只要一方发生变化，就会导致测试的失败，然后变化的一方就会去更改契约并且通知相关接口调用者。假设忘记通知其中一个调用者，这个调用者在使用最新的契约进行测试时，也会测试失败，然后就会发现这个接口的变化，最后沟通并修复问题，这就是契约测试。

这样做的好处是，当服务端接口变动后，只需修改对应的契约文件，就能让契约的另一方测试失败，准确地分析接口的影响范围，并且如果契约测试是自动化的，整个过程成本极低，而且高效、准确，这样我们就能通过自动化测试的手段，最大限度地避免人为的遗漏，保证服务提供者和调用者之间依赖的正确性。

而消费者如果想对接口进行调整，同样可以修改契约文件，然后服务端的契约测试就会失败，保证服务提供者对于接口的验证。

这份契约不仅可以作为服务端和客户端的逻辑验证，还可以用来模拟一个后端的服务，接口的调用者就不用等到服务开发完成后才能调试程序，服务提供者和调用者双方通常会在最开始定义好接口的契约，然后服务提供者依据契约去开发接口，服务调用者则可以使用契约模拟一个假的服务实例，通常称这个假的服务实例为 Mock Server。调用者会先用 Mock Server 来开发自己的程序，等真实的服务开发好后再进行集成测试，这种做法在前后端分离开发中尤为常见，如图 4.2 所示。

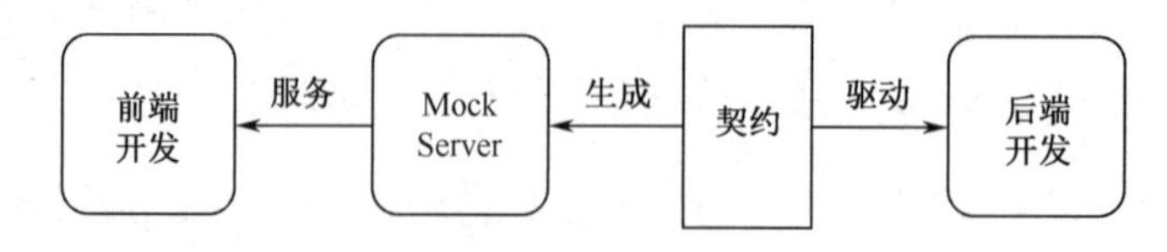

图 4.2　契约在前后端分离中的实践

4.2 契约测试与 TDD

测试方式有很多种，如单元测试、集成测试、E2E 测试、冒烟测试等，对于开发人员来讲，接触最多的是单元测试。契约测试也是单元测试的一种，说起单元测试就需要提到 TDD，接下来了解一下契约测试在 TDD 中的实践。

4.2.1 TDD 的定义

TDD（Test-Driven Development，测试驱动开发）是一种软件开发过程中的应用方法，提倡在编写代码时先写出测试，然后编码实现，编码的目的就是让测试通过，以达到一种由测试驱动开发的过程，并因此得名 TDD。

这个方法最早是由 XP（Extreme Programming，极限编程）提出来的，XP 是一种软件工程的方法学，也是敏捷软件开发中最高效的几种方法之一，它更强调可适应性而不是可预测性。XP 认为软件需求的不断变化是软件项目开发中不可避免的现象，应该欣然接受，与其在项目初始阶段费尽心思地定义和控制需求，不如将精力放在建设软件的适应能力上，所以我们需要不断地重构，并且需要测试为重构保驾护航，TDD 可以说是 XP 中十分重要的一环，想深入了解的读者可以查阅相关资料。

什么是 TDD，应该如何做 TDD？例如，如果现在要实现一两个整数相加的功能，那么 TDD 开发步骤应如图 4.3 所示。

首先写一个测试，代码如下。

```
//计算器测试类
public class CalculatorTest  {
    //声明一个计算器
    private Calculator calculator;
    @Test
    public void when_add_1_and_1_should_return_2() {
        //调用计算器的 add 方法
        int result = calculator.add(1, 1);
        //断言计算结果是否符合预期
        assertThat(result).isEqualTo(2);
    }
}
```

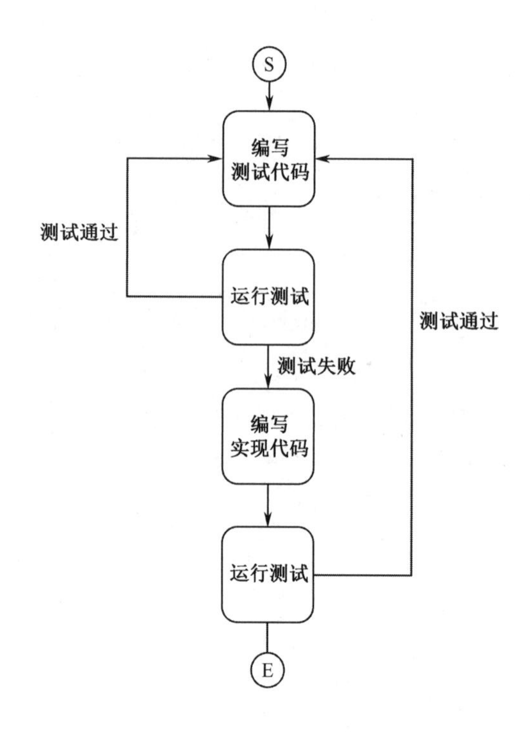

图 4.3　TDD 开发步骤

这个测试是我们期望的一个基本结果，如期望有一个 Calculator 类，提供一个 add 方法，并且执行 add(1,1)的结果是 2。显然，这时编译会报错，因为还没有编写任何一行实现代码，这时以最少量的代码先让代码编译通过。

为了保证编译通过，编写一个 Calculator 类，代码如下。

```
public class Calculator {
    //一般使用 IDE 快速生成方法
    public int add(int a, int b) {
        return 0;
    }
}
```

然后运行测试，出现空指针异常，原因是变量 calculator 为空，再次增加代码来解决空指针的问题，测试代码改造如下。

```
public class CalculatorTest {
    private Calculator calculator;
    //使用 Junit 的 Before 方法在测试之前 new 一个计算器实例
    @Before
    public void before() {
        calculator = new Calculator();
    }
    @Test
    public void when_add_1_and_1_should_return_2() {
```

```
            int result = calculator.add(1, 1);
            assertThat(result).isEqualTo(2);
        }
    }
```

再次运行测试，运行正常，但测试结果失败，报错如下。

```
org.junit.ComparisonFailure:
Expected :2
Actual    :0
```

显然期望结果是 2，但实际得到的结果是 0，快速修改代码来尝试让测试通过，修改 add 方法，代码如下。

```
public int add(int a, int b) {
    //以最小的代价使测试结果通过
    return 2;
}
```

再次运行测试，测试成功，不过还需要编写新的测试来让测试失败，添加测试如下。

```
//测试更多的场景，一般会增加一些边界值的测试，尽量使测试失败
@Test
public void when_add_1_and_2_should_return_3() {
    int result = calculator.add(1, 2);
    assertThat(result).isEqualTo(3);
}
```

再次运行测试，不出意外测试再次失败，错误如下。

```
org.junit.ComparisonFailure:
Expected :3
Actual    :2
```

这时继续重构我们的实现，代码如下。

```
public int add(int a, int b) {
    return a + b;
}
```

再次运行测试，测试通过，我们还需要再次增加测试代码来查看这次的实现逻辑是否有问题，代码如下。

```
@Test
public void when_add_3_and_2_should_return_5() {
    int result = calculator.add(3, 2);
    assertThat(result).isEqualTo(5);
}
```

再次运行测试，测试依然通过。如果不放心，可以继续增加一些其他条件的输入参数，尽量是一些边界值或不同的情况组合，如果此时测试仍然能够通过，基本上就算完成了该功能的开发。

这就是通过 TDD 的方式开发一个功能的过程，虽然这个场景比较简单，但已经演示了 TDD 的精髓所在。有时我们在所有测试通过后，可能还会加入一些重构代码的环节。例如，在测试通过的过程中，会产生一些“坏味道”的代码，带来如代码冗余、复杂度过高、信息链等问题，这时我们就需要进行重构，重构会出现新的问题，导致测试再次失败。有测试保障代码的逻辑，我们就可以进行放心大胆的重构，继续 TDD 让测试再次通过。综上所述，从 TDD 的过程可以得出如图 4.4 的流程。

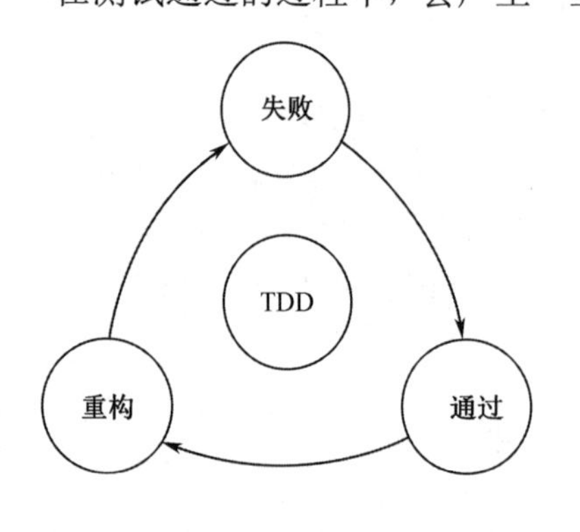

图 4.4　TDD + 重构流程

从图 4.4 可以看出，在 TDD 的过程中，实现功能之前需先编写会失败的测试，然后以最少的代价编写具体的实现代码让测试通过，在测试通过后，再对代码进行重构，测试可能失败，或者再次尝试编写一些会失败的测试，再继续整个过程。

4.2.2　TDD 的价值

国内对于 TDD 的理解同样十分模糊，有很多人对 TDD 有一定的误解，认为其只适合不擅长前期代码设计的初级开发人员，或者认为 TDD 会增加开发人员的工作量，损害生产力，所以它只适合大公司，小团队没有时间去执行 TDD，当然也有完全相反的观点，认为 TDD 只适合初创公司。尽管 TDD 拥有众多忠实的支持者，但也不乏反对者，理由如下。

（1）使开发效率低下。

（2）不重视设计，总想着重构。

（3）过于保守，会因为怕破坏测试而不想重构。

（4）太过于注重细节而忽略整体设计。

（5）适合新手或者初创公司。

（6）大型企业才有时间去执行。

……

从上述理由中发现大家的观点都是不愿意 TDD，但理由却自相矛盾。那为什么需要 TDD，TDD 又有哪些好处？

TDD 更像是一种设计方法。编写单元测试的行为更像是一种设计行为，是一种围绕需求核心价值可以落地实施的设计行为，能更好地帮助开发人员理解软件的需求和验收条件，更好地进行思考和设计。

TDD 使单元测试更有价值。表面上看，从我们使用其开发的话，工作好像变多了，但不采用 TDD，单元测试可以省略吗？一个缺少单元测试覆盖的项目，无论是开发还是重构，都会有危险。很多时候，我们在事后为了提高测试覆盖率而编写的测试代码并不能完全契合最初的开发意图，甚至只会编写一些 Happy Path 的测试，从而导致项目的测试覆盖率上去了，但测试大多数都是没有价值的，而使用 TDD，代码就是为了使测试通过而编写的，测试已不只是契合开发意图的，此时的测试就是开发意图，这样的测试才更有价值。当我们拥有相对全面而完善的单元测试时，代码就像是强壮的护卫，可以放心大胆地进行优化、重构等工作而不需要人工进行反复回归。

TDD 帮助我们分解开发步骤，使开发更具有目的性，同时帮助我们厘清开发思路，使开发时有条不紊、步骤分明。我们可以将一个简单的加法运算拆分成可执行的每个步骤。同样，在面对复杂问题时，TDD 仍然可以将问题拆分成具体的软件需求，通过结果导向，考虑功能的输入和输出，来指导开发逐步实现需求。

TDD 更加契合敏捷的思想，需要保证系统的适应力，正如在图 4.4 中所展示的，重构在 TDD 中是重要的一环，不断让测试失败、通过，就是为了让代码能够更加安全、灵活地重构。

综上所述，通过整体分析可以发现使用 TDD 反而会提高开发效率，因为它更加重视设计，能够减少人工的代码回归，帮助开发人员进行任务分解，更加契合敏捷思想。

4.2.3　TDD 的种类

前面提到 TDD 比较注重细节，会忽略整体规划。其实，TDD 分为 ATDD（Acceptance Test Driven Development）和 UTDD（Unit Test Driven Development）两个概念。

ATDD 即验收测试驱动开发，它的实践一直在用，只是并未与理论对应。例如，在开始编写业务代码前，无论是敏捷还是瀑布，都会由产品经理或业务分析师，抑或测试人员编写验收测试用例，然后开发会依据这次测试用例深入理解系统需求，这一过程甚至对代码能起到一定的指导和驱动作用，这就是 ATDD。

UTDD 即单元测试驱动开发，更多的由开发人员自己完成。例如，在 4.2.1 节的例子中，开发人员编写单元测试用例，然后编写实现代码让测试通过，再编写测试试图让测试失败，然后重构实现，再次让测试通过。

很明显，UTDD 比较关注细节，在单元测试中，其更加关心代码和技术实现本身，而

ATDD 更关注系统的整体业务需求和结果，所以说 TDD 只关注细节显然太片面，如图 4.5 所示。

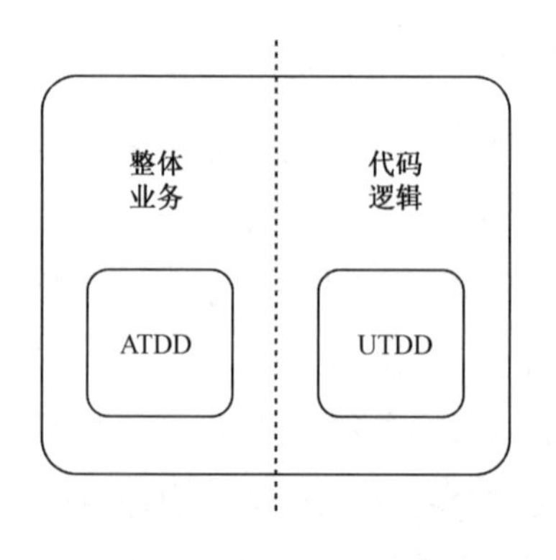

图 4.5 ATDD 和 UTDD

4.2.4 契约测试也是 TDD

我们来回想一下契约测试，如果说 TDD 是一种软件方法，那么契约测试更像一种工程实践，在前面的内容中了解到，在契约测试中需要定义一份契约文件，这份契约可以作为前端接口的 Mock Server 服务于前端开发，也会作为后端接口的验证条件，从而驱动后端服务接口的开发。

通常，我们会在开发之前就定义好契约，因为服务调用的一方常常依据契约生成对应的 Mock Server，保证双方都能够并行开发。不难看出，一旦我们应用了契约测试，无形中就开始了 TDD 的第一步，契约就是我们最开始定义的失败测试。为了让契约测试通过，我们会进一步编写实现代码，无论怎样重构，只要需求没有变化，契约也不会发生变化，契约测试会保证接口的正确性。这样看来，契约确实与 TDD 有异曲同工之处。

如果要进行单元测试，通常契约测试只会针对接口层的测试，若要开发一个 Controller，则其契约测试步骤如图 4.6 所示。

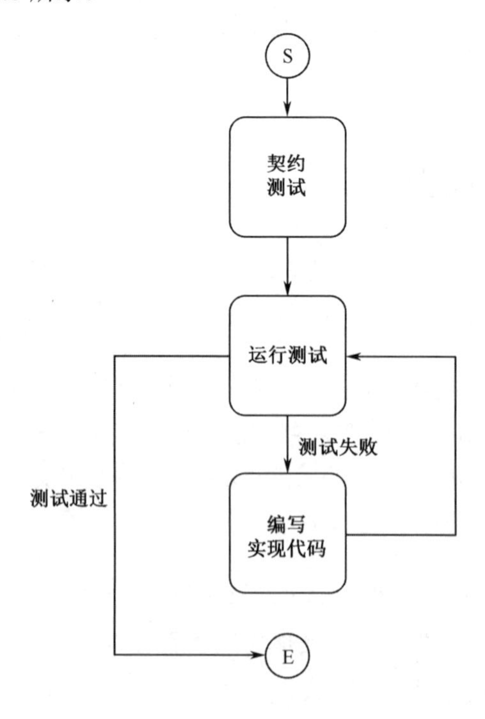

图 4.6 契约测试步骤

4.3　契约测试与独立交付

第 1 章中讲解了微服务的定义，其中多次提到一个重要的特点：微服务能够自动地独立部署。随着我们对系统要求的不断提高，自动部署早已不是难题，我们还希望程序能够自动交付到客户手中，即自动部署到生产环境中，这也是现在大家经常提到的 CI（Continuous Integration，持续集成）和 CD（Continuous Delivery，持续交付）。

4.3.1　独立交付

随着 Jenkins 等 CI/CD 开源工具和框架的流行，CI/CD 在技术上已经不是难题，大多数公司或团队都能快速搭建起自己的部署和交付流水线，以达到程序自动部署和交付的目的。但我们忽视了微服务的根本特点，那就是独立。

一个可以自动部署和交付的流水线只能保证程序能够自动化地拉取、构建和运行，但并不能保证应用程序能够正常使用，独立交付失败示例如图 4.7 所示。

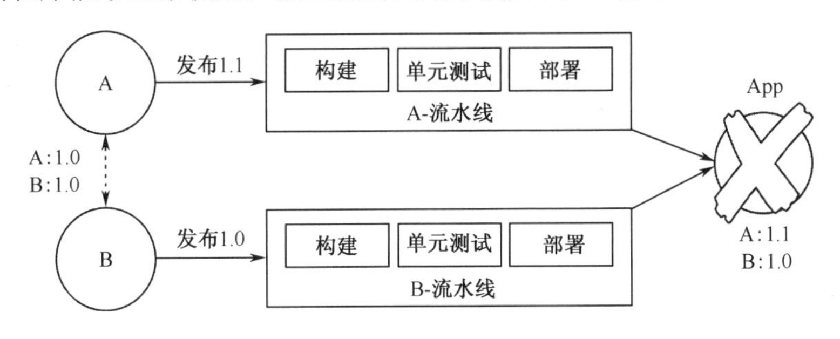

图 4.7　微服务独立交付失败示例

假设现在有一个 App，其中有 A 和 B 两个服务，A 和 B 之间有依赖关系，正确的依赖关系是服务 A 的 1.0 版本依赖服务 B 的 1.0 版本。如果服务 A 想要发布 1.1 版本，代码经过服务 A 的流水线，通过单元测试，并且成功部署上线，这时 App 出问题了，因为此时环境中服务 B 还是 1.0 版本，并不兼容 1.1 版本的服务 A。

因此，此时并不能做到服务 A 的独立部署，还需要服务 B 做相应的兼容升级，不然会导致应用程序异常。传统的微服务项目都会存在这个问题，并且在交付时都要依靠相当成本的人力投入进行大量的回归测试，来保证服务间依赖的兼容性。

如果我们的服务能真正做到只关心自己的流水线配置、自己的测试结果、自己的自动化部署，而不需要依赖其他服务的升级和发布，也不会影响其他服务的正常使用，才是正常的独立交付。与自动部署相比，微服务要独立显然要难很多。

4.3.2 集成测试

我们能通过什么方式保证服务的正常交付呢？通常大多数团队都会引入集成测试，通过在部署前进行 E2E 的集成测试，集成测试往往能够更加接近真实的使用环境，所有的依赖都是真实的部署，没有任何 Mock 做到真实的集成，此时最能发现依赖的问题。

什么是 E2E 测试？E2E 即 End Point to End Point，即端到端测试，是一种从头到尾测试应用程序是否按照预期设计执行的方法，其目的就在于确保各种系统组件和系统之间信息的正确传递，整个应用程序在真实场景中进行测试，如与数据库、网络、硬件和其他应用程序进行通信等，都需要真实集成到环境中进行部署和测试。

如果将图 4.7 加入集成测试，E2E 集成测试流程如图 4.8 所示。

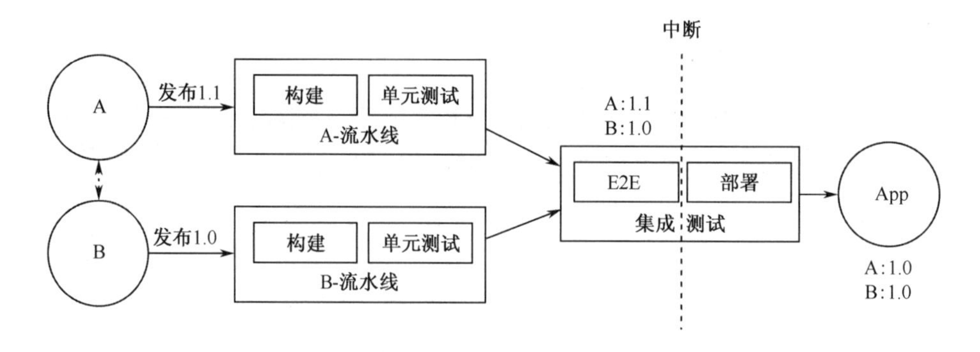

图 4.8　E2E 集成测试流程

在集成测试中，通常会将部署环节统一管理，在部署之前加入集成测试，这样看起来能解决我们的问题，当服务 A 发布 1.1 版本后，E2E 环境中的服务版本情况为服务 A 是 1.1 版本，服务 B 是 1.0 版本，这时测试显然无法通过，集成测试发现了服务之间依赖的问题后，部署流程就会被中断，从而保护应用程序的正常运行。

但这样就算是有独立交付的能力了吗？当然不是，我们将例子改造一下，再加入一些服务，让它看起来更像一个真实的交付场景，多服务集成测试场景如图 4.9 所示。

在图 4.9 中，假设现在 App 包含了 4 个服务：A、B、C、D，此时 A 和 B 还有依赖关系，服务 B 的 1.0 版本依赖服务 A 的 1.0 版本，此时服务 A 发布了一个 1.1 的新版本到集成测试环境，像之前一样，集成测试失败，服务 A 无法发布到最终的 App 环境上，此时服务 C 和服务 D 也有新功能需要发布，而且服务 C 和服务 D 与其他服务之间没有任何依赖，应该可以成功发布到 App 端。但此时服务 A 和服务 B 的错误导致集成的环境是失败状态，因此，当服务 C 和服务 D 发布 1.1 版本时，集成测试仍然失败，服务 C 和服务 D 的部署也会被中断，直到服务 A 和服务 B 解决依赖问题，服务 C 和服务 D 才可以正常部署。

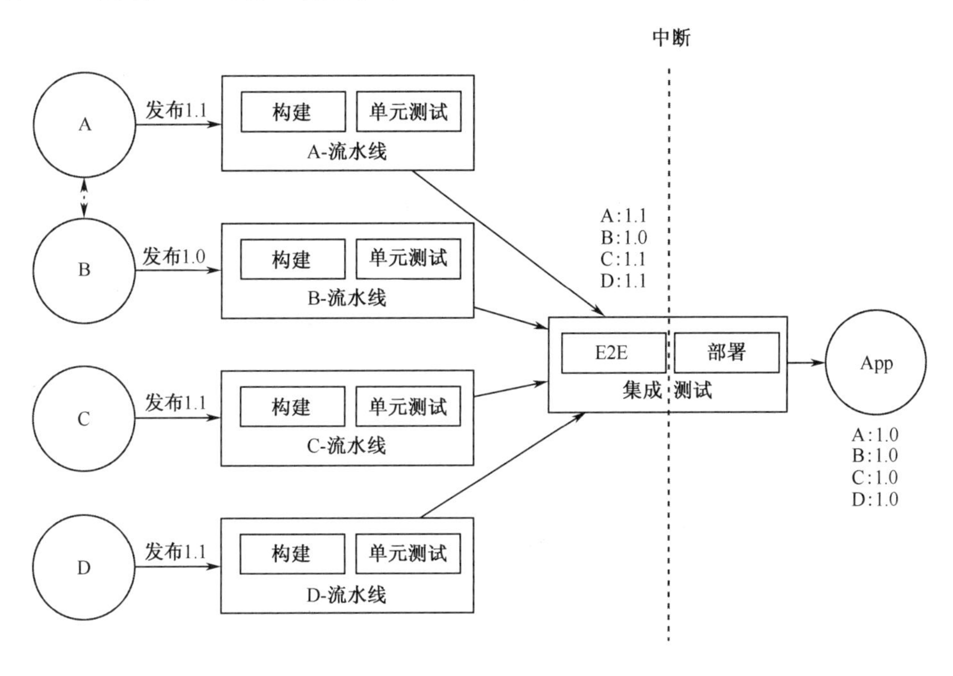

图 4.9　多服务集成测试场景

这样的问题很明显，虽然集成测试能够检测出服务间的依赖问题，保护生产环境不会出现组件或服务间的依赖出错，但服务仍然不具备独立交付的能力，一旦交付失败，很有可能阻塞整个系统的流水线，使其无法正常工作。

那么，到底该如何让服务拥有独立交付的能力？其实方法很简单，既然在统一部署前集成测试会阻塞整个流水线，那么就把集成测试放到每条流水线，流水线独立集成测试流程如图 4.10 所示。

每条流水线都拥有自己的 E2E 测试，而且每个 E2E 测试的集成环境完全一致，都是模拟的当前生产环境，即 App 现有的版本环境，当服务 A 发布不兼容的版本后，服务 A 的交付流水线会被中断，而不会影响其他服务的正常部署。

这样做看似解决了服务部署之间的阻塞问题，使服务达到了独立交付的目的，但实施难度太大。

为什么我们的项目中集成测试环境一般就 1～2 个？

首先，集成测试的重点在于测试组件之间信息的正确传递，其更加关注整体的运行情况、配置项等，而非关心每个服务的每个接口的依赖关系，如果这样集成测试的工作量巨大，而且这样的工作每个服务的流水线都要做一遍，显然不现实。

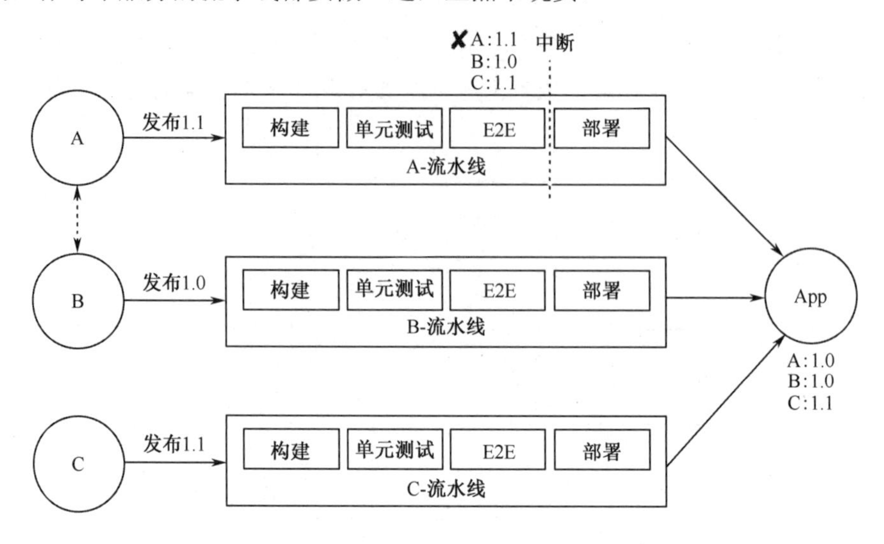

图 4.10　流水线独立集成测试流程

其次，搭建一个 E2E 的集成测试环境的成本很高。E2E 是一种从头到尾测试应用程序是否按照预期设计执行的方法，系统中所有的组件都需要真实的部署，包括数据库、存储设备、其他服务接口等，这就意味着要如图 4.10 那样部署一套 App 的流水线，其所需要的服务器或虚拟机的数量和资源巨大，而且这些集成环境必须与最终的交付环境保持一致，这无疑又增加了更多维护成本。

总之，集成测试确实是一个耗时耗财耗力的事情，除了这些，集成测试外部因素过多，导致我们在发现问题时难以快速定位问题，很难确认是哪个模块出了问题，而且很可能这些依赖都是不同团队开发的服务或组件，在集成测试出现问题时，问题的沟通反馈与修复的周期也会十分漫长。

当然，集成测试还有很多优势，如在测试环境中所有的组件都是真实的部署，测试结果更接近真实使用情况，而且测试的逻辑简单直接，更容易让人理解。

既然使用集成测试来保证微服务的独立交付在实施时会出现很大的问题，那么有没有更好的方式来替代呢？

4.3.3　真正的独立交付

ThoughtWorks 的首席咨询师王健曾发表过一篇文章《你的微服务敢独立交付吗？》，在文章中就提到微服务独立交付的解决方案，也就是本章的“主角”：使用契约测试来使服务能够独立交付。

4.3.2 节分析了使用 E2E 测试的弊端，这些问题在单元测试中往往不存在，所以在多数情况下，开发者都乐于使用单元测试来解决问题。如果拥有一个可以检测出服务之间依赖问题的单元测试，就意味着这个单元测试同样可以达到图 4.10 中 E2E 测试的目的，使服务能够独立交付，契约测试正是这样的一种单元测试。

契约测试是服务提供和调用双方共同定义的所依赖接口的描述。正如 4.1 节中的介绍，服务提供者可以使用契约检验自己的接口是否符合当初的定义，服务调用者可以使用契约来 Mock 生成一个 Mock Server，从而不用等待提供者的接口开发完成就可以调试自己的程序。

在流水线的测试中同样可以使用 Mock Server 做到不用真实地启动依赖服务就达到与真实集成近似的效果，契约测试在交付流程中的应用如图 4.11 所示。

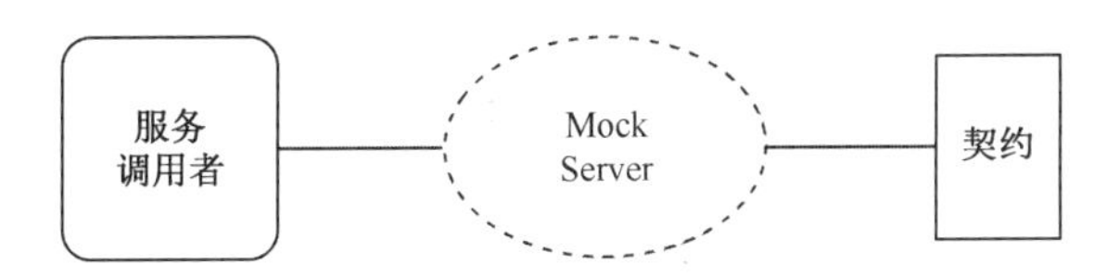

1.使用契约生成Mock服务进行“集成”测试

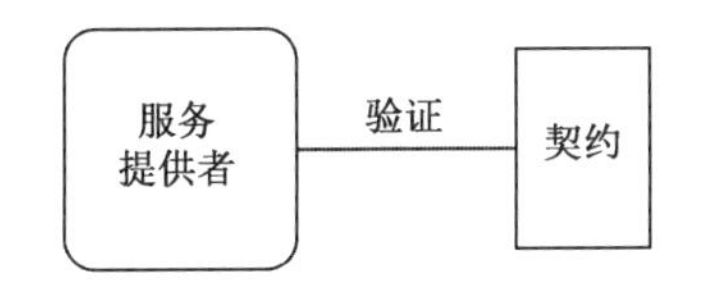

2.使用契约测试提供的接口

图 4.11　契约测试在交付流程中的应用

看起来契约测试可以胜任之前集成测试的工作，所以可以将之前的流水线再次改造，使用契约测试替代 E2E 集成测试，契约测试在流水线中的流程如图 4.12 所示。

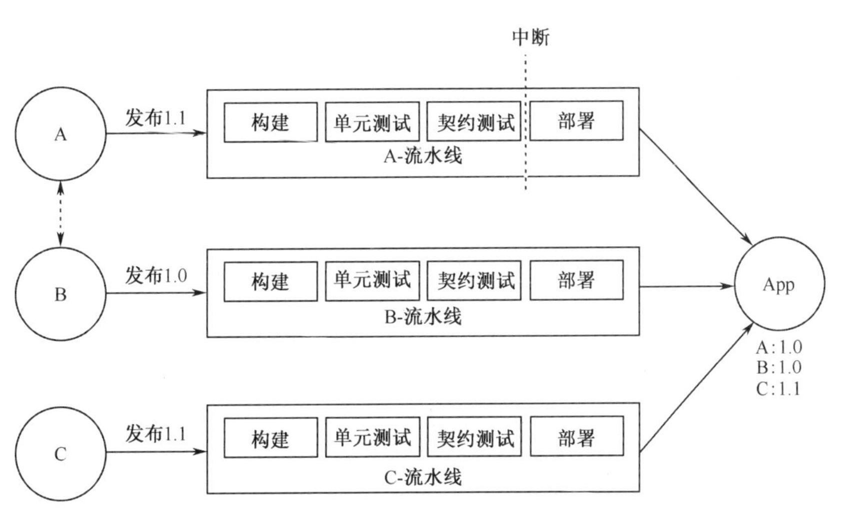

图 4.12　契约测试在流水线中的流程

这样每条流水线都会有自己的契约测试，当测试服务 A 发布到 App 端时契约测试会验证服务 A 提供的接口是否符合接口的定义，当测试服务 B 发布到 App 端时契约测试会验证服务 B 在使用依赖的接口时是否也符合接口的定义。如果服务 A 发布的 1.1 版本接口发生了变化，那么契约测试就会失败，从而阻止服务 A 的部署流水线，并且不会影响其他服务流水线的正常工作，从而达到了真正的独立交付。

契约测试本身是轻量的，不需要依赖外部的组件，相比集成测试实施起来更加容易。那么，我们如何去实现一个契约测试？又有哪些技术框架呢？下面介绍契约测试的相关技术与用法。

4.4 契约测试的相关技术与用法实战

之前提到过，TDD 属于开发方法，契约测试则是一种工程实践，在了解了 TDD 和契约测试的相关概念和原理后，下面介绍在实际项目实战中的具体技术框架和用法。

4.4.1 Mock 测试

Mock 的英文意思是虚假、不诚实、仿制。在单元测试中会经常使用 Mock 的方式来保证单元测试更加“单元”，即不用集成真实的依赖组件或服务，只是模拟它们的行为。

所谓“单元”，就是最小的单位组件。单元测试就是对一个单元，即程序的最小组件的正确性进行验证，通常在面向对象中，最小的单元就是方法。也就是说，在单元测试中，让测试只去关注验证方法本身的逻辑。但在我们的方法中会有别的依赖，哪怕程序设计得再合理，方法的职责再单一，在代码逻辑中依然存在着各种关联关系，如 Controller 依赖于 Service，Service 依赖于 Repository，有时还会有外部的服务依赖，如数据库依赖、缓存服务的依赖、第三方服务接口的依赖等。

如果要编写一个包含这些依赖方法的单元测试，最直接的办法就是把相关的依赖都部署起来，这样测试在运行时就会调用到真实的依赖或服务，又回到了集成测试的怪圈，假设我们只想要写一个简单方法的单元测试，这个方法依赖第三方系统的接口调用，难道还需要部署一套第三方系统才能测试吗？

单元测试是最基本的代码级别的测试，目的是消除程序单元本身的不可靠，并不会关注其他单元的逻辑，我们来看一下测试金字塔理论，Mike Cohn 的原始测试金字塔如图 4.13 所示。

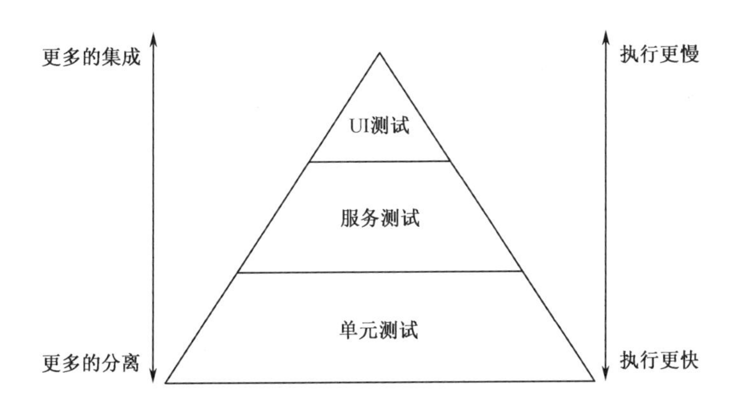

图 4.13　Mike Cohn 的原始测试金字塔

金字塔将测试分为 3 层，最底层是单元测试，中间层是服务测试，最上层是 UI 测试，面积越庞大代表着测试的数量和覆盖范围也就越大。金字塔越往上，测试所需要的集成依赖也就越多，测试的执行效率也就越慢。

所以，单元测试应该更加单纯，结构更加分离，运行更加高效，这就需要用到 Mock，Java 中比较常用的 Mock 工具是 Mockito，当然，Spring Boot Test 中自动集成的 Mockito 扩展了很多 Mock 的用法。

假设现在开发一个商城系统，在订单服务中有计算订单价格的方法，规则是如果下单的用户为 VIP 用户，那么订单价格打 9 折，具体的实现代码如下。

```
//订单服务
@Service
public class OrderService {
    //声明一个用户服务
    private final UserService userService;
    //通过构造器注入用户服务
    @Autowired
    public OrderService(UserService userService) {
        this.userService = userService;
    }
    //获取订单的最终价格
    public double getPrice(Order order) {
    //获取订单的原始价格
    double originalPrice = order.getPrice();
    //根据用户 ID 判断用户是否为 VIP
    final boolean vipUser = userService.isVIP(order.getUserId());
    //计算最终价格
    if (vipUser) {
       return originalPrice * 0.9;
        }
```

```
            return originalPrice;
        }
    }
```

getPrice 方法除有本身订单价格的计算逻辑之外，还需要调用用户服务去判断下单的用户是否为 VIP 用户，现在需要对 getPrice 方法进行测试，它的测试代码如下。

```
//Spring Boot 测试注解
@RunWith(SpringRunner.class)
@SpringBootTest
public class OrderServiceTests {
    //注入订单服务
    @Autowired
    private OrderService orderService;
    //测试 VIP 用户的订单架构
    @Test
    public void when_get_price_by_vip_user_should_return_180() {
        //give
        final Order order = Order.builder().price(200).userId("1").build();
        //when
        final double price = orderService.getPrice(order);
        //then
        assertThat(price).isEqualTo(180);
    }
    //测试非 VIP 用户的订单架构
    @Test
    public void when_get_price_by_normal_user_should_return_200() {
        //give
        final Order order = Order.builder().price(200).userId("2").build();
        //when
        final double price = orderService.getPrice(order);
        //then
        assertThat(price).isEqualTo(200);
    }
}
```

我们的测试目标是 getPrice 方法的计算逻辑，但从 getPrice 的代码中发现，要想方法正常运行，就需要依赖用户服务。假设用户服务是一个远程服务，那么还需要单独部署一个用户服务，包括服务所依赖的数据库、缓存服务等组件，而且如果要完成下单用户是否为 VIP 两种场景的测试覆盖，还需要在用户服务的数据库中准备两条符合条件的用户数据，这样测试显然十分麻烦，也不符合单元测试的规范。

这时可以通过 Mock 的方式将测试代码改造一下，首先需要解决 getPrice 依赖 UserService 的问题，这里不关心用户服务判断用户是 VIP 的逻辑是否正确，关于它的测试应该由另一个单元测试来检验。这里只是测试价格的计算逻辑，所以我们可以 Mock 一个 UserService 来替代真实的 UserService，代码如下。

```
private OrderService orderService;
@Before
public void before() {
    //Mock 一个用户服务
    final UserService mockUserService = Mock(UserService.class);
    //通过订单服务的构造函数注入 mock 的用户服务
    orderService = new OrderService(mockUserService);
}
```

将之前由 Spring 注入 OrderService 的方式改为创建一个 OrderService，使用 Mockito 框架提供的 Mock 静态方法构造一个假的 UserService，通过构造器将 UserService 传入 OrderService 中，此时就不需要一个真实的启动用户服务了。

然后还需要针对测试的场景给假的 UserService 定义一些规则，让它能够模拟真实的用户服务功能。例如，测试中有两个用户，用户的 ID 分别为 1 和 2，其中 ID1 是 VIP，ID2 是普通用户，调用 UserService 的 isVIPUser 方法时，当传入用户 ID1 时，返回 true，当传入用户 ID2 时，返回 false，明确规则后，将之前的代码改造如下。

```
@Before
public void before() {
    final UserService mockUserService = mock(UserService.class);
    //定义用户服务中 isVIP 方法的行为
    when(mockUserService.isVIP("1")).thenReturn(true);
    when(mockUserService.isVIP("2")).thenReturn(false);
    orderService = new OrderService(mockUserService);
}
```

通过 Mockito 框架提供的 when 和 thenReturn 方法，可以灵活地定义 Mock 服务的行为规则，然后运行测试，测试虽然正常通过，但启动有点慢，因为加入了 Spring 的测试注解。

```
@RunWith(SpringRunner.class)
@SpringBootTest
```

加入这两行注解后，测试会启动 Spring 容器、加载 Spring 上下文等信息，就像启动项目一样，非常耗时，之前写这两行注解是因为我们使用 Spring 创建和注入的 OrderService，所以需要启动 Spring 容器。现在我们通过 Mock 的方式将 OrderService 与 UserService 解耦，改为手动创建一个 OrderService，将 Spring 框架从测试代码中去除以提高测试执行效率，此时完成的测试代码如下。

```
//删除 Spring 的相关依赖引入
import org.junit.Before;
import org.junit.Test;
import static org.assertj.core.api.Assertions.assertThat;
```

```
import static org.mockito.Mockito.mock;
import static org.mockito.Mockito.when;
public class OrderServiceTests {
    //声明订单服务，但不使用自动注入
    private OrderService orderService;
    @Before
    public void before() {
        final UserService mockUserService = mock(UserService.class);
        when(mockUserService.isVIP("1")).thenReturn(true);
        when(mockUserService.isVIP("2")).thenReturn(false);
        //手动构建订单服务
        orderService = new OrderService(mockUserService);
    }
    //测试 VIP 用户的订单架构
    @Test
    public void when_get_price_by_vip_user_should_return_180() {
        //give
        final Order order = Order.builder().price(200).userId("1").build();
        //when
        final double price = orderService.getPrice(order);
        //then
        assertThat(price).isEqualTo(180);
}
//测试非 VIP 用户的订单架构
@Test
public void when_get_price_by_normal_user_should_return_200() {
    //give
    final Order order = Order.builder().price(200).userId("2").build();
    //when
    final double price = orderService.getPrice(order);
    //then
    assertThat(price).isEqualTo(200);
}
}
```

运行时快很多，从中可以发现当我们的测试越接近单元测试，它的依赖就越少，执行速度就越快，与图 4.13 中测试金字塔一样。

Mock 是契约测试中的常用手段，熟悉了 Mock 之后，接下来学习几款优秀的契约测试框架的用法。

4.4.2 消费者驱动的契约测试 Pact

Pact 是目前比较主流的契约测试框架，采用的是消费者驱动契约（Consumer-Driven Contracts，CDC）的测试方法。消费者驱动契约就是消费者将具体期望提出来，告知服务提供者，然后双方定义契约，服务提供者依据契约进行服务的开发，而这份契约最终也会被用来验证服务提供者提供的接口，从而达到消费者驱动服务开发的目的。

CDC 是目前比较主流的契约测试实现方式，这样做也更加符合日常逻辑，而且由消费者提出的契约更加契合真实的调用需求，比单纯的后端为了接口定义契约更有前瞻性，CDC 产生的契约生产的 Mock 服务几乎能和实际服务实现一致。

总体而言，CDC 在服务开发方面有以下两个显著的优点。

（1）消费者更加关注关键业务的价值和驱动因素，能够规范服务的功能，使服务方在最小的范围内实现业务价值。消费者驱动的契约通过断言生成服务的输入和输出约束，因此服务提供者和契约会完全与服务消费者的业务目标保持一致。

（2）消费者驱动的契约为我们提供了细粒度的洞察力和快速反馈。在实践中，由于契约是从消费端产生的，因此它可以细粒度地针对每个消费者的需求进行检测，在消费者的契约中可以快速获取到服务提供者的信息，能快速检测出具体服务的变更并评估其对当前生产中的应用程序的影响。

Pact 就采用了 CDC 的方式，并且提供了 Ruby、JavaScript、Go、Python 和 Java 等多种语言的实现，接下来以 Java 项目为例介绍 Pact 的具体用法。

首先，我们需要在项目中加入 Pact 的依赖 au.com.dius:pact-jvm-consumer-junit_2.12，笔者目前使用的版本是 3.5.22，在项目的 build.gradle 中加入如下代码。

```
testCompile('au.com.dius:pact-jvm-consumer-junit_2.12:3.5.22')
```

假设我们现在有一个订单服务作为服务的消费者，要调用用户服务获取订单的用户信息，其服务调用关系如图 4.14 所示。

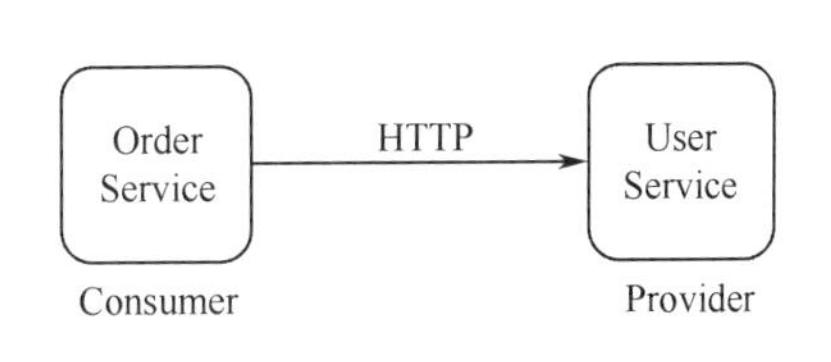

图 4.14　服务调用关系图

我们访问 Pact 在 GitHub 上的官方地址可以查看到详细的使用教程，其中介绍了 3 种 Pact 在服务消费端的用法。

其次，还是先配置 Pact 的依赖，代码如下。

```
test implementation 'au.com.dius:pact-jvm-consumer-junit_2.12:3.6.4'
```

1. 在服务消费者端使用 Pact 提供的 ConsumerPactTestMk2 类

我们新建一个 UserClientJunitTest 的测试类，继承 ConsumerPactTestMk2，代码如下。

```
public class UserClientJunitTest extends ConsumerPactTestMk2 {
    @Override
    protected RequestResponsePact createPact(PactDslWithProvider builder) {
```

```
            return null;
        }
        @Override
        protected String providerName() {
            return null;
        }
        @Override
        protected String consumerName() {
            return null;
        }
        @Override
        protected void runTest(MockServer mockServer, PactTestExecutionContext pactTestExecutionContext) throws
IOException {
        }
    }
```

ConsumerPactTestMk2 提供标准的 Pact 的测试实现，并且提供相应的定制化方法，其中 createPact 用于定义一个契约，主要可以定义接口的请求路径、参数、响应类型和响应等信息，同时 Pact 会根据定义契约去生成契约文件，providerName 和 consumerName 用于定义契约的服务提供者和消费者双方的名称，最后 runTest 方法可以在里面测试契约的正确性，Pact 会根据我们在 createPact 中定义的契约启动模拟服务，通过 runTest 的方法参数 MockServer 可以获取这个服务的信息，用于实际的测试请求。

例如，现在要测试一个 GET 请求，地址是/users/{id}，然后返回用户信息的 Json，代码如下。

```
    public class UserClientJunitTest extends ConsumerPactTestMk2 {
        //创建契约
        @Override
        protected RequestResponsePact createPact(PactDslWithProvider builder) {
            final User user = new User("1", "zhanggang",
                    new Role[]{new Role(1, "admin")});
            final String userJson = JsonUtils.toJson(user);
            Map<String, String> headers = new HashMap<>();
            headers.put("Content-Type", "application/json");
            //使用 PactDslWithProvider 构建一个契约的请求和响应信息
            return builder
                    .given("ConsumerPactTestMk2 test GET /user/{id}")
                    .uponReceiving("get user by id")
                    .method("GET")
                    .path("/users/1")
                    .willRespondWith()
                    .status(200)
                    .headers(headers)
```

```
                .body(userJson)
                .toPact();

    }

    @Override
    protected String providerName() {
        return "user-service";
    }
    @Override
    protected String consumerName() {
        return "order-service";
    }
    @Override
    protected void runTest(MockServer mockServer, PactTestExecutionContext pactTestExecutionContext)
throws IOException {
        //使用 Request.Get 获取契约接口的返回 JSON
        String userJson = Request.Get(mockServer.getUrl() + "/users/1").execute().returnContent().asString();
        //反序列化 JSON
        final User user = JsonUtils.parseJson(userJson, User.class);

        //断言测试接口响应是否符合预期
        assertThat(user).isNotNull();
        assertThat(user.getUsername()).isEqualTo("zhanggang");
        assertThat(user.getRoles()).extracting(Role::getName).contains("admin");
    }
}
```

这里用到了一些 Model 类，代码如下。

```
import lombok.AllArgsConstructor;
import lombok.Getter;
import lombok.NoArgsConstructor;
//用户类，使用 lombok 生成构造器和 GET 方法
@AllArgsConstructor
@NoArgsConstructor
@Getter
public class User {
    private String id;
    private String username;
    private Role[] roles;
}
//角色类
@AllArgsConstructor
@NoArgsConstructor
```

```
@Getter
public class Role {
    private int id;
    private String name;
}
```

还使用了自定义 JsonUtils 工具类，代码如下。

```
@Slf4j
public class JsonUtils {
    private JsonUtils() {
    }
    public static String toJson(Object object) {
        final ObjectMapper objectMapper = new ObjectMapper();
        try {
            return objectMapper.writeValueAsString(object);
        } catch (JsonProcessingException e) {
            log.error(e.getMessage(), e);
            throw new IllegalArgumentException(e);
        }
    }
    public static <T> T parseJson(String json, Class<T> classType) {
        try {
            return new ObjectMapper().readValue(json, classType);
        } catch (IOException e) {
            log.error(e.getMessage(), e);
            throw new IllegalArgumentException(e);
        }
    }
}
```

在 createPact 中，使用 PactDslWithProvider 来定义契约，即定义接口的 http method、请求路径、返回类型与返回的 header 和 body，其中 given 会作为契约的名称标识，在服务提供者的测试中使用到，uponReceiving 会作为契约的描述，最后根据 providerName 和 consumerName 方法返回服务提供者和消费者的名称来生成契约文件，如上述代码，生成的契约文件为 order-service-user-service.json，默认生成在项目根目录下的 target/Pacts 文件夹中。

在 runTest 中，Pact 会根据契约的定义启动一个模拟服务作为 Mock Server，我们可以使用 Apache 的 org.apache.http.client.fluent.Request 来发起一个请求，测试实际的返回结果是否符合消费者的预期，来验证契约的正确性。

当然，如果这里觉得 Request.Get 不好用，可以使用之前章节介绍过的 Spring 的 RestTemplate，前提是集成了 Spring Web，然后可以这样写代码。

```
    @Override
    protected void runTest(MockServer mockServer) throws IOException {
        //使用 RestTemplate 来测试契约接口的返回值
        final User user = new RestTemplate().getForObject(mockServer.getUrl()+"/users/{id}",User.class,"1");
        assertThat(user).isNotNull();
        assertThat(user.getUsername()).isEqualTo("zhanggang");
        assertThat(user.getRoles()).extracting(Role::getName).contains("admin");
    }
```

这里不用集成 SpringBootTest 和 SpringRunner，首先因为这里的测试很“单元”，并不依赖 Spring 的相关组件，其次是加载 Spring 容器会导致测试变慢，所以在测试中我们都尽量自己去创建实例，避免通过 Spring Bean 的方式进行实例的管理。

2. 在服务消费者端使用 Pact 提供的 Junit Rule

这里的写法其实和第一种类似，第一种写法的好处是提供了标准的抽象方法，模板化的编程方式只需关注具体的方法实现，但缺点是不够灵活，一个类中只能定义一个服务提供者，不能与多个服务提供者进行测试，而使用@Rule 的方式就比较灵活，代码如下。

```
public class UserClientRuleTest {
    //定义服务提供者
    @Rule
    public PactProviderRuleMk2 mockProvider = new PactProviderRuleMk2("user-service", this);

    //创建消费者契约
    @Pact(consumer = "order-service")
    public RequestResponsePact createPact(PactDslWithProvider builder) {
        final User user = new User("1", "zhanggang", new Role[]{new Role(1, "admin")});
        final String userJson = toJson(user);
        Map<String, String> headers = new HashMap<>();
        headers.put("Content-Type", "application/json");
        return builder
                .given("Rule test GET /user/{id}")
                .uponReceiving("Get user by id for rule test")
                .method("GET")
                .path("/users/1")
                .willRespondWith()
                .status(200)
                .headers(headers)
                .body(userJson).toPact();
    }
    private String toJson(User user) {
        try {
            return new ObjectMapper().writeValueAsString(user);
```

```
            } catch (JsonProcessingException e) {
                throw new RuntimeException(e);
            }
    }
    //测试契约
    @Test
    @PactVerification
    public void runTest() {
        //使用 mockProvider 获取服务提供者的 URL
        final User user = new RestTemplate().getForObject(mockProvider.getUrl() + "/users/{0}",
                                          User.class, "1");
        //断言接口返回结果是否符合预期
        assertThat(user).isNotNull();
        assertThat(user.getUsername()).isEqualTo("zhanggang");
        assertThat(user.getRoles()).extracting(Role::getName).contains("admin");
        }
}
```

在上述代码中，通过@Rule、@Pact 和@PactVerification 等注解来达到与继承中定义方法相同的效果。例如，使用@Rule 可以定义服务提供者的 Mock Server 及提供者的名称，使用@Pact 可以定义消费者的名称和创建契约的方法，使用@Test 和@PactVerification 组合的方式可以测试契约，这样就可以灵活定义多个服务提供者，即多个 Mock 服务，同样，这种方式也可以生产契约文件。

3. 在服务消费者端直接使用 Pact DSL

也许你认为第二种使用@Rule 注解的方式不够灵活，例如，一个类中只能定义一个契约，意味着一个类中只能对一个契约进行测试。所以 Pact 提供了第三种服务消费者的测试方式，代码如下。

```
public class UserClientDSLTest {
    //创建一个 RestTemplate 用于测试契约
    private RestTemplate restTemplate = new RestTemplate();
    //直接编写一个测试方法
    @Test
    public void test_pact_contract_get_user_by_id() {
        final User user = new User("1", "zhanggang",
                new Role[]{new Role(1, "admin")});
        final String userJson = toJson(user);
        Map<String, String> headers = new HashMap<>();
        headers.put("Content-Type", "application/json");
        //使用 ConsumerPactBuilder 构建一个契约
        final RequestResponsePact requestResponsePact = ConsumerPactBuilder
                .consumer("order-service")
```

```
                .hasPactWith("user-service")
                .given("Dsl test GET /user/{id}")
                .uponReceiving("Get user by id for dsl test")
                .method("GET")
                .path("/users/1")
                .willRespondWith()
                .status(200)
                .headers(headers)
                .body(userJson)
                .toPact();

        //测试契约
        MockProviderConfig config = MockProviderConfig.createDefault();
        PactVerificationResult result = runConsumerTest(requestResponsePact, config, mockServer -> {
            final User userResponse = restTemplate.getForObject(mockServer.getUrl() + "/users/{0}",
                    User.class, "1");
            assertThat(userResponse).isNotNull();
            assertThat(userResponse.getUsername()).isEqualTo("zhanggang");
            assertThat(userResponse.getRoles()).extracting(Role::getName).contains("admin");
        });
        assertThat(result).isEqualTo(PactVerificationResult.Ok.INSTANCE);
    }
    private String toJson(User user) {
        try {
            return new ObjectMapper().writeValueAsString(user);
        } catch (JsonProcessingException e) {
            throw new RuntimeException(e);
        }
    }
}
```

没有第三方的注解，也不需要加载其他上下文，每个测试中，需要手动地创建相关实例进行创建和验证契约的操作，不过 Pact 提供了 ConsumerPactBuilder 来构造契约，通过 consumer 方法设置消费者的名称，通过 hasPactWith 方法设置服务提供者的名称，同时 Pact 还提供了 runConsumerTest 的静态方法构造一个服务提供者的 Mock Server 来验证契约。

每个@test 都是一个完整的契约定义和验证，在同一个类中定义多个契约是很方便的。同样，这种方式也会生成契约文件。下面以 DSL 的用法为例，展示生成的契约文件内容，契约为 JSON 格式，具体如下。

```
{
  "provider": {
    "name": "user-service"
  },
```

```
    "consumer": {
      "name": "order-service"
    },
    "interactions": [
      {
        "description": "Get user by id for dsl test",
        "request": {
          "method": "GET",
          "path": "/users/1"
        },
        "response": {
          "status": 200,
          "headers": {
            "Content-Type": "application/json"
          },
          "body": {
            "id": "1",
            "username": "zhanggang",
            "roles": [
              {
                "id": 1,
                "name": "admin"
              }
            ]
          }
        },
        "providerStates": [
          {
            "name": "Dsl test GET /user/{id}"
          }
        ]
      }
    ],
    "metadata": {
      "pactSpecification": {
        "version": "3.0.0"
      },
      "pact-jvm": {
        "version": "3.6.4"
      }
    }
}
```

下面需要将这份契约文件复制到服务提供端，用于对服务提供方的接口进行验证。

在服务提供端，将生成的契约文件 order-service-user-service.json 复制到服务端根目录的 PactContracts 文件夹下，然后进入 Pact 服务提供者的测试依赖包，在 build.gradle 中添加如下代码。

```
testImplementation 'au.com.dius:pact-jvm-provider-spring_2.12:3.6.4'
```

尽量与服务消费端使用的版本保持一致，以减少一些不必要的问题。添加完依赖包后，开始添加接口的测试，代码如下。

```
//使用 Pact 提供的 PactRunner 启动类
@RunWith(PactRunner.class)
//定义服务提供者的名称
@Provider("user-service")
//契约文件路径
@PactFolder("PactContracts")
public class UserServicePactContractTest {
    @TestTarget
    public final Target target = new HttpTarget(8081);
    @State("Dsl test GET /user/{id}")
    public void test_get_user_by_id() {}
}
```

我们使用 Pact 提供的 PactRunner 启动测试类，并且使用@Provider 定义服务的名称，这里的名称需要和契约文件中定义的服务提供者的名称相同，然后使用@PactFolder 指导契约文件的路径。

接着只需用@TestTarget 定义服务提供者的信息，如 host 和 port 等，默认 host 是 localhost，配置服务提供者的端口是 8081，然后定义一个空的方法，使用@State 注解来修饰该方法，@State 的 value 值要和你想要测试的契约中的 providerStates.name 属性相同，也就是我们在服务消费方定义契约时所使用的 ConsumerPactBuilder.given 方法所定义的名称。

下面运行测试，此时 Pact 会使用契约中定义的请求方式真实地请求 localhost:8081 的服务，测试结果如下。

```
java.lang.AssertionError:
0 - Connect to localhost:8081 [localhost/127.0.0.1, localhost/0:0:0:0:0:0:0:1] failed: Connection refused
(Connection refused)
java.net.ConnectException: Connection refused (Connection refused)
```

测试失败，提示信息是连接被拒，很显然这里并没有启动任何端口为 8081 的服务，所以契约测试没有通过。假设服务配置的端口是 8081，可以在测试前启动应用，这里使用的是 Spring Boot，所以只需在测试中添加如下代码。

```
//测试开始前启动应用
@BeforeClass
public static void start() {
```

```
        SpringApplication.run(PactProviderApplication.class);
    }
```

再次运行测试，发现仍然失败，但错误信息变了，显示如下。

```
java.lang.AssertionError:
0 - assert expectedStatus == actualStatus
        |              | |
        200            | 404
                       false
```

原来是 404，证明刚才增加的启动服务代码有效，下面只需继续 TDD 完成接口的开发。接口代码如下。

```
@RestController
@RequestMapping("/users")
public class UserController {
    private final UserService userService;
    public UserController(UserService userService) {
        this.userService = userService;
    }
    @GetMapping(value = "/{id}")
    public User findById(@PathVariable("id") String id) {
        return userService.findById(id);
    }
}
```

UserController 所调用 UserService 的代码如下。

```
@Service
public class UserService {
    public User findById(String id) {
        return new User(id, "zhanggang", new Role[]{new Role(1, "admin")});
    }
}
```

这样的测试显然不是单元测试，因为它真实地启动了整个应用，接口的控制层、服务层、持久化层，包括数据库都集成进来，那还如何做到单元测试？其实 Pact 框架也想到了这一点，使用 Pact 提供的 SpringRestPactRunner 来启动测试，代码如下。

```
//使用 SpringRestPactRunner 来启动测试
@RunWith(SpringRestPactRunner.class)
@Provider("user-service")
@PactFolder("PactContracts")
@SpringBootTest(webEnvironment = SpringBootTest.WebEnvironment.RANDOM_PORT)
public class UserServicePactContractTest {
    @MockBean
    private UserService userService;
    @TestTarget
```

```
        public final Target target = new SpringBootHttpTarget();
        //@State 的值与 JSON 文件中 providerStates 的值保持一致
        @State("Dsl test GET /user/{id}")
        public void test_get_user_by_id() {
          when(userService.findById("1")).thenReturn(
                        new User("1", "zhanggang", new Role[]{new Role(1, "admin")})
            );
        }
    }
```

增加@SpringBootTest 注解来启动 Spring Web，并且配置端口为随机端口，target 就不再需要指定具体的端口号，使用 SpringBootHttpTarget 可以获取当前启动的随机端口号。

假设用户接口的实现是依赖 UserService，为了解耦可以使用@MockBean 来 Mock 服务类，然后在@State 的方法中定义 Mock 的规则，当然，也可以使用@Before 来定义规则，代码如下。

```
    @Before
    public void before() {
        when(userService.findById("1")).thenReturn(
                        new User("1", "zhanggang", new Role[]{new Role(1, "admin")})
            );
    }
```

此时再运行测试，结果如下。

```
    Verifying a pact between order-service and user-service
      Given dsl test GET /user/{id}
      Get user by id for dsl test
      ......
      returns a response which
      has status code 200 (OK)
      has a matching body (OK)
```

终于成功了，其实这样还不够“单元”，使用 SpringBootTest 启动的仍然是整个应用，目的是测试接口，也就是测试 Controller，只不过这里 Mock 了 UserService，而使 Controller 与其后续的依赖都分离了，但其实我们要测试的范围比 Controller 更小，仅仅是 UserController，那么能不能只加载 UserController，Pact 提供了一种新的 Target 来解决这个问题，即 MockMvcTarget，具体代码如下。

```
    //不使用 SpringRestPactRunner，而使用简单的 PactRunner 启动测试
    @RunWith(PactRunner.class)
    @Provider("user-service")
    @PactFolder("PactContracts")
    public class UserServicePactContractTest3 {
        //使用 MockMvcTarget 配置服务端
        @TestTarget
```

```
        public final MockMvcTarget target = new MockMvcTarget();
        private final UserService userService = mock(UserService.class);
        @Before
        public void before() {
        //创建用户 Controller
            final UserController userController = new UserController(userService);
            //将 UserController 注入 target
            target.setControllers(userController);
        }
        //声明 state，测试契约
        @State("dsl test GET /user/{id}")
        public void test1() {
            when(userService.findById("1")).thenReturn(
                    new User("1", "zhanggang", new Role[]{new Role(1, "admin")})
            );
        }
    }
```

这里不再需要 SpringRestPactRunner 和 SpringBootTest，因为我们不需要加载 Spring 的整个上下文。使用 MockMvcTarget 来配置服务端，可以看到使用 target 的 setController 方法类设置想要加载的 Controller，UserService 仍然使用 Mock 的方式创建，并且通过构造器传入 UserController，其他代码不用修改，启动一下，测试执行时间又加快了。

假设此时修改了接口，User 类中 username 变为 username2，修改属性名称这种操作在开发中会经常出现，再次运行测试，结果失败，错误信息如下。

```
Failures:
0) Get user by id for dsl test returns a response which has a matching body
    $ -> Expected username='zhanggang' but was missing
      Diff:
          "id": "1",
      -     "username": "zhanggang",
      +     "username2": "zhanggang",
```

此时契约测试会帮我们检测出这个问题，从而避免服务发生变化而导致的依赖方调用失败的问题。

至此，Pact 的消费者和服务者的契约测试用法基本介绍完毕，下面再介绍一个 Pact 工具的使用方法。在上述的例子中，我们采用手动方式将契约从服务消费者的代码库中复制到服务提供者的代码库，如果忘记了复制最新的契约文件，很可能造成契约双方的契约文件内容不同步，那么契约测试也就失去了意义。

虽然可以通过 Git 的 Submodules 工具来实现两个仓库的文件同步，但 Submodules 本身有一定的使用复杂度，而且经常出现流水线的配置冲突问题，增加了项目本身的环境配置复杂度。Pact 提供了相应的同步工具，并且还提供了图表的数据展示，下面以 Docker 的方式部署 Pact Broker 的服务。

首先需要安装一个数据库，因为 Pact Broker 需要依赖外部的数据库做存储，并支持 postgresql、mysql 和 sqlite 等数据库，官方推荐使用 postgresql，这里使用 Docker 来启动一个 postgresql，指令如下。

```
docker run --name pactbroker-db --restart unless-stopped -p 5432:5432
-e POSTGRES_PASSWORD=123456 -e POSTGRES_USER=admin -e POSTGRES_DB=pact
-v /你本地的一个地址:/var/lib/postgresql/data -d postgres
```

如果本地没有 postgresql 的镜像，此时 Docker 会自动拉取最新的 postgresql 镜像，下载完成后再运行 postgresql 数据库，如上指令中我们对外配置了 5432 端口作为数据库的端口，设置数据库的用户名和密码为 admin/password。

启动成功后，我们可以使用 docker ps 指令查看到已经运行的容器，然后连接数据库进行初始化工作，例如，若要为 Pact Broker 创建相关的数据库和用户，可以使用如下指令进入 postgresql 的命令模式。

```
docker run -it --rm --link pactbroker-db:postgres postgres psql -h postgres -U admin -d template1
```

如果显示与下面一样，证明数据库已经安装并且运行成功。

```
Password for user admin:
psql (10.5 (Debian 10.5-1.pgdg90+1))
Type "help" for help.
template1=#
```

然后执行相关的创建用户和创建数据库的指令。

```
template1=# CREATE USER pactuser WITH PASSWORD '123456';
CREATE ROLE
template1=# CREATE DATABASE pactbroker WITH OWNER pactuser;
CREATE DATABASE
template1=# GRANT ALL PRIVILEGES ON DATABASE pactbroker TO pactuser;
GRANT
template1=# \q
```

如上所示，我们创建用户名为 pactuser 的用户，密码为 123456，创建名为 pactbroker 的数据库，并且赋予 pactuser 用户操作 pactbroker 数据库的全部权限。

然后运行以下指令拉取并运行最新的 Pact Broker 服务。

```
docker run --name pactbroker -p 9500:80 --link pactbroker-db:postgres
-e PACT_BROKER_DATABASE_USERNAME=pactuser
-e PACT_BROKER_DATABASE_PASSWORD=123456
-e PACT_BROKER_DATABASE_HOST=postgres
-e PACT_BROKER_DATABASE_NAME=pactbroker
-d dius/pact-broker
```

Pact Broker 服务的默认端口是 80，将它映射到端口 9500 上，通过“--link”使当前容器能够与之前启动的 postgresql 的容器 pactbroker-db 通信，通过“-e”设置容器的环境变量，只需配置数据库相关的连接配置即可。启动成功后，在浏览器中访问 http://localhost:9500，进入 Pact Broker 首页，如图 4.15 所示。

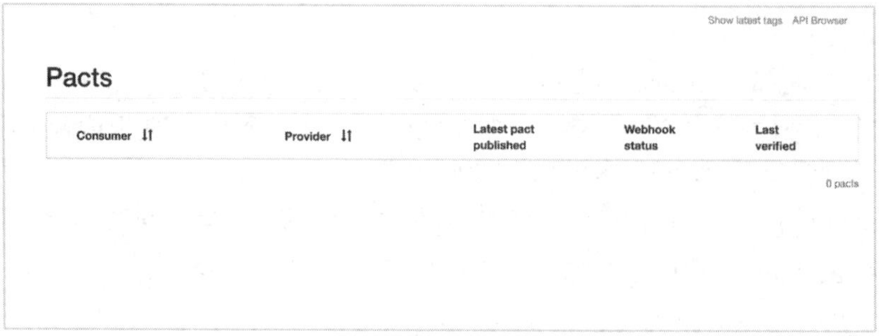

图 4.15　Pact Broker 首页

现在可以在项目中使用 Pact 了，由于 Pact 本身是基于 CDC 的策略，因此使用 Pact Broker 时应该先由服务消费者提交契约到 Broker，然后服务提供者从 Broker 拉取最新的契约。

（1）消费者推送契约。Pact Broker 为消费者端提供了相应的 Maven 和 Gradle 插件进行契约推送操作，下面以 Gradle 为例，在 build.gradle 中添加配置如下。

```
buildscript {
    repositories {
        mavenCentral()
    }
    dependencies {
        classpath('au.com.dius:pact-jvm-provider-gradle_2.12:3.6.4')
    }
}
apply plugin: 'au.com.dius.pact'
```

如果使用的是 Gradle 2.1 以上的版本，还可以直接通过如下配置加入 Broker 插件。

```
plugins {
    id "au.com.dius.pact" version "3.6.4"
}
```

然后配置契约文件的路径以及 Pact Broker 的服务地址，这样 Pact Broker 的插件就可以执行推送的工作，在消费者的 build.gradle 中添加配置如下。

```
pact {
    publish {
        pactDirectory = 'target/pacts'
        pactBrokerUrl = 'http://localhost:9500'
    }
}
```

然后执行如下指令。

```
./gradlew pactPublish
```

执行成功，控制台返回如下代码。

```
> Task :pactPublish
Publishing 'order-service-user-service.json' ... HTTP/1.1 200 OK
BUILD SUCCESSFUL in 0s
1 actionable task: 1 executed
```

然后访问 Pact Broker 的页面地址，发现已经有了一条契约的数据，数据中显示契约的消费者和提供者的名称、提交时间，以及详细的契约信息和调用关系图，Pact Broker 首页的契约数据如图 4.16 所示。

Show latest tags　API Browser

Pacts

Consumer		Provider	Latest pact published	Webhook status	Last verified
order-service		user-service	10 minutes ago	Create	

1 pact

图 4.16　Pact Broker 首页的契约数据

单击文件的小图标可以查看契约的详细信息，如图 4.17 所示。

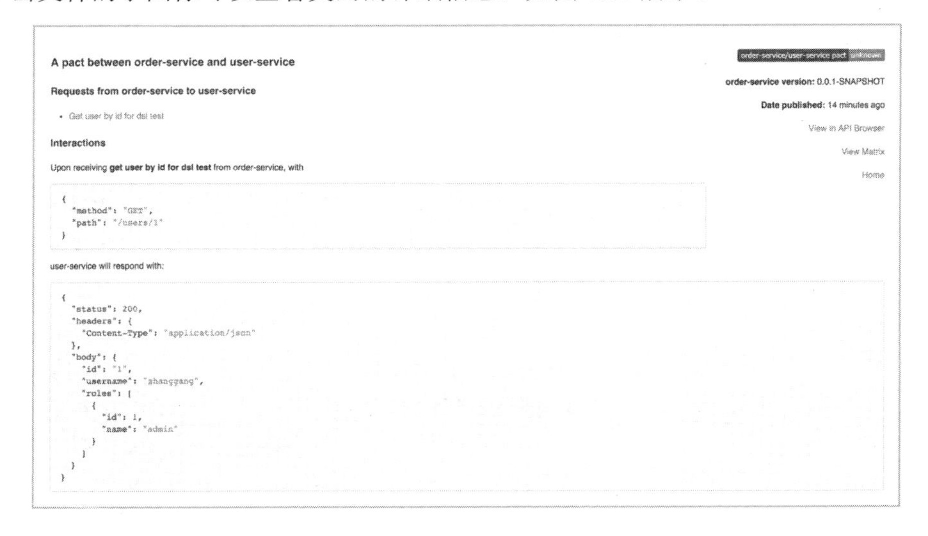

图 4.17　Pact Broker 的契约详细信息

可以直接单击服务的名称，进入服务调用关系图页面，如图 4.18 所示。

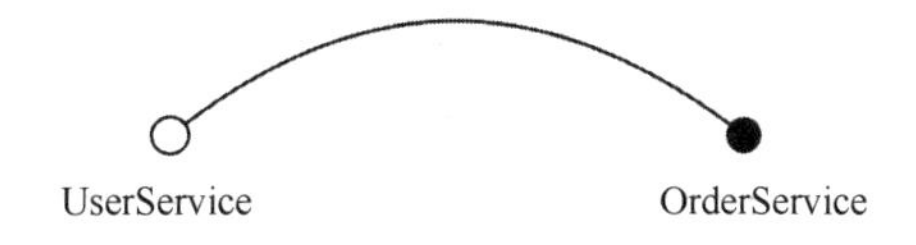

图 4.18　Pact Broker 的服务调用关系图

（2）服务端拉取契约。完成消费端的契约推送之后，接下来需要在服务端拉取契约，在服务端集成 Pact Broker 要更简单些，并不需要集成任何插件。

首先，将原先的契约文件删掉，在测试类上删除@PactFolder("PactContracts")注解，这样测试就已经和本地的契约文件没有关系，然后增加@PactBroker 注解来配置 Pact Broker 的服务信息和契约信息，其他代码不变，具体如下。

```
@RunWith(PactRunner.class)
@Provider("user-service")
//@PactFolder("PactContracts")
//指定 PactBroker 的主机 IP 地址和端口号
@PactBroker(host = "localhost", port = "9500",consumers = "order-service")
public class UserServicePactContractTest {
...
}
```

其中，host 和 port 是配置的 Pact Broker 的服务信息，这样 Pact 就知道从哪里去拉取契约，然后需要指定 consumer，告诉 Pact 去拉取哪个消费者的契约，当然可以使用数组来定义多个消费者。再次运行测试，测试通过并且会在控制台发现有如下日志输入。

```
- Connection [id: 1][route: {}->http://localhost:9500] can be kept alive indefinitely
- http-outgoing-1: set socket timeout to 0
- Connection released: [id: 1][route: {}->http://localhost:9500][total kept alive: 1; route allocated: 1 of 5; total allocated: 1 of 10]
- Connection manager is shutting down
- http-outgoing-1: Close connection
- Connection manager shut down
```

证明 Pact 会在测试之前连接 Pact Broker 服务，并拉取我们需要的契约来进行测试，这样就做到了契约的同步。虽然需要配置一个额外的服务和数据库，但使用起来还是十分方便的。

4.4.3 Spring 家族契约测试 Spring Cloud Contract

介绍完优秀的 Pact 之后，下面来介绍 Spring Cloud 家族的契约测试框架 Spring Cloud Contract。契约测试作为微服务架构中重要的测试实践，Spring Cloud 作为 Java 项目微服务框架的中流砥柱，自然也提供了自己的实现。

Spring Cloud Contract 采用消费者驱动契约的做法，但它的契约文件会放在提供者方作为测试依据，并且会生成相应的 Mock 文件给消费者使用，所以并不是特别的 CDC。

首先，需要在服务提供方添加 Spring Cloud Contract 的依赖，在 build.gradle 中添加依赖及相关插件，代码如下。

```
buildscript {
    repositories {
        mavenCentral()
    }
    dependencies {
        classpath("org.springframework.cloud:spring-cloud-contract-gradle-plugin:2.1.1.RELEASE")
    }
}
plugins {
    id 'org.springframework.boot' version '2.1.4.RELEASE'
    id 'java'
}
apply plugin: 'io.spring.dependency-management'
apply plugin: 'spring-cloud-contract'
group = 'com.ms.zg.book'
version = '0.0.1-SNAPSHOT'
sourceCompatibility = '1.8'
repositories {
    mavenCentral()
}
ext {
    set('springCloudVersion', 'Greenwich.SR1')
}
dependencies {
    implementation 'org.springframework.boot:spring-boot-starter-web'
    compileOnly 'org.projectlombok:lombok'
    testImplementation 'org.springframework.boot:spring-boot-starter-test'
    testImplementation 'org.springframework.cloud:spring-cloud-starter-contract-verifier'
}
dependencyManagement {
    imports {
        mavenBom "org.springframework.cloud:spring-cloud-dependencies:${springCloudVersion}"
    }
}
contracts {
    packageWithBaseClasses = 'com.ms.zg.book.springcloudcontractprovider.contracts'
}
```

其中，Gradle 的插件可以用来生成契约测试代码和 Mock 文件，最后的 contracts{}用来指定测试代码的基类包路径，后面会介绍具体的用法。

然后，需要先定义契约，Spring Cloud Contract 提供两种契约定义的方式：一种基于 groovy，一种基于 yaml。groovy 的好处是灵活，可以像写代码一样定义契约，缺点就是有一定的学习成本，这里为了更加直观，使用 yaml 的方式来定义契约。

假设还是 OrderService 调用 VserService 的 GET-/user/{id}接口，在服务提供方可以创建 find-user-by-id.yml 的文件，Spring Cloud Contract 的契约默认路径为 test/resources/contracts，在该路径下创建 user 文件夹，并且将 find-user-by-id.yml 放进去，内容如下。

```
request:
  method: GET
  url: /users/1
response:
  status: 200
  bodyFromFile: find-user-by-id-response-body.json
  headers:
    Content-Type: application/json;charset=UTF-8
```

如上述配合所示，契约文件定义了接口的请求路径、请求方法及返回头等信息，由于这里返回的是 JSON 格式的数据，因此使用 bodyFromFile 来将 body 的内容指向一个 JSON 文件，我们在相同的路径下创建一个 find-user-by-id-response-body.json 的文件，内容如下。

```
{
  "id": "1",
  "username": "zhanggang",
  "roles": [
    {
      "id": 1,
      "name": "admin"
    }
  ]
}
```

然后，可以执行以下命令为消费者生成 Mock 文件。

```
./gradlew generateClientStubs
```

生成的文件位于 build/stubs/META-INF/**/mappings 文件夹中，具体的文件路径与定义契约所在的 contract 路径相对应，如我们通过在 contracts/user 下的契约生成的 Mock 文件的具体路径为 build/stubs/META-INF/com.ms.zg.book/spring-cloud-contract-provider/0.0.1-SNAPSHOT/mappings/ user/find-user-by-id.json，内容如下。

```
{
  "id" : "35dc0662-a9f6-4626-85e8-aa35210869b0",
  "request" : {
    "url" : "/users/1",
    "method" : "GET"
  },
  "response" : {
    "status" : 200,
    "body" : "{\"roles\":[{\"name\":\"admin\",\"id\":1}],\"id\":\"1\",\"username\":\"zhanggang\"}",
    "headers" : {
```

```
            "Content-Type" : "application/json;charset=UTF-8"
        },
        "transformers" : [ "response-template" ]
    },
    "uuid" : "35dc0662-a9f6-4626-85e8-aa35210869b0"
}
```

这份文件每次都会自动生成，我们可以通过 Git submodules 的形式将它同步到消费者的代码仓库中，消费者可以使用这份文件启动一个服务的 Mock Server。

契约已经定义好，现在我们在消费者端，假设需要开发一个 UserClient 用来实现查询用户的方法，那么还是使用 TDD 的方式先写一个测试，如 UserClientTest，代码如下。

```
//使用 SpringRunner 的方式启动测试
@RunWith(SpringRunner.class)
@SpringBootTest
public class UserClientTest {
    //自动注入 UserClient
    @Autowired
    private UserClient userClient;
    //测试 findUserById
    @Test
    public void find_user_by_id_happy_path() {
        //given
        final String userId = "1";
        //when
        final User user = userClient.findUserById(userId);
        //then
        assertThat(user).isNotNull();
        assertThat(user.getUsername()).isEqualTo("zhanggang");
        assertThat(user.getRoles()).extracting(Role::getName).contains("admin");
    }
}
```

这是一个常规的单元测试，编译应该会报错。解决这些错误，需要创建相应的类和方法，代码如下。

```
@Repository
public class UserClient {
    private final RestTemplate restTemplate;
    private final String userServiceUrl;
    @Autowired
    public UserClient(RestTemplate restTemplate, @Value(("${user-service.url}")) String userServiceUrl) {
        this.restTemplate = restTemplate;
        this.userServiceUrl = userServiceUrl;
    }
```

```
        //定义 findUserById 方法
        public User findUserById(String id) {
            return restTemplate.getForObject(userServiceUrl + "/users/{0}", User.class, id);
        }
    }
```

这里使用 RestTemplate 来请求服务端，通过配置的方式读取服务的地址，所以还需要在 application.yml 文件中加入如下配置。

```
user-service:
  url: http://localhost:8081
```

基本的开发工作完成，现在运行测试，执行 UserClientTest，结果如下。

```
I/O error on GET request for "http://localhost:8081/users/1": Connection refused (Connection refused);
```

显然此时并没有启动用户服务，也没有启动 Mock Server，测试报错接连遭到拒绝，所以要使用 Spring Cloud Contract 启动一个 Mock Server。首先，在订单服务中添加 Spring Cloud Contract 的 stub-runner 的依赖。

```
testImplementation 'org.springframework.cloud:spring-cloud-starter-contract-stub-runner'
```

然后将之前在服务提供端生成的 mappings 文件夹复制到服务消费端中，即我们的订单服务中，Spring Cloud Contract 在服务消费端默认使用的 Mock 文件路径为 test/resources/mappings，所以将 build 中的 mappings 文件夹复制到订单服务的 test/resources 中。

最后，在 UserClientTest 上加入一个 Mock Server 的启动配置，代码如下。

```
@RunWith(SpringRunner.class)
@SpringBootTest
//指定 Mock 服务的启动端口号
@AutoConfigureWireMock(port = 8081)
public class UserClientTest{
...
}
```

通过@AutoConfigureWireMock 就能使用契约生成的文件快速启动一个 Mock Server，并且可以配置不同的端口号，这里使用 8081 作为用户服务的端口号。再次运行测试，结果通过，在服务消费者的契约测试已经完成。

完成了服务消费端的契约测试，现在回到服务提供端，通过插件快速生成一个契约测试方法，指令如下。

```
./gradlew generateContractTests
```

当然，只要我们进行 gradle 的 build 操作，上面 task 会自动执行，并且生成的测试类也会和普通的测试一起执行，所以只要契约测试没有通过就过不了 gradle 的测试。

我们可以在 build/generated-test-sources/contracts 下找到生成的测试，内容如下。

```
...
import com.ms.zg.book.springcloudcontractprovider.contracts.UserBase;
```

```
...
public class UserTest extends UserBase {
    @Test
    public void validate_find_user_by_id() throws Exception {
        // given:
        MockMvcRequestSpecification request = given();
        // when:
        ResponseOptions response = given().spec(request)
                .get("/users/1");
        // then:
        assertThat(response.statusCode()).isEqualTo(200);
        assertThat(response.header("Content-Type")).isEqualTo("application/json;charset=UTF-8");
        // and:
        DocumentContext parsedJson = JsonPath.parse(response.getBody().asString());
        assertThatJson(parsedJson).array("['roles']").contains("['id']").isEqualTo(1);
        assertThatJson(parsedJson).field("['username']").isEqualTo("zhanggang");
        assertThatJson(parsedJson).array("['roles']").contains("['name']").isEqualTo("admin");
        assertThatJson(parsedJson).field("['id']").isEqualTo("1");
    }
}
```

可以看出，Spring Cloud Contract 会严格按照我们定义的契约来生成一个测试方法，会详细测试字段的每个属性，当然，这些断言也可以做到模糊匹配，具体的规则与定义的契约有关。

我们重点看一下 UserTest 类的定义，它继承了一个 UserBase，并且这里编译会报错，因为找不到对应的 UserBase，它的包路径是 com.ms.zg.book.springcloudcontractprovider.contracts，就像我们一开始在 build.gradle 里配置的 Contract 插件一样，内容如下。

```
contracts {
    packageWithBaseClasses = 'com.ms.zg.book.springcloudcontractprovider.contracts'
}
```

Spring Cloud Contract 的 Gradle 插件会根据这个配置将生成的测试类对应地集成相应的基类，基类的命名规则就是在契约的路径后面加上 Base，如契约定义在 resources/contracts/user 下，那么插件会忽略 resources/contracts 根目录，使用 User + Base 的方式命名基类。

基类 UserBase 需要我们去实现，它有什么作用？可以看到生成的测试方法并不会启动 Spring 容器，所以首先需要通过基类去加载对应的 Controller 提供可以测试的接口，其次利用这个基类去做 mock 的操作，代码如下。

```
public class UserBase {
    @Before
    public void setup() {
```

```
            //mock 用户服务
            final UserService userService = mock(UserService.class);
            //声明用户服务的 findById 行为
            when(userService.findById("1")).thenReturn(
                    User.builder().id("1").username("zhanggang")
                            .roles(Collections.singletonList(new Role(1, "admin")))
                            .build()
            );
            //加载 UserController
            RestAssuredMockMvc.standaloneSetup(new UserController(userService));
        }
    }
```

UserService 和 UserController 与之前 Pact 中所使用的代码相似，内容如下。

```
    @Service
    public class UserService {
        public User findById(String id) {
            return null;
        }
    }
    @RestController
    @RequestMapping("/users")
    public class UserController {
        private final UserService userService;
        public UserController(UserService userService) {
            this.userService = userService;
        }
        @GetMapping("/{id}")
        public User getUserById(@PathVariable String id) {
            return userService.findById(id);
        }
    }
```

通过 RestAssuredMockMvc 工具类可以去加载我们想要的 Controller，然后还是使用 Mockito 来 mock 一个 UserService，并定义它的规则，使 Controller 和其他的依赖解耦，再执行./gradlew build，测试通过。

只要我们的接口发现变化服务端，就能快速检测到问题。其实 Spring Cloud Contract 还有很多高级的用法，包括可以去集成 Pact，这里不再一一介绍，感兴趣的读者可以访问 Spring 的官方网站学习 Spring Cloud Contract 的详细用法，网址为 http://cloud.spring.io/spring -cloud-contract。

4.4.4 服务提供者的契约测试 Moscow

Moscow 是由 ThoughtWorks 的资深技术“大神”祁兮开发的一款便捷的契约测试框架，原本这个框架是为了满足项目中的一些特殊需求而开发的，后来逐渐孵化成熟并开源。

Moscow 最大的优点是实用简单，没有复杂的配置和插件，而且使用纯 JSON 的方式定义契约，对于前端十分友好，非常适合用于前后端之间的契约测试。当然缺点也比较简单，它不像 Pact 那样可以支持消息订阅、文件上传等多种契约，而且并不提供消费者的 Mock Server 实现方式。Moscow 最初的目的只是测试服务提供者，只不过它使用 JSON 来定义，前端可以直接使用 JSON 来搭建 Mock Server。例如，在一个开发 OpenAPI 的项目中，可能我们只需关注服务提供方的逻辑，Moscow 是个不错的选择。

下面介绍如何使用 Moscow 来做契约测试。还是来测试根据 ID 查询用户，首先要引入 Moscow 的依赖，在 build.gradle 中添加如下配置。

```
testImplementation('com.github.macdao:moscow:0.3.0')
testRuntime('com.squareup.okhttp3:okhttp:3.1.2')
```

Moscow 使用 OkHttp 来发起请求，所以除添加 Moscow 自己的依赖之外，还需添加 OkHttp 为 testRunTime 依赖，然后就可以在 test/resources 下定义我们的契约，创建一个 api-contract.json 的文件，并放到路径 test/resources/moscow 下，内容如下。

```
[
  {
    "description": "find_user_by_id",
    "request": {
      "method": "GET",
      "uri": "/users/1"
    },
    "response": {
      "status": 200,
      "json": {
        "id": "1",
        "username": "zhanggang",
        "roles": [
          {
            "id": 1,
            "name": "admin"
          }
        ]
      }
    }
  }
]
```

定义了 request 和 response 的内容后，Moscow 会将 description 字段作为契约的唯一标识来执行测试，代码如下。

```
@RunWith(SpringRunner.class)
//指定 Web 环境使用随机端口
@SpringBootTest(webEnvironment = SpringBootTest.WebEnvironment.RANDOM_PORT)
//自动配置 TestClient
@AutoConfigureWebTestClient
public class UserControllerTest {
    //获取本地服务端口号
    @LocalServerPort
    private int port;
    //Mock 用户服务
    @MockBean
    private UserService userService;
    //加载 Moscow 契约文件
    private final ContractContainer contractContainer =
            new ContractContainer(Paths.get("src/test/resources/moscow"));
    //定义用户服务行为
    @Before
    public void before() {
        when(userService.findById("1")).thenReturn(
                new User("1", "zhanggang", new Role[]{new Role(1, "admin")})
        );
    }
    //测试契约
    @Test
    public void assertContract() {
        //find_user_by_id 与契约文件中的单个契约的 description 保持一致
        new ContractAssertion(contractContainer.findContracts("find_user_by_id"))
                .setPort(port)
                .assertContract();
    }
}
```

与之前的测试类似，使用 Spring 相关注解加载一个 Web 的测试环境，并且 Mock 一个 UserService，然后创建一个 ContractContainer 去加载契约文件，它会加载这个包下的所有 JSON 文件，所以建议将 Moscow 的契约文件与其他 JSON 文件区分开，最后添加测试方法，通过 ContractContainer.findContracts 方法来参照需要测试的契约，参数需要与契约的 description 字段一致，这样一个契约的测试就写好了（UserService 和 UserController 的实现与前面一样，不再重复展示）。

不难发现，其实一个 Moscow 的契约文件里定义的是一个数组，也就意味着一个 JSON 文件可以定义多个契约，所以还可以有更优化的写法，我们可以定义一个基类，由它来完成一些初始化的工作，其他的测试集成它就可以了。

例如，我们的测试基类是 MoscowContractTestBase，代码如下。

```
//契约测试抽象类
@RunWith(SpringRunner.class)
@SpringBootTest(webEnvironment = SpringBootTest.WebEnvironment.RANDOM_PORT)
@AutoConfigureWebTestClient
public abstract class ContractTestBase {
    //获取本地服务端口号
    @LocalServerPort
    private int port;
    //new 一个 TestName 用于获取测试方法名
    @Rule
    public final TestName testName = new TestName();
    //加载 Moscow 契约文件
    private static final ContractContainer contractContainer =
                                new ContractContainer(Paths.get("src/test/resources/moscow"));
    //使用 testName. getMethodName 方法自动根据测试方法名测试契约
    protected void assertContract() {
        new ContractAssertion(contractContainer.findContracts(testName.getMethodName()))
                .setPort(port)
                .assertContract();
    }
}
```

其他代码不变，这里提供一个 TestName 的 Rule 用来获取测试的方法名，然后提供一个 assertContract 的方法来执行契约的验证，这时契约测试类只需继承这个基类就好，如 UserContractTest 就可以改造成如下代码。

```
public class UserControllerTest2 extends ContractTestBase {
    @MockBean
    private UserService userService;
    @Test
    public void find_user_by_id() {
        when(userService.findById("1")).thenReturn(
                new User("1", "zhanggang", new Role[]{new Role(1, "admin")})
        );
        //使用当前方法的名称作为 findContracts 的入参
        assertContract();
    }
}
```

这里的方法名直接对应契约的 description 字段即可，基类的 TestName 可以获取到方法的名称，用来查找对应的测试，同样，在契约测试执行前，我们仍然可以进行一些 Mock 的操作。

至此，契约测试的相关内容已介绍完毕，当然框架只是招式，更重要的还是解决问题的思路，而且很多时候，代码就是还原生活的体现，就像契约测试一样。第 5 章会为大家介绍一个新的架构模式：API Gateway（接口网关）。

05

第 5 章　API 网关

- API 网关的意义
- API 网关的职责
- API 网关的缺点
- 使用 API 网关认证身份
- API 网关技术实战

网关的英文是 Gateway，翻译为门、方法、通道、途径。API 网关就是接口的通道或接口的大门。要想访问 API，就必须通过 API 网关，为什么要有 API 网关，这样做有什么作用？带着这些问题，我们来学习本章的内容。

5.1 API 网关的意义

API 网关并没有引申含义，通俗来讲，它就是应用系统所有接口的唯一关卡，就像一道门，想要调用到接口，就必须从这扇门进入。为什么要有这样一道门？

在微服务中，服务端被拆分成一组职责单一的微小服务，这样做的好处不再赘述。但我们的服务由少变多，必然会增加系统的复杂度。原先客户端只需关心与一个单体的服务交互即可，现在需要去了解每个服务的具体信息，包括认证规则、主机地址、集群方式等。即便拥有再完善的服务注册与发现机制，客户端也需要对后端服务的各个职责划分，才能知道哪个 API 应该调用哪个服务。在大型项目中，客户端往往需要花费巨大的工作量来集成这些后端。

设想一下，在一个没有 API 网关的系统中，前后端调用关系如图 5.1 所示。

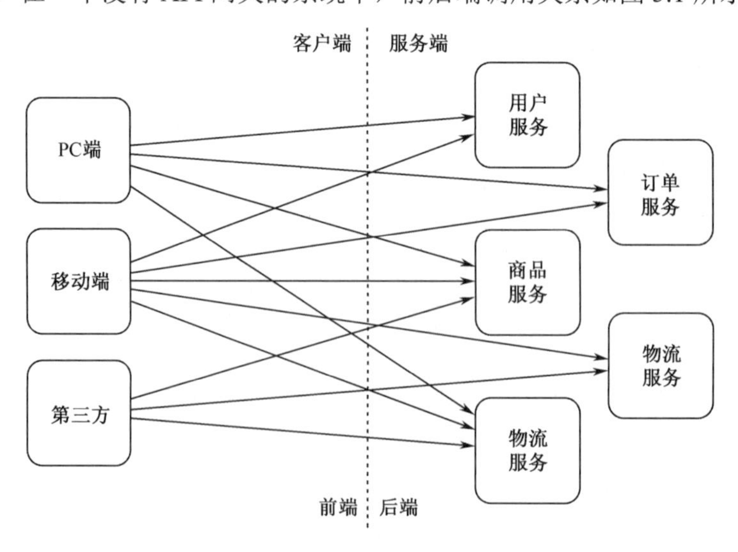

图 5.1　没有 API 网关的系统中前后端的调用关系

复杂的调用关系让客户端难以维护，光看就觉得很乱。假设我们要开发移动端的代码，调用后端的服务，就需要维护与各个服务的调用关系。服务的个数一旦增加，如系统中有几十个，甚至上百个服务，关系维护起来将花费相当多的时间。最主要的是，前端根本不想关心这些问题，对于前端开发来讲，只想调用可用的接口，这本身是后端服务的架构逻辑，前端会因为这种架构模式变得异常复杂，而且这个复杂度会在每个客户端中重复出现。

同时，认证规则无法复用，图 5.1 所示为一个商场系统，一般情况下，系统会根据不同的终端设计不同的用户认证规则，如 PC 端可以通过用户名密码的方式进行用户认证，移动端可以使用手机号加短信验证码的方式进行用户认证，第三方可以通过证书密钥等方式进行用户认证，那么这些认证方式通常都由后端服务来实现。

如果客户端直接调用用户敏感的接口，这些接口所在的服务必须拥有认证的能力才行。换句话说，这些后端服务都需要实现多套用户认证的逻辑，并且还需要根据不同终端的请求使用不同的认证方式。

为了使微服务更加通用，后端服务的代码中就必然会被耦合上一些客户端的判断逻辑，因而显得不够单纯，再者每个服务都存在着大量重复的认证逻辑，一旦有些客户端的认证方式发生变化，就需要去维护每个服务中的认证代码，如图 5.2 所示。

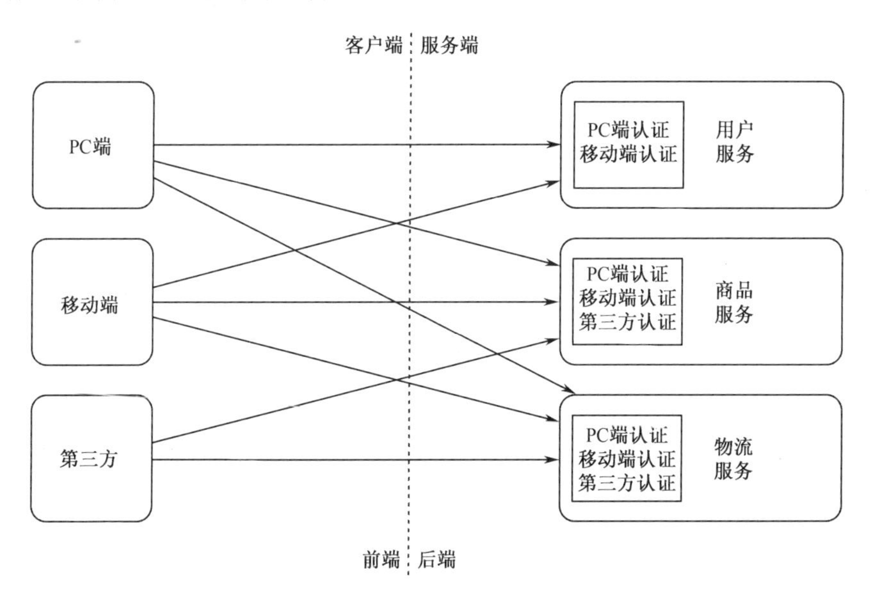

图 5.2　服务端重复实现认证逻辑

前端收到后端架构的“污染”，职责增加，开发难度增大。当然，可能有不少系统都与图 5.1 所示的系统类似或更加简单，服务也就几个甚至更少，系统本身就只有一个客户端，或者根本没有做前后端分离，这样的系统调用链就很简单，客户端维护服务信息也很容易。

即使这样仍然需要 API 网关，首先在生产环境中，服务都是多实例部署，以增加系统的可用度，一旦服务部署了多个实例，就需要有负载均衡的策略。

在微服务架构中，一般都采用客户端负载均衡的方式。也就是说，需要前端来负责负载均衡，有了负载均衡，还需要考虑服务熔断、降级、恢复等情况，这些服务治理职责都将交由前端来承担，如图 5.3 所示。

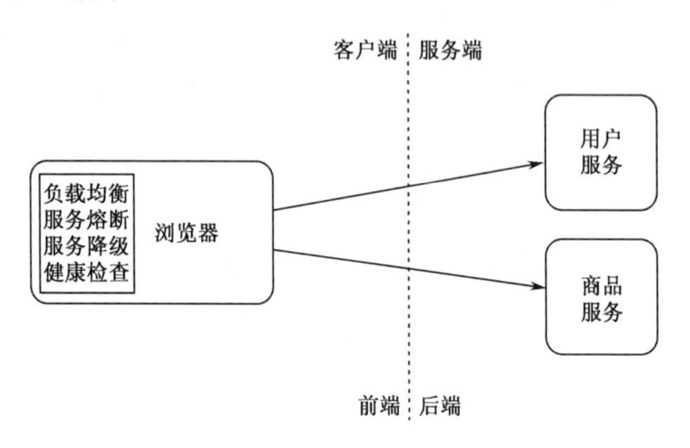

图 5.3　前端承担大量的服务治理职责

虽然如今前端的能力越来越强，一些框架也能够处理复杂的服务治理逻辑，但前端更应该关注用户的交互、数据的渲染等表现层的逻辑，而不应被后端的架构所影响，从而做很多不擅长或不应该负责的工作。

API 网关的出现就很好地解决了这些问题。首先，前端不再面对复杂的调用关系，只需请求 API 网关即可；其次，系统本身不需要重复地关心客户端的认证方式，可以将认证逻辑放到 API 网关来做；最后，服务管理的职责也和前端解耦，可以在 API 网关集成 Spring Cloud Netflix Hystrix 等组件，就能轻松拥有相关的服务治理能力，API 网关架构图如图 5.4 所示。

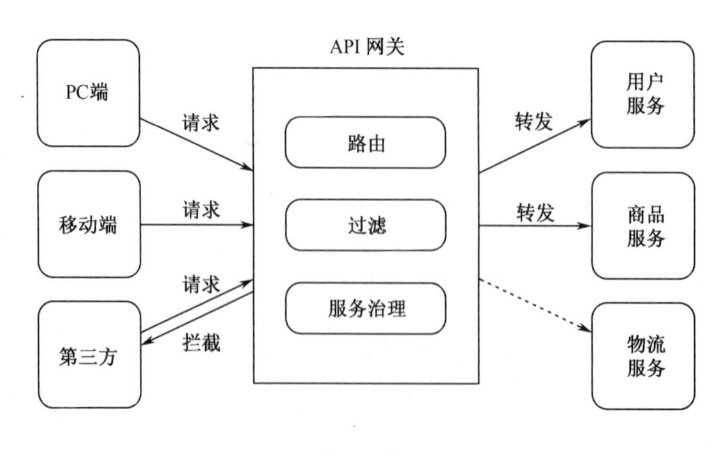

图 5.4　API 网关架构图

API 网关起到了很好的前后端隔离作用，既保护后端服务不会掺杂前端的判断逻辑，也隔离前端与微服务治理相关的职责，通过统一的网关，对所有的请求进行转发、过滤和治理，早期我们在单体式架构中常用的 Nginx 也是一种 API 网关模式的实现。

5.2 API 网关的职责

在解释了为什么要使用 API 网关之后，其职责也体现出来了。API 网关的职责主要有 3 个：请求路由、请求过滤和服务治理。

5.2.1 请求路由

API 网关本身并不具有服务的能力，一旦接收到客户端的请求，API 网关会根据一定的规则（我们称它为路由规则）将这些请求转发给后端的微服务。

客户端不需要关心后端有几个微服务，也不需要关心这些服务的主机地址，只需维护一个 API 网关的地址。通过 API 网关，将请求路由到对应的服务端，通常我们会采用 URL 的路由规则，例如，将请求路径/users/**转发给用户服务，将请求地址/goods/**转发给商品服务，API 网关 URL 路由示意图如图 5.5 所示。

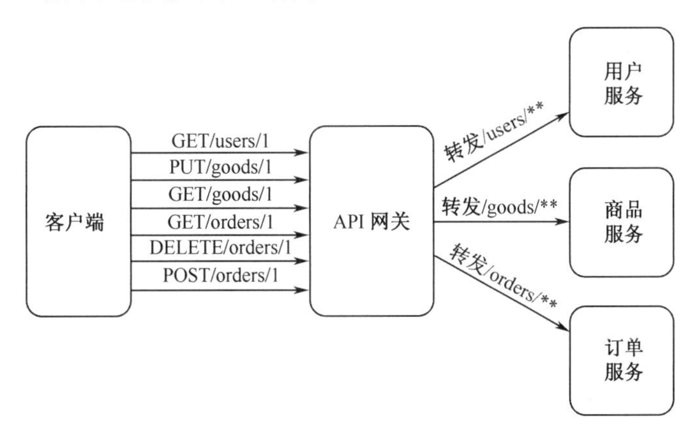

图 5.5　API 网关 URL 路由示意图

除了请求路径的路由规则，我们还可以通过 Reqest Header、Cookie 等方式来设置路由的规则。例如，在 Request Header 或 Cookie 中可以设置 Service-ID 的键值，然后 API 网关就可以通过 Request Header 或 Cookie 来转发这些请求。总而言之，客户端只需将请求发送到 API 网关即可，不需要关心不同的服务地址或端口。当然，服务端通常会与前端定义好契约，其中包括 URL 或其他路由规则的定义，这样客户端不需要任何成本就可以使用服务端的接口。

5.2.2 请求过滤

我们已经知道 API 网关的一个重要职责就是用户认证，即通过一定的方式将不符合条件或不安全的请求拦截，而大部分 API 网关都是通过过滤器的方式来实现请求的拦截。当客户端首次请求需要用户认证权限的接口时，会先到达 API 网关的过滤器，然后 API 网关通过自己实现的认证逻辑判断当前请求的用户是否为已经认证过的合法用户，若校验失败，则请求被拦截，若校验通过，则过滤器不拦截该请求，请求正常向后执行逻辑，API 网关请求认证流程如图 5.6 所示。

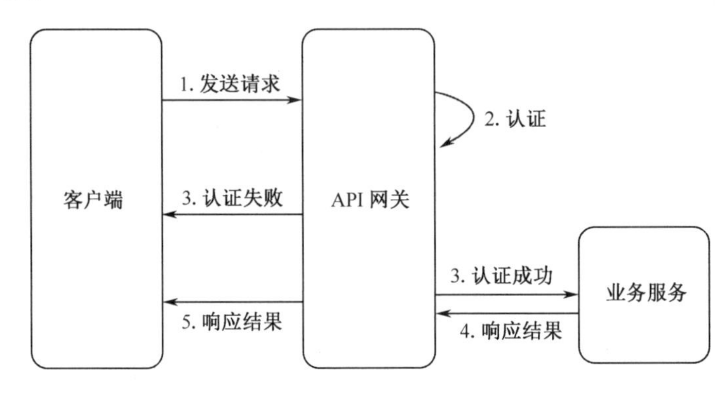

图 5.6　API 网关请求认证流程

API 网关也可以调用独立的认证服务来支撑自己的认证逻辑，如通过查询用户信息来校验用户名密码、验证密钥等操作，或者有时系统本身就没有自己的用户体系，需要集成第三方系统的单点登录服务或用户、权限等基础服务，那么我们完全可以将 API 网关和认证逻辑解耦，API 网关依然负责拦截请求，但具体认证规则的判断可以调用后端的认证服务来完成，API 网关与认证服务交互过程如图 5.7 所示。

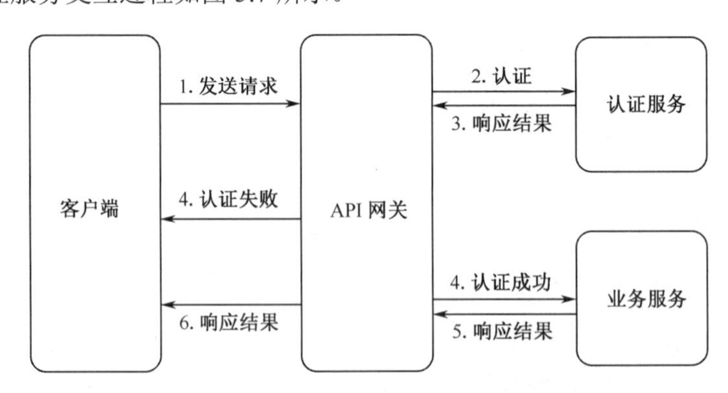

图 5.7　API 网关与认证服务交互过程

当然，用户的登录认证也可以由 API 网关来负责，关于认证的详细实现将在 5.3 节介绍，这里不再赘述。

其实，一旦系统的所有请求都采用统一的入口，除了安全认证，我们还可以做很多事情，例如，可以通过过滤器的方式再过滤一下敏感的信息，如请求头中的 Cookie、Authorization 等，还可以修改请求或响应的信息，如限制请求大小、失败重试等操作，也可以设置过滤器的顺序，将不同的规则写在过滤器中，以组合不同的功能需求，API 网关过滤器组合使用示意图如图 5.8 所示。

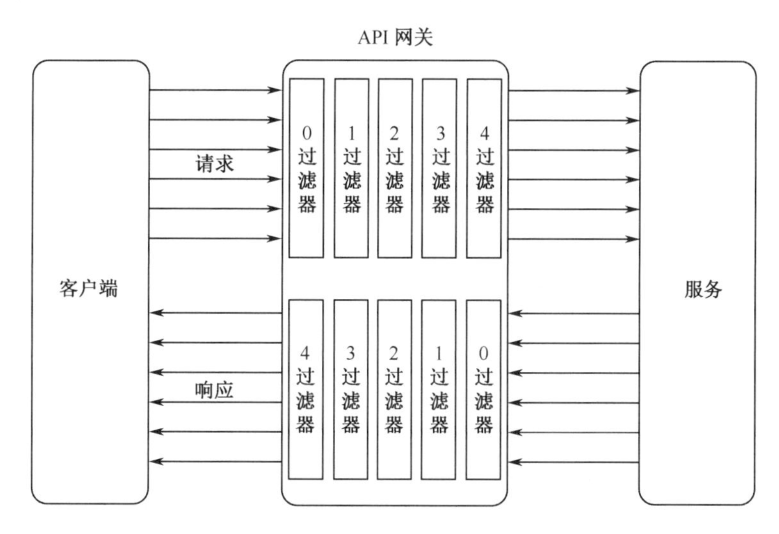

图 5.8　API 网关过滤器组合使用示意图

5.2.3　服务治理

请求路由和请求过滤可以说是 API 网关的两个重要功能，除了它们，还可以使用与后端微服务架构更加切合的技术来使 API 网关拥有服务治理的能力。API 网关同样可以作为一个服务消费者，通过集成负载均衡器、断路器、注册中心和健康监控等组件完成服务的治理工作。通过将 API 网关集成注册中心，我们可以动态地进行服务发现，从而更优雅地完成路由、负载均衡等操作，如图 5.9 所示。

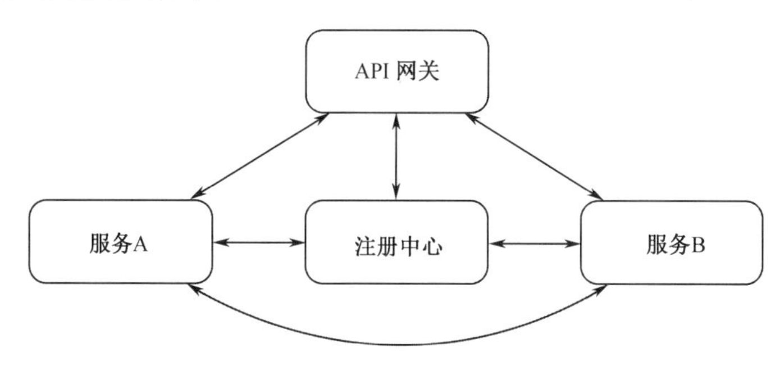

图 5.9　API 网关集成注册中心

在 API 网关也作为注册中心的一个客户端注册到注册中心后，就能够动态地发现与监控各个服务的信息。例如，服务 A 和服务 B 也注册到注册中心，根据注册中心提供的服务信息，API 网关就能很方便地进行远程调用、负载均衡等操作。

API 网关作为服务的统一调用者，还可以方便地集成断路器，做到统一的服务熔断和降级，如图 5.10 所示。

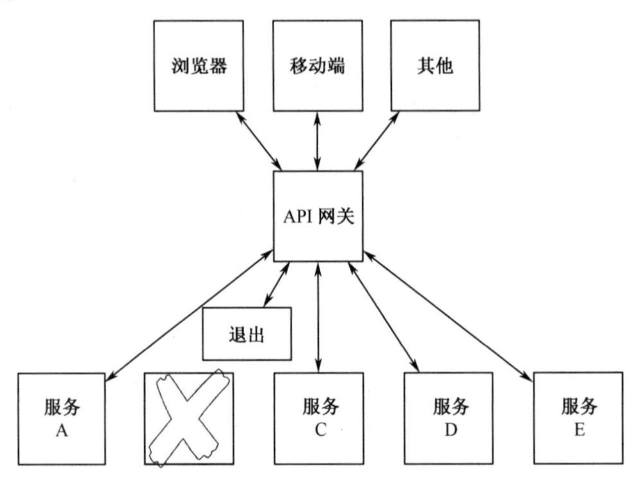

图 5.10　API 网关集成断路器

如果没有 API 网关，服务熔断就只能在服务间使用，或者需要前端浏览器等终端来负责，并且每个终端可能都要实现相同的功能；如果有 API 网关，就可以像图 5.10 所示的那样对所有的后端服务进行统一的熔断处理，包括服务降级、自动恢复等问题就不用每个终端去实现，而且让前端来做服务治理显然是很奇葩的做法。

当然，对于不同的客户端，它的用户认证方式、服务治理策略及接口的规范可能都不一样，这时我们可以针对不同的终端配置不同的 API 网关，多终端 API 网关示意图如图 5.11 所示。

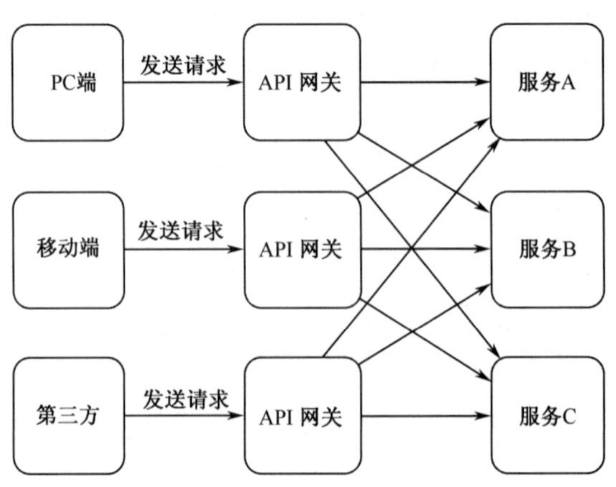

图 5.11　多终端 API 网关示意图

关于多个 API 网关的架构模式还有一个名称：BFF（Backend For Frontend，用于前端的后端），关于 BFF 的实践将在第 6 章中详细介绍。

5.3 API 网关的缺点

前面介绍了使用 API 网关的目的和职责，那么 API 网关有没有缺点？任何架构模式都不是万能的，包括微服务架构本身都存在着不足，API 网关总体来说有两个缺点：一是增加了开发的复杂度，二是有一定额外的性能消耗，如图 5.12 所示。

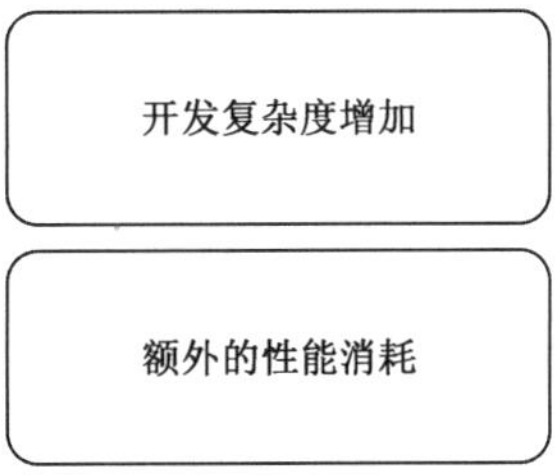

开发复杂度增加

额外的性能消耗

图 5.12 API 网关的缺点

首先，显而易见地增加了项目的复杂度。在项目中使用过 API 网关的开发者不难发现，API 网关需要进行额外开发和维护，在开发一个接口时，以往只需和前端进行调试，现在还需要和 API 网关调试，而且还涉及新的服务配置、部署和管理等工作。

其次，在前后端之间增加了一层调用链，哪怕只是简单的转发，也必然增加了一定的性能消耗，而且通常我们使用 HTTP 进行服务调用，HTTP 的交互性能并不是很好，所以在一些对性能有极致要求的项目中，可能需要一些额外的优化工作，如缓存、请求合并等操作。

5.4 使用 API 网关认证身份

提到 API 网关，就不得不提及身份认证，因为安全保证才是一个网关最原始和最核心的功能，5.2.2 节中已经介绍了 API 网关请求过滤的架构设计，那么在与前端的交互中，API 网关如何对请求进行安全保障呢？

5.4.1 分清认证与授权

通常我们说到软件的安全管理，一般包括两个概念：一是认证，二是授权。这两个概念也经常被大家混淆，而且它们的英文单词很像，认证的英文是 Authentication，授权的英文是 Authorization，很多人在代码中会使用简写的 Auth 来替代这两个单词。笔者在每次遇到含有 Auth 简写的代码时都会感到异常焦躁，必须要深入解读代码才能知道这段代码到底是在处理认证还是在处理授权。

那么，什么是认证，什么是授权？

认证又称身份认证，是指通过一定的方式完成对用户身份的确认。在软件系统中，不是所有的服务都是开放式的，大部分情况下需要识别当前请求人是否为系统中的合法用户，这个识别的过程就是认证。

授权是指对资源的访问进行权限的定义，并通过授予用户不同的权限做到资源的访问控制。例如，公司的在职员工都能登录公司的财务系统，但只有财务人员才能查看公司的财务报表，其他员工只能查看自己的工资条。在软件系统中，授权在认证之后，只有识别了用户的身份，才能知道用户的权限，并对用户的访问进行控制，认证与授权的职责示意图如图 5.13 所示。

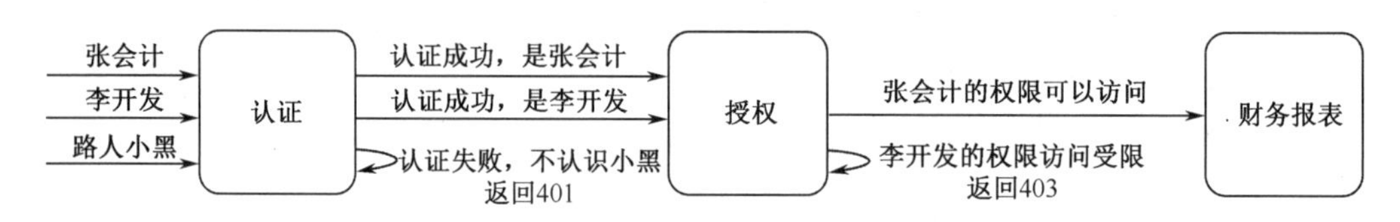

图 5.13 认证与授权的职责示意图

在图 5.13 中，HTTP 的状态码帮我们定义了不同的数值来区别认证和授权的异常，通常使用 401 表示认证失败，使用 403 表示没有访问权限。

5.4.2 API 网关是否需要管理授权

认证在一开始就已经明确了是 API 网关的核心职责，因为认证逻辑一般与不同的客户端类型有关，有足够的通用性，不需要基础服务各自实现，而且在图 5.11 中，API 网关通常是和客户端类型一对一的设计，是所有接口的唯一入口，所以认证十分适合放在 API 网关来实现。

那么授权是否也可以交给 API 网关来实现呢？

首先，我们要明白授权需要做哪些事情。授权是对资源访问权限的控制，大致上可以分为资源路径授权和资源授权两种类型，又称 URL 授权和数据授权。

例如，一款游戏软件只有 VIP 会员才能修改头像，假设现在有修改头像的接口 A，只允许角色是 VIP 会员的用户才能访问，这就是 URL 级别的授权，资源路径的授权把权限放在接口层面，控制请求能访问的具体接口。所谓资源授权，其实就是比资源的接口更深层次的权限控制，如 VIP 会员虽然能访问修改用户头像的接口，但每个用户只能修改自己的头像，如果 VIP 会员在请求中传入的是其他用户的 ID，这显然不允许。我们判断当前修改的数据是否符合业务规则，只能修改自己的头像就是当前的业务规则，这就是资源授权，即数据授权。

从架构层面来看，API 网关是所有接口的统一入口，适合做一些全局限制，所以有一些项目会把授权放在 API 网关来实现，事实证明，它确实可以做到访问的权限控制。在架构设计中，并不是一味地封装或分离就是好的，要具体场景具体分析，比较通用的判断方法就是如果设计导致代码逻辑需要重复维护多个地方，就不是很好的设计。例如，之前我们分析的授权主要与业务规则相关，与是否为移动端或 PC 端没有关系，系统不会因为是手机用户就允许修改其他人的头像。如果把授权放在 API 网关层实现，那么实现授权如图 5.14 所示。

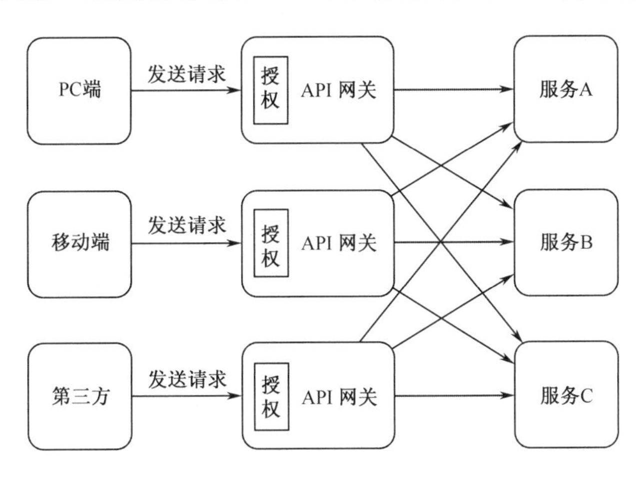

图 5.14　API 网关实现授权示意图

由于授权是针对业务规则进行控制的，无论是接口级的资源路径授权还是数据级的资源授权都需要对代码有一定的侵入性，因此一般授权没有很好的方式分离成单独服务。首先，即使是相同的授权规则，也需要在不同的 API 网关中集成相同的授权实现；其次，授权与业务规则强相关，各个微服务更加了解自己的业务规则及数据规则，如果 API 网关由不同的团队开发，要做好授权显然比较困难，综合这些原因，授权其实更适合放到业务层，即微服务各自去控制和管理，如图 5.15 所示。

这样做的好处是首先授权逻辑可以更加通用，调用者不需要重复实现和维护授权的规则，其次服务端实现授权更加方便，而且业务逻辑层也更了解数据规则。

5.4.3　传统的 Cookie 和 Session 认证

在了解了 API 网关身份认证的职责之后，下面介绍一些常用的认证方式，最常用也是最经典的认证方式是 Cookie 和 Session。

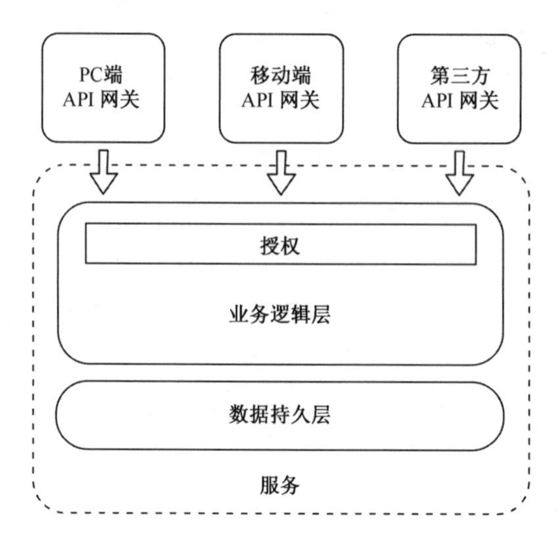

图 5.15 服务的业务逻辑层负责授权示意图

Cookie 是客户端用于存储数据的小型文件，客户端存储 Cookie 的方式又分为内存存储和硬盘存储。内存中的 Cookie 会在浏览器关闭时丢失，而硬盘中的 Cookie 可以长期保存，我们也可以设置 Cookie 的过期时间或在客户端手动清除 Cookie。Cookie 保存在客户端本地，但会自动附加在每个 HTTP 的请求中，服务端可以通过 HTTP 的请求获取 Cookie 的信息，这是因为 HTTP 本身无状态。

服务器不知道用户之前的行为或者当前的状态，严重阻碍了客户端与服务端的交互，很多购物网站、搜索引擎、视频网站等都常用 Cookie 来记录用户的行为，从而通过分析 Cookie 的数据，对用户进行一些精准的广告或内容推送。

Session 与 Cookie 恰好相反，Session 是保存在服务端的数据，是 Servlet 提供的一种跨页面识别用户请求和存储用户信息的方式，通常 Session 会将数据存储在内存中，由于 HTTP 的无状态性，服务端会认为每次请求都是一个新的请求。就算有了 Cookie 技术，多次请求之间仍然独立，所以服务端需要一种方式能够识别多次请求的用户，从而可以跟踪用户的使用信息，与用户建立一个会话机制，无论用户发送多少次请求，访问多少个页面，服务端始终能够知道这些请求是在同一次会话中和同一个用户发生的交互，而不用反复去识别用户的信息，当然，这需要和 Cookie 一起配合来使用，客户端与服务端建立 Session 的示意图如图 5.16 所示。

用户在第一次请求服务端时，服务端会创建一个 Session，并分配唯一的 Session ID 作为客户端的 Cookie，客户端会将 Session ID 的 Cookie 存储于内存中，并在后续的请求中附带这个 Cookie，服务端通过获取 Cookie 的值就可以识别当前请求的用户身份。当然，Session 有时效性，通常默认为 30 分钟，而且由于存储 Session ID 的 Cookie 是使用存储的方式存储在客户端，当浏览器关闭时，即使服务端的 Session 没有销毁，但客户端的 Session ID 已经丢失，这时再次请求服务端，服务端会认为这是一次新的请求，就会创建一个新的会话。

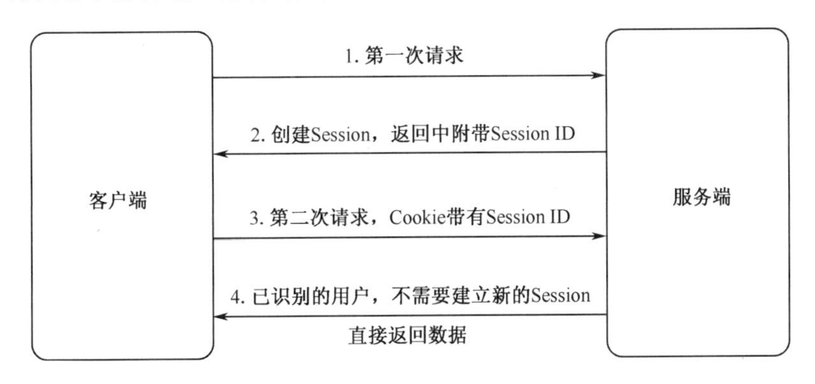

图 5.16 客户端与服务端建立 Session

这里的客户端通常是我们系统的前端，如浏览移动端 App 等，而服务端在微服务架构中通常是指 API 网关。

在明白了 Cookie 和 Session 的作用后，如何利用 Cookie 和 Session 的机制实现用户的身份认证？其实做法和图 5.16 中的流程类似，既然可以使用 Session ID 作为用户的唯一标识，那么就可以使用 Session 来存储用户的信息，如登录状态、用户基础信息等，然后通过识别请求中 Cookie 的 Session ID 来判断用户的登录状态和获取用户的基本信息。在图 5.17 中，通过 Cookie 和 Session 来实现一个简单的用户名密码登录。

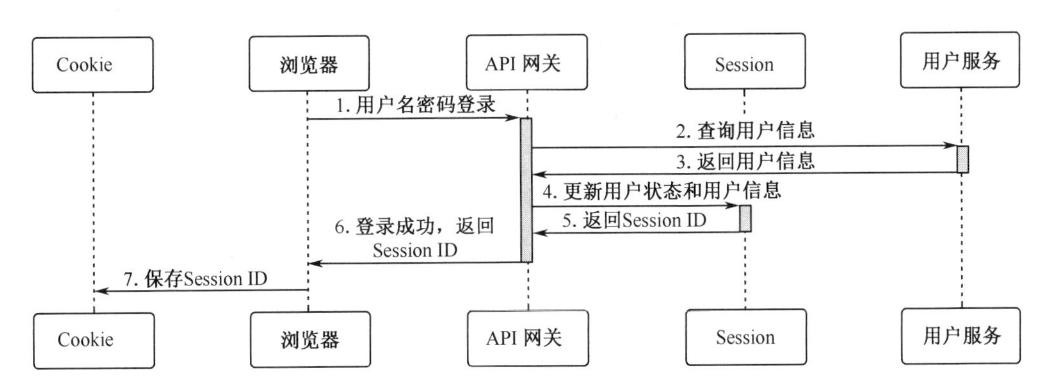

图 5.17 Cookie 和 Session 用户登录时序

由图 5.17 可知，用户通过浏览器发起登录请求到 API 网关，由 API 网关负责用户登录认证的相关操作，首先 API 网关会调用用户服务查询用户的信息，然后进行用户名密码的校验，若校验成功则更新用户的状态，并将一些基础的用户信息保存到 Session 中。如果用户是首次访问系统，此时 API 网关会创建一个新的 Session，若不是，则执行更新 Session 的操作，然后 API 网关会在返回登录结果的同时，在响应头中附带 Session ID 的信息，浏览器将

Session ID 保存到内存的 Cookie 中，以便在下次请求时来标识自己的会话 ID，从而不需要反复登录，如图 5.18 所示。

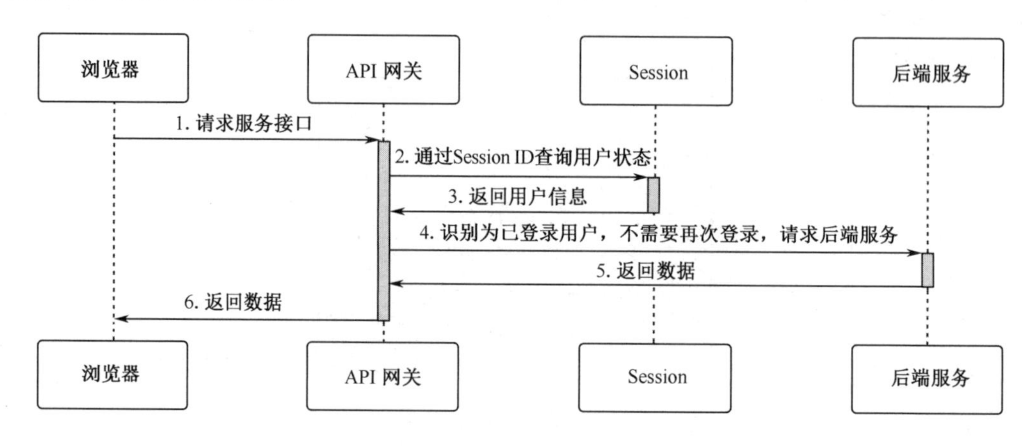

图 5.18　Cookie 和 Session 用户认证时序

由图 5.18 可知，当用户已经成功登录后，再次请求服务时，API 网关会首先校验请求中的 Session ID 是否为真实存在于 Session 中的 ID。我们在登录时已将用户信息保存在 Session 中，因此 API 网关会通过 Session 获取到用户的基本信息及登录状态，如果状态是已登录，就不会对请求进行拦截，直接转发请求到后端的服务，然后将数据返回给浏览器。这样就实现了使用 Cookie 和 Session 的方式将用户状态保存在 API 网关中，只要 Session 没有失效，用户的登录状态就不会失效。

当然，这种方式存在一定问题，它使我们的 API 网关从无状态变成有状态，一旦服务拥有了状态，就需要考虑在分布式系统中如何保证这些状态的一致性，即需要有一定的机制来同步多实例下的状态。为什么要这样做？

在生产环境中将 API 网关部署了两个实例（A 和 B），前端通过一定的方式进行负载均衡，如 Nginx，这时一个用户在 API 网关 A 中登录，它会将用户的状态保存在自己的 Session 中，下次请求如果被分配到了 API 网关 B，那么在 API 网关 B 中并没有保存用户的状态，就会认为用户没有登录过，请求会被拦截。

我们的 Session 保存在内存中，所以哪怕不是在分布式的环境下，单实例的服务一旦更新或重启，所有的用户状态都将丢失。因此，只要 API 网关发布了任何一个版本更新，所有的用户都需要重新登录，这样显然无法接受。

所以，我们需要解决两个问题：一是 Session 需要在多节点之间保持同步；二是 Session 需要一定程度的持久化存储。

笔者参与过的分布式项目中有很多解决方案，如使用 Memcached、Ehcache 内存框架做 Session 的存储，然后在服务端集成消息队列，通过消息订阅的方式在多个服务实例中进行 Session 的传播，从而保证 Session 的同步，或者使用关系型数据库，如将 Session 持久化到 MySQL 中，然后每次通过 MySQL 进行 Session 的存取，多个实例均访问一个数据库即可，这些方式在当时都能解决项目中遇到的问题。

但这些方式也具有一定的缺陷或局限性，首先，消息队列的方式增加了系统的复杂度，每次认证都需要额外收发消息的开销，而且消息队列本身的异步设计也使多节点之间无法做到完全实时的状态一致。使用数据库作为统一的 Session 存储服务的思路很好，但关系型数据库本身的读写性能和并发能力无法很好地支撑一些高并发场景。

那么是否还有更好的方式呢？之前说过集中式的外部存储 Session 是很好的思路，但需要读写性能很高、并发能力很强的存储服务支撑，所以通常会使用 Redis 来做 Session 的存储。Redis 是一个开源的内存结构的 NoSQL 数据库，通常会用作数据库、缓存和消息代理等，它支持多种数据结构，支持数据持久化和集群部署，总之它是一个读写性能快、并发能力强的存储数据库。

因此，我们可以在 API 网关中集成 Redis 作为 Session 的外部存储设备，如图 5.19 所示。

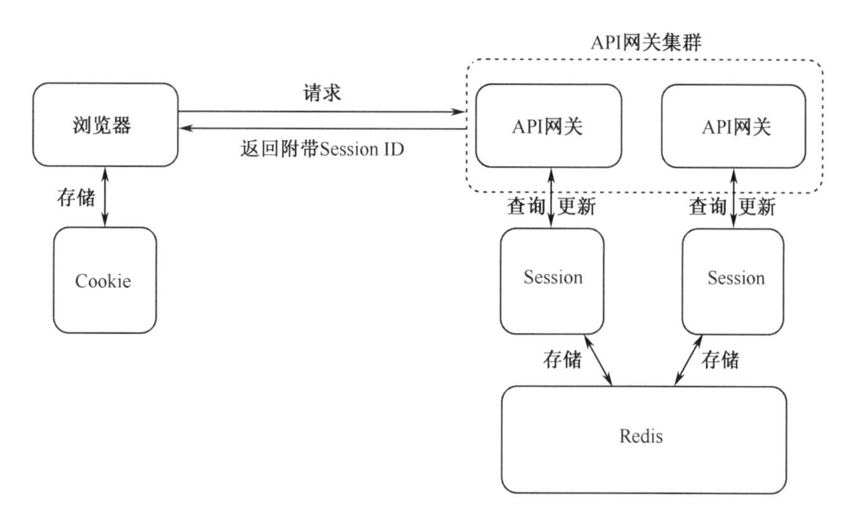

图 5.19　集成 Redis 作为 Session 的外部存储设备

由图 5.19 可知，使用 Cookie 和 Session 来实现用户认证的逻辑一样，只是在服务端，也就是 API 网关集成 Redis 服务，Session 不再存储在服务本地进程的内存中，而是集中存储在 Redis。当客户端再次发送带有 Session ID 的请求时，API 网关会在 Redis 中查找对应的 Session，不需要担心 Session 的同步问题。

同时，Redis 中可以设置数据的过期时间，也可以设置 Session 的存在时间，并且只要

Session 没有超时，就算服务全部重启，用户的状态依然保留。当然，在图 5.7 中，认证可以单独封装成一个认证服务，这样 API 网关依然可以无状态。认证服务用来集成 Redis 并管理用户的会话状态，如图 5.20 所示。

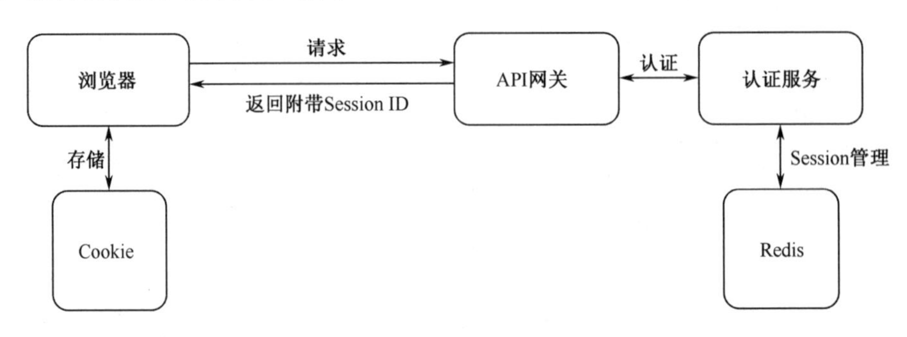

图 5.20　认证服务集成 Redis

这样，API 网关本身就可以和认证规则、Redis、状态管理等逻辑解耦。当然，并不是分离就是好的，还需要先分析系统的实际需求场景和现状，再来考虑项目架构的优化和重构。

5.4.4　基于 JSON 的令牌 JWT

在使用 Cookie 和 Session 完成用户的身份认证之后，这里再介绍一种新的认证方式：JWT（JSON Web Tokens），这是一种基于 JSON 的网络令牌的开放标准。

JWT 定义了一种紧凑且独立的方式，可以在客户端和服务端之间以 JSON 对象安全地传输信息，JWT 可以使用 HMAC 加密算法或使用 RSA 或 ECDSA 的公钥/私钥对信息进行签名加密，信息可以通过数字签名进行验证和信任。例如，用户登录后，服务端会生成 JWT 的信息返回给客户端，然后客户端会存储 JWT，并在之后的每个请求头中都附带 JWT 的信息，服务端通过一定的方式验证令牌的真伪识别用户身份，如图 5.21 所示。

由图 5.21 可知，服务端将不再保存用户状态，所有的数据都被按照 JWT 的标准加密成令牌信息，并由客户端自行保存，只需每次请求时附带令牌，服务器校验令牌的有效性即可，只要是校验成功的令牌就会完全地信任身份，服务端不需要关心状态的一致性，也不需要做任何的用户信息的持久化操作，所有的信息都可以通过令牌来获取。

以 JWT 作为身份认证方式在 SSO（Single Sign On，单点登录）中尤为常见，因为它完全解放了服务端到端的复杂逻辑，无论后端架构是不是集群，请求是否跨越，只要令牌能够校验有效，就证明是其合法用户。除了身份认证，JWT 还常常用于信息交换，是在各方之间安全传输信息的较好方法。因为 JWT 可以签名，所以我们可以确定信息的发件人是否符合真实身份。此外，由于使用了标头和有效负载来计算签名，我们还可以验证信息的内容是否被篡改，因此 JWT 技术的安全性很高。

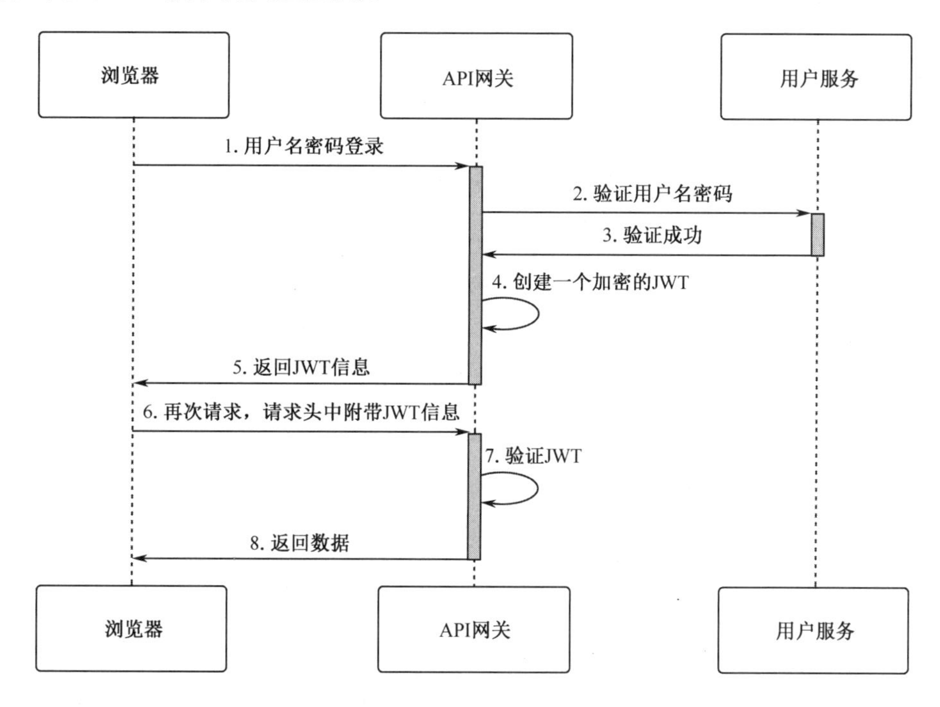

图 5.21　JWT 实现身份认证

那么 JWT 到底怎么样？又是如何做到签名和加密验证的？JWT 的数据是由 3 个部分组成的，其数据样例如图 5.22 所示。


```
eyJhbGciOiJIUzI1NiIsInR5cCI6IkpXVCJ9.eyJ
zdWIiOiIxMjM0NTY3ODkwIiwibmFtZSI6IkpvaG4
gRG9lIiwiaWF0IjoxNTE2MjM5MDIyfQ.SflKxwRJ
SMeKKF2QT4fwpMeJf36POk6yJV_adQssw5c
```


图 5.22　JWT 数据样例

在图 5.22 中，JWT 的 3 个部分数据都是由 base64 加密而成的，并且使用字符“.”分隔开，3 个部分分别表示消息头（Header）、消息体（Payload，又称负载）和签名（Signature），即 JWT 的内容如下。

```
base64UrlEncode (header) + "." + base64UrlEncode (payload) + "." + base64UrlEncode (signature)
```

其中，消息头的明文内容如下。

```
{
  "alg": "HS256",
  "typ": "JWT"
}
```

alg 是算法 Algorithm 的英文缩写，表示 JWT 签名的加密算法类型，typ 是令牌类型 Token Type 的英文缩写，表示令牌的类型。

消息体的明文就是 JWT 原始的消息内容，使用 JSON 格式，例如：

```
{
    "id": "1",
    "username": "zhanggang",
    "roles": [
        {
            "id": 1,
            "name": "admin"
        }
    ]
}
```

签名是 JWT 的关键，包括了消息头和消息体以及加密密钥的加密结果。例如，我们的 alg 是 HS256，就代表使用的加密算法是 HMACSHA256，其签名的内容如下。

```
HMACSHA256( //加密方法
  base64UrlEncode(header) + "." +base64UrlEncode(payload), //加密对象
  key //加密密钥
)
```

在图 5.21 中，服务端通常会按照上面的方式创建 JWT，然后将 JWT 发给客户端，客户端会自己存储 JWT，如存储在 Local Storage 中，然后在每次请求服务端时会将 JWT 的消息附带在请求中，通常是放在 HTTP 的消息头中。当服务端得到 JWT 消息之后，就会使用 JWT 中的消息头和消息体以及密钥（加密签名所使用的密钥保存在服务端）再次计算出签名，和 JWT 中的签名相比较就可以判断该 JWT 是否有效。

与 Cookie 和 Session 相比，JWT 的身份认证方式确实有些优点：服务端可以是无状态的，不用考虑 Session 的一致性或引入的外部组件来存储 Session；不依赖 Cookie，这样不支持 Cookie 的浏览器也可以使用，并且兼容性更好；跨域信息传递更方便等。

但是，JWT 同样有很多不如 Cookie + Session 实现身份认证的地方，如每次请求头中都要附带 JWT，相比 Session ID，使用 JWT 要花费更多的流量，在客户端也需要占用更多的空间，而且将用户数据保存在客户端也会有一定的安全隐患，尤其在使用 Local Storage 存储时容易受到 XSS（Cross Site Script，跨站脚本）攻击，需要前端考虑更多的安全问题。

所以，JWT 并不是绝对的比 Cookie + Session 的身份认证方式更好，我们在选择方案时要根据实际的项目需求和场景来考虑。当然，现在很多框架都能够帮我们做到 Session 的管理，如使用 Spring Session Data Redis 几乎不需要写任何代码就可以集成 Redis 来管理 Session，Cookie + Session 的缺点也正在被框架所减弱，所以出于更安全的考虑，一般会推

荐项目使用 Cookie + Session 的方式来实现身份认证。

以上是关于 API 网关的概念、职责和相关的技术原理，下面具体介绍 API 网关的相关技术和用法。

5.5　API 网关技术实战

在介绍了 API 网关的相关理论之后，大家可以了解到 API 网关的作用和优缺点，接下来将为大家介绍 API 网关在微服务项目中的技术框架和用法实践。

5.5.1　Zuul 网关

其实 API 网关并不是很难的技术，就算没有框架，我们通过原生的 Servlet Filter、HttpClient 等远程调用方式也能够实现网关的路由和过滤。所以，API 网关的精髓在于它解决问题的思路和方式，但框架可以给我们带来很多便利，提高开发效率。下面先来了解一下 Spring Cloud 大家族中的一款 API 网关框架：Zuul。

Zuul 是使用最广泛的 API 网关框架之一，由著名的 Netflix 公司开发，Spring Cloud 在 Zuul 上添加了更高一层的封装，提供请求路由、过滤等多种功能的灵活配置，下面详细介绍 Spring Cloud Netflix Zuul 框架的具体用法。

1. 路由

首先，我们可以通过 https://start.spring.io 来创建项目，并且添加 Zuul 的依赖，或者直接在要开发的 API 网关项目中添加 Spring Cloud 的依赖及 Zuul 的依赖，代码如下。

```
plugins {
    id 'org.springframework.boot' version '2.1.4.RELEASE'
    id 'java'
}
apply plugin: 'io.spring.dependency-management'
group = 'com.ms.zg.book'
version = '0.0.1-SNAPSHOT'
sourceCompatibility = '1.8'
repositories {
    mavenCentral()
}
ext {
    set('springCloudVersion', 'Greenwich.SR1')
```

```
}
dependencies {
    //引入 Zuul 依赖
    implementation 'org.springframework.cloud:spring-cloud-starter-netflix-zuul'
    testImplementation 'org.springframework.boot:spring-boot-starter-test'
}
dependencyManagement {
    imports {
        mavenBom "org.springframework.cloud:spring-cloud-dependencies:${springCloudVersion}"
    }
}
```

然后，在 Spring Boot 的启动类上增加@EnableZuulProxy 注解即可，代码如下。

```
// 开启 Zuul 网关
@EnableZuulProxy
@SpringBootApplication
public class ZuulApplication {
    public static void main(String[] args) {
        SpringApplication.run(ZuulApplication.class, args);
    }
}
```

关于网关的初始配置完成，Zuul 的 Spring Cloud Starter 会完成实例化相关 Bean 的工作，接下来看一下在 Zuul 中如何做路由。

假设我们现在有一个用户服务，端口是 8081，提供一个 GET 方法的接口，请求地址是/users/{id}，如果要查询 ID1 的用户信息，直接访问这个用户服务的接口，URL 应该是 GET-http://localhost:8081/users/1，如果通过 Zuul 来做路由，只需在 application.yml 中进行相应的配置即可，代码如下。

```
zuul:
  routes:
    # 配置 Zuul 路由
    users:
      path: /users/**
      stripPrefix: false
      url: http://localhost:8081
```

如上述代码所示，这里需要声明我们想要的路由规则，首先在 zuul.routes 下配置一个 users 的路由规则，规则是请求的路径符合/users/**就转发给地址 http://localhost:8081。例如，这里 Zuul 的端口是 9000，给 API 网关发送一个请求，地址是 http://localhost:9000/users/1，这个请求就会被 Zuul 的路由转发给 http://localhost:8081/uesrs/1。

stripPrefix 又是什么意思？stripPrefix 的默认值是 true，即去掉请求的前缀，如我们的路由规则是/users/**，Zuul 会默认请求路径中的/users 是路由的规则，而不是真实需要转发的请求路径。例如，我们请求 http://localhost:9000/users/1，如果 stripPrefix 是 true，实际 Zuul 请求的地址是 http://localhost:8081/1，会自动去掉路径中的/uesrs 前缀。所以，如果真实服务路径是/uesrs/**，通过设置 stripPrefix 为 false，Zuul 就会直接使用 URL 加原始请求路径来进行请求的转发。

当然，我们也可以通过让 API 网关集成注册中心的方式，直接通过服务 ID 来做路由，这样就不用关心具体的服务地址和端口，做到自动发现服务。

假设现在已经启动 Consul 作为注册中心，Consul 的服务地址是 127.0.0.1:8500，用户服务也已经使用注册中心注册了自己的服务，服务 ID 是 user-service（具体服务的注册与发现在第 2 章已经详细介绍过，这里不再赘述）。作为 Spring Cloud 的一员，Spring Cloud Netflix Zuul 使用注册中心的配置和其他服务没有不同，在 API 网关中创建一个名称为 bootstrap.yml 的配置文件，其配置内容如下。

```
spring:
  application:
    name: zuul-api-gateway
  cloud:
    consul:
      port: 8500
      host: 127.0.0.1
```

然后，修改 application.yml 文件中的路由规则如下。

```
zuul:
  routes:
    users:
      path: /users/**
      stripPrefix: false
    #url: http://localhost:8081
      serviceId: users-service
```

这里只需设置 Service ID 就可以通过注册中心直接路由到对应的服务地址了。当然，因为这里使用了 Consul 作为注册中心，所以首先要启动一个 Consul 的实例，如可以使用 Docker 指令快速启动一个 Consul，指令如下。

```
docker run -d -p 8500:8500 -p 8300:8300 -p 8301:8301 -p 8302:8302 -p 8600:8600 \
consul agent -dev -bind=0.0.0.0 -client=0.0.0.0
```

最后，只需要引入 Consul 的依赖即可，在 build.gradle 文件中添加如下内容。

```
implementation 'org.springframework.cloud:spring-cloud-starter-consul-discovery'
```

在 ZuulApplication 上加入@EnableDiscoveryClient 注解开启注册功能，代码如下。

```
@EnableDiscoveryClient
public class ZuulApplication {
```

启动项目后，可以访问 http://localhost:8500 来查看服务是否注册成功，如图 5.23 所示。

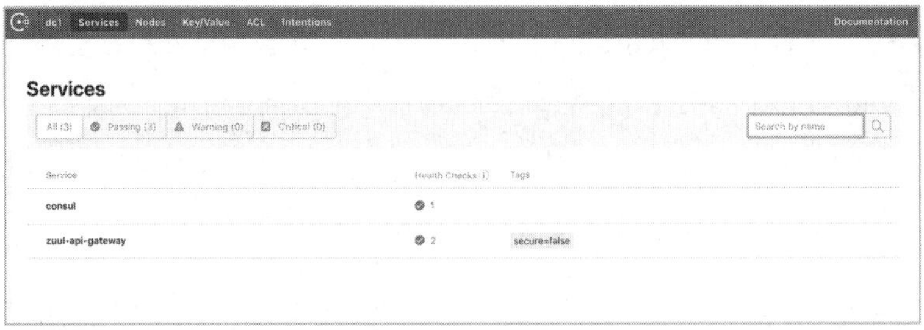

图 5.23　Consul 控制台实例

2. 服务治理

有人可能会问，既然集成了注册中心，Zuul 可以动态地发现服务，如果这个服务部署了多个实例，那么 Zuul 是否可以做到负载均衡和服务熔断？

通过查看注解@EnableZuulProxy 的源码可以知道，Spring Cloud Netflix Zuul 本身已经集成了 Ribbon 和 Hystrix 两个框架，在第 2 章和第 3 章中已经详细介绍过，所以 Zuul 本身已经拥有了负载均衡和服务熔断的能力。

其中需要注意的是，Zuul 的负载均衡只支持 Service ID 的路由方式，如果使用 path + Service ID 的路由配置，这里不需要写任何代码，Zuul 就可以通过内置的 RibbonRoutingFilter 来实现负载均衡，默认采用 Ribbon 的轮询方式。

Service ID 需要注册中心的支持，如果当前环境没有集成注册中心是否就不能做负载均衡？Ribbon 本身的定位是客户端的负载均衡器，并不一定要集成注册中心，如果我们在 Zuul 中使用 URL 方式的路由规则，那么该如何做到负载均衡？

这很简单，只需修改少量配置即可，虚拟一个 Service ID，然后指定这个 Service ID 对应的服务地址即可，配置内容如下。

```
zuul:
  routes:
    users:
      path: /users/**
      stripPrefix: false
      serviceId: users-service
ribbon:
  eureka:
    enabled: false
users-service:
  ribbon:
    listOfServers: http://localhost:8081,http://localhost:8082
```

由上述配置可见，我们禁用注册中心，依然配置 Service ID 为 users-service，然后通过指定 users-service 的 listOfServers 属性来声明服务对应的地址，多个节点以“,”分隔，这样就可以在不使用注册中心的情况下在 Zuul 路由时进行负载均衡。

介绍完负载均衡，下面来说服务熔断，之前说过 Spring Cloud Netflix Zuul 本身集成了 Hystrix，那么具体如何使用？

在第 3 章介绍过，Hystrix 服务熔断的核心思路是能够指定方法的降级（fallback），然后在服务断路时快速地给予调用者反馈，在使用 Zuul 建立 API 网关后，请求都由 Zuul 进行路由到服务端，那么降级应该设置在哪里？在图 5.10 中，API 网关的断路应该针对服务端，所以为了设置服务的降级，Spring Cloud Netflix Zuul 提供了相应的接口 FallbackProvider，只需实现它，就能设置针对服务级别的熔断策略，代码如下。

```
// 实现 FallbackProvider 接口，定义路由级别的熔断策略
@Component
public class UserServiceFallbackProvider implements FallbackProvider {
    @Override
    public String getRoute() {
    // 路由的名称通常为 Service ID
    return "users-service";
    }
    @Override
    public ClientHttpResponse fallbackResponse(String route, Throwable cause) {
        return new ClientHttpResponse() {
            // 定义熔断后的响应头
            @Override
            public HttpHeaders getHeaders() {
                final HttpHeaders httpHeaders = new HttpHeaders();
                httpHeaders.setContentType(MediaType.APPLICATION_JSON);
                return httpHeaders;
            }
            // 定义熔断后的响应 Body
            @Override
            public InputStream getBody() {
                final String goodJson = "{\"error\":\"user service crashed\"}";
                return new ByteArrayInputStream(goodJson.getBytes());
            }
            // 定义熔断后的 HTTP 响应状态
            @Override
            public HttpStatus getStatusCode() {
                return HttpStatus.SERVICE_UNAVAILABLE;
            }
            // 定义熔断后的响应状态码
            @Override
```

```
                public int getRawStatusCode() {
                    return HttpStatus.SERVICE_UNAVAILABLE.value();
                }
                // 定义熔断后的响应状态文本
                @Override
                public String getStatusText() {
                    return HttpStatus.SERVICE_UNAVAILABLE.getReasonPhrase();
                }
                @Override
                public void close() {
                }
            };
        }
    }
```

其中，getRoute 方法需要返回对应的路由规则中配置的 Service ID，这里断路的对象是用户服务，所以返回 users-service，当然不使用注册中心也可以做到服务熔断，具体方式和之前介绍的不使用注册中心的负载均衡配置相同，然后在 FallbackResponse 方法中返回 ClientHttpResponse 对象作为降级策略，我们可以自由地设置响应的状态信息以及响应头和响应体等内容。

除了服务熔断和降级，Spring Cloud Netflix Zuul 还可以配置线程隔离策略。例如，我们可以将 Hystrix 默认的线程池的隔离策略修改为使用信号量的隔离策略，配置如下。

```
zuul:
  semaphore:
    max-semaphores: 100
  ribbon-isolation-strategy: semaphore
```

3. 过滤器

除了路由和服务治理，API 网关还有一个重要的功能，即请求的过滤，这里了解一下 Zuul 中过滤器的用法。在 Zuul 中，我们可以通过继承 Zuul 提供的抽象类 ZuulFilter 来定义一个新的过滤器，代码如下。

```
@Component
public class CustomFilter extends ZuulFilter {
    @Override
    public String filterType() {
    // 过滤器类型，pre 表示在路由前执行
    return "pre";
    }
    @Override
    public int filterOrder() {
    // 过滤器顺序
```

```
        return 0;
    }
    @Override
    public boolean shouldFilter() {
        // 过滤器开关
        return true;
    }
    @Override
    public Object run() {
        //过滤器执行内容
        return null;
    }
}
```

其中，filterType()返回过滤器的类型，目前有 pre、route、post、error 和 static 共 5 种类型的过滤器，意义如下。

（1）pre：在路由之前执行。

（2）route：在路由时执行。

（3）post：在路由后执行。

（4）error：在路由发生异常时执行。

（5）static：请求静态资源时执行。

定义了 filterType()就等于定义了过滤器的执行时机，那么如果定义了多个 pre 过滤器，它们的顺序又是怎样的？filterOrder()就是用来定义相同类型的过滤器的执行顺序的，通常如果过滤器没有顺序要求，就可以直接返回 0，整型的值越小，对应的过滤器越先执行。

shouldFilter()很好理解，只有返回 true，过滤器才会被执行，所以这里可以定义一些规则，或者使用配置文件来灵活地、可插拔地使用过滤器。

run()方法是过滤器的执行方法，想要过滤器完成的事情都会写在 run 方法中。例如，我们需要给所有路由的返回都加上一个自定义的消息头，那么可以写一个 post 类型的 filter，然后定义 run 方法，内容如下。

```
@Override
public Object run() {
    // 获取请求上下文
    RequestContext context = RequestContext.getCurrentContext();
    // 获取 HTTP 响应对象
    HttpServletResponse servletResponse = context.getResponse();
    // 在响应中增加定义的头部信息
```

```
        servletResponse.addHeader("X-Sample", UUID.randomUUID().toString());
        return null;
    }
```

由于 run 方法没有注入任何参数，因此我们可以通过 Zuul 提供的 RequestContext 来获取请求和响应信息，然后修改响应头，加入需要添加的内容。如果想通过过滤器阻止请求的路由，可以使用 pre 过滤器，然后在 run 方法中抛出异常即可，代码如下。

```
@Override
public Object run() {
    // 获取请求上下文
    RequestContext context = RequestContext.getCurrentContext();
    // 获取请求头中的自定义 token 信息
    final String token = context.getRequest().getHeader("X-token");
    // 验证 token，若失败则抛出异常
    boolean authentication = authenticationService.authentication(token);
    if(!authentication){
        throw new AuthenticationException();
    }
    return null;
}
```

如上述代码所示，当请求的令牌认证失败时，可以抛出一个认证异常，这时请求被中断，不过身份认证通常会使用 Spring Security 来完成，在 5.5.3 节会介绍 Spring Security 的基本用法。

除了能够灵活地自定义过滤器，Spring Cloud Netflix Zuul 还提供了一些内置的过滤器，如敏感信息头过滤器。我们可以不写代码，通过简单的配置来过滤请求头中的一些敏感信息。通过源码可以得知 Spring Cloud Netflix Zuul 默认过滤了头部信息中的 3 种数据：Cookie、Set-Cookie 和 Authorization。当请求通过 Zuul 路由到具体的服务时，头部中一旦存在 Cookie、Set-Cookie 和 Authorization 的信息，就会被删掉。我们也可以通过配置文件来修改这些配置，内容如下。

```
zuul:
  sensitive-headers: X-secret
```

这里需要注意的是，新的配置会替换默认的配置，所以如果只想新增加一些敏感头的过滤，就要加上 Cookie、Set-Cookie 和 Authorization，代码如下。

```
zuul:
  sensitive-headers: Cookie,Set-Cookie,Authorization,X-secret
```

关于 Zuul 的用法就介绍到这里，详细的教程可以查看 Spring Cloud Netflix 的官方文档，地址为 https://spring.io/projects/spring-cloud-netflix，或者直接访问 Zuul 在 GitHub 上的官网，地址是 https://github.com/Netflix/zuul。

5.5.2 Spring Cloud Gateway

Spring Cloud 在 Netflix Zuul 之后又开发了一款新的 API 网关框架——Spring Cloud Gateway，它是基于 Spring 5.x 和 Spring Boot 2.x 所开发的一款支持非阻塞式的 API 网关框架（不过 Zuul 从 2.x 版本开始支持非阻塞的 API）。相比 Zuul，Spring Cloud Gateway 还支持长连接，所以可以支持 WebSockets 的使用，旨在提供一种简单而有效的方式来路由到 API，并为它们提供横切关注点，如安全性、监控/指标和弹性等。

在 Spring 的官网上列出了 Spring Cloud Gateway 的功能特性，具体如下。

（1）基于 Spring Framework 5、Project Reactor 和 Spring Boot 2.0 构建。

（2）能够根据请求的任何属性匹配上路由。

（3）判断条件（Predicates）和过滤器（Filters）可作用于特定的路由。

（4）集成 Hystrix 断路器。

（5）集成 Spring Cloud Discovery Client。

（6）易于编写的判断条件（Predicates）和过滤器（Filters）。

（7）请求率限制，即限流。

（8）路径重写。

可以看出，Spring Cloud Gateway 比 Zuul 更加灵活，功能更加强大，并且对于 Spring Cloud 更加契合，下面介绍 Spring Cloud Gateway 的用法。

首先，可以通过工具或 https://start.spring.io 创建一个新的 Gradle 项目，加入 Spring Cloud Gateway 的依赖，build.gradle 文件内容如下。

```
plugins {
    id 'org.springframework.boot' version '2.1.4.RELEASE'
    id 'java'
}
apply plugin: 'io.spring.dependency-management'
group = 'com.ms.zg.bool'
version = '0.0.1-SNAPSHOT'
sourceCompatibility = '1.8'
repositories {
    mavenCentral()
}
ext {
    set('springCloudVersion', 'Greenwich.SR1')
```

```
}
dependencies {
    // 引入 spring-cloud-starter-gateway
    implementation 'org.springframework.cloud:spring-cloud-starter-gateway'
    testImplementation 'org.springframework.boot:spring-boot-starter-test'
}
dependencyManagement {
    imports {
        mavenBom "org.springframework.cloud:spring-cloud-dependencies:${springCloudVersion}"
    }
}
```

1. 路由

假设有一个用户服务，提供一个查询用户的接口，然后和 Zuul 的用法类似，我们可以在配置文件中快速地增加路由的配置，修改 application.yml 内容如下。

```
spring:
  cloud:
    gateway:
      routes:
      - id: user-service
        uri: http://localhost:8081
        predicates:
        - Path=/users/**
```

在上述代码中，我们可以定义多个路由规则，其中 id 作为路由的唯一标识，uri 是原始服务的地址，predicates 请求是否匹配的判断条件，配置的条件是 Path，即根据请求的路径来判断是否匹配该路由。

除了 Path，Spring Cloud Gateway 还提供了更加灵活的判断规则。例如，我们可以使用 Cookie 来进行路由，代码如下。

```
spring:
  cloud:
    gateway:
      routes:
      - id: user-service
        uri: http://localhost:8081
        predicates:
        - Cookie=test, 123
```

如上配置就表示只要请求中带有 key 为 test、value 为 123 的 Cookie，该请求就会被匹配到这个路由中，当然，还可以进行条件组合，如以下配置。

```
spring:
  cloud:
```

```
      gateway:
        routes:
        - id: user-service
          uri: http://localhost:8081
          predicates:
          - Path=/users/**
          - Cookie=test, 123
          - Cookie=test2, 456
```

上述配置就表示请求必须同时满足路径为/users/**，并且请求中要有 test=123 和 test2=456 两组 Cookie 才会匹配上该路由。

除了 Path 和 Cookie，Spring Cloud Gateway 还提供了多种匹配方式。例如，我们可以根据请求头来匹配路由，配置如下。

```
spring:
  cloud:
    gateway:
      routes:
      - id: user-service
        uri: http://localhost:8081
        predicates:
        - Header=X-request-id, users-service
```

上述配置就表示请求头中必须包含 X-request-id 的信息，并且值必须是 users-service，这样的请求才会匹配上该路由。此外，还可以根据 HTTP 的 Method 来进行路由，如对所有的 GET 方法进行匹配，具体如下。

```
spring:
  cloud:
    gateway:
      routes:
      - id: user-service
        uri: http://localhost:8081
        predicates:
        - Method=GET
```

或者可以根据请求的参数来进行路由，配置如下。

```
spring:
  cloud:
    gateway:
      routes:
      - id: user-service
        uri: http://localhost:8081
        predicates:
        - Query=a,123
```

上述配置就表示请求的 URL 参数中必须包含 a=123 的参数才会匹配上该路由，如//localhost: 8080/users/1?a=123。

除了这些匹配方式，Spring Cloud Gateway 还提供了一些特别的路由方式，如按照时间的 Before、After 和 Between。这里以 Between 为例，我们将请求按照时间段的规则进行路由，配置如下。

```
spring:
  cloud:
    gateway:
      routes:
      - id: user-service
        uri: http://localhost:8081
        predicates:
        - Between=2018-01-01T00:00:00.000+08:00, 2018-12-31T23:59:59.999+08:00
```

上述配置就表示时间在 2018 年 1 月 1 日至 2018 年 12 月 31 日的所有请求都将匹配该路由规则。值得注意的是，由于匹配的是客户端发生请求的时间，时间配置需要配置时区。Between 表示请求时间在指定的两个时间之间，同理 Before 和 After 分别表示请求时间在指定的时间之前和之后，并且只需指定一个时间即可。

此外，Spring Cloud Gateway 还提供了基于 Host 和 RemoteAddr 的匹配规则，这里不再一一演示，所有的规则都可以进行组合。

2. 过滤

除了路由，Spring Cloud Gateway 还提供了很多强大的内置过滤器，而且每个过滤器可以直接配置到路由中。例如，我们可以通过 AddRequestHeader 和 AddResponseHeader 来增加请求或响应的头部信息，以 AddResponseHeader 为例，配置如下。

```
spring:
  cloud:
    gateway:
      routes:
      - id: user-service
        uri: http://localhost:8081
        predicates:
        - Path=/users/**
        filters:
        - AddResponseHeader=X-test,1
```

在请求 API 网关后，返回的响应头中就可以得到 X-test=1 的信息。除了添加头部信息，还可以通过 RemoveRequestHeader 和 RemoveResponseHeader 来删除请求和响应的头部信息，以 RemoveRequestHeader 为例，配置如下。

```yaml
spring:
  cloud:
    gateway:
      routes:
      - id: user-service
        uri: http://localhost:8081
        predicates:
        - Path=/users/**
        filters:
        - RemoveRequestHeader=Set-Cookie
```

上述配置就可以在请求头中删除 key 为 Set-Cookie 的头部信息。除了能够修改请求和响应的头部信息，Spring Cloud Gateway 还提供了修改请求参数的过滤器，配置如下。

```yaml
spring:
  cloud:
    gateway:
      routes:
      - id: user-service
        uri: http://localhost:8081
        predicates:
        - Path=/users/**
        filters:
        - AddRequestParameter=foo,123
```

上述配置就可以在请求参数中添加 foo=123 的参数。此外，我们还可以给请求路径增加前缀，如使用 PrefixPath 过滤器，配置如下。

```yaml
spring:
  cloud:
    gateway:
      routes:
      - id: user-service
        uri: http://localhost:8081
        predicates:
        - Path=/users/**
        filters:
        - PrefixPath=/myservice
```

上述配置就可以在请求的路径上加入我们制定的前缀了。例如，请求路径是/users/1，那么实际请求会被路由到 http://localhost:8081/myservice/users/1 上。

除了上述内置的过滤器，Spring Cloud Gateway 还提供了其他的过滤器。例如，用于管理 Session 的 SaveSession 过滤器，用于设置状态的 SetStatus 过滤器，用于重定向的 RedirectTo 过滤器，等等。

3. 服务治理

除了这些路由级别的过滤器，Spring Cloud Gateway 还提供了一些全局的过滤器，如 LoadBalancerClient 可以帮助我们完成负载均衡的工作。

当然，需要集成注册中心，首先要添加注册中心的相关依赖，在 build.gradle 中添加如下 dependencies。

```
implementation('org.springframework.boot:spring-boot-starter-actuator')
implementation('org.springframework.cloud:spring-cloud-starter-consul-discovery')
```

然后，增加和配置其他注册中心的服务，如增加 bootstrap.yml 文件，内容如下。

```
spring:
  application:
    name: api-gateway
  cloud:
    consul:
      port: 8500
      host: 127.0.0.1
```

最后，修改路由 uri，配置如下。

```
spring:
  cloud:
    gateway:
      routes:
      - id: user-service
        uri: lb://users-service
        predicates:
        - Path=/users/**
```

这里 lb://后面就是服务的应用名称，这样 Spring Cloud Gateway 就能够通过 LoadBalancer Client 来完成客户端负载均衡的操作。

除了负载均衡，Spring Cloud Gateway 还集成了 Hystrix，可以完成服务熔断和降级的处理，首先需要添加 Spring Cloud Netflix Hystrix 的依赖，在 build.gradle 中添加如下 dependencies。

```
Implementation 'org.springframework.cloud:spring-cloud-starter-netflix-hystrix'
```

然后，修改 application.yml 的路由配置，内容如下。

```
spring:
  cloud:
    gateway:
      routes:
      - id: user-service
        uri: lb://users-service
        predicates:
        - Path=/users/**
```

```
            filters:
            - name: Hystrix
              args:
                name: usersFallbackCommand
                fallbackUri: forward:/users/fallback
```

在上述配置中，增加一个 Hystrix 的过滤器，然后 Spring Cloud Gateway 会创建一个 HystrixCommand 来完成服务熔断和降级的操作，通过参数（args）的配置，可以指定 HystrixCommand 的 name 和 fallback 的 uri，配置降级策略为跳转到/users/fallback 的地址，所以还需要添加一个降级的服务，在 API 网关中添加 Controller，代码如下。

```
@RestController
@RequestMapping("/users")
public class UsersFallbackController {
    @RequestMapping("/fallback")
    public String fallback() {
        return "users service crashed";
    }
}
```

我们可以将用户服务关闭，测试一下断路是否生效。当关闭用户服务后，再次通过 API 网关调用用户接口，那么将返回信息 users service crashed。

除了基础的负载均衡和服务熔断，Spring Cloud Gateway 还提供了基于 Redis 的服务限流的功能，Spring Cloud Gateway 通过 RequestRateLimiter 过滤器来完成限流的工作，由于 Spring Cloud Gateway 是非阻塞的架构，因此需要集成 spring-boot-starter-data-redis-reactive 来连接 Redis，在 build.gradle 中添加如下 dependencies。

```
implementation 'org.springframework.boot:spring-boot-starter-data-redis-reactive'
```

接下来就可以配置 Redis 的连接信息，默认是 localhost:6379，内容如下。

```
spring:
  redis:
    host: localhost
    port: 6379
    database: 1
```

然后添加 RequestRateLimiter 过滤器，配置如下。

```
spring:
  cloud:
    gateway:
      routes:
      - id: user-service
        uri: lb://goods-service
        predicates:
        - Path=/users/**
```

```
filters:
- name: Hystrix
  args:
    name: usersFallbackCommand
    fallbackUri: forward:/users/fallback
- name: RequestRateLimiter
  args:
    # 允许用户每秒最大请求数，多余的请求将会等待
    redis-rate-limiter.replenishRate: 10
    # 1s 内允许用户最大请求数，多余的请求将会丢弃
    redis-rate-limiter.burstCapacity: 20
    # 流量的限制解析器
    key-resolver: "#{@pathKeyResolver}"
```

这里采用的是令牌桶算法（Token Bucket Algorithm），参数 redis-rate-limiter.replenishRate 表示允许用户每秒的最大请求数，即令牌桶每秒的填充数率，如设置是 10，表示每秒令牌桶最大只能装满 10 次请求，但是多余的请求不会丢失，而是等待令牌桶中有空闲的空间后再继续执行，redis-rate-limiter.burstCapacity 也是表示 1s 内允许的最大请求数量，但与 replenishRate 的区别是 burstCapacity 会直接拒绝多余的请求，如 burstCapacity 设置的值是 20，那么一旦请求超过 20，多余的请求将被丢弃，不再执行。

当然，限流需要指定一个 KeyResolver 才能正常工作，KeyResolver 可以理解为限流的维度，如我们根据请求的路径进行限流，配置一个 KeyResolver 的 Bean，内容如下。

```
@Bean
public KeyResolver pathKeyResolver() {
    return exchange -> Mono.just(
        exchange.getRequest().getPath().toString()
    );
}
```

在配置文件中，key-resolver: "#{@pathKeyResolver}"指定了 Bean 的 name，即 pathKeyResolver，然后相同路径的请求将被限制流速。

关于 Spring Cloud Gateway 的用法就介绍到这里，可以到 Spring Cloud Gateway 的官方网站查看更详细的教程。

5.5.3 Spring Security

Spring Security 是 Spring 提供的安全框架，提供认证和授权等安全管理的功能，与所有 Spring 项目一样，Spring Security 的真正强大之处在于它可以轻松扩展以满足自定义要求。本节重点介绍 Spring Security 在 API 网关中的认证功能的使用。

在 Spring Boot 2.0 之后，Spring Web 应用分为传统阻塞式的 Spring MVC 和非阻塞式的基于 Reactive 的 Spring WebFlux，Spring Security 对于这两种方式均提供了支持，如图 5.24 所示。

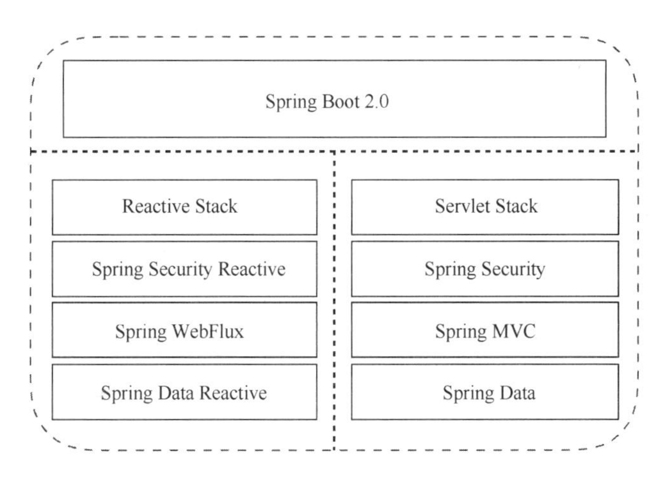

图 5.24　Spring 2.0 阻塞式和非阻塞式技术栈

不过 Spring 并没有单独提供 Spring Security Reactive 的工程，所以无论哪种技术栈，都需要添加相同的 Spring Security 的依赖，在 build.gradle 中添加如下配置。

```
implementation 'org.springframework.boot:spring-boot-starter-security'
```

接下来的用法就不一样了，如果使用的是 Spring MVC 或 Zuul 1.x，那么身份认证请参考以下阻塞式的用法。

1. 阻塞式

首先，我们需要创建一个安全配置类，如 SecurityConfig，代码如下。

```
// 开启 Spring Web 安全管理
@EnableWebSecurity
@Configurable
public class SecurityConfig extends WebSecurityConfigurerAdapter {
    @Override
    protected void configure(HttpSecurity http) throws Exception {
        http.csrf().disable()
                .authorizeRequests()
                //配置相应路径的权限规则
                .antMatchers("/login").permitAll()
                .antMatchers("/users/**").hasAuthority("admin")
                .antMatchers("/goods/**").authenticated()
                .anyRequest().authenticated();
    }
}
```

在上述代码中，需要继承 WebSecurityConfigurerAdapter 抽象类，然后重写 configure 方法，方法中我们可以根据不同的路径定义不同的安全规则，代码设置了路径是/login 的请求为 permitAll，表示不做任何限制，路径为/users/**的接口必须是权限为 admin 的用户才能访问，路径为/goods/**的接口只需认证通过即可访问，不用关心权限。

这时 Spring Security 已经配置完成，我们的应用已经受到了保护，再次访问这些受限的接口将返回 403。

然后需要实现 Spring Security 提供的 AuthenticationManager 接口来定义认证的规则，如使用用户名密码登录，代码如下。

```
@Component
public class UserAuthenticationManager implements AuthenticationManager {
    @Override
    public Authentication authenticate(Authentication authentication) throws AuthenticationException {
        final String username = (String) authentication.getPrincipal();
        final String password = (String) authentication.getCredentials();
        // 校验用户名密码，这里实例代码，只实现简单的逻辑
        if (!username.equals("zhanggang") || !password.equals("123456")) {
            throw new BadCredentialsException("Error username or password");
        }
        final User user = User.builder()
                .id("1").username(username).roles(Collections.singleton("admin"))
                .build();
        final AuthenticationToken authenticationToken = new AuthenticationToken(user);
        // 设置认证结果
        authenticationToken.setAuthenticated(true);
        return authenticationToken;
    }
}
```

简单定义一个 User 类，代码如下。

```
@Builder
@Getter
public class User {
    private String id;
    private String username;
    private Set<String> roles;
}
```

通过 Authentication 方法可以自定义任何用户认证的规则，为了演示方便，直接硬编码用户名和密码必须是 zhanggang 和 123456，在真实系统中应该通过查询用户数据库或者调用认证服务来完成用户名和密码的校验工作。当用户名和密码校验成功后，就可以返回一个 Authentication 对象，并且设置 Authentication 的状态为 true，这个对象最终会被 Spring

Security 存储在 Session 中，我们使用的 AuthenticationToken 代码如下。

```
// 自定义 Token 类
@EqualsAndHashCode(callSuper = true)
public class AuthenticationToken extends AbstractAuthenticationToken {
    private final User user;
    public AuthenticationToken(User user) {
        super(user.getRoles().stream().map(SimpleGrantedAuthority::new).collect(Collectors.toList()));
        this.user = user;
    }
    @Override
    public Object getCredentials() {
        return null;
    }
    @Override
    public Object getPrincipal() {
        return user;
    }
}
```

在上述代码中，可以通过继承 AbstractAuthenticationToken 类来快速定义一个认证类型，我们可以将用户信息（如 User 对象）作为 Principal 属性存储在 Authentication 中，这样方便通过 Session 获取用户信息。需要注意的是，我们需要在构造器中设置用户的权限信息，否则无法设置该 Authentication 为 true。

接下来只需开发登录和注销的接口即可，首先使用之前预留的开发权限的路径/login 来开发一个登录接口，代码如下。

```
//登录接口
@RestController
@RequestMapping
public class LoginController {
    private final UserAuthenticationManager userAuthenticationManager;
    //构造器注入用户认证管理器
    @Autowired
    public LoginController(UserAuthenticationManager userAuthenticationManager) {
        this.userAuthenticationManager = userAuthenticationManager;
    }
    @PostMapping("/login")
    public ResponseEntity login(@RequestBody UsernamePassword usernamePassword) {
    // new 一个 UsernamePasswordAuthenticationToken
    final UsernamePasswordAuthenticationToken token
                = new UsernamePasswordAuthenticationToken(usernamePassword.username,
                                        usernamePassword.password);
        // 使用用户认证管理器进行用户认证
```

```
        final Authentication authentication = userAuthenticationManager.authenticate(token);
        // 将认证结果保存到 Security 上下文中
        SecurityContextHolder.getContext().setAuthentication(authentication);
        return ResponseEntity.ok().build();
    }
}
```

这里可以定义一个值对象用来接收请求的参数（用户名密码），代码如下。

```
public class UsernamePassword {
    public String username;
    public String password;
}
```

然后将之前写好的认证管理服务 UserAuthenticationManager 注入 Controller 中，并调用 Authenticate 方法执行身份认证，然后调用 SecurityContextHolder.getContext().setAuthentication 将认证结果对象设置到 Spring Security 的上下文中，最终 Authentication 对象将保存在 Session 中。

同样，我们可以使用 SecurityContextHolder 实现注销的操作，代码如下。

```
@DeleteMapping("/logout")
public ResponseEntity logout() {
    SecurityContextHolder.getContext().setAuthentication(null);
    return status(HttpStatus.NO_CONTENT).build();
}
```

通过 setAuthentication(null)的方式，可以清空 Spring Security 上下文中的认证信息，达到注销的目的。

如 5.4.3 节中所说的，这种方式在分布式系统中会存在状态不一致的问题，可以通过继承 Redis 来实现 Session 的同步，做法很简单，Spring 提供了 Session 管理的工具框架，可以在项目中添加 spring-boot-starter-data-redis 和 spring-session-data-redis 的依赖，即在 build.gradle 文件中添加如下 dependencies。

```
implementation 'org.springframework.boot:spring-boot-starter-data-redis'
implementation 'org.springframework.session:spring-session-data-redis'
```

然后在 application.yml 配置文件中加入 Redis 和 Session 的相关配置，内容如下。

```
spring:
  redis:
    database: 1
    host: localhost
    port: 6379
  session:
    store-type: redis
```

上述配置先设置了 Spring Data Redis 的连接方式，然后设置 Spring 管理 Session 的存储类型是使用 Redis 进行存储，需要在之前的 SecurityConfig 中添加@EnableRedisHttpSession 注解来开启存储 Session 到 Redis 的过滤器，代码如下。

```
@EnableWebSecurity
@Configurable
@EnableRedisHttpSession
public class SecurityConfig extends WebSecurityConfigurerAdapter {
...
}
```

这样关于 Session 和 Redis 的集成就已经完成，我们可以验证一下效果，如登录后重启服务器，只要 Session 没有超时（默认是半小时），再次请求服务，认证应该依然生效，不需要再次登录。

需要注意的是，由于使用了 Redis 进行 Session 的存储，我们自定义的 Authentication 中的 Principle 必须实现 Serializable 接口，否则调用 Redis 存储时会报如下错误。

```
org.springframework.data.redis.serializer.SerializationException: Cannot deserialize; ...
```

例如，我们使用自定义的 AuthenticationToken，并将 User 作为 Principle 属性存储到 Session 中，所以 User 类需要实现 Serializable 接口，代码如下。

```
@Builder
@Getter
public class User implements Serializable {
    private String id;
    private String username;
    private Set<String> roles;
}
```

2. 非阻塞式

如果使用 WebFlux 或 Spring Cloud Gateway，那么我们可以使用非阻塞式的方式来实现用户身份认证，整体的实现过程和阻塞式一样，只是在代码的形式上略有区别。

首先，我们要有一个 SecurityConfig 来配置安全规则，不过不需要任何继承，只需添加 @EnableWebFluxSecurity 注解即可，然后需要配置 SecurityWebFilterChain 的 Bean，代码如下。

```
@EnableWebFluxSecurity
@Configurable
public class SecurityConfig {
    @Bean
    public SecurityWebFilterChain springWebFilterChain(ServerHttpSecurity http) {
        return http.csrf().disable()
                .authorizeExchange().pathMatchers("/users/**").hasAuthority("admin")
                .and().authorizeExchange().pathMatchers("/goods/**").authenticated()
                .and().httpBasic()
                .and().build();
    }
}
```

规则和之前阻塞式的配置类似，只不过这里使用的是 ServerHttpSecurity 作为参数进行的配置。例如，我们使用的是用户名密码的 Basic 认证方式，那么需要开启 httpBasic，然后添加一个 userDetailsService 来实现用户的查询，代码如下。

```
// 定义响应式的用户查询服务
@Bean
public ReactiveUserDetailsService userDetailsService() {
    return username -> {
        if (!username.equals("zhanggang")) {
            throw new UsernameNotFoundException(username + " not found");
        }
        // 使用默认的 PasswordEncoder 进行密码加密，实际项目中根据具体情况进行密码校验
        final PasswordEncoder passwordEncoder =
                PasswordEncoderFactories.createDelegatingPasswordEncoder();
        final String password = passwordEncoder.encode("123456");
        final User user = User.builder().id("1").username(username).password(password)
                .roles(Collections.singleton("admin")).build();
        return Mono.just(user);
    };
}
```

这里使用匿名内部类的方式实现 ReactiveUserDetailsService，当然，也可以单独定义一个类来实现 ReactiveUserDetailsService，不过要添加@Service 注解来声明定义的类初始化为 Spring 的 Bean。这里只是简单实现了一个假的用户信息返回，在真实场景下一般会调用后端用户服务或认证服务来完成这一步。

需要注意的是，ReactiveUserDetailsService 的接口方法需要返回一个 Mono 的 UserDetails 对象，所以我们的 User 需要实现 UserDetails，代码如下。

```
@Builder
@Getter
public class User implements UserDetails {
    private String id;
    private String username;
    private String password;
    private Set<String> roles;
    @Override
    public Collection<? extends GrantedAuthority> getAuthorities() {
        return roles.stream().map(SimpleGrantedAuthority::new).collect(Collectors.toList());
    }
    @Override
    public boolean isAccountNonExpired() {
        return true;
    }
```

```
        @Override
        public boolean isAccountNonLocked() {
            return true;
        }
        @Override
        public boolean isCredentialsNonExpired() {
            return true;
        }
        @Override
        public boolean isEnabled() {
            return true;
        }
    }
```

关于用户的属性先全部设置为 true，构建一个基础的非阻塞式的认证规则，只要请求头中包含 key 为 Authorization 的信息，Spring 就会自动解析信息的值进行认证，Authorization 头信息的规则是 Basic + 空格 + base64 编码的“用户名:密码”，内容如下。

```
Basic emhhbmdnYW5nOjEyMzQ1Ng==
```

当然，在大多数情况下我们不会在每次请求时都使用用户名密码来进行用户认证，那么在非阻塞式（WebFlux）下如何利用 Spring Security 去集成 Redis，而不用每次认证都使用用户名密码？

下面介绍比较实用的用法，就像阻塞式一样，可以使用 Redis + Session 的方式，首先需要集成 SpringBoot 的 data redis 和 session data redis 框架，内容如下。

```
implementation 'org.springframework.session:spring-session-data-redis'
implementation 'org.springframework.boot:spring-boot-starter-data-redis-reactive'
```

同样，在 application.yml 文件中需要加入 Redis 和 Session 的相关配置，内容如下。

```
spring:
  redis:
    host: localhost
    port: 6379
    database: 5
  session:
    store-type: redis
```

在 SecurityConfig 配置类上加入@EnableRedisWebSession 注解来开启 Redis 存储 Session 的功能，然后开放一个 login 的请求路径用于登录接口的调用，删除之前定义的 userDetailsService 方法，代码如下。

```
@EnableWebFluxSecurity
@EnableRedisWebSession
public class SecurityConfig {
    @Bean
    public SecurityWebFilterChain springWebFilterChain(ServerHttpSecurity http) {
        return http.csrf().disable()
                .authorizeExchange().pathMatchers("/actuator/health", "/login").permitAll()
                .and().authorizeExchange().pathMatchers("/users/**").hasAuthority("admin")
                .and().authorizeExchange().pathMatchers("/goods/**").authenticated()
                .and().httpBasic()
                .and().build();
    }
}
```

再定义一个 WebConfig 配置类来增加一个 WebFlux 的登录接口，代码如下。

```
@Configurable
@Component
public class WebConfig {
    @Bean
    public RouterFunction<ServerResponse> routes(LoginController loginController) {
        return route(POST("/login"), loginController::login);
    }
}
```

上述代码是传统的定义一个 WebFlux 接口的方式，当然 Spring 2.x 也支持直接使用 Spring MVC 的@RestController、@RequestMapping 等注解来定义一个 Controller，这里使用静态方法 POST 定义了一个 PostMapping 为 login 的接口，请求会被路由到 LoginController 中的 login 方法上，所以我们需要定义一个 LoginController 并实现一个 login 方法，代码如下。

```
@Component
public class LoginController {
    @NonNull
    public Mono<ServerResponse> login(ServerRequest serverRequest) {
    // 通过 ServerRequest 获取用户登录输入的用户名密码
    return serverRequest.bodyToMono(UsernamePassword.class)
                .map(usernamePassword ->
                        new UsernamePasswordAuthenticationToken(usernamePassword.username,
                                usernamePassword.password))
                // 执行认证
                .flatMap(this::authenticate)
                .doOnError(e -> status(HttpStatus.UNAUTHORIZED).build())
                // 传入 Session
                .zipWith(serverRequest.session())
                .map(t -> {
                    // 将认证结果保存到 Session 中
```

```
                    t.getT2().getAttributes().put("authentication", t.getT1());
                    return createToken(t.getT2().getId(), (String) t.getT1().getCredentials());
                }).flatMap(token -> ok().syncBody(token));
    }
    private String createToken(String sessionId, String credentials) {
        final String token = sessionId + ":" + credentials;
        return Base64Utils.encodeToString(token.getBytes());
    }
    private Mono<Authentication> authenticate(Authentication authentication) {
        if (!authentication.getPrincipal().equals("zhanggang")
                || !authentication.getCredentials().equals("123456")) {
            throw new BadCredentialsException("Error username or password");
        }
        final User user = User.builder().id("1").username("zhanggang")
                .roles(Collections.singleton("admin")).build();
        final AuthenticationToken authenticationToken = new AuthenticationToken(user);
        authenticationToken.setAuthenticated(true);
        return Mono.just(authenticationToken);
    }
}
```

上述代码可能有点复杂，要完全理解需要有一定的 WebFlux 基础，下面一起来解读这些代码的作用。

首先，login 方法的参数类型 ServerRequest 和返回类型 ServerResponse 是 WebFlux 接口的固定格式，除非直接使用 Spring MVC 的注解来定义 Controller，否则可以不用关心这两个类型，WebFlux 会自动进行兼容转换。通过 ServerRequest 我们可以获取请求 Body 和 Session 等信息，类似 HttpServletRequest 的功能，不过获取的是一个响应式对象，即 Mono 或 Flux 对象，我们将请求的用户名密码转换成 UsernamePasswordAuthenticationToken 对象，然后调用内部的认证方法 Authenticate(Authentication)。

Authenticate 方法很简单，就是之前的 userDetailsService 方法。这里不再解释，比较关键的一步是 zipWith，在认证成功后需要将认证信息保存到 Session 中，但无论 Session 还是 Authentication 都是响应式的对象，不能像阻塞式那样直接去 setAttribute，两个响应式的对象进行打包，然后可以对它们进行操作，我们需要将 Authentication 作为 Session 的 Attribute 存储在 Session 中，而 Session 会被自动保存到 Redis 中。

最后，我们可以自定义一个 Token 返回客户端，用于后续的请求认证，这里的 createToken 方法使用 Session 的 ID 加 Authentication 的 credentials 组合方式来生成一个 Token，这里代码中使用的 Token 生成规则和之前我们做 Basic 认证时的 Authorization 头信息的规则一样。需要注意的是，Authentication 的 credentials 并不是用户的密码，它是一个无意义的值，如 UUID、时间戳等，这里使用的是 UUID，在登录成功后我们自定义的 AuthenticationToken 构造器中被创建，代码如下。

```
@EqualsAndHashCode(callSuper = true)
public class AuthenticationToken extends AbstractAuthenticationToken {
    private final User user;
    private final String credentials;
    public AuthenticationToken(User user) {
        super(user.getRoles().stream().map(SimpleGrantedAuthority::new).collect(Collectors.toList()));
        this.user = user;
        this.credentials = UUID.randomUUID().toString();
    }
    @Override
    public Object getCredentials() {
        return credentials;
    }
    @Override
    public Object getPrincipal() {
        return user;
    }
}
```

登录成功后会返回一个 Token 给客户端，例如：

```
MmU0MTdkZmMtZjM2NS00NzNmLTg2MWMtNDg3ZTg1YzBhNDQ1OmMyY2FmMTg3LTgxN2UtNGRiZS
05ZWM2LTliYWU1Y2Y3NzNlNA==
```

只要客户端拥有这个 Token，在后续的请求中都可以使用该 Token 来进行身份认证，下面只需定义一个认证方法即可。除了可以重写 userDetailsService 方法，Spring Security 还提供了通过自定义 AuthenticationManager 类来实现自定义认证规则的方式，创建一个 UserAuthenticationManager 类并实现 ReactiveAuthenticationManager 接口，然后将这个 Manager 声明为 Spring 的 Bean，代码如下。

```
@Component
public class UserAuthenticationManager implements ReactiveAuthenticationManager {
    //注入 Session 的 Repository
    private final ReactiveSessionRepository<? extends Session> sessionRepository;
    @Autowired
    public UserAuthenticationManager(ReactiveSessionRepository<? extends Session> sessionRepository)
    {
        this.sessionRepository = sessionRepository;
    }
    @Override
    public Mono<Authentication> authenticate(Authentication authentication) {
        String sessionId = (String) authentication.getPrincipal();
        String credentials = (String) authentication.getCredentials();
```

```
            //通过 Session ID 从 Redis 中查询 Session
            return sessionRepository.findById(sessionId)
                    .map(session -> {
                        //校验 Session
                        Authentication authenticationToken = session.getAttribute("authentication");
                        if (null == authenticationToken || !credentials.equals(authentication.getCredentials())) {
                            throw new CredentialsExpiredException("Credentials is invalidated");
                        }
                        return authenticationToken;
                    })
                    // 若 Session 为空，则认证失败
                    .switchIfEmpty(Mono.defer(() -> {
                        authentication.setAuthenticated(false);
                        return Mono.just(authentication);
                    }));
        }
    }
```

在上述代码中引入了 ReactiveSessionRepository 来帮助我们从 Redis 中获取 Session 信息，Authentication 方法会自动在我们配置需要拦截的请求时执行，并且会自动将请求头中的 Authorization 信息（Basic + 空格 + Base64 编码的 session ID:随机字符串）解析为 Authentication 对象，并作为方法参数传入该方法，默认的解析规则和 Basic 认证的消息头规则相同，例如：

```
Basic MmU0MTdkZmMtZjM2NS00NzNmLTg2MWMtNDg3ZTg1YzBhNDQ1OmMyY2FmMTg3LTgxN2UtN
GRiZS05ZWM2LTliYWU1Y2Y3NzNlNA==
```

客户端只要在 Header 中附加 key 为“Authorization”的上述内容，就能复用这个过滤器的解析方式，不需要关心过滤器本身数据的解析和传递等逻辑，通过 authentication.getPrincipal()获取 Session ID，通过 authentication.getCredentials()获取在登录时创建的随机字符串，同样的，sessionRepository.findById 得到的是一个响应式的对象 Mono<Session>，然后去 Redis 中查询对应的 Session 并校验随机字符串，就能获取用户的认证状态和身份信息了。

登录和认证功能完成，只要 Session 没有过期，用户就可以一直保持登录状态，当然，用户还可以主动注销，这里给大家介绍一个简单的注销方式，直接在 SecurityConfig 中添加如下配置。

```
...
public class SecurityConfig {
    @Bean
    public SecurityWebFilterChain springWebFilterChain(ServerHttpSecurity http) {
        return http.csrf().disable()
                ...
                .and().logout().logoutUrl("/logout")
```

```
                .and().build();
        }
    }
```

如果不配置 logoutUrl，默认的注销路径也是“/logout”，当我们访问 logout 时，Spring 会自动清除 Redis 中的 Session 信息，从而达到注销用户的目的。

5.5.4 Java-JWT

介绍完 Cookie 和 Session 的实现方式后，可以发现这种方式需要后端对用户状态或身份信息进行存储和管理，在集群环境下还需要集成如 Redis、MySQL 之类的数据库，而在使用 JWT 时，则不用关心这些问题。

我们知道 JWT 其实是一种标准，在这套标准下有多种语言的实现，如.net、Java、Python、JavaScript、Ruby 等都有多个基于 JWT 的开源框架。下面介绍的框架是 Java 版本中比较常用的 com.auth0：java-jwt，GitHub 地址是 https://github.com/auth0/java-jwt。

在 build.gradle 中引入 java-jwt 依赖包，代码如下。

```
implementation 'com.auth0:java-jwt:3.8.0'
```

JWT 的代码逻辑主要分为两部分：一是创建 JWT，二是校验 JWT。

首先，创建 JWT 的部分，在用户登录成功后，服务端会创建一个 JWT 返回客户端，客户端会存储这个 JWT 用于以后的请求认证，创建 JWT 的代码如下。

```
@Component
public class JwtAuthenticationManager{
    static final String SECRET = "123456";
    public String authenticate(String username, String password) {
        if (!username.equals("zhanggang") || !password.equals("123456")) {
            return null;
        }
        final User user = User.builder()
                .id("1")
                .username(username)
                .password(password)
                .roles(Collections.singleton("admin"))
                .build();
        return createJwtBasicToken(user);
    }
    public String createJwtBasicToken(User user){
        // 设置 JWT 的头部
        final HashMap<String, Object> headers = new HashMap<>();
        headers.put("alg", "HS256");
        headers.put("typ", "JWT");
```

```
        Calendar calendar = Calendar.getInstance();
        Date now = calendar.getTime();
        calendar.add(Calendar.MINUTE, 30);
        // 设置 JWT 的过期时间
        Date expire = calendar.getTime();
        // 使用 java-jwt 提供的静态方法创建 JWT
        return JWT.create().withHeader(headers)
                .withClaim("userId", user.getId())
                .withClaim("username", user.getUsername())
                .withArrayClaim("roles", user.getRoles().toArray(new String[0]))
                .withIssuedAt(now)
                .withExpiresAt(expire)
                .sign(Algorithm.HMAC256(SECRET));
    }
}
```

在上述代码中，直接使用 JWT.create 方法就可以创建一个 JWT 标准的 Token，其中 withHeader 可以设置 JWT 的头部，withClaim 可以设置 JWT 的 JSON 消息体，可以设置 JWT 的签发日期和过期日期，这里使用 HS256 的加密算法，密码是 123456。当然，通常我们可以使用配置文件来定义，具体的加密算法对应的代码可以在源码 com.auth0.jwt.algorithms.Algorithm 中查看，如 HS256 使用的是 HmacSHA256 算法。

```
/**
 * Creates a new Algorithm instance using HmacSHA256. Tokens specify this as "HS256".
 *
 * @param secret the secret to use in the verify or signing instance.
 * @return a valid HMAC256 Algorithm.
 * @throws IllegalArgumentException        if the provided Secret is null.
 */
public static Algorithm HMAC256(String secret) throws IllegalArgumentException {
    return new HMACAlgorithm("HS256", "HmacSHA256", secret);
}
```

如果不使用 Spring Security，只是单纯在 API 网关中使用 JWT 完成身份认证，那么我们可以直接自定义一个 Servlet 的 Filter 来进行 JWT 的校验工作，代码如下。

```
@Component
public class JwtFilter implements Filter {
    @Override
public void doFilter(ServletRequest request, ServletResponse response, FilterChain chain)
        throws IOException, ServletException {
    HttpServletRequest httpRequest = (HttpServletRequest) request;
    // 从请求头部中获取 JWT 文本信息
    final String token = httpRequest.getHeader("X-auth-jwt");
    // 使用 JWTVerifier 验证 JWT
```

```
            JWTVerifier jwtVerifier = JWT.require(Algorithm.HMAC256(CustomAuthManagerJwt.SECRET)).build();
            jwtVerifier.verify(token);
            chain.doFilter(request, response);
        }
        ...
    }
```

在上述代码中，从请求的自定义头部 X-auth-jwt 中获取客户端的 JWT，然后使用 JWT.require 方法来获取校验对象 JWTVerifier，其中 JWT.require 的参数会指定对应的加密算法和密钥，需要与创建 JWT 时保持一致，然后调用 jwtVerifier.verify(token)完成验证工作，如果校验失败就会抛出 JWTVerificationException 异常。

如果我们想与 Spring Security 集成，可以利用 Basic 的认证方式来实现 JWT 的认证，以非阻塞式的 WebFlux 为例，首先修改 createJwt 的方法，代码如下。

```
public String createJwtBasicToken (User user) {
    final HashMap<String, Object> headers = new HashMap<>();
    headers.put("alg", "HS256");
    headers.put("typ", "JWT");
    Calendar calendar = Calendar.getInstance();
    Date now = calendar.getTime();
    calendar.add(Calendar.MINUTE, 30);
    Date expire = calendar.getTime();
    // 创建 JWT
    String jwt = JWT.create().withHeader(headers)
            .withClaim("userId", user.getId())
            .withClaim("username", user.getUsername())
            .withArrayClaim("roles", user.getRoles().toArray(new String[0]))
            .withIssuedAt(now)
            .withExpiresAt(expire)
            .sign(Algorithm.HMAC256(SECRET));
    // 构建 JWT 的 Token
    final String token = jwt + ":";
    return Base64Utils.encodeToUrlSafeString(token.getBytes());
}
```

创建 JWT 的代码和之前一样，重要的是最后两行代码，创建一个 Basic 认证的头部信息。不过这里只用加冒号“:”，默认的冒号后面的内容表示 credentials，在 JWT 的认证中并不会用到，所以我们直接将 jwt +":" 作为 Authorization 的头部信息，然后将信息进行 base64 的编码返回即可。

接下来编写登录方法，LoginController 的配置和之前一样，具体的 login 方法代码如下。

```
@Component
public class LoginController {
    private final JwtAuthenticationManager jwtAuthenticationManager;
```

```
        @Autowired
        public LoginController(JwtAuthenticationManager jwtAuthenticationManager) {
            this.jwtAuthenticationManager = jwtAuthenticationManager;
        }
        @NonNull
        public Mono<ServerResponse> login(ServerRequest serverRequest) {
            return serverRequest.bodyToMono(UsernamePassword.class)
                    .map(usernamePassword ->
                            new UsernamePasswordAuthenticationToken(usernamePassword.username,
                                    usernamePassword.password))
                    .flatMap(this::authenticate)
                    .doOnError(e -> status(HttpStatus.UNAUTHORIZED).build())
                    .map(jwtAuthenticationManager::createJwtBasicToken)
                    .flatMap(token -> ok().syncBody(token));
    }
        //校验用户名密码
        private Mono<User> authenticate(Authentication authentication) {
            if (!authentication.getPrincipal().equals("zhanggang")
                    || !authentication.getCredentials().equals("123456")) {
                throw new BadCredentialsException("Error username or password");
            }
            final User user = User.builder().id("1").username("zhanggang")
                    .roles(Collections.singleton("admin")).build();
            return Mono.just(user);
        }
    }
```

Authenticate 是登录请求时校验用户名密码的认证方法，和之前一样，这里不多解释。在校验成功后，我们不再关心 Session 或 Cookie，只需调用之前定义好的 createJwtBasicToken 方法来创建一个包含 JWT 的 Token，然后在接收到 Token 值后会存储在客户端，后端不再维护用户状态信息，客户端只需在每次请求头中加入该 Token，依然是 Basic 认证的规则，消息头的 key 为 Authorization，值为“Basic”+ 空格 + Token，例如：

```
        Basic ZXlKaGJHY2lPaUpJVXpJMU5pSXNJblI1Y0NJNklrcFhWQ0o5LmV5SnliMnhsY3lJNld5SmhaRzFwY
mlKZExDSmxlSEFpT2pFMU16a3lOVGcyTVRjc0luVnpaWEpKWkNJNklqRWlMQ0pwWVhRaU9qRTFNemt5
TlRZNE1UY3NJblZ6WlhKdVlXMWxJam9pZW1oaGJtZG5ZVzVuSW4wLnR0R1JOd211SmFzZ1NuaTVKamN
vakFiZmJDMU1qWFA4RHVSczVuZXpIZDA6
```

接下来只需定义一个 ReactiveAuthenticationManager 来完成请求的认证工作，创建一个 JwtAuthenticationManager，实现 ReactiveAuthenticationManager 接口，代码如下。

```
    @Component
    public class JwtAuthenticationManager implements ReactiveAuthenticationManager {
        @Value("${jwt.secret}")
        private String secret;
        @Override
```

```
    public Mono<Authentication> authenticate(Authentication authentication) {
        // principal 即为 JWT 文本信息
        String jwt = (String) authentication.getPrincipal();
        if (jwt == null) {
            return null;
        }
        // 使用 JWTVerifier 校验 JWT
        JWTVerifier jwtVerifier = JWT.require(Algorithm.HMAC256(secret)).build();
        final DecodedJWT decodedJWT = jwtVerifier.verify(jwt);
        final User user = User.builder().id(decodedJWT.getClaim("userId").asString())
                .username(decodedJWT.getClaim("username").asString())
                .roles(Arrays.stream(decodedJWT.getClaim("roles").asArray(String.class))
                        .collect(Collectors.toSet()))
                .build();
        final AuthenticationToken authenticationToken = new AuthenticationToken(user);
        authenticationToken.setAuthenticated(true);
        return Mono.just(authenticationToken);
    }
    public String createJwtBasicToken(User user) {
        final HashMap<String, Object> headers = new HashMap<>();
        headers.put("alg", "HS256");
        headers.put("typ", "JWT");
        Calendar calendar = Calendar.getInstance();
        Date now = calendar.getTime();
        calendar.add(Calendar.MINUTE, 30);
        Date expire = calendar.getTime();
        // 创建 JWT
        String jwt = JWT.create().withHeader(headers)
                .withClaim("userId", user.getId())
                .withClaim("username", user.getUsername())
                .withArrayClaim("roles", user.getRoles().toArray(new String[0]))
                .withIssuedAt(now)
                .withExpiresAt(expire)
                .sign(Algorithm.HMAC256(secret));
        // 构建 JWT 的 Token
        final String token = jwt + ":";
        return Base64Utils.encodeToUrlSafeString(token.getBytes());
    }
}
```

在上述代码中，当调用 jwtVerifier.verify()验证成功之后，会得到 DecodedJWT 类型的对象，通过 decodedJWT.getClaim()可以获取 JWT 消息体的用户信息，然后创建 AuthenticationToken 对象并返回。

这样我们就完成了 JWT 和 Spring Security 的集成，关于 API 网关的内容就介绍到这里，第 6 章将介绍 API 网关的另一种架构模式：BFF。

第6章 BFF用于前端的后端

- 回顾前后端分离发展史
- BFF 诞生
- 基于 RESTful 的 BFF
- 基于 GraphQL 的 BFF

随着前端技术的大爆发，面对逐渐复杂化的前端工程体系，越来越多的企业开始采用前后端分离的开发模式。随着微服务模式的流行，前后端的交互也变得越来越复杂，大量接口的组合、复杂的配置、重复的代码等问题使前后端的开发者饱受折磨。于是，一个新的模式就此诞生：用于前端的后端。

6.1 回顾前后端分离发展史

为什么原来简单的开发模式会发展成如此复杂的模式呢？还是那句话，并不是分离就是好的，分离到底是对是错？它的意义是什么？想知道这些问题的答案，就要了解传统软件的开发模式是如何演进为如今前后端分离的开发模式的。

6.1.1 日渐臃肿的前端

10 年前，浏览器还是属于 IE 的天下，前端开发只需一个 JQuery 即可，处理的无非是查找页面元素，注册 click 或 change 事件，然后将数据发送到服务端或是将服务端的数据填写到页面。Java 开发者即使不会 JQuery，他们也有 JSP，各种 el 表达式用法灵活，还能自定义标签，虽然页面碎片化严重，结构不是十分严谨，但也能将项目开发出来。

随着互联网的发展，传统的交互体验已经不能满足用户需求，高速的响应、复杂的交互、酷炫的动画效果、多设备的兼容等新的市场需求促使着前端开发承担越来越多的工作，前端的代码也就越来越多、越来越复杂、越来越难以维护。

虽然有一批类似 Twitter 开发的 Bootstrap 的前端框架，试图使用封装组件的方式提高前端工作的效率，但没过几年，Google 推出第一版的 AngularJS，这让当时还停留在努力学好 JQuery 的前端开发者眼前一亮。

双向数据绑定等新特性让前端程序员发现了新大陆，并受到 AngularJS 的启发，相继开发了大批 MVVM 的前端框架，其中不乏很多优秀的国产框架，如 Avalon、KnockoutJS、Vue 等，笔者也有幸经历了这个过程，甚至还主导了自己所负责的团队在新项目上采用 AngularJS，其结果却不尽如人意，抛开使用新技术“踩坑”的时间，假设那时的 AngularJS 功能已经很完善，反观项目的代码，在早期时会显得特别清爽，大家开发效率也很高，质量也不错，但随着项目时间的推进，功能越来越多，需求越来越复杂，模板、自定义指令层出不穷，仿佛又回到了使用 JQuery 的时候。

随着各大公司在前端的投入越来越多，前端代码日渐臃肿，越来越难以维护，重复的工作天天要做，使得前端急需拥有像后端一样的工程化管理能力，甚至可以自动变异、打包和发布，于是 ES6、Node.js 等新一波前端技术革命出现了。

6.1.2　前端技术栈大爆发

这是一个技术浮躁的时代，前一个项目定好的技术方案到这个项目就过时了。但这是一个知识风暴的时代，互联网拉近了人与人之间的距离，大家的知识碰撞在一起，创造了各种新奇的事物，包括互联网本身，也在这场风暴中不断淬炼和洗礼，后端技术如此，前端技术也是如此。

之前提到了 Node.js，这里不做赘述，它的出现为前端技术带来了工程化的管理、模块化的开发、组件化的复用等一系列的特性，从而引发了前端技术的大爆炸。例如，新一代的前端框架 React、Angular 和 Vue，打包工具 webpack 等，以及现在主流的移动互联网技术，如 HTML5、ionic 等。根据不完全统计，目前的前端技术栈如图 6.1 所示。

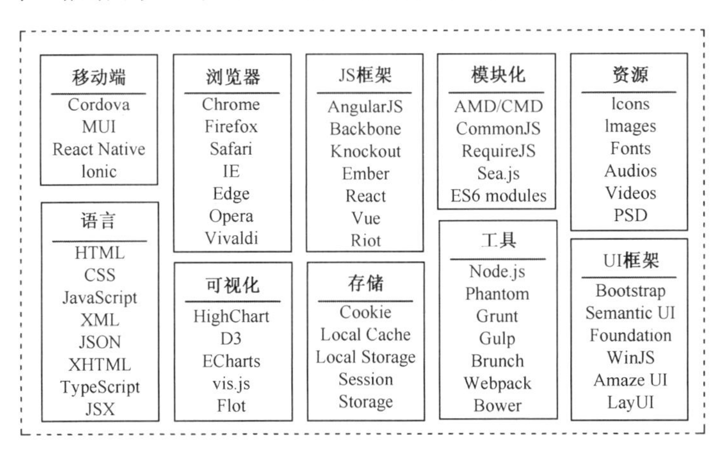

图 6.1　前端技术栈

6.1.3　前后端分离的必然性

早期我们探讨前后端分离的意义，更多的是在组织结构上将前后端的工作进行拆分，但随着前端工程逐步多样化、复杂化，程序员已经无法在充分考虑后端技术的同时，又能很好地掌握前端的技术，而且随着越来越多的后端服务化，前后端的界限越来越明显、职责越来越清晰，后端对前端的影响也越来越少。

于是各大公司开始成立专门的前端岗位，组件前端团队，他们学习和研发前端的技术，专注于研究不同设备的用户体验和兼容性，甚至有些公司开始创新和研发新的前端技术。这段时间，前后端程序员各自单飞，分离开发，相互合作，携手迈进了前后端程序员平等的时代。

纵观发展不难看出，随着技术的蓬勃发展，以及微服务的兴起，前后端分离是必然的。

6.1.4 分离后的挑战

前面介绍了前后端分离的原因，那么是不是分离后就能解决这些问题？前后端分离后，会不会又有什么新的困难？答案是肯定的，下面介绍前后端分离后会出现哪些新的挑战。

我们假设前后端都是有经验的程序员，他们界限清晰、分工明确、合作默契，但还是会遇到不少问题。

首先，沟通问题，以前都是一个人的工作，自己从前端写到后端，现在由两个人或两个团队来做，人数的增加导致沟通的成本和复杂度递增，如果后端改动了 API，忘记通知到前端，就会产生一系列的问题，所以才有了第 4 章的契约测试，这里不再赘述。

其次，虽然后端已经服务化，而且提供了各式各样的接口，但还是不能满足前端需求，而且出于网络开销和性能的考虑，有新需求到来时，如需要一个已知的几个接口的结果数据集合的接口，或者需要一个已知接口的结果的少许数据，还需要后端程序员反复开发新的接口，即使这些接口不需要过多的后台工作量，往往只需将之前的接口进行组装或数据过滤，但反复的开发、测试、构建和部署也需要时间，而且越是大型项目，过程会越长。

再次，随着后端服务越来越多，接口的调用需要更多的配置，前端程序员在完成前端工作的同时，还要关心各个服务的调用方式，管理各个服务的接口也成了一项巨大工作。

最后，虽然前后端的工作分离，代码也分开管理，但后端为了满足前端的接口需求，不得不受到前端的影响，这是有些危险的设计模式，因为前后端分离的本质就是为了让后端能更加关注服务的设计和业务逻辑的实现，前端更加关注数据展示和用户体验。通常情况下，页面的展示逻辑决定着前端接口的需求，而往往页面的设计会与后端业务模型的设计有不小的差距，如果经常受到前端接口的影响，那么设计出来的微服务结构肯定会有不少问题。

那么，这是否证明前后端分离本身是一个错误的决定？答案是否定的，之前已经分析过前后端分离的必然性，所以看起来我们需要一个新的思路，即一种更好的架构模式去适应变化、解决问题。

6.2　BFF 诞生

带着上文的挑战，大家开始探索一种新的模式。于是一项新的发明产生，用于前端的后端，这就是我们通常说的 BFF（Backend For Frontend），其实严格来讲也不能算是发明，应该说是一种新的模式，而这种模式就是为了解决微服务模式下前后端的交互问题而产生的，下面将详细介绍 BFF 的作用及具体的设计和技术实践。

6.2.1　BFF 的概念

BFF 就是用于前端的后端，是为前端服务的，但它能解决不少后端的问题。例如，它可以组合或过滤各个接口，既可以解决过多的网络开销带来的性能问题，也能防止后端的设计受到前端的影响，同时前端页面也不会受到后台服务设计的影响，在前后端之间构建了一堵隔离墙。

BFF 的概念首先由 Sam Newman 提出，他曾在 ThoughtWorks 工作了 12 年，致力于研究微服务设计和咨询工作，他是这么定义 BFF 的：BFF 是一个面向用户界面和外部团体的单边服务。这个定义有两个重要信息：首先，BFF 面向用户界面和外部团体，也就是给前端或外部调用；其次，BFF 是一个单边服务。单边服务就是说这个服务只是一方调用，而另一方不会调用，显然 BFF 是给客户端使用的，服务端并不会调用它，BFF 调用关系如图 6.2 所示。

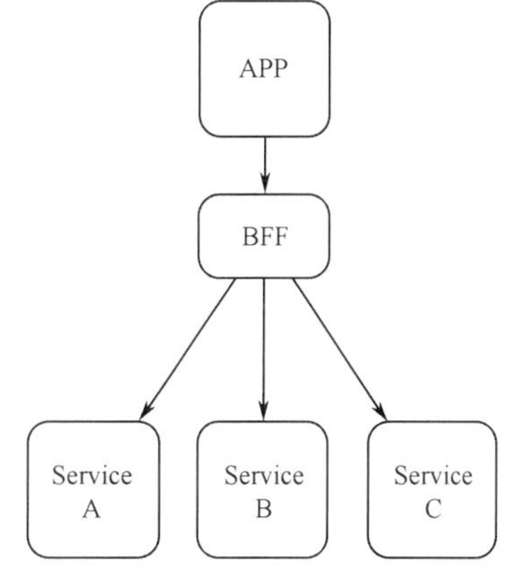

图 6.2　BFF 调用关系

由图 6.2 可知，BFF 有一个关键的能力，就是组合接口，客户端不需要关心后端的多个服务，而只用和 BFF 进行交互，由 BFF 来完成接口的组合或转发，解决之前所说的前端需要维护多个服务调用信息的问题。

基础的后端微服务接口返回的是和系统的模型设计相关的数据，在前端的需求中数据的展示复杂多变，不同页面可能数据字段、结构都不一样。例如，有的页面是“丰满”的树状结构，有的页面是“扁平”的列表结构，这些数据结构不应该出现在后端的微服务中，这样后端服务会受到前端页面设计的污染，而且根据不同的终端，服务层会开发很多冗余的接口，所以 BFF 还负责对数据的转换和过滤工作，如图 6.3 所示。

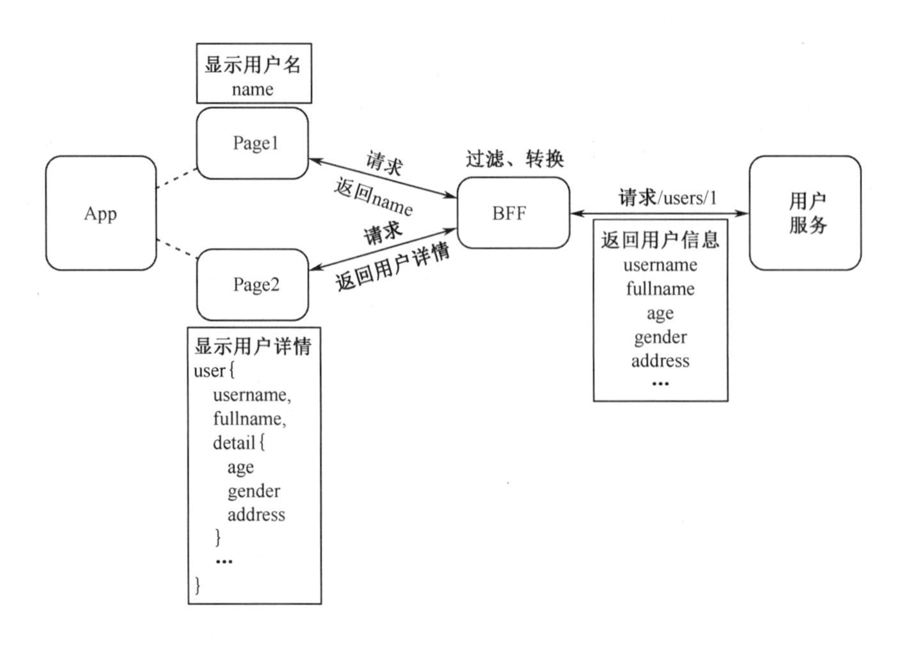

图 6.3　BFF 过滤、转换数据示意图

在图 6.3 中，前端的需求多变，而且交互和体验的设计需要数据存在不同的结构，BFF 可以隔离前后端的相互影响，让前端可以无约束地专注于设计，让后端也只需专注于模型，所有的过滤和转换都在 BFF 层中完成。

综上所述，BFF 的功能大致总结如下。

（1）接口转发。

（2）接口组合。

（3）数据过滤。

（4）数据转换。

6.2.2　BFF 的适用场景

在大部分微服务模式下都推荐使用 BFF，哪怕项目再小，只要不能确定它是否有一天会出现更多的需求，或者会越做越大，都推荐使用 BFF。

尤其是当项目有多个终端，如手机和桌面，或者 PC 浏览器，这时使用 BFF 最合适了。不同的终端有着不同的展示逻辑，单纯的服务无法满足所有终端的数据需求，如果把这些事情都下沉到服务来处理，服务会显得特别臃肿。在我们大量使用微服务时，终端的页面逻辑在每个服务上都要实现一次或多次，BFF 能有效分割前后端的相互影响，为前端单独提供统一的接口服务。

例如，如果使用契约测试保证后端接口可用，设想在一个没有 BFF 的微服务系统中，你需要定义多少个契约，对于每个后端微服务来讲，可能需要定义多个终端的契约，这个契约数量虽然多，但分散在各个微服务上勉强可以接受，但对于一个终端来讲，要定义的契约数量很多，且难以维护。

这时，如果我们使用 BFF，一切就简单了，首先 BFF 是后端开发，对后端的接口调用会很熟悉，对于前端而言，只需与 BFF 定义契约即可，简单方便。

6.2.3　BFF 模式

设计 BFF 最简单的方法是直接构建一个统一的服务，由这个服务去调用后端的服务，再提供 API 给所有的终端调用，如图 6.4 所示。

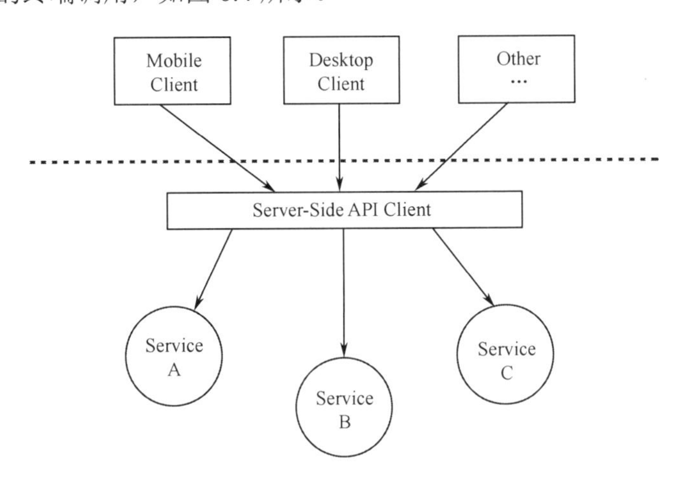

图 6.4　统一 API 服务设计

如果不同的页面或终端要进行相同或类似的调用，这种设计会很成功。实际上，随着移动技术的发展，移动端体验与桌面端或其他终端在界面上不同，所以这个设计并不能满足真实场景的需求。

既然 BFF 用于服务前端，设计上肯定要考虑前端的问题，其做法也很简单，我们根据界面的需求来划分，增加 BFF 的数量，针对不同的终端提供不同的 BFF 服务，其标准设计如图 6.5 所示。

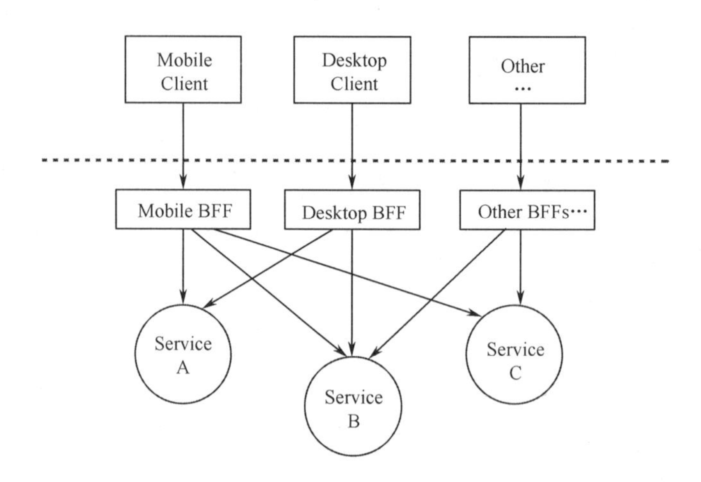

图 6.5　标准 BFF 设计

我们在设计微服务架构时，会将 BFF 与 API 网关对应起来，即一个 API 网关对应一个 BFF，BFF 为每个 API 网关提供单独的接口服务，甚至在很多时候，把 BFF 和 API 网关放在同一个进程中，这样可以减少 API 网关对 BFF 远程调用的成本，而且是一对一存在。有人认为，BFF 本身就是 API Gateway 的变种，二者组合使用如图 6.6 所示。

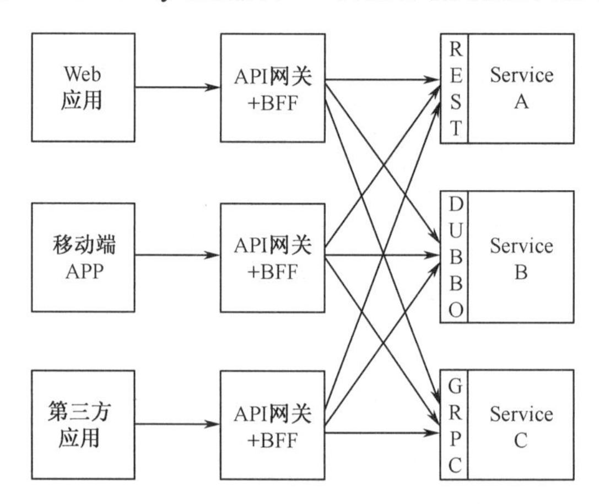

图 6.6　BFF 与 API 网关组合使用

BFF 其实就是 API 网关的另一种实现模式，只不过 API 网关更加关注身份认证、统一路由等功能，而 BFF 更加关注统一接口协议，构建更好的接口服务于前端。我们现在已经明白了 BFF 的设计初衷及 BFF 的架构模式，那么该如何实现呢？

6.3　基于 RESTful 的 BFF

基于 RESTful 的 BFF 并不复杂，如果我们的数据不需要额外处理，一般 API 网关的路由就可以满足，但如果要额外转换或接口组合，就需要在 BFF 去转换数据或调用不同的接口组合成新的接口。

例如，现在前端要展示订单的详情页面，其中包括了订单和商品的信息，后端服务提供了订单详情的查询接口/orders/{id}和物流记录的查询接口/logistics/records?orderId={orderId}，那么在 BFF 中可以组合这两个接口，并且按照前端想要的格式返回数据给前端。例如，可以开发一个新的接口，如/orders-details/{id}，然后在接口的实现中可以通过 RestTemplate 或 Feign 等工具调用后端的基础服务再进行组合。

RestTemplate 或 Feign 都比较简单，在之前的章节中也有介绍，这里主要介绍非阻塞式的基于 WebFlux 的远程调用方式。

由于 BFF 处于前后端交互的中枢，几乎所有的请求都需要经过 BFF，因此它承载着比后端服务更多的请求并发量，在 BFF 中更推荐使用非阻塞的方式来实现，这也是 BFF 选择使用 Node.js 的原因，Node.js 的单线程、异步 IO、事件驱动等特性使它拥有了更高的并发能力，当然，在 Java 中也可以通过 WebFlux 的方式来实现。

WebFlux 提供了 WebClient 客户端来完成异步的远程调用，用法与 RestTemplate 类似。如果使用 RestTemplate 或 Feign，在代码逻辑上也可以参考该例，首先在配置文件中定义订单和物流服务的地址，定义 application.yml，代码如下。

```
services:
  orders:
    url: http://orders-service
  logistics:
    url: http://logistics-service
```

如上述配置，直接写服务的地址，如 http://localhost:8080，然后需要定义两个 WebClient.Buidler 的 Bean，代码如下。

```
@Bean
@LoadBalanced
public WebClient.Builder ordersWebClientBuilder(@Value("${services.orders.url}") String url) {
    return WebClient.builder().baseUrl(url);
}
@Bean
@LoadBalanced
public WebClient.Builder logisticsWebClientBuilder(@Value("${services.logistics.url}") String url) {
    return WebClient.builder().baseUrl(url);
}
```

如上述代码，创建订单服务和物流服务客户端的 Buidler，如果没有集成注册中心可以不加@LoadBalanced 注解，如果集成了注册中心要在启动类上添加@EnableDiscoveryClient 注解。

假设可知两个服务的接口都是根据订单的 ID 来进行数据查询，本身没有依赖，更加适合使用非阻塞式的方式进行接口的组合，代码如下。

```
@Service
public class OrderDetailService {
    private final WebClient.Builder ordersWebClientBuilder;
    private final WebClient.Builder logisticsWebClientBuilder;
    @Autowired
    public OrderDetailService(WebClient.Builder ordersWebClientBuilder,
                              WebClient.Builder logisticsWebClientBuilder) {
        this.ordersWebClientBuilder = ordersWebClientBuilder;
        this.logisticsWebClientBuilder = logisticsWebClientBuilder;
    }
    public Mono<OrderDetail> findOrderDetails(String orderId) {
        final Mono<OrderDetail> orderVoMono = ordersWebClientBuilder.build()
                .get().uri("/orders/{id}", orderId).retrieve()
                .bodyToMono(OrderDetail.class);
        final Flux<LogisticsRecord> logisticsRecordFlux = logisticsWebClientBuilder.build()
                .get().uri("/logistics/records?orderId={id}", orderId).retrieve()
                .bodyToFlux(LogisticsRecord.class);
        return Mono.zip(orderVoMono, logisticsRecordFlux.collectList()).map(t -> {
            t.getT1().setLogisticsRecordList(t.getT2());
            return t.getT1();
        });
    }
}
```

在上述代码中，首先注入两个基础服务的 WebClient 的 Buidler，然后发送请求，得到 Mono 和 Flux 对象（Mono 表示单数的对象，Flux 表示集合类的对象），通过 Mono.zip 的方式将两个响应式的对象合并，然后将这个方法添加到新的接口即可，代码如下。

```
@Bean
public RouterFunction<ServerResponse> routes(OrderDetailController orderDetailController) {
    return route(GET("/orders-details/{id}"), orderDetailController::findById);
}
```

对应的 Controller 代码如下。

```
@Component
public class OrderDetailController {
    private final OrderDetailService orderDetailService;
    @Autowired
    public OrderDetailController(OrderDetailService orderDetailService) {
        this.orderDetailService = orderDetailService;
    }
    @NonNull
    public Mono<ServerResponse> findById(ServerRequest serverRequest) {
```

```
        final String id = serverRequest.pathVariable("id");
        return orderDetailService.findOrderDetails(id)
                .flatMap(orderDetail -> ok().syncBody(orderDetail));
    }
}
```

这样就完成了一个非阻塞式的接口组合功能，接口过滤和转换比较简单，无非是对象的转换，这里不再演示。

不难发现，在使用了 BFF 之后，其实弱化了 API 网关的路由功能，业务接口都由 BFF 来调用或组合，简单的路由已经不能满足我们的需求，所以 BFF 更像是 API 网关的一个进化版本。

6.4　基于 GraphQL 的 BFF

由之前的例子可以看出，如果是后端负责开发 RESTful 的 BFF，前端虽然方便了，但会增加很多后端的工作量，任何不同页面需求的接口，哪怕只是一个字段不一样都需要后端编写代码来开发新的接口，那么有没有一种更好的方式能够动态地组合和过滤接口数据呢？GraphQL 就是这样一个框架。

6.4.1　GraphQL 的概念

GraphQL 是 Facebook 开源的一款用来替代 REST 的新型 API 方案，官方的解释是一种用于 API 的查询语言。GraphQL 对 API 中的数据提供了一套易于理解的完整描述，使得客户端能够准确地获得它需要的数据，而且没有任何冗余，让 API 更容易地随着时间的推移而演进，还能用于构建强大的开发者工具。

例如，现在有一个查询用户信息的接口，假设接口返回的完整数据如下。

```
{
    "id": "1",
    "username": "zhanggang",
    "password": "123456",
    "gender": "MALE",
    "age": 18,
    "roles": [
        {
            "id": "1",
            "name": "admin"
```

```
        }
    ]
}
```

由上述 JSON 可以得知，接口返回了一些用户的基本信息和角色信息，使用 RESTful API 时请求如下。

```
HTTP - GET
/users/1
```

GraphQL 可以像写查询语句一样由消费者自己来决定想要查询的数据，而不需要服务端编写任何代码，假设 GraphQL 的接口路径是/graphql，那么请求代码如下。

```
HTTP - POST
URL:
/graphql
Body:
query Query {
  user(id: "1") {
    id
    username
    password
    gender
    age
    roles {
      id
      name
    }
  }
}
```

先不讨论 GraphQL 的请求语法，大致上可以看出这里的查询定义了想要接口返回的字段，从请求的难易程度上，似乎 GraphQL 要差很多，之前不需要任何参数，只需一个 URL 就可以解决接口调用，现在要写很多代码。

一个优秀的框架，复杂的代码一般是为了更多的灵活性，加入现在前端的页面上不需要显示全部的用户信息，只需用户的 ID 和 username。使用 RESTful 的接口一般会有两种做法：一是修改原先的/users/{id}接口，让它只返回需要的这两个字段；二是在 BFF 重新写一个接口，如/short-users/{id}，这时在 BFF 端就需要对应编写额外的数据过滤的代码。

如果使用了 GraphQL，则不需要在服务端进行任何代码的更改或编写，只需在请求的查询中输入如下代码。

```
HTTP - POST
URL:
/graphql
Body:
```

```
query Query {
  user(id: "1") {
    id
    username
  }
}
```

从上述代码可以看出，在只需要修改请求 Body 的查询语句，即修改 user(id: "1"){…}中定义的字段时，GraphQL 就会自动过滤需要的数据，而不需要在后端修改或定义新的接口。

当然，在这个简单的例子中可以不去在乎多余的数据，但如果这里的用户信息还包括一个富文本格式的自我介绍，那么多余字段所带来的网络消耗是不容忽视的。如今移动互联网盛行，一款好的 App，其流量管理必然是更加精细的，如果你的 App 比其他人的要消耗更多的流量，那么流失的可能就不仅是手机的流量了，还有你的用户。

当然，除了数据的浪费，多余的查询还可能带来性能问题，先不说数据量带来的网络传输消耗，如接口还返回用户的角色信息，在 BFF 层的接口组合调用逻辑如图 6.7 所示。

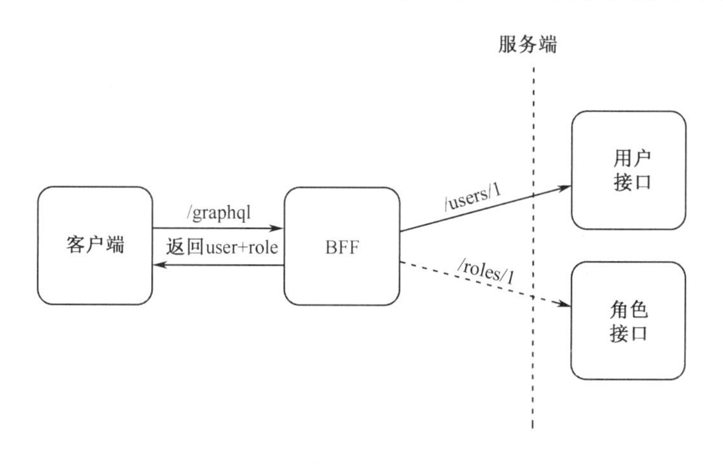

图 6.7　BFF 接口组合调用逻辑示例

由图 6.7 可知，后端服务一般会提供用户和角色等基础服务的接口，然后当客户端同时需要用户和角色信息时，会在 BFF 进行接口的组装。如果在查询用户信息时并不需要角色数据，这里多一次查询显然不值得，使用 RESTful 时要分别开发两个接口，如果使用 GraphQL 就可以根据我们定义的数据和查询语句，去动态组合需要查询的数据，GraphQL 动态组合接口示意如图 6.8 所示。

图 6.8 清晰地表示 GraphQL 在组合接口过程中的作用，当客户端发起的请求中并没有包含角色的字段定义时，GraphQL 就不会调用角色的接口。反之，当客户端发起的请求中包含了角色字段时，GraphQL 就会自动地查询角色接口，当然这需要后端在一开始就定义好数据的获取策略，在本章后面会详细介绍具体的用法。这样我们就能灵活地组合和过滤接口的数

据，而不需要后端进行额外的开发了，同时前端也不用等待后端的新接口，直接就可以根据自己的需求查询想要的数据，使用 GraphQL 的前后对比如图 6.9 所示。

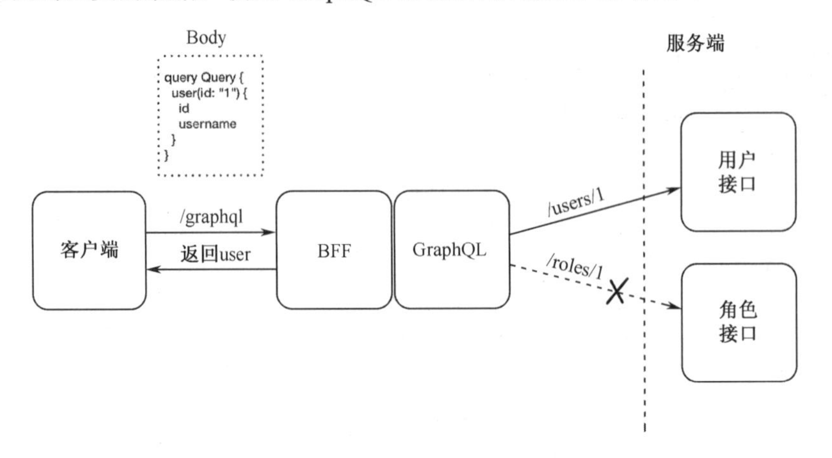

图 6.8　GraphQL 动态组合接口示意图

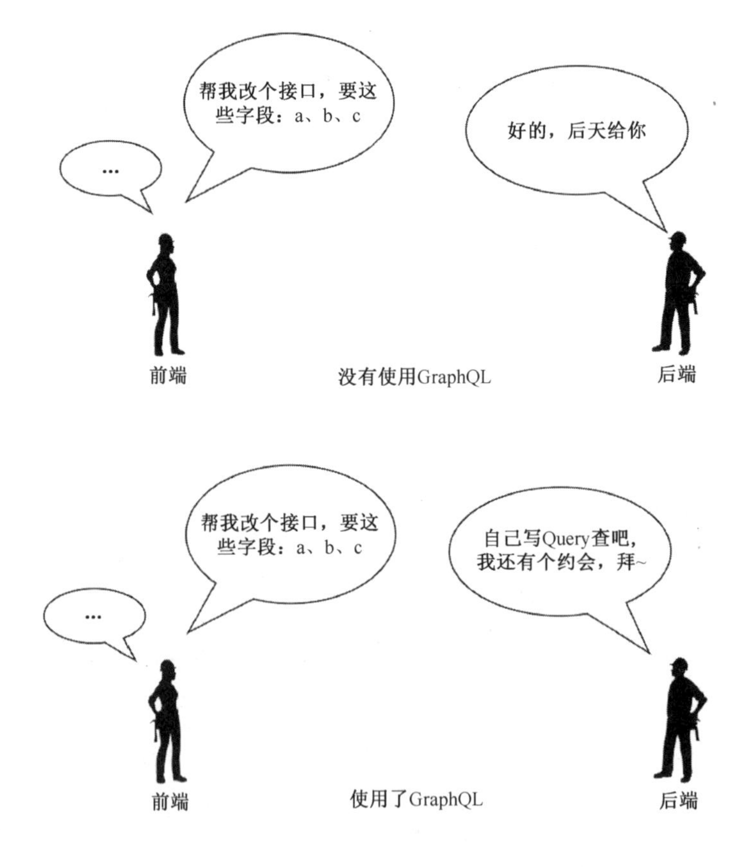

图 6.9　使用 GraphQL 的前后对比

6.4.2　GraphQL 在客户端的基本用法

GraphQL 的整体用法大概分为 3 个部分：描述数据、请求数据、解析请求并执行查询。其中，描述数据和解析请求都是在 BFF 端需要完成的工作，请求数据是客户端需要关心的，当然，编写请求语句需要了解数据的描述，所以前后端的开发者需要共同来讨论数据应该如何描述，而且大部分时候都由前端来驱动设计。

本节在讲解客户端的用法时，会给大家介绍 GraphQL 中数据是如何描述的，以及如何根据描述来编写查询语句。首先来看什么是数据的描述。GraphQL 中通过.graphql 文件来描述数据，并且将数据的描述称为 schema，基础结构如下。

```
schema {
  query: Query
  mutation: Mutation
}
type Query {
  ...
}
type Mutation {
  ...
}
```

在上述描述信息中，GraphQL 通过不用的 type 的关系来描述数据，文件的根节点是 schema，schema 有两个子节点：Query 和 Mutation，Query 用来表示查询的数据，Mutaiton 用来表示增删改的数据，这些格式都是固定的。

可以自定义两个 type：Query 和 Mutation 来添加业务数据的描述，如增加用户信息的描述，可以通过定义 type 和 type 中的字段来描述，代码如下。

```
type User{
  username: String
  fullname: String
  age: Int
  address: String
  married: Boolean
  ...
}
```

这样就定义了一个 User 的类型并描述了 User 的字段信息和字段类型。GraphQL 内置了几种基础数据类型用于支持大部分的数据场景，类型如下。

（1）Int：有符号 32 位整数。

（2）Float：有符号双精度浮点值。

（3）String：UTF-8 字符序列。

（4）Boolean：true 或 false。

（5）ID：表示一个唯一标识符，通常用以重新获取对象或者作为缓存中的键。

除了基础数据类型，还可以通过 type 来灵活地自定义各种类型。例如，可以定义一个角色类型，代码如下。

```
type Role{
  id: ID
  name: String
}
```

然后可以在 User 中使用这个类型，代码如下。

```
type User{
  username: String
  fullname: String
  age: Int
  address: String
  married: Boolean
  role: Role
}
type Role{
  id: ID
  name: String
}
```

当然，有时用户存在多个角色，可以将 role 的类型修改为集合，方式很简单，使用 type 即可，代码如下。

```
type User{
  username: String
  fullname: String
  age: Int
  address: String
  married: Boolean
  roles: [Role]
}
type Role{
  id: ID
  name: String
}
```

除了使用 type 来自定义新的类型，还可以使用 enum 来定义一些枚举类型，如用户的性别可以使用枚举，代码如下。

```
type User{
  ...
  gender: Gender
  ...
}
enum Gender{
  MALE,
  FEMALE
}
```

描述好了 User 的数据，现在写一个查询的接口，如何实现与 Query 的结合呢？方式如下。

```
schema {
  query: Query
  ...
}
type Query {
  user(id: String!): User
}
```

通过根 schema 我们声明了 Query 类型，该类型可以用来描述接口，如查询用户的方法，通过“user(id: String!): User”来定义，其中 user 表示查询的方法名，参数是 id，类型是 String，在类型后面加上“!”表示参数是必需的，然后“: User”表示方法返回类型是 User 类型，这样就将 User 类型与查询关联上了。那么，定义完数据后，我们如何使用呢？

如果要查询用户的数据，GraphQL 的查询语句应该怎么写呢？代码如下。

```
query Query {
  user(id: 1) {
    id
    username
    password
    gender
    age
    roles {
      id
      name
    }
  }
}
```

query Query{...}是固定的写法，表示 user 方法的根，和我们最开始定义 schema 的命名相同即可，之前介绍过关于数据过滤的用法，即通过修改 user(){...}中的字段来调整需要查询的数据，如想查询 id 和 roles，代码如下。

```
query Query {
  user(id: 1) {
```

```
        id
        roles {
          id
          name
        }
      }
    }
```

需要注意的是，只要我们查询的字段是一个 type，必须指明该 type 内需要的字段，如 roles 是 Role 类型的，下面这样写会报错。

```
    query Query {
      user(id: 1) {
        id
        roles
      }
    }
```

错误如下。

```
    {
        "errors": [
            {
                "message": "Validation error of type SubSelectionRequired: Sub selection required for type null
                                    of field roles @ 'user/roles'",
                "locations": [
                    {
                        "line": 1,
                        "column": 61
                    }
                ]
            }
        ]
    }
```

很明显，意思是说子类型的字段是必需的，即需要指明 roles{...}中的字段需要哪些。

可以看出，GraphQL 放弃了像 RESTful 一样通过“URL+HTTP Method”来定义接口的方式，通常所有请求的 URL 都一样，如“/graphql”，然后使用 POST 方法，将查询语句通过 Body 传递到后端，假设后端的接口地址是“POST - /graphql”，那么请求数据格式如下。

```
    {
      "query":"..."
    }
```

查询用户的请求如下。

```
    {
      "query":"query Query{ user(id: \"1\"){ id username password gender age roles{ id name} } }"
    }
```

由于 GraphQL 的 Query 并不是 JSON 格式，通常使用字符串来传递，参数 ID 是定义的 String，因此需要使用“\”来转义，表示当前参数是字符串，这里的请求参数比较简单，一旦参数复杂起来，比如是一个对象，那么前端在定义查询时就需要大量的字符串拼接和转移的工作，有没有更好的传递参数的方式呢？

通过设置参数变量，我们可以方便地定义 JSON 格式的参数，还是刚才的例子，改造成如下写法。

```
{
    "query": "query Query($id: String!){ user(id: $id){ id username password gender age roles{ id name} } }",
    "variables":{
        "id": "1"
    }
}
```

通过在父节点 Query 上增加参数的定义($id: String!)来表示在变量 variables 中读取 key 为 id 的值，并将值赋予变量$id，原先 user(id: \"1\")改为 user(id: $id)，需要注意的是，Query(...)定义的参数$id 的类型必须与 user 的一致，包括类型的“!”（非空）属性。

GraphQL 会将返回的 JSON 数据包裹在 data 中，并且以 user 为 JSON 的 key，代码如下。

```
{
    "data": {
        "user": {
            "id": "1",
            "username": "zhanggang",
            "password": "123456",
            "gender": "MALE",
            "age": 18,
            "roles": [
                {
                    "id": "1",
                    "name": "admin"
                }
            ]
        }
    }
}
```

当然，我们可以更改这个名称，比如有时方法名不是 user，而是 findUserById，那么它作为 data 的 key 值显然不合适，GraphQL 提供了别名的机制帮助我们在请求时便捷地修改返回的 key 值，而不需要修改数据的 schema，代码如下。

```
{
    "query":"query Query($id: String!){a: user(id: $id){ id username password gender age roles{ id name} } }",
```

```
    "variables":{
        "id": "1"
    }
}
```

通过“a: user(…)”就可以将最终返回的 JSON 数据的 key 值改为 a，结果如下。

```
{
    "data": {
        "a": {
            "id": "1",
            "username": "zhanggang",
            "password": "123456",
            "gender": "MALE",
            "age": 18,
            "roles": [
                {
                    "id": "1",
                    "name": "admin"
                }
            ]
        }
    }
}
```

同样，可以修改自动的名称，如修改 username 为 name，请求的代码如下。

```
{
  "query":"query Query($id: String!){user(id: $id){ id name: username } }",
  "variables":{
      "id": "1"
  }
}
```

得到的结果如下。

```
{
    "data": {
        "user": {
            "id": "1",
            "name": "zhanggang"
        }
    }
}
```

除了变量和别名的用法，GraphQL 还提供了更多的高级查询用法。例如，可以通过指令（Directives）来为数据字段添加一些动态的条件，或者定义一些内联片段（Inline Fragments）来减少重复的语句编写，这里不再一一列举。目前，本书中介绍的用法可以满足大部分项目的需求，感兴趣的读者可以到 GraphQL 的官网学习详细的查询和变更的用法，网址是 https://www.graphql.org/。此外，GraphQL 还提供了可视化的开发工具 GraphiQL 来帮助我们快速地编写请求的语句，并验证请求的结果，大家也可以通过它的在线版本练习 GraphQL 的写法，如图 6.10 所示。

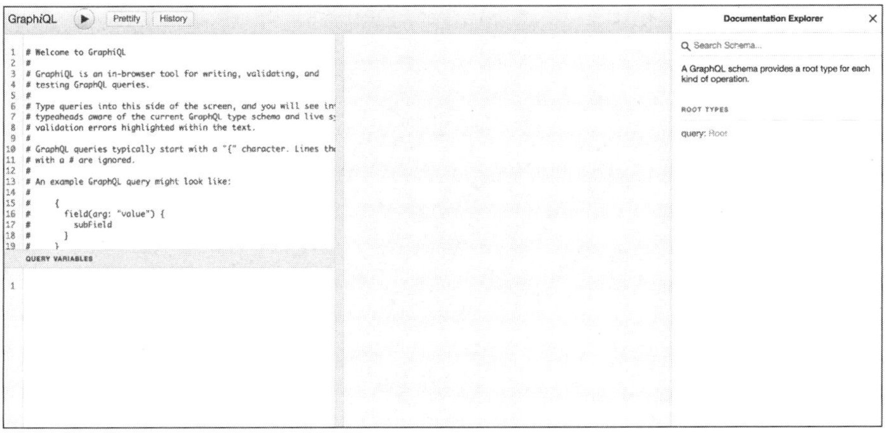

图 6.10　GraphiQL 工具

除了查询（Query），我们还可以定义增删改（Mutation）的接口，如创建一个用户，它的 schema 写法如下。

```
schema {
  ...
  mutation: Mutation
}
type Mutation {
  createUser(user: UserInput!): User
}
input UserInput{
  username: String
  password: String
  gender: Gender
  age: Int
}
```

大致上和 Query 的写法类似，需要注意的是，这里出现了一个新的关键字 input，GraphQL 中的另一个设计理念是将请求的参数类型和返回类型分开，这里无法复用 User 类型作为创建用户的输入参数，需要重新定义一个 input 类型的 UserInput，同样的 UserInput 无法作为方法的返回类型，GraphQL 会做语法的校验。

因为随着项目的推进，我们的数据类型不断变化，返回类型会类似于后端的数据模型，而参数类型会更加和用户界面贴近，虽然可能会有一定的冗余，但分离之后两边的模型不会相互影响，反观之前项目的代码，无论是值对象还是模型都混乱不堪，并夹杂着请求和后端模型的数据。根据定义好的 schema，创建用户的请求数据如下。

```
{
    "query":"mutation Mutation($user: UserInput!){createUser(user: $user){ id username gender age} }",
    "variables":{
        "user": {
            "username": "Ted",
            "password": "123456",
            "gender": "MALE",
            "age": 18
        }
    }
}
```

这时后端已经实现，返回结果如下。

```
{
    "data": {
        "createUser": {
            "id": "2",
            "username": "Ted",
            "gender": "MALE",
            "age": 18
        }
    }
}
```

6.4.3 GraphQL 与 Java 集成

在了解了客户端如何编写查询请求及如何描述数据之后，接下来为大家介绍在服务端到底该如何开发一个 GraphQL 的接口。

GraphQL 提供了多种语言的实现，其中包括 Java 版本的实现：graphql-Java，如果我们使用 Java 来完成 BFF 的开发工作，graphql-Java 可以构建一个 GraphQL 的后端接口服务。

graphql-Java 的 GitHub 地址是 https://github.com/graphql-java/graphql-java，目前在本书编写时最新版本为 9.4，所以使用该版本。GraphQL 官方的 Java 示例代码如下。

```
import graphql.ExecutionResult;
import graphql.GraphQL;
import graphql.schema.GraphQLSchema;
import graphql.schema.StaticDataFetcher;
import graphql.schema.idl.RuntimeWiring;
import graphql.schema.idl.SchemaGenerator;
```

```
import graphql.schema.idl.SchemaParser;
import graphql.schema.idl.TypeDefinitionRegistry;
import static graphql.schema.idl.RuntimeWiring.newRuntimeWiring;
public class HelloWorld {
    public static void main(String[] args) {
        String schema = "type Query{hello: String} schema{query: Query}";
        SchemaParser schemaParser = new SchemaParser();
        TypeDefinitionRegistry typeDefinitionRegistry = schemaParser.parse(schema);
        RuntimeWiring runtimeWiring = newRuntimeWiring()
                .type("Query", builder -> builder.dataFetcher("hello", new StaticDataFetcher("world")))
                .build();
        SchemaGenerator schemaGenerator = new SchemaGenerator();
        GraphQLSchema graphQLSchema = schemaGenerator
                .makeExecutableSchema(typeDefinitionRegistry, runtimeWiring);
        GraphQL build = GraphQL.newGraphQL(graphQLSchema).build();
        ExecutionResult executionResult = build.execute("{hello}");
        System.out.println(executionResult.getData().toString());
        // Prints: {hello=world}
    }
}
```

上述代码的最终目的是要创建一个 GraphQL 对象，然后通过该对象执行请求的 Query 或 Mutation 语句。那么，GraphQL 对象该如何创建？

首先需要加载描述的 schema，通过 SchemaParser 类来完成，然后定义具体在运行时 schema 中的 type 所对应的 Java 代码中的数据抓手（DataFetcher），例如，user 会出现哪个方法？role 又会调用哪个方法？通过 RuntimeWiring 类可以将 DataFetcher 与 schema 关联起来，最后通过相关的样例代码就可以创建 GraphQL 对象。

在正式的项目中，一般要如何使用？还是使用 Gradle，首先在 BFF 的工程中添加 graphql-java 的依赖，内容如下。

```
implementation 'com.graphql-java:graphql-java:2019-04-09T05-29-53-bd9240c'
```

然后在 main 的 resource 路径下创建.graphql 文件，用于描述数据的 schema，内容如下。

```
schema {
  query: Query
  mutation: Mutation
}
type Query {
  user(id: String!): User
}
type Mutation {
  createUser(user: UserInput!): User
}
```

```
input UserInput{
  username: String
  password: String
  gender: Gender
  age: Int
}
type User{
  id: String
  username: String
  password: String
  gender: Gender
  age: Int
  roles: [Role]
}
type Role{
  id: ID
  name: String
}
enum Gender{
  MALE
  FEMALE
}
```

和之前的内容一样，我们首先定义用户和角色的数据类型，然后定义创建用户和查询用户的接口，接下来编写一个工厂类来创建 GraphQL 对象，用于最终执行请求，代码如下。

```
@Component
public class GraphQLFactory {
    @Value("classpath:demo.graphql")
    private Resource schema;
    @Bean
    public GraphQL graphQL() throws IOException {
        final File file = schema.getFile();
        //解析 GraphQL 配置文件
        SchemaParser schemaParser = new SchemaParser();
        TypeDefinitionRegistry typeDefinitionRegistry = schemaParser.parse(file);
        final RuntimeWiring.Builder runtimeWiringBuilder = newRuntimeWiring();
        SchemaGenerator schemaGenerator = new SchemaGenerator();
        GraphQLSchema graphQLSchema = schemaGenerator
                .makeExecutableSchema(typeDefinitionRegistry, runtimeWiringBuilder.build());
        return GraphQL.newGraphQL(graphQLSchema).build();
    }
}
```

根据 GraphQL 类的源码可以得到解释：Building this object is very cheap and can be done on each execution if necessary. Building the schema is often not as cheap, especially if its parsed from graphql IDL schema format via，意思是构造一个 GraphQL 对象是很轻量的，在每次执行时去 build，但构造一个 schema 就不轻量了，尤其是使用 SchemaParser，所以我们可以将 GraphQL 的 Build 定义为一个 Bean，然后在每次执行时去 build，代码如下。

```
@Bean
    public GraphQL.Builder graphQL() throws IOException {
        final File file = schema.getFile();
        //解析 GraphQL 配置文件
        SchemaParser schemaParser = new SchemaParser();
        TypeDefinitionRegistry typeDefinitionRegistry = schemaParser.parse(file);
        final RuntimeWiring.Builder runtimeWiringBuilder = newRuntimeWiring();
        SchemaGenerator schemaGenerator = new SchemaGenerator();
        GraphQLSchema graphQLSchema = schemaGenerator
                .makeExecutableSchema(typeDefinitionRegistry, runtimeWiringBuilder.build());
        return GraphQL.newGraphQL(graphQLSchema);
    }
```

接下来需要开发一个 GraphQL 的接口，用于处理所有的请求，我们首先定义一个值对象用来接收前端的 JSON 数据，代码如下。

```
@Data
@NoArgsConstructor
public class GraphqlRequest {
    private String query;
    private Map<String, Object> variables;
}
```

然后创建 GraphQLController，代码如下。

```
@RestController
public class GraphqlController {
    private final GraphQL graphQL;
    @Autowired
    public GraphqlController(GraphQL graphQL) {
        this.graphQL = graphQL;
    }
    @PostMapping("/graphql")
    public Map<String, Object> execute(@RequestBody GraphqlRequest graphqlRequest) {
        final ExecutionInput executionInput = ExecutionInput.newExecutionInput()
                .query(graphqlRequest.getQuery())
                .variables(graphqlRequest.getVariables())
                .build();
        final ExecutionResult result = graphQL.execute(executionInput);
        return result.toSpecification();
    }
}
```

这样，GraphQL 的接口开发就完成了，接下来实现具体的 DataFetcher 来调用后端的服务，GraphQL 就可以工作了。

例如，查询用户首先定义一个 UserQueryDataFetcher 类并实现 graphql-java 提供的 DataFetcher 接口，代码如下。

```
@Component
public class UserQueryDataFetcher implements DataFetcher<User> {
    private final UserService userService;
    @Autowired
    public UserQueryDataFetcher(UserService userService) {
        this.userService = userService;
    }
    @Override
    public User get(DataFetchingEnvironment environment) {
        final String id = environment.getArgument("id");
        return userService.findById(id);
    }
}
```

在上述代码中，DataFetcher 接口提供了 get 方法，通过方法的参数 environment 可以得到请求的参数，然后通过 UserService 去远程调用后端的服务。

作为示例，我们快速实现一下 UserService，代码如下。

```
@Service
public class UserService {
    public User findById(String id) {
        final User user = new User();
        user.setId(id);
        user.setUsername("zhanggang");
        user.setAge(18);
        user.setGender(Gender.MALE);
        user.setRoles(new Role[]{new Role(1, "admin")});
        return user;
    }
    public List<User> findByIds(List<String> ids) {
        return ids.stream().map(this::findById).collect(Collectors.toList());
    }
}
```

定义好 DataFetcher 以后，需要将 DataFetcher 与 schema 关联起来，回到 GraphQLFactory，在构建 GraphQL 的方法中加入 DataFetcher 的绑定，代码如下。

```
@Component
public class GraphQLFactory {
    @Value("classpath:demo.graphql")
```

```
        private Resource schema;
        private final UserQueryDataFetcher userQueryDataFetcher;
        @Autowired
        public GraphQLFactory(UserQueryDataFetcher userQueryDataFetcher) {
            this.userQueryDataFetcher = userQueryDataFetcher;
        }
        @Bean
        public GraphQL graphQL() throws IOException {
            final File file = schema.getFile();
            SchemaParser schemaParser = new SchemaParser();
            TypeDefinitionRegistry typeDefinitionRegistry = schemaParser.parse(file);
            final RuntimeWiring.Builder runtimeWiringBuilder = newRuntimeWiring();
            runtimeWiringBuilder.type("Query", builder -> builder.dataFetcher("user", userQueryDataFetcher));
            SchemaGenerator schemaGenerator = new SchemaGenerator();
            GraphQLSchema graphQLSchema = schemaGenerator
                    .makeExecutableSchema(typeDefinitionRegistry, runtimeWiringBuilder.build());
            return GraphQL.newGraphQL(graphQLSchema).build();
        }
    }
```

在上述代码中，整体的构建方式和之前一样，通过 runtimeWiringBuilder.type 方法可以绑定 DataFetcher 到具体的 schema 中的 type。例如，此处是绑定 userQueryDataFetcher 到 Query 类型的 user 字段上，这样，一个 GraphQL 的接口就定义好了。然后启动服务验证一下，发起如下请求。

```
    HTTP POST - http://localhost:8080/graphql
    Request Body:
    {
        "query":"query Query($id: String!){user(id: $id){ id username age gender} }",
        "variables":{
            "id": "1"
        }
    }
```

得到结果如下。

```
    {
        "data": {
            "user": {
                "id": "1",
                "username": "zhanggang",
                "age": 18,
                "gender": "MALE"
            }
        }
    }
```

由 6.4.2 节中了解到，通过编写不同的请求语句，我们可以动态地增加和过滤数据，完成基本数据组合的功能之后，BFF 还有一个核心能力，就是组合接口，比如用户信息中包含的角色信息需要查询另一个接口，该如何去组合？其实和单个接口查询的思路一样，GraphQL 的设计理念就是开发人员只需定义好 DataFetcher，并将其和 schema 关联上，剩下的接口组合、数据过滤、转换等工作就交给 GraphQL，如角色查询，我们可以创建一个 UserRoleQueryDataFetcher，代码如下。

```
@Component
public class UserRoleQueryDataFetcher implements DataFetcher<Role[]> {
    private final UserRoleService userRoleService;
    @Autowired
    public UserRoleQueryDataFetcher(UserRoleService userRoleService) {
        this.userRoleService = userRoleService;
    }
    @Override
    public Role[] get(DataFetchingEnvironment environment) {
        User user = environment.getSource();
        final String userId = user.getId();
        return userRoleService.findRolesByUserId(userId);
    }
}
```

其中，UserRoleService 的内容如下。

```
@Service
public class UserRoleService {
    public Role[] findRolesByUserId(String userId) {
        if (userId.equals("1")) {
            return new Role[]{new Role(1, "admin")};
        }
        return new Role[0];
    }
}
```

和 User 的 DataFetcher 类似，不同的是，查询 User 时使用的是请求时传入的用户 ID 作为参数，而查询 Role 时并没有传入任何参数。如果不明白，可以看 schema 的代码。

```
type Query {
  user(id: String!): User
}
type User{
  id: String
  ...
  roles: [Role]
}
```

在编写查询语句时，通过 Query 类型中的 user(id：String)方法，我们传入 ID 作为请求的参数，但在查询 User 类型中的 roles 字段时并没有任何参数，通常的做法是通过子类型的父类来获取有用的参数，DataFetcher 的 get 方法参数 environment 提供了 getSource()方法可以获得当前字段的父类对象，此处即为 User 对象，然后通过 User 获取用户的 ID，来支持后续的查询操作。

定义好 DataFetcher 后，只需将它与 schema 绑定即可，修改 GraphQLFactory，代码如下。

```
private final UserQueryDataFetcher userQueryDataFetcher;
private final UserRoleQueryDataFetcher userRoleQueryDataFetcher;
@Autowired
public GraphQLFactory(UserQueryDataFetcher userQueryDataFetcher,
                      UserRoleQueryDataFetcher userRoleQueryDataFetcher) {
    this.userQueryDataFetcher = userQueryDataFetcher;
    this.userRoleQueryDataFetcher = userRoleQueryDataFetcher;
}
@Bean
public GraphQL graphQL() throws IOException {
    ...
    runtimeWiringBuilder.type("Query", builder -> builder.dataFetcher("user", userQueryDataFetcher));
   runtimeWiringBuilder.type("User", builder -> builder.dataFetcher("roles", userRoleQueryDataFetcher));
    ...
}
```

在上述代码中，添加了 User 类型中的 roles 字段使用 userRoleQueryDataFetcher，当查询语句中包含了 roles 字段时，例如：

```
HTTP POST - http://localhost:8080/graphql
Request Body:
{
    "query":"query Query($id: String!){user(id: $id){ id username roles { id name } } }",
    "variables":{
            "id": "1"
    }
}
```

GraphQL 帮助我们自动调用该 DataFetcher，反之，如果没有 roles 字段，Role 的 DataFetcher 就不会执行。

Mutation 和 Query 的用法一样，也是使用 DataFetcher 来实现和后端服务的绑定，这里不再介绍，下面介绍在 GraphQL 中一个批量查询数据的方式：DataLoader。

为什么需要 DataLoader？其实 DataLoader 是为了解决在查询中经常会遇到的 N+1 次查询的问题。例如，我们查询一个用户的详细信息（包括用户的角色信息），需要调用后端服务两次，组合用户接口和角色接口的数据，当批量查询 10 个用户信息时，假设后端提供了批量查询用户的接口，调用一次接口就可以获取 10 个用户的信息，然后根据每个用户的信息，需要单独调用 10 次角色的接口，总共需要 11 次查询才能获得最终的数据，这就是 N+1 次查询的问题。

N+1 的设计肯定不合理，要解决这个问题，我们应同时提供批量查询用户和批量查询角色的接口，最多需要两次查询，就可以批量地获取到用户和角色的信息，然后将用户和角色组合起来得到最终的结果，graphql-java 中提供的 DataLoader 就用来完成上述操作。例如，我们先来定义一个批量查询用户的 schema，代码如下。

```
type Query {
  ...
  userList(ids: [String]!): [User]
}
```

接下来创建 UserListQueryDataFetcher，代码如下。

```
@Component
public class UserListQueryDataFetcher implements DataFetcher<List<User>> {
    private final UserService userService;
    @Autowired
    public UserListQueryDataFetcher(UserService userService) {
        this.userService = userService;
    }
    @Override
    public List<User> get(DataFetchingEnvironment environment) {
        final List<String> ids = environment.getArgument("ids");
        return userService.findByIds(ids);
    }
}
```

然后将 DataFetcher 与 schema 绑定，修改 GraphQLFactory，代码如下。

```
private final UserListQueryDataFetcher userListQueryDataFetcher;
@Autowired
public GraphQLFactory(UserQueryDataFetcher userQueryDataFetcher,
                      UserRoleQueryDataFetcher userRoleQueryDataFetcher,
                      UserListQueryDataFetcher userListQueryDataFetcher) {
    ...
    this.userListQueryDataFetcher = userListQueryDataFetcher;
}
@Bean
public GraphQL graphQL() throws IOException {
    ...
    runtimeWiringBuilder.type("Query", builder -> builder.dataFetcher("userList", userListQueryDataFetcher));
    ...
}
```

可以验证一下，发送如下请求。

```
HTTP POST - http://localhost:8080/graphql
Request Body:
{
    "query":"query Query($ids: [String]!){userList(ids: $ids){ id username gender age roles{ id name } } }",
    "variables":{
        "ids": ["1","2","3"]
    }
}
```

得到结果如下。

```
{
    "data": {
        "userList": [
            {
                "id": "1",
                "username": "zhanggang",
                "gender": "MALE",
                "age": 18,
                "roles": [
                    {
                        "id": "1",
                        "name": "admin"
                    }
                ]
            },
            {
                "id": "2",
                "username": "zhanggang",
                "gender": "MALE",
                "age": 18,
                "roles": []
            },
            {
                "id": "3",
                "username": "zhanggang",
                "gender": "MALE",
                "age": 18,
                "roles": []
            }
        ]
    }
}
```

这里查询了 3 个用户，在 UserRoleService 中打印一些日志会发现，它被调用了 3 次。下面使用 DataLoader 修改上述代码，首先定义一个 RoleDataLoader 类并继承 graphql-java 提供的 DataLoader，代码如下。

```
@Component
public class RoleDataLoader extends DataLoader<String, Role[]> {
    @Autowired
    public RoleDataLoader(UserRoleService userRoleService) {
        super(keys -> CompletableFuture.supplyAsync(() ->
            userRoleService.findRolesByUserIds(keys)
        ));
    }
}
```

UserRoleService 中添加 findRolesByUserIds 的方法，代码如下。

```
public List<Role[]> findRolesByUserIds(List<String> keys) {
        return keys.stream().map(userId -> {
            if (userId.equals("1")) {
                return new Role[]{new Role(1, "admin")};
            }
            return new Role[0];
        }).collect(Collectors.toList());
    }
```

在上述代码中，我们需要定义 DataLoader 的泛型，DataLoader 的源码解释如下。

```
/**
 * @param <K> type parameter indicating the type of the data load keys
 * @param <V> type parameter indicating the type of the data that is returned
 */
public class DataLoader<K, V>
```

也就是说，K 用来表示单个查询时 key 的类型，如查询角色的 key 是用户 ID，所以类型是 String；V 用来表示查询单个返回结果的类型，如单个用户拥有多个角色，所以类型是 Role[]。然后，我们需要定义最终批量查询的方法，这里传入 UserRoleService 来完成最终的查询工作，需要注意的是，要返回一个非阻塞式的方法定义，使用 java.util.concurrent 中的 CompletableFuture.supplyAsync 来快速定义一个异步的方法。接下来修改原来的 UserRole QueryDataFetcher，代码如下。

```
@Component
public class UserRoleQueryDataFetcher implements DataFetcher<CompletableFuture<Role[]>> {
    private final RoleDataLoader roleDataLoader;
    @Autowired
    public UserRoleQueryDataFetcher(RoleDataLoader roleDataLoader) {
        this.roleDataLoader = roleDataLoader;
    }
    @Override
```

```
        public CompletableFuture<Role[]> get(DataFetchingEnvironment environment) {
            User user = environment.getSource();
            final String userId = user.getId();
            return roleDataLoader.load(userId);
        }
    }
```

在上述代码中，不需要 UserRoleService 去单独查询角色信息，而是使用我们定义好的 RoleDataLoader 的 load 方法来查询角色，load 并不会立即执行查询方法，而是先将 key 都收集起来，最后只调用一次批量查询的方法，从而解决 N+1 次查询的问题。需要注意的是，DataFetcher 的泛型要对应地修改为 CompletableFuture<Role[]>类型。

最后一步，需要将 DataFetcher 注册到 GraphQL 中，修改 GraphQLFactory，代码如下。

```
    private final RoleDataLoader roleDataLoader;
    @Autowired
    public GraphQLFactory(... RoleDataLoader roleDataLoader) {
        ...
        this.roleDataLoader = roleDataLoader;
    }
    @Bean
    public GraphQL graphQL() throws IOException {
        ...
        return GraphQL.newGraphQL(graphQLSchema).instrumentation(buildInstrumentation()).build();
    }
    private DataLoaderDispatcherInstrumentation buildInstrumentation() {
        DataLoaderRegistry registry = new DataLoaderRegistry();
        registry.register("roleDataLoader", roleDataLoader);
        return new DataLoaderDispatcherInstrumentation(registry);
    }
```

通过 GraphQL.Builder 可以将 DataLoader 注册到 GraphQL 的执行对象中，这样就完成了 DataLoader 的开发工作，再次调用服务，如果在后端服务中有日志输出，就可以发现角色接口只被调用了一次。

6.4.4　GraphQL 与 WebFlux 集成

BFF 是所有请求的唯一入口，它的并发量远大于后端的服务，所以对系统的负载能力要求会相对高一些，graphql-java 内部采用非阻塞式的设计，使用 CompletableFuture 等多线程的方式来达到异步执行的目的。

在官方的一些 Demo 中可以发现，GraphQL 更推荐使用异步的方式来执行 DataFetcher。例如，用户查询的 DataFetcher 可以写成如下代码。

```
@Component
public class UserQueryDataFetcher implements DataFetcher<CompletableFuture<User>> {
    private final UserService userService;
    @Autowired
    public UserQueryDataFetcher(UserService userService) {
        this.userService = userService;
    }
    @Override
    public CompletableFuture<User> get(DataFetchingEnvironment environment) {
        return CompletableFuture.supplyAsync(() -> {
            final String id = environment.getArgument("id");
            return userService.findById(id);
        });
    }
}
```

除了使用 java.util.concurrent 中的 Future，我们还可以使用 WebFlux 来实现非阻塞式的接口开发，Spring 官方也推荐使用 WebClient 来实现异步的远程调用，那么 GraphQL 该如何与 WebFlux 集成？如图 6.11 所示。

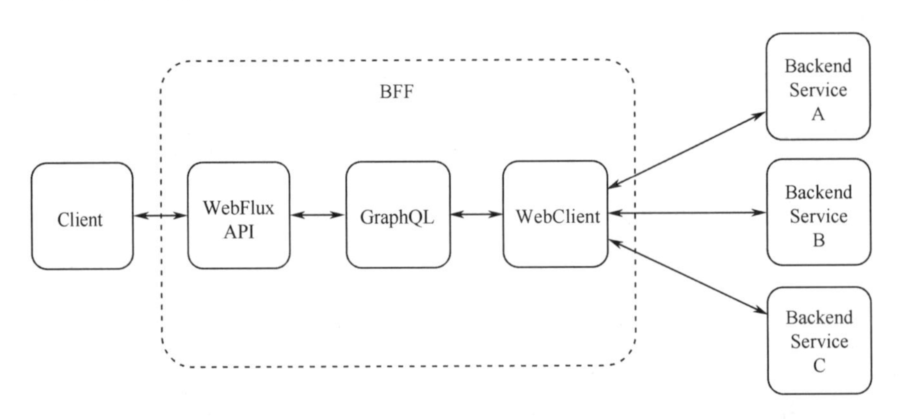

图 6.11　WebFlux 与 GraphQL 集成示意图

在图 6.11 中，客户端会请求 WebFlux 的接口，然后调用 GraphQL 执行查询，在 GraphQL 的 DataFetcher 中调用 WebClient 完成后端的远程调用，整个过程都是响应式的，这样会大大增加 BFF 层的负载能力。所以，要完成上述的集成工作，首先需要开发一个 WebFlux 的接口，代码如下。

```
@Component
public class GraphQLWebFluxController {
    private final GraphQL graphQL;
    @Autowired
    public GraphQLWebFluxController(GraphQL graphQL) {
        this.graphQL = graphQL;
```

```
    }
    @Nullable
    public Mono<ServerResponse> query(ServerRequest serverRequest) {
        return serverRequest.bodyToMono(GraphqlRequest.class)
            .map(graphqlVo -> ExecutionInput.newExecutionInput()
                .query(graphqlVo.getQuery())
                .variables(graphqlVo.getVariables())
            )
            //使用 fromFuture 获取 Furture 对象
            .flatMap(input -> fromFuture(graphQL.executeAsync(input)))
            .flatMap(result -> ok().syncBody(result.toSpecification()))
            .switchIfEmpty(badRequest().build());
    }
}
```

在上述代码中，创建一个 GraphQLController 并注入 GraphQL 对象，这里并不直接声明为 RestController，而是使用@Component 注册成 Spring 的 Bean 即可。然后增加一个 query 方法，方法参数类型为 ServerRequest，返回类型为 Mono<ServerResponse>。

通过 serverRequest.bodyToMono 能够快速将请求的 body 转换为 Mono<GraphqlVo>对象，然后将参数转换为 ExecutionInput，最终通过 GraphQL 对象执行并返回，大致与之前所示的 SpringMVC 的 GraphQL 执行过程相同，只不过全部采用了响应式的写法。

定义完 Controller 后，需要配置一个 POST 的接口，代码如下。

```
@Bean
public RouterFunction<ServerResponse> routes(GraphQLWebFluxController graphQLController) {
    return route(POST("/graphql2"), graphQLController::query);
}
```

完成接口开发后，修改远程的调用方式，定义 WebClient 的 Builder，代码如下。

```
@Bean
public WebClient usersWebClient(@Value("${services.users.url}") String url) {
    return WebClient.builder().baseUrl(url).build();
}
```

在第 2 章中介绍过 WebClient 的用法，这里不再解释，假设之前 UserService 的 findById 方法使用的是 RestTemplate，那么可以再增加一个 WebClient 方式的调用方法，代码如下。

```
@Service
public class WebFluxUserService {
    private final WebClient usersWebClient;
    @Autowired
    public WebFluxUserService(WebClient usersWebClient) {
        this.usersWebClient = usersWebClient;
    }
    public Mono<User> findById2(String id) {
```

```
            return usersWebClient.get().uri("/users/{id}", id).retrieve().bodyToMono(User.class);
        }
    }
```

在上述代码中，新增了一个 findById2 的方法，并且使用了 WebClient 来调用后端的服务，与 RestTemplate 不同，WebClient 返回了 Mono<User>类型的结果，那么如何在 DataFetcher 中使用 Mono 类型的对象？graphql-java 并不支持 Mono 类型。

由之前的介绍可知，graphql-java 支持 Java Concurrent 包中的 Futrue 类型，幸运的是 Spring WebFlux 的 Mono 和 Flux 类型也可以与 Future 进行相互转换。例如，之前在定义 GraphQLController 中使用 fromFuture 的静态方法将 CompletableFuture 转换为 Mono 类型，同样也可以将 Mono 转换成 CompletableFuture。WebFlux 与 GraphQL 数据转换示意图如图 6.12 所示。

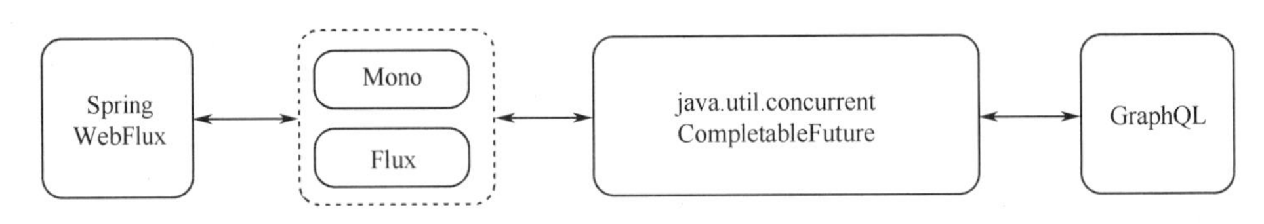

图 6.12　WebFlux 与 GraphQL 数据转换示意图

通过 CompletableFuture 类型的转换，将 Spring WebFlux 与 GraphQL 完美地集成在一起，修改 UserQueryDataFetcher 的代码，内容如下。

```
@Component
public class UserQueryDataFetcher implements DataFetcher<CompletableFuture<User>> {
    private final WebFluxUserService webFluxUserService;
    @Autowired
    public UserQueryDataFetcher(WebFluxUserService webFluxUserService) {
        this.webFluxUserService = webFluxUserService;
    }
    @Override
    public CompletableFuture<User> get(DataFetchingEnvironment environment) {
        final String id = environment.getArgument("id");
        return webFluxUserService.findById(id).toFuture();
    }
}
```

在上述代码中，通过 Mono.toFuture 就可以方便地将 Mono 类型转换为 CompletableFuture 类型，那如果是 Flux 类型呢？Flux 类型也很简单，只不过需要将 Flux 先转换为 Mono 类型，然后执行 toFuture 转换成 CompletableFuture 类型，代码如下。

```
final Flux<User> userFlux = ...;
final Mono<List<User>> userListMono = userFlux.collectList();
final CompletableFuture<List<User>> userListFuture = userListMono.toFuture();
```

由上述代码也可以验证之前介绍 Flux 时所说的，Flux 本质上就是集合版的 Mono，所以 Flux 可以很容易地转换成 Mono<List<?>>类型的数据。

运行后可以执行如下请求验证结果。

```
HTTP POST - http://localhost:8080/graphql2
Request Body:
{
  "query":"query Query($id: String!){user(id: $id){ id username age gender } }",
  "variables":{
        "id": "1"
  }
}
```

关于通过 GraphQL 实现 BFF 的介绍就到这里，GraphQL 采用了一种更加表意的方式来定义数据和接口，像描述方法一样直接定义接口，无论是对调用者还是提供者都更加易于理解，灵活的机制大大减少了后端的工作量，同时也给予前端开发很多的自由度。在不久的将来，在 API 的定义方式上，GraphQL 或许会超越 RESTful。

07

第 7 章　领域驱动设计

- 如何划分微服务
- 领域驱动设计概述
- 领域和子域
- 领域事件
- 聚合和聚合根
- 限界上下文
- 六边形架构
- DDD 的挑战

在了解了那么多微服务相关的技术之后，我们可以开发微服务的项目了。有了技术框架和架构模式，具体应如何实施一个微服务的项目？该如何设计模型和划分服务职责？本章为大家介绍一种微服务的设计方法：领域驱动设计。

7.1　如何划分微服务

由微服务的定义可知，其最直接的解释是一组小型的服务。当我们在做微服务的项目时，通常除了要面对技术框架的选型、技术架构的设计等问题，最大的难题是一个完整的应用应该如何将它拆分，到底什么样才算“微”服务？

7.1.1　微服务的划分方式

微服务最大的优势在于分离，正所谓“因为微小，所以强大”，其最大的优势也是微服务设计中最难的地方，我们该如何去划分一个服务的边界呢？常见的方法有很多，大致划分为以下几种。

1. 按功能模块划分

功能模块可以简单地理解为功能菜单，这种方式最常见也最简单。例如，一个商城系统中可以按照商品、订单、购物车、个人设置等功能来划分服务，这么做的优点就是简单，而且易于理解；缺点就是过于简单粗暴，没有考虑好实际的业务职责和架构设计，仅是简单地根据前端的菜单或交互区域来划分后端的服务，极有可能出现服务功能重复或服务间交互频繁的现象，从而造成服务职责边界模糊、代码难以设计的问题。

2. 按依赖组件划分

组件通常代表一些可以重用的软件单元，并且很容易被组装进应用程序中，如数据库、消息组件、缓存组件、文件服务等。有时我们会在划分微服务时考虑组件的因素，例如，依赖消息组件的业务代码可以划分到同一个服务中，依赖 Redis 的业务代码可以划分到同一个服务中，依赖文件服务的业务代码可以划分到同一个服务中，这样就不会在不同的微服务中反复集成或依赖同样的组件。这样设计虽然从代码的角度看可能是减少了一些重复，但是会让我们思考服务的角度十分片面，单单从技术组件的依赖上拆分服务是十分危险的，脱离业务的分析，微服务的单一职责无法得到保障，服务的业务边界也会更加模糊，逐渐使服务越来越难以维护。

3. 按组织架构划分

在我们谈论微服务时，也会提到组织结构的概念，如果一个公司的产品团队规模很大，达到上百人、上千人，在做服务划分时还需要考虑公司的组织结构。例如，一个团队所涉及的业务功能就作为一个服务，不然会出现同一个服务由不同的团队共同开发的问题，在团队壁垒比较严重的组织中，会影响软件开发的效率，那微服务的优势也就荡然无存。

所以，一个大规模的公司如果想要很好地实践微服务的软件架构，还需要考虑自己的组织架构水平，且团队规模不要太大，人越多，做的事情自然也就越多，所开发的微服务的职责也就越大。亚马逊提出的两个披萨原则就直观地表明了在团队规模上的见解，现在已经成为软件业甚至商业界的口头禅。

7.1.2 DDD 与服务划分

除了一些客观因素，如组件、组织架构等，关于微服务的划分方法众说纷纭，而且大部分都十分笼统和模糊，让我们在做微服务划分时难以决断。

有没有一种清晰、科学的方法来告诉我们服务的边界在哪里？领域驱动设计（Domain Driven Design，DDD）就是通过一系列的活动和方法，能够相对准确地划分出领域的边界：限界上下文，并且通过限界上下文和客观因素的综合考虑，很方便地做出微服务划分的决策。

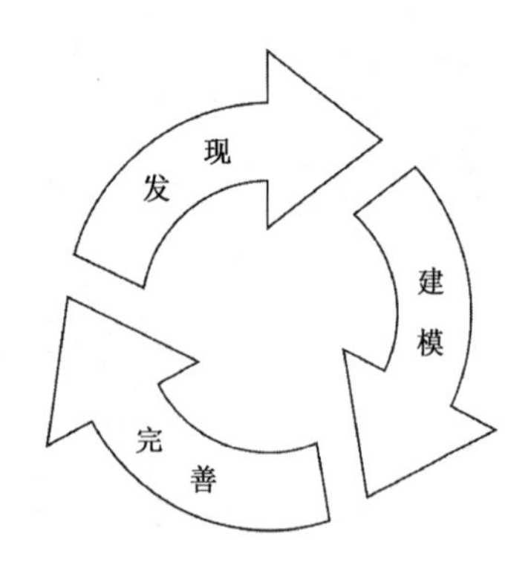

图 7.1　领域驱动设计渐进明细

之所以说相对准确，是因为即使掌握了领域驱动设计的理论和方法，领域驱动设计的结果还要依赖于我们对业务的理解、领域的认知，但是在实际的实施中，理解和认知随着项目进行而不断地改变和明确，所以领域驱动设计所得出的限界上下文也只能是在当时的理解和认知的基础上相对准确的结果。通常我们在做微服务划分时并不推荐一开始就把服务物理地划分出来，而是先整体开发，并且保证软件工程的灵活性，然后明确设计、逐步拆分，领域驱动设计渐进明细如图 7.1 所示。

7.2　领域驱动设计概述

领域驱动设计是十几年前就被提出的软件设计方法，但是一直没有被很好地推广运用，随着微服务的兴起，软件开发者急需一种科学可行的设计方法来实现更好的模型设计和服务划分，而领域驱动设计就是这样一种方法。

7.2.1　DDD 的概念

领域驱动设计的英文为 Domain Driven Design，简称 DDD。早在 2003 年埃里克・埃文斯（Eric Evans）就提出了领域驱动设计的主要概念，并指出领域驱动设计是一种通过将实现连接到持续进化的模型来满足复杂需求的软件开发方法，虽与技术无关，但并非对技术不关心。

在十几年前，我们对软件的理解和包括软件自身的发展都没有达到今天的水平，开发者也没有遇到今天复杂的场景，导致 DDD 的应用并不广泛，直到互联网的浪潮掀起了软件技术的变革，微服务的兴起直接带动了领域驱动设计的影响力，人们发现领域驱动设计就是为微服务而生的，这也是笔者在本书中介绍 DDD 的原因。

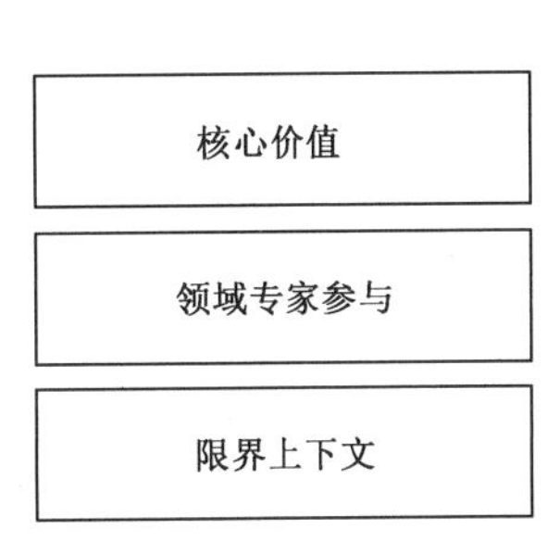

图 7.2　领域驱动设计重点

领域驱动设计是一种方法理论，可以理解为一种工具，一种更加重视业务的核心价值，注重领域专家参加软件开发设计过程，将复杂的设计放在有限界的模型上，不断迭代、完善概念，解决特定领域问题的工具，其重点如图 7.2 所示。

为了创建好的软件，我们必须知道该软件的用途。例如，若想开发一套城市一卡通系统，就必须先了解一卡通的业务领域，否则无法完成一卡通的软件系统。所以，领域驱动设计更加注重领域专家与技术团队的合作。

开发具有真正业务价值的软件并不容易，通常企业无论大小都有自己的核心战略，而软件契合核心业务，展现出核心价值，就是一个成功的软件，领域驱动设计就能够更好地帮助我们聚焦于业务价值，清楚地划分不同系统和业务的关注点，使系统拥有战略设计的方法。

领域专家是指在特定领域或主题中具有权威的人，通常是产品需求方、系统使用者、销售或设计师，可以是决定项目的甲方领导，也可能是一线普通员工，但都有一个共同点，就是不了解技术，但很懂业务。那么，在领域驱动设计的实施中，我们将这些不懂技术的人引入团队，学习他们的领域知识，并帮助他们理解模型设计和系统的行为。

限界上下文是领域驱动设计的一种核心的实现模式，是应用和模型的边界，并明确限界上下文之间的关系，能够帮助我们更加清晰地定义出领域模型的职责，如图 7.3 所示，这在后面的章节会详细介绍。

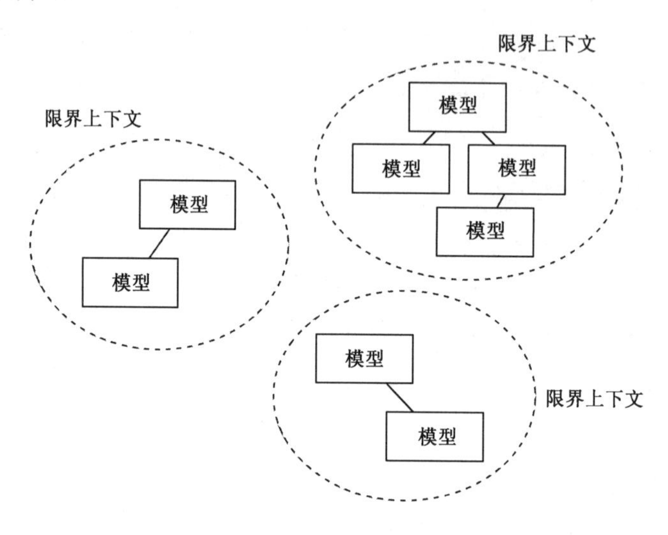

图 7.3 限界上下文示意图

总体而言，领域驱动设计是软件核心复杂性的应对之道，能帮助我们了解业务领域，划分模型的边界，实现能够体现用户核心价值的软件。

7.2.2 DDD 解决了什么问题

一个方法必然是为了解决问题而产生的，如果说领域驱动设计是方法论，那么 DDD 解决了什么问题？换句话说，我们为什么需要 DDD？笔者认为，领域驱动设计解决的核心问题有两个：软件无法准确地表达核心的业务价值；复杂类软件的设计在后期难以进行。

DDD 能让软件更准确地表达核心的业务价值。很多人说领域驱动设计可以让领域专家和开发人员工作在一起，使团队内部对模型的设计和理解达成统一，这个观点非常重要，与领域专家紧密的合作和沟通确实是领域驱动设计中重要的一环，但合作和沟通并不是一个软件工程的目的，而是手段，目的或成效是帮助软件更准确地表达业务的价值。

在以往的很多项目中，无论是产品经理、业务分析师还是资深的开发者，在实施软件项目时，都会遇到客户反复修改需求，或者在查看软件的阶段性成果后改变设计的情况，不仅令人头疼，而且极端情况下会导致项目失败。造成这个问题的根本原因有两个：一是因为软件项目本身有渐进明细的特点，客户开始也不清楚自己想要什么；二是软件具有一定的领域性，甚至是很冷门的领域，软件的开发者需要重新学习新的领域知识，而这中间会产生理解上的分歧，那么这时让领域专家参与项目的设计阶段就十分必要。当然，设计发生在开发的整个过程中，只有不断参与设计、优化设计、统一认知，才能保证开发出的软件是需求方想要的且最能表现业务价值的。

DDD 能指导我们设计出一个更加合理、扩展性更好的系统架构（尤其是在复杂的领域中，软件设计的合理性尤为重要），获得一个更有用的模型，更加清晰和准确的模型边界及更好的用户体验。

有很多项目由于工期或资源的限制，一开始就写代码、堆功能，后期随着需求增多，业务功能越来越复杂，开发人员发现项目越来越难以继续，冲突增加，代码变得难以维护，这时如果要加一个新功能，他们更愿意选择重新开发，因为无论是服务拆分，还是结构重构，都无法改变现状。造成这个问题的原因有很多，如错误的代码实践，糟糕的测试覆盖率，模糊的服务边界，甚至是错误的模型设计，还有，缺少统一的认识，导致设计模型脱离业务的本质，错误定义、重复的定义越来越多，在复杂的需求下，设计变得难以捉摸、无从下手。

领域驱动设计能很好地帮助项目团队解决这些问题，通过它可以在复杂的领域中划分出更加清晰的边界，设计出统一的模型，并且领域驱动设计鼓励领域专家参与项目设计，统一语言、改进模型和重构代码设计，DDD 持续建模流程如图 7.4 所示。

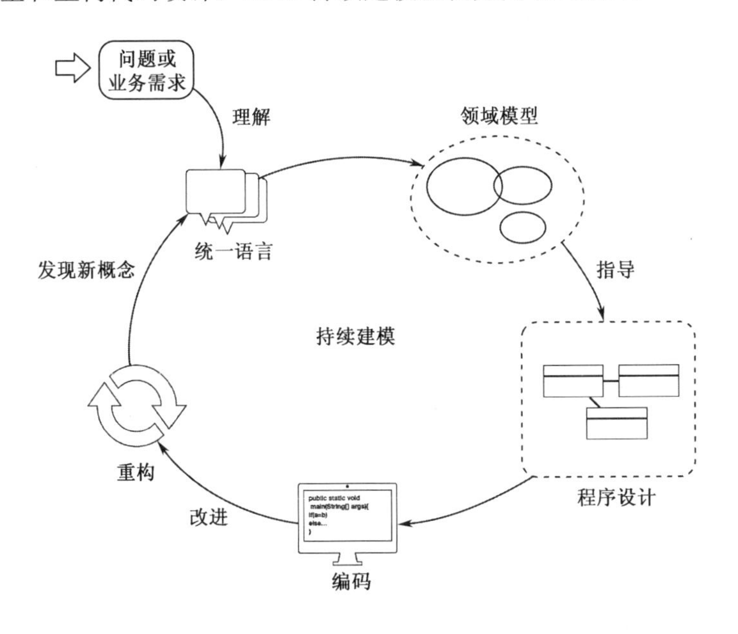

图 7.4 DDD 持续建模流程

在图 7.4 中，由客户或需求方提出问题或业务需求，通过与领域专家的沟通和学习，开发团队逐步理解业务规则和需求，然后与领域专家共同制定统一的用语，通过对语言和业务的统一认知，我们可以根据已知的业务规则设计出合理的领域模型，定义合适的边界，通过领域模型和边界的划分，指导程序的设计和进一步的编码。在开发的过程中，随着对业务更加深入的理解，开发人员会发现之前的模型或边界不再合适，这时就需要对已有的模型进行梳理和重构，如删除无用的定义、发现新的概念等，并且再次引入领域专家的参与，重新统一语言，进行持续的迭代和建模，最终得到更加合理的模型和设计。

一个能够持续迭代设计的系统，其好处是毋庸置疑的，只有让项目的设计持续不断地进行，才能应付当今复杂多变的软件开发。

当然，除了表达核心的业务价值和复杂类软件的设计这两个核心的问题，DDD 还可以给我们带来其他好处。通过领域驱动设计，开发人员能够更加准确和清晰地理解业务的规则，设计出更加有用的模型，领域专家的参与也增加了客户或需求方的贡献度和成就感，让项目内外在设计阶段就达成一致，减少变更的风险。

除此之外，DDD 也是敏捷思想的体现，持续不断地建模能够增加系统的演进性，获得更好的用户体验，并帮助企业走向敏捷，定义更好的企业架构。

可能 DDD 会引入很多新的理论、新的概念和规则，但领域驱动设计的本意绝对不是增加系统的复杂度，而是帮助我们梳理清楚问题的边界，以更加正确的方式对复杂的领域进行建模，理论只是对经验的总结，而新的概念和规则是在学习任何一个新的方法或工具时必须要经历的。

7.2.3 DDD 适合小项目吗

如果说领域驱动设计是复杂系统的应对之道，那么它适用于小项目吗？或者说在开发小型项目时，适合采用 DDD 的方式做系统设计吗？

首先，领域驱动设计同样适用于小项目，当项目场景确实很简单，而且没有设计上的困难，项目中也没有遇到 7.2.2 节中提到的那些问题，如果团队成员不了解领域驱动设计，那么可以考虑不使用它。但这并不意味着领域驱动设计不适用于小项目；相反，当正确应用 DDD 到项目中时，会受益良多。

无论项目大小，构建一个有用的模型无论是系统架构层面还是技术层面，对今后的开发或扩展都会带来更多的便利，在一个好的模型下编写代码会事半功倍。

其次，领域驱动设计强调的是业务专家的参与，打破了传统项目技术和业务之间的壁垒，鼓励技术人员学习业务知识，业务人员理解模型设计，双方共同努力、积极沟通、统一语言，让业务得到更准确的定义，系统则可以更加准确地实现业务方想要的价值，更大程度地提高项目的成功率。

最重要的一点是，领域驱动设计被誉为微服务的最佳实践，能更合理地拆分微服务，定义服务的职责和边界。

最后，DDD 本身就是一套演进式架构的设计方法，领域专家的参与，模型和设计的不断演进、优化，设计过程贯穿整个开发周期，所以领域驱动设计并不是一个重型的方法论或开放体系，而是一个敏捷、迭代式的持续建模方法，就像图 7.4 中展示的一样。

正如敏捷开发的流程一样，无论项目大小，如果你觉得合理的模型设计是有必要的，而且你的项目正在采用微服务的架构，那么一定适用 DDD。

7.2.4 为了统一语言

通过前面章节我们知道，领域驱动设计的关键行为在于领域专家参与模型的设计，领域专家的参与有什么作用？会给我们的团队、设计带来什么好处？最显而易见的是，引入领域专家有助于项目团队更好更快速地理解业务的规则，方便项目团队更深层次的挖掘业务的真实需求。

但除了加深业务的理解程度，在项目团队引入领域专家还有一个真正核心的目的，就是统一语言。有人会觉得为了这个目的花费精力不值得，但在 DDD 的核心思想中，没有什么是比统一语言更加重要的了。这里所说的语言是指对领域中的事物、模型或规则等问题的描述或称谓。统一语言就是要团队对这些描述或称谓达成一致认识，如一个系统中有多种账号体系，一般账号是指前台用户的账号，管理员账号是指后台账号。

那么，一个语言是否真的如此重要呢？答案是肯定的，前面关于账号的例子可能过于简单，在真实的情景下，可能会遇到许多复杂的场景。例如，笔者曾经参与的一个某大型知名企业需要集成企业现有的 JIRA 系统（一款商业的项目管理工具），而由于 JIRA 现有组织架构管理功能的限制，并不能满足企业本身复杂的组织结构，该企业在使用 JIRA 时，并没有把 JIRA 现有的项目功能当作项目来使用，而是把项目当作部门，把项目中的 EPIC 作为实际的项目来进行管理。这让项目团队在初期的沟通中困难重重，当有人提及项目时，我们并不知道他想要说的是实际的项目，还是 JIRA 中的项目（实际是部门），每次总要解释一下。

将这些问题反映到代码中更加糟糕，如果接口的方法名称是 GetProjectById，怎么理解它的含义呢？这个接口还对应着 DTO、Entity、VO 或 POJO 等对象，并且在代码中充斥着 Project、JiraProject、Department 等命名，而且都表示一个意思，读到这样的代码，哪怕你是业务专家也会晕头转向。

因此，统一语言尤为重要。我们在项目中对各种模型的名称或事物的描述进行清晰的定义，并形成文档，提及一个名称，大家就能认知它。

当我们涉及的领域越来越大，构建一个模型的难度也增大，不同的人群在不同的组织内使用不同的词汇，这些混乱的语言通常出现在核心领域上，因为核心领域涉及的人和组织最多，严重影响建模的精确度。所以，在 DDD 中更加强调统一语言，埃里克·埃文斯在《领域驱动设计》一书中提出了一个团队、一种语言的观点。也就是说，无论是开发人员还是领域专家，同一个团队下项目之间的讨论及代码本身所表达的内容都应该基于同一种语言，都来自一个共享的领域模型。不难看出，统一是手段，共享才是目的。团队成员能够积极沟通、相互学习，做到知识共享，这样才能帮助团队在决策时做出最正确的判断。

随着项目的不断进行，我们对业务的理解和认知也越来越深入，作为早期设计产出的一些模型和定义会出现不合理的地方，有些概念已经发生变化，有些可能早已不存在，需要对变化的模型进行修正，对已经失效的模型及时删除，包括模型对应的语言和词汇，所以在实施 DDD 的过程中，会反复对模型进行修改，这属于演进式设计的正常现象。

除了在已知的业务和领域中定义和修正统一的语言，领域驱动设计作为一种演进式的设计方法，还提出了将隐式概念转换为显式概念的过程。什么是隐式概念？隐式概念是隐藏在设计和业务背后没有被发掘的概念，某些重要的隐式概念甚至是问题的本质，所以发现隐式概念就显得尤为重要。

通常，我们在与领域专家或设计团队的讨论中受到启发，从而发现一个新的概念并将它引入模型设计中，相应的代码进行改变。例如，加入一个类型，在对象间建立新的关系，这个过程就是将概念显式的过程。当然，并不是每个人或模型设计团队都能够敏锐地捕捉到业务中的隐式概念，有时需要我们主动搜寻。例如，倾听各个角色的语言，收集各种有效的数据，检测模型的不足之处，思考业务逻辑上矛盾的地方，甚至去查阅相关的书籍资料等，这些方式被称为概念挖掘。

将隐式概念挖掘出来并转换到显式的过程使模型更加接近真相，随着这一过程的不断深入，我们得到一个深层模型，反复尝试，不断地进行概念挖掘，建立深层模型的过程被称为深层建模，如图 7.5 所示。

本节重点并不在于如何去发掘隐式概念，感兴趣的读者可以自行查阅相关的资料进行学习，这里需要明白的是，在统一语言的过程中，发掘隐式的概念并更新用语同样重要。

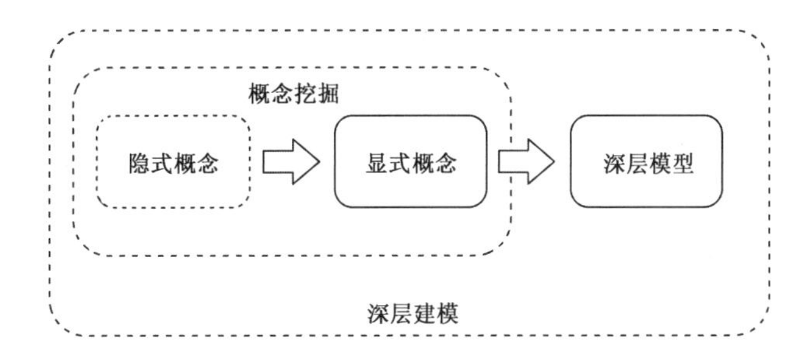

图 7.5　概念挖掘与深层建模

7.3　领域和子域

前面的章节已经介绍了领域驱动设计的作用和特点，接下来为大家介绍领域驱动设计中的相关核心概念。

首先，需要理解什么是领域。领域（Domain）在数学、计算机学和生物学有不同的解释和应用，在软件中常用 domain 来表示域名。例如，HTML 中 document.domain 可以获取当前页面的域名，Cookie 中的 domain 属性用来标识 Cookie 的域名。

从字面意思上理解，领域是指某一专业或事物方面所涵盖的范围，或者表示某个专属的领地，总之是一个用来划定范围大小的东西。在 DDD 中，我们做设计时面对的是一个组织所在的领域，即该组织做的所有事情以及其中所包括的一切，当为某个组织开发软件时，面对的是这个组织的领域。例如，我们要开发一个商城系统，就要涉及商城系统领域，一个完整的商城系统领域是一个庞大的领域，涵盖了很多小领域，如产品检索、库存、订单、发票、物流、促销等子系统，在领域驱动设计中把它们称为子域，每个组织都有着自己独特的业务范围和做事方式，越是庞大的组织所涵盖的业务越复杂，所在领域也越难以清晰地定义，所以要弄清楚所在的领域和子域在 DDD 过程中的目标，通过各种手段不断明晰领域的过程，用领域去驱动设计。

通过之前商城的例子，我们可以了解到在一个业务的领域中，可以根据不同的上下文将领域划分为不同的子域，通常子域中也可以分为不同的类型，用于主要业务的领域称为核心域。从战略层面上讲，核心领域是企业的核心竞争力，拥有最高的优先级，投入最多的资源，这便是核心域。

子域中除了有核心域，还会出现一些其他的领域来支撑我们的部分业务，这些领域不负责主要的业务活动，但主要的业务实现也需要依赖这些领域的支撑，我们称为支撑子域，支撑子域往往专注于业务的某一个方面。如果某个子域不是核心子域，也并不只涉及某个特定的方面，而是被用于整个系统，对于这一类的子域，就称为通用子域。通常我们会把关注点放在核心领域上，但支撑子域和通用领域在领域模型中同样重要，少了它们，核心领域就不能独立支撑起整个业务。所以，在设计上对核心领域投入更多的精力，如采用深层建模、严格统一语言，对于支撑子域和通用子域的要求会相对低一些。

7.4 领域事件

在学习和实施领域驱动设计的过程中，领域事件是一个重要的概念和工具。事件字面意思是比较重大、对一定的人或事物会产生一定影响的事情，在物理学中，事件是由它的时间和空间所指定的时空中的一点。总体来说，事件就是表示会对事物产生一定的影响、变化或痕迹的事情，领域事件就是表示发生在领域中的事件。

7.4.1 领域事件的定义

不同的团队对于领域事件的定义不同，但作为一个建模工具，最好在开始就定义清楚规则。我们将能改变领域状态的事件称为领域事件，如一个项目管理系统，对系统中的项目进行查询，这确实是一件事情，但不是领域事件，因为查询并不会改变项目的状态，项目也不会因为被查询而发生变化，而添加一个项目信息，就会导致项目的数量和信息发生变化，项目添加就是一个领域事件。

领域事件有什么用处？通过对事件的分析，我们能更容易地发现具有相同特征的事件，如添加或删除项目信息，都是对项目这个对象进行操作，将项目构建成一个领域模型，这个领域模型拥有自己的资源仓库，可以进行数据的存储，同时设计领域对应的应用服务，用来被其他的客户端适配器调用，从而触发领域事件。关于资源仓库、应用服务和适配器等关系会在后面详细介绍。所以，领域模型用来发布领域事件，通过对领域中所有的事件进行发掘和分析，我们将领域中的模型逐步设计出来。

用领域事件来捕获领域中发生的事情，帮助我们更加了解业务的细节。当了解到领域事件和业务细节后，能更准确地设计出领域模型，梳理清楚模型的关系和边界。

7.4.2 事件风暴

什么是风暴？在实施软件项目的过程中，我们经常使用头脑风暴的方法来集思广益，通过团队的力量创造出满意的解决方案。头脑风暴又称为脑力激荡法，是一种为激发创造力、强化思考力而设计出来的方法。一场风暴中通常可以由一个人或一组人进行。参与者围在一起，随意将脑中与研讨主题有关的见解提出来，再将大家的见解重新分类整理。在整个过程中，无论提出的意见多么可笑、荒谬，其他人都不得打断和批评，从而产生很多的新观点和问题的解决方法。

事件风暴就是采用头脑风暴的方式，用来发现领域中的全部事件的一项活动。虽然我们可以在一开始就定义出领域事件的规则，但在一场风暴中，不同的人对于不同的定义有不同的理解，所以除了提前定义规则，还应该以共用的方式达成一致的行动，使识别的领域事件更加一致。

一般采用什么方式来识别或发现领域事件？还是回到项目管理系统的例子中，之前所说添加一个项目信息是一个领域事件，我们来分析一下，添加一个项目信息这个领域事件中有哪些是领域事件共同的特征。首先，每个领域事件都会由一个动作来触发，可以称它为指令（Command），然后每个指令都会有触发指令的人，称它为执行者（Actor），通过分析执行者和指令，可以发现一些事件（Event），如图 7.6 所示。

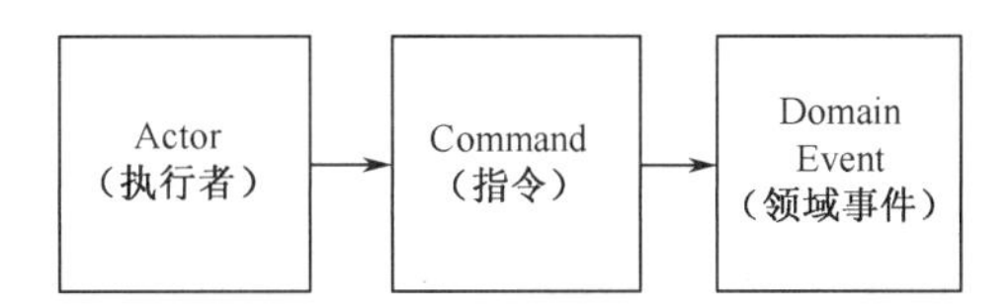

图 7.6　通过指令和行动者识别和标识领域事件

通常，我们会使用一些物理卡片将指令、执行者和事件都贴到墙上，方便随时添加、修改和挪动卡片，事件风暴物理墙如图 7.7 所示。

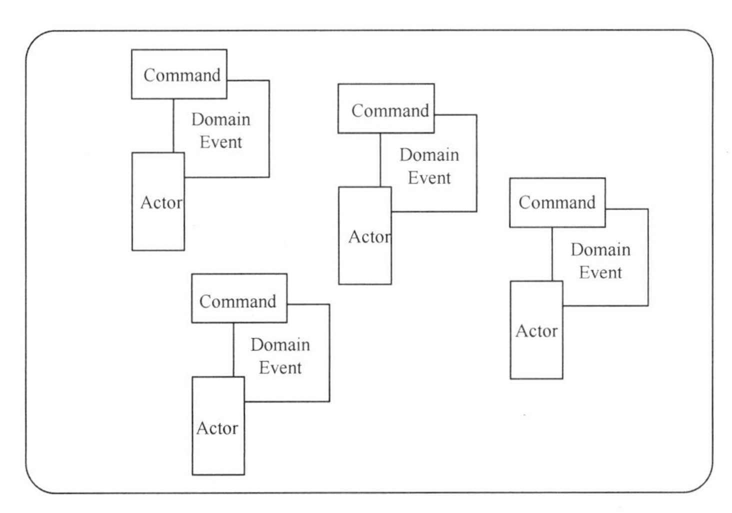

图 7.7　事件风暴物理墙

领域事件并不是事件风暴最终的输出，把卡片贴在墙上的好处是可以任意挪动，这样我们就可以将类似的事件挪到一起，并且分析这些事件是否都在同一个领域或类似同一个领域上发生的。例如，创建一个用户、修改用户的信息、删除用户都是对用户的领域事件，我们就可以将这些领域事件合并，建立一个集合多个指令和领域事件的领域模型，在 DDD 中被称为聚合，如图 7.8 所示。

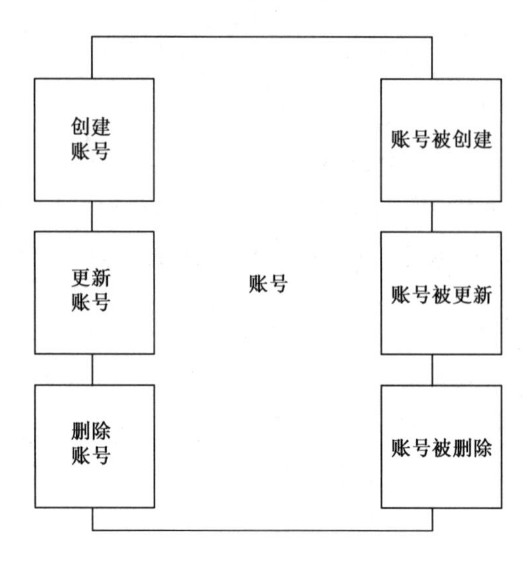

图 7.8　识别聚合

7.4.3　用户旅程与事件风暴

关于领域事件还有一个重要的活动，就是识别出用户旅程（User Journey），在大多数项目中，我们会有专门的产品经理或业务分析师与客户进行沟通，通常是现场调研，然后得出用户旅程，如图 7.9 所示。

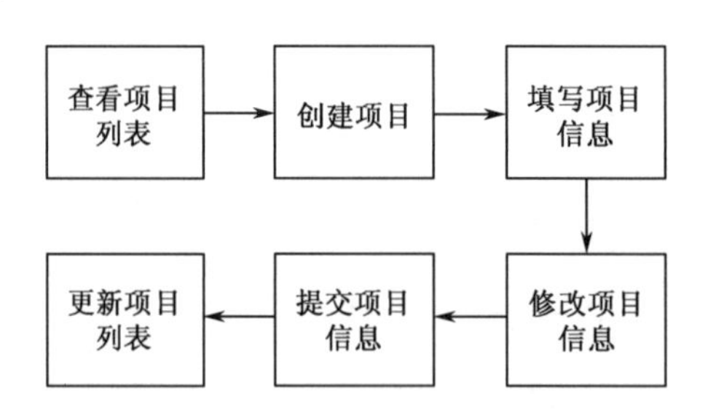

图 7.9　用户旅程

用户旅程就像用户的体验地图，能够清楚并有逻辑地将系统的业务范围表达出来，我们可以通过用户旅程清晰了解用户的使用流程。

这与领域事件又有什么关系？在第 7.4.2 节中我们了解到事件风暴的方式和作用，在识别领域事件和聚合的过程中，大量使用执行者和指令用来识别和标识领域事件，但如何准确和快速地找出领域事件的执行者和指令？这就需要用到用户旅程，在得到准确和完整的用户旅程后，顺着用户地图找出执行者和指令，知道哪些用户完成哪些操作及调用哪些指令，从而梳理出领域事件，建立出完善的模型。邀请领域专家和技术人员参与讨论在用户旅程中尽早发现隐式业务概念，使我们的用户旅程贴近业务价值、范围明确，降低设计和技术的风险，提高建模的准确度。

7.5 聚合和聚合根

从 7.4 节中我们知道，聚合实际上也是一种领域模型，而且聚合集合了多个领域事件，并且可以被多种指令调用。在清楚聚合的用法前，我们先来了解实体和值对象。

什么是实体？首先我们要明白聚合是一种领域模型，而模型是对业务概念的一种抽象定义，那什么又是抽象？例如，一个 Java 的类就是对一种类型对象的一种抽象定义，而实体就是对抽象的类的实例，而且实体的核心是拥有唯一的标识，而不是对象的属性。又如，程序员这个抽象的实体可以是程序员小王、程序员小张和程序员小明，小王、小张和小明都带眼睛，都是 Java 程序员，而且都 28 岁。以上列举的实体的属性都相同，却是完全不同的 3 个人，因为他们都有自己唯一的标识，如长相、指纹、身份证号码，要判断是否为同一个人，就必须满足唯一的标识相同才行。

相反，没有唯一标识的模型的实例就是值对象，如程序员的衣服，衣服的属性有面料、颜色、样式、大小、品牌等，如果衣服的这些属性都相同，那么我们可以认为它们是同一件衣服，衣服就是值对象。实体和值对象的本质区别是实体拥有唯一标识，而值对象没有，而且实体往往是有状态的、有存活周期的对象。我们常用的值对象往往是数字、文本或时间等包含简单属性的对象。

虽然值对象没有唯一标识，但并不意味着它不重要；相反，我们在做模型设计时应该更多考虑使用值对象，因为值对象更加简单，而且没有特殊的状态和判定逻辑，容易对值对象进行创建、使用、模拟和测试，维护成本也低于实体。

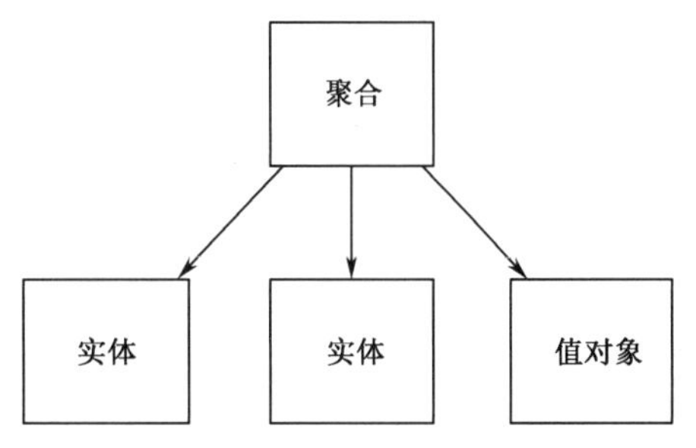

图 7.10　聚合、实体和值对象的关系

而聚合就是由值对象和实体所组成的，三者的关系如图 7.10 所示。

一个聚合中有自己的唯一标识，如 ID，在领域驱动设计中，为了使模型更加具有通用性，我们一般将聚合的 ID 设计为一个值对象，而聚合中通常还会有很多实体的存在。例如，一个项目信息作为一个聚合，那么项目的 ID 是值对象，项目的负责人是一个实体，项目的所在部门也是一个实体，如果转换为代码，内容如下。

```
@Data
public class Project {
    private final ProjectId id;
    ...
    private final Department department;
    private final Principal principal;
    ...
}
@Data
public class ProjectId {
    private final String id;
}
```

在一个领域模型中会有多个聚合，如上面代码的例子，部门（Department）和项目负责人（Principal）也可以看作一个小型的聚合，通过项目（Project）的唯一标识进行关联，这个 Project 就是一个聚合根，一个领域模型中只会有一个聚合根。

聚合根和聚合密不可分，可以把聚合根理解成聚合的根节点，想要存取聚合必须要经过聚合根。例如，我们要买车，付款去提车，不可能今天提一个车轮，明天提一个车窗，肯定是一次性提一部整车；车脏了需要洗车，我们肯定是将整车送去洗，而不可能先送个车门，再送个车灯，车就可以看作一个聚合根，而车门、发动机、车玻璃、车轮等零部件都是聚合。

因此，聚合根可以说比聚合的范围更大，聚合可以是聚合根的一部分，而且是不可分离的一部分，一个领域模型中可以有多个聚合，但只会有一个聚合根，聚合根就是这个领域模型的建模核心产物，只有聚合根会拥有领域模型的适配器和应用服务。

7.6 限界上下文

限界上下文用来表示上下文的界限，在领域驱动设计中通常用于划分不同的子域，是一种对于领域的显示边界。换句话说，领域模型就被划分在不同的限界上下文中，通常限界上下文会被当作拆分微服务的重要依据。

笔者之前参与的项目管理平台的项目中，核心子域有项目健康状态监控，支撑子域有项目信息管理，通用子域有组织机构管理，子域与限界上下文划分如图 7.11 所示。

在我们识别了领域事件和聚合之后，可以基于聚合的特征和行为逻辑来划分限界上下文，这通常是领域驱动设计中关键的一步，也是比较难的一步。一个合适的上下文划分会给之后的实际开发工作省去不少的麻烦；反之，如果限界上下文不合理，在编写代码时会感到处处为难。

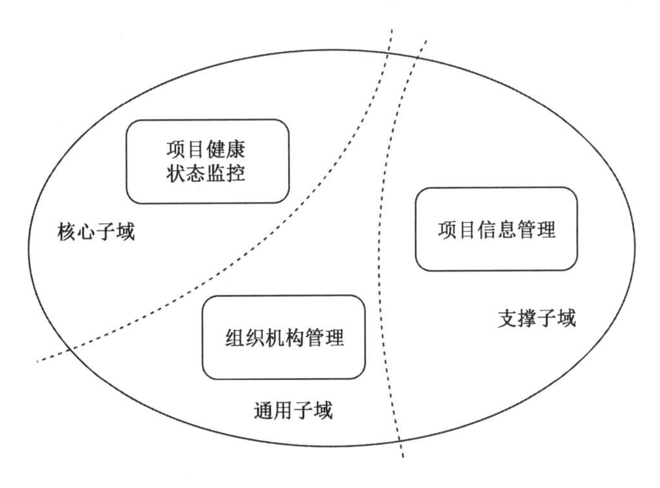

图 7.11　子域与限界上下文

一般我们会考虑的基本原则是关联性，如果两个聚合的关系密切，就不适合分开。如何分辨两个聚合之间是否有关联？通常，如果一个聚合发生变化会影响另一个聚合的状态，就可以认为两者之间密不可分，或者两个聚合之间为了支撑某一业务常有交互，也可以将这两个聚合放在一个限界上下文中。

限界上下文也有名称，最好是语义化的，如项目监控上下文、组织机构上下文和项目信息管理上下文，不同上下文可能模型的名称相同，但意义却完全不同。在 DDD 中有个比较有名的例子，在商城系统中有多种订单的聚合，同样是订单，但在不同的限界上下文中有不同的意义。例如，在商品上下文中，订单更多关注的是商品的信息，如价格；在库存管理上下文中，订单更多关注的是商品的购买数量、库存的数量等；在物流系统中，订单更多关注的是商品的物流状态、用户地址等属性，如图 7.12 所示。

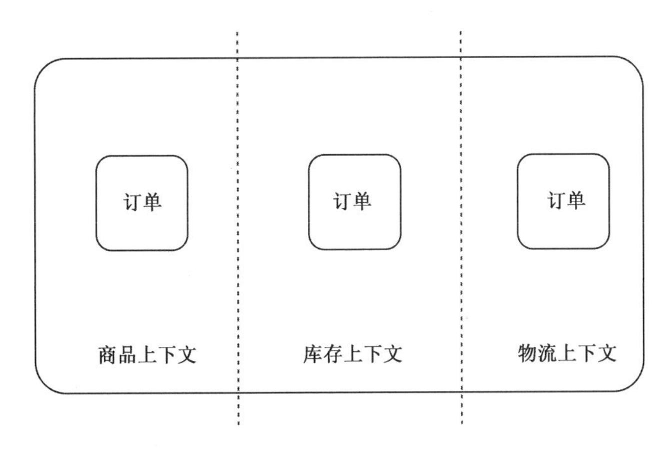

图 7.12　订单在不同的上下文

通常，我们将一个上下文划分为一个微服务，在一些特殊情况下也会存在一个微服务中会有两个上下文的情况。由于领域驱动设计演进式的特性，一般在项目中我们不会先将不同的上下文物理地拆分开来，而是可以采用分模块或分包的方式先在同一个工程中开发，等到模型足够清晰时再将不同的上下文拆分成不同的微服务。

7.7 六边形架构

介绍了这么多概念，在实施 DDD 时，我们应该如何构建代码结构呢？在传统项目中会使用三层架构的形式（控制层、视图层、模型层）来构建软件，其示意图如图 7.13 所示。

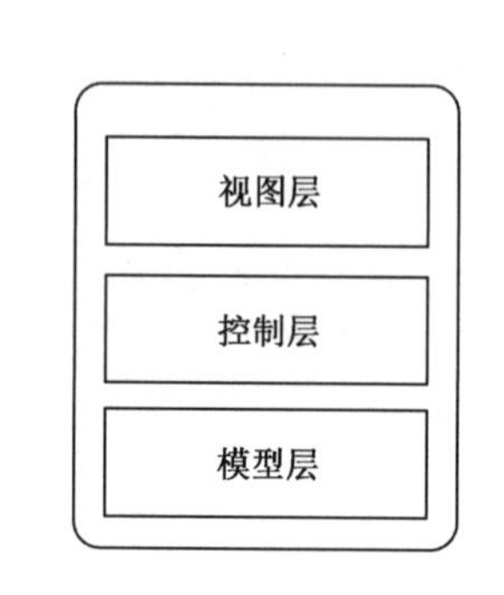

图 7.13 传统三层架构示意图

在领域驱动设计中，同样也有更加适合自己的代码结构层次，那就是六边形架构。图 7.14 所示为笔者参与的一个项目的代码结构示意图。

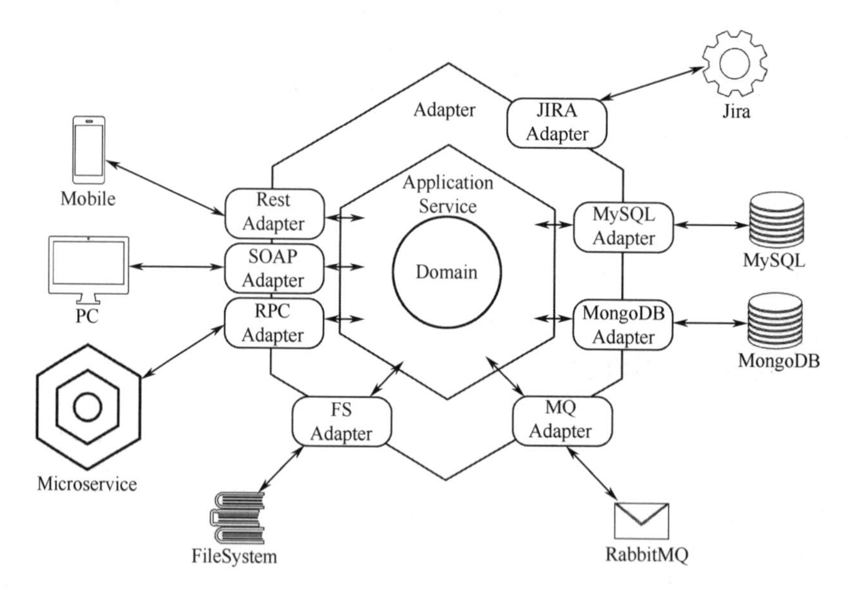

图 7.14 六边形架构示意图

在六边形架构中，很明显地可以看出其核心是我们的领域模型，中间一层是应用服务层，最外层是适配层。领域模型如聚合或聚合根，应用服务层则是领域的边界，对外提供服务，外界的任何执行者要得到或操作领域模型都需要通过应用服务层，这比较好理解，六边形架构中比较特别的是适配层（Adapter），适配层是领域与外界交流的唯一途径，什么是外界？

在六边形架构中，把所有外部的东西都视为外界。例如，模型最终会存储的数据库、缓存、消息队列，是一个第三方的系统或另一个微服务。再如，模型最终对外提供的 RESTful 接口、Web Service 等，都可以称为外界。而六边形架构的“六”是个虚数，表示所有与外部的交互边界，可以是三边，也可以是十边，所有的数据都会在适配层进行交换，也就是适配，适配成可以和应用服务交互的数据。

如果从一个用户的查询接口调用，一直到数据库的 SQL 执行，采用六边形架构的执行流程如图 7.15 所示。

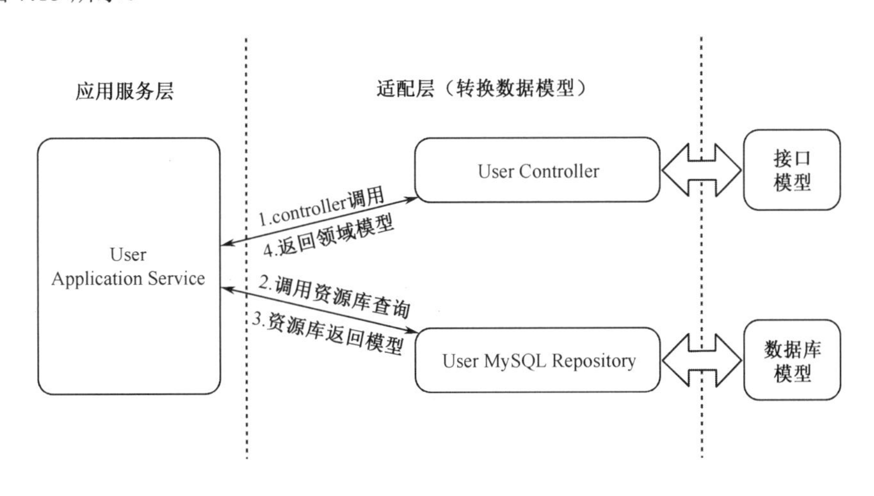

图 7.15　六边形架构的执行流程

这样做的好处是什么？分析发现，这样做我们的领域模型更加纯洁和通用，纯洁在于无论外部的数据或模型的设计是什么，核心的领域模型都不会受影响，保持自己的设计，遵循自己的业务价值；通用在于无论外部的系统使用的是什么技术、什么组件。例如，存储一个用户信息，可以是关系型数据库，也可以是 NoSQL，还可以是第三方的 CRM 系统，甚至可以是一个文件，核心的领域模型都不关心，完全由适配层进行隔离和解耦，模型本身不会受到任何约束，更加通用。

六边形架构是领域驱动设计中最好理解的部分，如果不知道 DDD 从哪里入手的读者可以先试着将三层架构的代码结构改造成六边形架构，然后逐步引入事件风暴、深度建模等过程。

7.8　DDD 的挑战

以上是关于领域驱动设计的作用和好处，与微服务一样，领域驱动设计也面临着很多的挑战：学习曲线高、领域专家持续参与、思维方式的转变、投入更多的时间和精力。

首先，领域驱动设计需要一定的学习成本，而且学习曲线陡峭，在团队中如果不能接受新的设计理念，那么实施起来一定困难重重。其次，领域驱动设计需要领域专家持续不断地参与项目，而领域专家多来自客户方，客户方能配合和参与项目团队的设计与讨论的领域专家并不多。最后，领域驱动设计与传统的系统设计思路大不相同，项目团队在适应新的思维方式的同时，还需要考虑许多设计活动，如需要投入时间和精力在沟通与建立统一语言等事情上。

不过，尽管 DDD 会面临诸多挑战，仍然建议学习和尝试这一设计方法，领域驱动设计可以使开发人员表达出更加丰富的业务需求，将软件转换为更加富有业务价值的功能，一旦我们采用了 DDD 的设计并成功应用后，就会习惯并再也离不开它。

08

第 8 章　Docker 和 K8s

- 虚拟化技术
- Docker 容器化
- 学习使用 Docker
- 容器编排
- 云商的支持

提到微服务，首先想到的是服务小、职责小，如果是一个庞大复杂的系统，我们必然会建立很多的微服务，而且服务都可以水平扩展。在一些大型的互联网企业，服务的数量可能是成百上千的，如何去部署和管理这些服务成了一个难题，一旦发布新的版本，又该如何去更新？所以，Docker 容器化、K8s 容器编排等技术逐渐登上了舞台。下面介绍微服务架构下部署和维护服务的方式。

8.1 虚拟化技术

在以往的软件项目中，我们会使用虚拟化的技术来实现服务的部署和发布。虚拟化（Virtualization）是一种资源管理技术，将计算机的各种实体资源，如 CPU、网络、内存及硬盘空间等，予以抽象、转换后呈现出来并可供分割、组合为一个或多个计算机配置环境，使用户可以通过比原本的组态更好的方式来应用这些资源。这些资源的新虚拟部分不受现有资源的架设方式、地域或物理组态所限制。一般所指的虚拟化资源包括计算能力和资料存储，虚拟技术按抽象层次可以分为 5 个层次：硬件抽象层次、指令集架构抽象层次、操作系统抽象层次、库抽象层次、应用抽象层次。

抽象程度由硬件到应用逐渐递增，通常我们将计算机硬件虚拟分割成一个或多个虚拟机（Virtual Machine，VM），然后将服务和页面都部署在各个虚拟机上，并提供多用户对大型计算机的同时交互、访问，可以算作硬件抽象层次，通过纵向地扩展虚拟机的配置，或者横向地扩展虚拟机的个数，更加容易增加系统的负载量。

但传统的虚拟化技术正在遭受到重大挑战，随着微服务的兴起，在笨重的虚拟机上部署应用无法满足我们的需求。笔者曾有一个微服务项目，这是一个庞大且运营了很多年的产品，要完整地运行一个项目需要上百个不同的服务。一般需要 20～30 个虚拟机，每次新部署一套产品上线，需要花费大量的人力进行虚拟机配置、网络调试、基础环境搭建。例如，数据库的安装部署、服务配置和部署、系统测试等工作，加上虚拟机的调试和启动速度不够理想，每次完整地部署这套产品，哪怕只是测试环境，都需要两周，如果换一个不熟悉系统的人，完成一次新产品的部署工作几乎不可能。

如今网络信息化技术飞速发展，市场对企业响应速度的要求也越来越高，很多时候一旦慢人一步，很可能带来无法挽回的失败。那么，有没有一项技术可以替代虚拟机技术，加快响应速度，让应用更加便捷、快速部署呢？

容器化技术诞生了，Docker 是当前最流行的一款容器技术，从原理上，Docker 并没有采用与虚拟机一样的虚拟化技术，并不会对硬件进行虚拟化。它是直接基于 Linux 的内核，对文件系统、网络、进程等进行封装和隔离，由硬件虚拟化上升到了操作系统抽象层次的虚拟化技术，所以 Docker 更加轻量、快速、便捷。

8.2　Docker 容器化

在软件技术与架构飞速发展时，业界逐渐认识到虚拟机技术既浪费资源，又无法满足业务上的需求，因此容器化技术诞生了，并迅速流行起来。

什么是容器化？它与传统的虚拟化相比有什么优势呢？

8.2.1　Docker 的概念

Docker 是目前最流行的容器化的软件和平台，可以在如 macOS、Windows 和 Linux 等环境中运行，借用官网上的一句话，Docker 容器化解锁你的开发和运维的潜力。Docker 可以将软件打包成标准化单元：容器，用于开发、迁移和部署。Docker 通过创建简单的工具和通用打包方法，将容器内的所有应用程序依赖关系捆绑在一起，并使容器化应用程序能够在任何基础架构上一致地运行，为开发人员和运营团队解决依赖性问题，减少了“我的电脑是好的呀”声音出现。

那么，Docker 是如何做到的？由前面章节我们知道，Docker 是一款容器技术，是存在着系统抽象层次的虚拟化技术。我们可以把 Docker 的容器想象成一个集装箱，在项目中拥有多个不同的服务或应用程序，技术栈（如开发语言、框架、数据库等）都不相同，但可以将这些服务或应用程序打包到集装箱中，每个集装箱都用相同的方式运行、存储和运输。例如，在没有使用容器时，要运行或部署一个 Java Web 的应用程序，首先需要安装 JDK，然后安装 Web 服务器，如 Tomcat，接着安装数据库，最后需要将 Java 程序打包，部署到 Tomcat 中运行起来，这是相当烦琐且容易出错的过程。

在不同环境中，JDK 的版本、Tomcat 的版本及数据库的配置等都可能导致程序的运行结果出现差异，当问题发生时，我们很难快速定位是环境问题还是程序问题，这也是为什么程序员都喜欢说“我的电脑是好的呀”。毕竟程序运的环境往往比较复杂，需要很多依赖配置，而程序员的本地环境和程序正式的运的环境差异较大。而 Docker 可以将这些烦琐的步骤自动化，我们将 JDK、Tomcat，甚至是数据库都打包在一起运行，无论是什么环境，我们只需将打包的集装箱进行迁移即可，每个环境运行的程序都完全相同，从而屏蔽复杂的操作和环境的差异。

每个集装箱都提供统一的接口给外部调用者使用，不用的程序都标准化管理起来，并且屏蔽了差异化，为开发和运维提供便利。例如，有的程序需要启动 Tomcat，或者启动 MySQL，或者启动 Nginx，那么作为运维人员，要根据不同的技术或工具编写不同的操作脚本，运行 startup，或者运行 start，不同的程序指令层出不穷，这在大规模环境部署时非常痛苦，需要反复修改脚本文件，但我们需要的操作都有规律，如启动、停止、重启和日志等，Docker 就提供一系列的操作接口，运维人员只需操作集装箱即可，不需要关注集装箱内部的运行细节。

最后，集装箱还有隔离的特性，每个集装箱都相互独立，集装箱内部的运行互不影响。例如，我们可以在一个容器内使用 JDK1.8，同时在另一个容器内使用 JDK1.7，两个容器相互独立，这也更加契合微服务的思想。

Docker 提供社区版和企业版两个版本，社区版永久免费，并且内核与企业版完全相同，企业版将容器技术扩展到容器平台，提供企业级容器平台，提供安全和治理等企业级更高级的功能实现。社区版目前完全可以运用于生产环境，不过在大规模的场景下还需要一些（如 Kubernetes 等）容器编排系统来配合使用。

8.2.2 容器的概念

在介绍 Docker 时可以看出，容器是 Docker 的核心技术，那么什么是容器？容器是一个标准的软件单元，它将代码及其所有依赖关系打包，以便应用程序从一个计算环境快速可靠地运行到另一个计算环境。Docker 通过容器镜像（Docker Image）将包含运行应用程序所需的一切：代码、运行时、系统工具、系统库和设置，构建成一个轻量级、可独立执行的软件包，而容器镜像在运行时成为容器，无论基础架构如何，容器化软件都将始终运行在相同的配置环境中，容器将软件与其环境隔离开来，并确保它可以统一工作。

容器和虚拟机具有类似的资源隔离和分配优势，但功能不同，因为容器是虚拟化操作系统而不是硬件，并且容器更便携、高效。容器的运行依赖于容器 runtime，containerd 是一个行业标准的容器 runtime，利用了 runc，创建时强调简单性、健壮性和便携性。而 containerd 也是 Docker Engine 的核心容器运行时。

图 8.1 所示为 Docker Engine 的结构，Docker Engine 主要包括 Server、REST API 和 Client 3 个部分。Server 是一种长时间运行的程序，称为 Docker 守护进程；REST API 则可以用来与守护进程通信并指示它做什么接口；Client 是一个命令行接口（CLI）的客户端，CLI 使用 Docker REST API 通过脚本或直接 CLI 命令控制 Docker 守护进程或与之交互，Docker 对象包括图像（Image）、容器（Container）、网络（Network）和 volumes。在 Docker Engine 上运行的 Docker 容器拥有以下 3 个特性。

（1）标准：Docker 为容器创建了行业标准，因此它们可以随处携带。

（2）轻量级：容器共享机器的操作系统内核，因此不需要每个应用程序的操作系统，从而提高服务器效率并降低服务器和许可成本。

（3）安全：应用程序在容器中更安全，Docker 提供业界最强大的默认隔离功能。

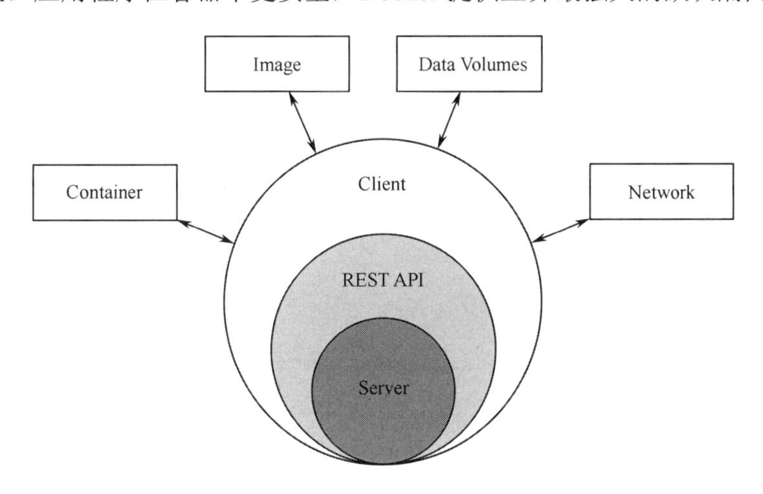

图 8.1　Docker Engine 的结构

Docker 使用客户端-服务器架构。Docker 客户端与 Docker 服务器（守护进程）进行通信，服务器负责构建、运行和分发 Docker 容器。Docker 客户端和服务器可以在同一系统上运行，也可以将 Docker 客户端连接到远程 Docker 服务器。Docker 客户端和服务器使用 REST API，并通过 UNIX Socket 或网络接口进行通信。同时，Docker 还提供了镜像仓库的机制，方便我们将构建好的镜像存储在镜像仓库中，快速地进行传输和部署，如图 8.2 所示。

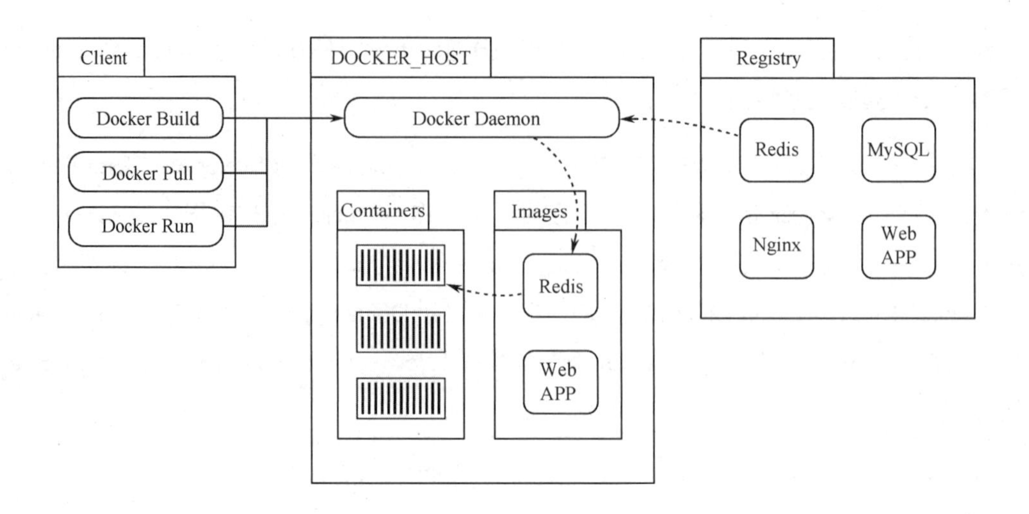

图 8.2　Docker Engine 与容器和镜像

8.3　学习使用 Docker

使用容器可以更快地构建和部署新应用程序，Docker 容器将软件及其依赖关系整合到一个标准化的软件开发单元中，包括运行所需的一切：代码、运行时、系统工具和库。这可以保证应用程序始终运行在相同的环境下，并使协作变得像共享容器映像一样简单。

下面为大家介绍 Docker 具体的使用方法。

8.3.1　Docker 的安装方法

Docker 的安装十分简单，且对各平台都很友好。在 macOS 和 Windows 中都有相应的安装包，可以一键安装。Docker 有社区版和企业版两个版本，下面以社区版为例来介绍 Docker 具体的使用方式。

首先，需要下载 Docker 的安装文件，可以在 Docker Hub 上找到各自平台的安装包。以 macOS 为例，双击下载的安装文件：Docker.dmg（Windows 版本的文件名为 Docker for Windows Installer.exe），然后在出现的窗口中将 Docker.app 拖入 Applications 文件夹即可，如图 8.3 所示。

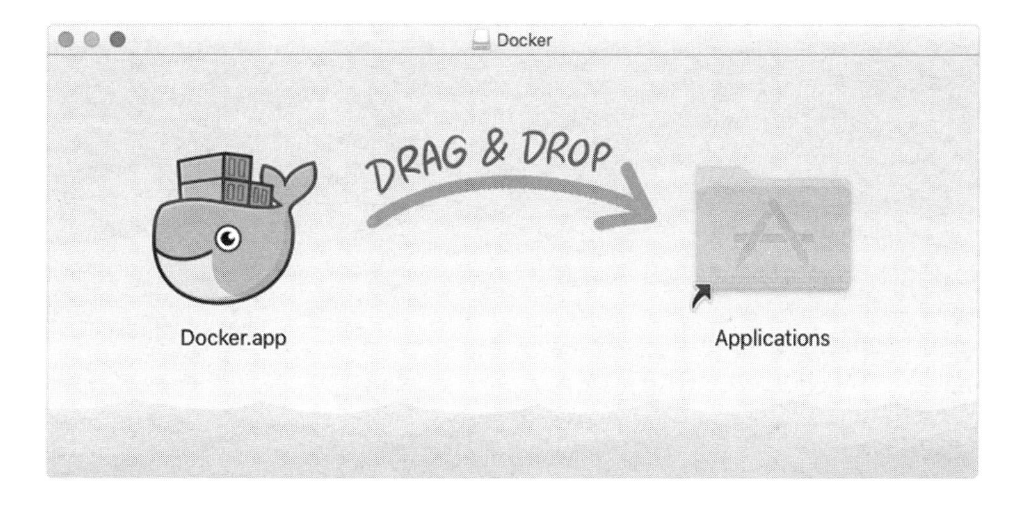

图 8.3 macOS 上安装 Docker

安装好后可以通过双击 Docker.app 来启动 Docker。默认随系统一起启动，然后在快速访问工具栏中看见 Docker 的图标，单击 Docker 的图标可以打开快捷菜单，如图 8.4 所示。

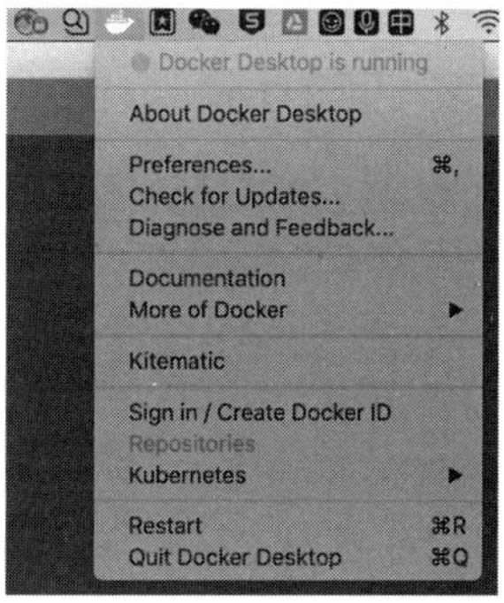

图 8.4 macOS 上 Docker 的快捷菜单

图 8.4 中第一行会显示 Docker 的状态，“Docker Desktop is running”表示 Docker 目前正在运行，打开命令行工具输入如下指令。

```
docker -v
```

如果安装成功，就会得到如下结果。

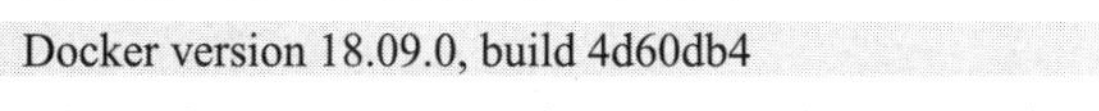

```
Docker version 18.09.0, build 4d60db4
```

如果想要查看 Docker 完整的版本信息，可以输入以下指令。

```
docker version
```

可以得到具体的 Docker 的 Client 和 Server 的详细信息，结果如下。

```
Client: Docker Engine - Community
 Version:           18.09.0
 API version:       1.39
 Go version:        go1.10.4
 Git commit:        4d60db4
 Built:             Wed Nov  7 00:47:43 2018
 OS/Arch:           darwin/amd64
 Experimental:      false
Server: Docker Engine - Community
 Engine:
  Version:          18.09.0
```

```
API version:       1.39 (minimum version 1.12)
Go version:        go1.10.4
Git commit:        4d60db4
Built:             Wed Nov  7 00:55:00 2018
OS/Arch:           linux/amd64
Experimental:      true
```

详细的安装教程可以在 Docker 的官网上找到。

8.3.2 构建 Docker 镜像

如果说容器是 Docker 的核心，镜像就是核心的基础，正如之前所提到的，镜像在 Docker Engine 上运行时成为容器，无论基础架构如何，容器化软件都将始终运行在相同的环境中，容器将软件与其环境隔离开来，并确保它可以统一的工作，镜像是根文件系统更改的有序集合，它通常包含堆叠在彼此顶部的分层文件系统的并集，没有状态，而且永远不会改变。

如何使用 Docker 镜像？一般在项目中，我们会搭建私有的 Docker 镜像仓库，或者使用云厂商提供的镜像仓库来存储项目中构建的镜像。当然，Docker 也提供了公共的镜像仓库，可以把镜像仓库理解为我们在使用 Gradle 或 Maven 时的 repository，这里使用 Docker 默认公网的镜像仓库来体验一下 Docker 镜像的用法。

Docker 官方提供了一个简单的镜像来让我们体验，镜像名为 hello-world，打开命令行工具，输入如下指令，从镜像仓库拉取 hello-world 的镜像。

```
docker pull hello-world
```

可以看到如下运行结果。

```
Using default tag: latest
latest: Pulling from library/hello-world
1b930d010525: Pull complete
Digest: sha256:2557e3c07ed1e38f26e389462d03ed943586f744621577a99efb77324b0fe535
Status: Downloaded newer image for hello-world:latest
```

通过运行的输出结果可以看出，这里下载了一个新的镜像 hello-world:latest，Docker 的镜像有 tag 的概念，tag 就好比镜像的版本号，通过指定具体的 tag 来下载相应版本。例如，我们想要指定下载镜像 a 的 v1.0.0 版本，输入“docker pull a:v1.0.0”。这里拉取的 hello-world 并没有指定具体的 tag，Docker 使用默认的“tag：latest”的镜像进行下载。下载完成后，我们可以通过如下指令查询已经下载的镜像。

```
docker images
```

显示结果如下。

```
REPOSITORY        TAG        IMAGE ID        CREATED        SIZE
hello-world       latest     fce289e99eb9    4 days ago     1.84KB
```

下载完成后，我们可以通过 docker run 来运行镜像，指令如下。

```
docker run hello-world
```

如果显示结果如下，说明已经成功运行了一个 Docker 镜像。

```
Hello from Docker!
This message shows that your installation appears to be working correctly.
To generate this message, Docker took the following steps:
 1. The Docker client contacted the Docker daemon.
 2. The Docker daemon pulled the "hello-world" image from the Docker Hub.
    (amd64)
 3. The Docker daemon created a new container from that image which runs the
    executable that produces the output you are currently reading.
 4. The Docker daemon streamed that output to the Docker client, which sent it
    to your terminal.
To try something more ambitious, you can run an Ubuntu container with:
 $ docker run -it ubuntu bash
Share images, automate workflows, and more with a free Docker ID:
 https://hub.docker.com/
For more examples and ideas, visit:
 https://docs.docker.com/get-started/
```

当然，镜像也可以删除，指令如下。

```
docker rmi hello-world
```

得到结果如下。

```
Error response from daemon: conflict: unable to remove repository reference "hello-world" (must force)
- container f8064e37e60d is using its referenced image fce289e99eb9
```

以上代码说明镜像有引用它的容器存在，还不能删除，并且告诉了我们容器的 ID，所以可以先删除容器，指令如下。

```
docker rm f8064e37e60d
```

成功删除容器后，再执行删除镜像的指令，得到结果如下。

```
Untagged: hello-world:latest
Untagged: hello-world@sha256:2557e3c07ed1e38f26e389462d03ed943586f744621577a99efb77324b0f
Deleted: sha256:fce289e99eb9bca977dae136fbe2a82b6b7d4c372474c9235adc1741675f587e
Deleted: sha256:af0b15c8625bb1938f1d7b17081031f649fd14e6b233688eea3c5483994a66a3
```

说明镜像已经成功被删除，那么一个镜像又是如何产生的？Docker 通过从 Dockerfile 的方式来定义所有命令，在构建镜像时从文本文件（Dockerfile）中读取指令来自动构建镜像 Dockerfile 遵循特定的格式和指令集，每层都代表一个 Dockerfile 指令，这些层是堆叠的，每层都是前一层变化的增量，且会按顺序构建给定镜像。下面是一个 Dockerfile 的例子。

```
# 从 ubuntu:15.04 的 Docker 镜像创建一个层
FROM ubuntu:15.04
# 从 Docker 客户端的当前目录添加文件
COPY . /app
```

```
# 用你的应用程序构建 make
RUN make /app
# 指定在容器中运行的命令
CMD python /app/app.py
```

这里解释得比较模糊，下面以一个真实的项目为例来构建并运行一个镜像。例如，一个 Spring Boot 的工程项目，我们快速创建一个 Spring Boot 的 Web，然后添加一个 hello world 的接口，代码如下。

```
@SpringBootApplication
@RestController
public class DockerWebappApplication {
    public static void main(String[] args) {
        SpringApplication.run(DockerWebappApplication.class, args);
    }
    @GetMapping("hello")
    public String hello() {
        return "World";
    }
}
```

由上述代码可知，这里提供了一个接口，URL 是“/hello”，然后返回“World”的字符串，如果我们使用的是 Gradle，编译之后在项目根目录的 build/libs 文件夹下产生一个 jar 包，即项目本身的最终产物，包名为 docker-test-webapp-0.0.1-SNAPSHOT.jar，然后通过 Java 指令运行这个 jar 包，指令如下。

```
java -jar build/libs/docker-test-webapp-0.0.1-SNAPSHOT.jar
```

我们可以将指令写在一个 Shell 文件中，在项目根目录创建名为 run.sh 的文件，并添加启动指令，这里稍作修改，让指令可以估计指定名称的关键字自动寻找 jar 包，内容如下。

```
#!/usr/bin/env bash
set -e
NAME=${NAME:-docker-webapp}
JAR=$(find . -name ${NAME}*.jar|head -1)
java -jar "${JAR}"
```

需要给 run.sh 配置权限，指令如下。

```
chmod 755 run.sh
```

接下来就可以编写 Dockerfile 文件，首先来分析一下，我们的目的很简单，就是要将项目构建成镜像并运行，传统的方式会使用 shell 脚本来运行编译好的 jar 包，运行 jar 包需要在 Java 环境下执行，也就是 jre 或 jdk；其次需要 shell 脚本来运行 jar 包，所以镜像中还应该包含 shell 脚本和 jar 包两个文件；最后需要在容器运行时执行 shell 脚本，接下来在项目的根目录下新建一个名为 Dockerfile 的文件，并添加如下内容。

```
FROM openjdk:8
COPY ./build/libs/*.jar /app/
```

```
COPY ./run.sh /app/
CMD ["/app/run.sh"]
```

指令的意思很明显，首先 FROM 来构建基础镜像，也就是以 openjdk 的镜像作为基础镜像，这样就有了 jdk 的运行环境，然后在 COPY，复制我们的 jar 包和 shell 脚本到指定的目录，这里是/app 目录，最后通过 CMD 指令，即在容器运行时运行 shell 脚本 run.sh。

构建之前还需要运行 Gradle 的编译指令生成 jar 包，指令如下。

```
./gradlew clean build
```

下面来试一下，运行如下指令来构建镜像。

```
docker build -t docker-test-webapp:001 .
```

“.”表示从当前目录读取 Dockerfile 文件来构建镜像，设置镜像的名称为 docker-test-webapp，tag 是 001，如果得到结果如下就说明构建成功了。

```
Sending build context to Docker daemon    56.2MB
Step 1/4 : FROM openjdk:8
 ---> 77582d6037d7
Step 2/4 : COPY ./build/libs/*.jar /app/
 ---> Using cache
 ---> ee8aca3771d7
Step 3/4 : COPY ./run.sh /app/
 ---> Using cache
 ---> a2fab96f2ddd
Step 4/4 : CMD ["/app/run.sh"]
 ---> Running in 060d7233d958
Removing intermediate container 060d7233d958
 ---> 13c7a3f6bf42
Successfully built 13c7a3f6bf42
Successfully tagged docker-test-webapp:001
```

通过输出可以清楚地看出这里按照顺序执行了 4 步操作，与我们定义在 Dockerfile 中的一致，然后通过之前提过的 docker image 指令来查看本地镜像，结果如下。

```
REPOSITORY            TAG      IMAGE ID        CREATED          SIZE
docker-test-webapp    001      13c7a3f6bf42    2 minutes ago    642MB
```

可以看到，在本地的镜像仓库中，已经存在了一个名为 docker-test-webapp 且 tag 为 001 的镜像，当然，在构建镜像之前不要忘记执行“./gradlew clean build”来构建好 jar 包，不然在构建镜像时会报错“找不到文件”。

这里只是列举了一些常用的指令来帮助大家理解 Docker 镜像的用法，详细的 Dockerfile 的指令还有很多。例如，通过 ENV 来设置环境变量，通过 EXPOSE 来设置容器在运行时侦听指定的网络端口，通过 ADD 指令复制文件、目录或远程文件，并将它们添加到镜像的文件系统中。此外，还有 ENTRYPOINT、VOLUME 和 USER 等指令，具体用法由于篇幅关系不再列举，可以在 Docker 的官网上找到详细的介绍。

8.3.3 运行 Docker 容器

在 8.3.2 节中讲到了如何构建一个 Docker 镜像，构建好的镜像该如何使用呢？从 Docker 的 hello-world 我们了解到 docker run 指令可以将 Docker 镜像运行起来，这里已经构建好，可以使用如下指令运行。

```
docker run -d -p 8080:8080 docker-test-webapp:001
```

其中，“-d”表示在后台运行，“-p”表示将容器端口映射到主机端口，格式是主机（宿主）端口：容器端口，即将容器中的 8080 端口映射到主机的 8080 端口，当我们访问 http://localhost:8080 时，等于访问了容器的 8080 端口。最后，docker-test-webapp:001 表示运行的镜像名称，即 tag。docker run 的指令格式如下。

```
docker run [OPTIONS] IMAGE [COMMAND] [ARG...]
```

下面列举一些常用的指令。

（1）--name="test-webapp"：为容器指定一个名称。

（2）--dns 8.8.8.8：指定容器使用的 DNS 服务器，默认和宿主一致。

（3）--dns-search example.com：指定容器 DNS 搜索域名，默认和宿主一致。

（4）-e spring.profile.active="dev"：设置环境变量。

（5）--env-file=[]：从指定文件读入环境变量。

（6）--cpuset="0-2" or --cpuset="0,1,2"：绑定容器到指定 CPU 运行。

（7）-m：设置容器使用内存最大值。

（8）--net="bridge"：指定容器的网络连接类型，支持 bridge、host、none、container 4 种类型。

（9）--link=[]：添加链接到另一个容器。

（10）--expose=[]：开放一个端口或一组端口。

通常可以在 Docker Hub 上查询到很多官方的镜像，并且附有详细的 docker run 的说明，当然这个 Web App 比较简单，下面尝试一个稍微复杂的镜像：sebp/elk，这是 ELK（Elasticsearch、Logstash 和 Kibana）工具的镜像，这个镜像中会运行 3 个服务，公开 3 个端口，其中 9200 为 Elasticsearch 的端口，5044 为 Logstash 的端口，5601 为 Kibana 的端口，通过下面的指令来运行 ELK 的镜像。

```
docker run -d -it -p 5601:5601 -p 9200:9200 -p 5044:5044 sebp/elk
```

可以看出，这里并没有先下载，即没有先执行 docker pull sebp/elk 的指令下载镜像，而是直接执行 docker run，这时 Docker 引擎会先在本地查找该镜像，如果没有就会去默认的公网镜像仓库下载，所以第一次运行时需要等待一定的下载时间。

执行完成后，我们运行 docker ps 就可以看到容器的运行情况，结果如下。

```
CONTAINER ID    IMAGE                    COMMAND                   CREATED           STATUS
64a2dee7dfeb    sebp/elk                 "/usr/local/bin/star…"   2 minutes ago     Up 2 minutes
3cbb27735a1f    docker-test-webapp:002   "/app/run.sh"             45 minutes ago    Up 45 minutes
PORTS                                                                                NAMES
0.0.0.0:5044->5044/tcp, 0.0.0.0:5601->5601/tcp, 0.0.0.0:9200->9200/tcp, 9300/tcp    pedantic_dewdney
0.0.0.0:8080->8080/tcp                                                              trusting_dubinsky
```

我们也可以使用 docker logs 的指令查看容器的运行日志，内容如下。

```
docker logs 64a2dee7dfeb
```

其中，64a2dee7dfeb 就是 ELK 的容器 ID，通过容器 ID 可以完成很多对容器的操作，如 docker stop 可以停止正在运行的容器，指令如下。

```
docker stop 64a2dee7dfeb
```

已经停止的容器并不会被删除，但是不会出现在 docker ps 的结果中，我们可以通过如下指令来查询全部的容器，包括已经停止的容器。

```
docker ps -a
```

然后可以将查询到的容器重新启动，指令如下。

```
docker start 64a2dee7dfeb
```

或者将已经启动的容器重启，指令如下。

```
docker restart 64a2dee7dfeb
```

当然，有时在一些复杂的镜像下需要编写很多启动参数，这些启动方式能不能文件化？不然每次启动都需要编写一长串难以理解的参数或指令，Docker 还提供了 docker-compose 的方式，可以通过 yaml 文件将容器的启动方式配置化。例如，启动 ELK 需要公开 3 个端口映射，编写一个 docker-compose.yml 的文件，内容如下。

```
elk:
  image: sebp/elk
  ports:
  - "5601:5601"
  - "9200:9200"
  - "5044:5044"
```

然后直接运行如下指令。

```
docker-compose up elk
```

就相当于执行了 docker run，并且指定了镜像和公开的端口，而且如果想在后台运行，同样可以使用-d 参数，指令如下。

```
docker-compose up -d elk
```

访问 Kibana 的首页（http://localhost:5601）即可验证 ELK 是否成功启动。关于 docker compose 的更多详细用法不再介绍，了解它可以帮助我们配置容器的启动方式，具体的用法可以在 Docker 的官网上找到。

8.3.4 了解 Docker 的网络

至此，Docker 的一些常规用法基本上已经介绍完毕，不过要想熟练地使用 Docker，解决日常工作中的一些问题，清楚 Docker 的网络方式很有必要。

Docker 容器之所以强大，很大程度上是因为我们可以很方便地将它们连接在一起，甚至无论 Docker 主机是运行在 Linux 上，还是运行在 Windows 上，或者两者都有，都可以使用 Docker 的方式管理它们，这些功能大部分都要依赖 Docker 的网络。Docker 的网络系统可插拔，使用驱动的方式，默认情况下存在多个驱动，驱动用来提供核心的网络功能，所以我们也可以安装和使用第三方网络插件，这些插件都可以从 Docker Hub 或第三方插件供应商处获得。通常默认提供的几个网络驱动足以满足我们的日常使用，具体如下。

（1）bridge：桥接网络，默认的网络驱动程序，即如果未指定驱动程序，那么默认在容器运行时会创建桥接网络，通常应用程序需要独立在容器中运行和通信时使用。

（2）host：主机网络，即完全共享主机网络，host 仅适用于 Docker 17.06 及更高版本上的群集服务。

（3）overlay：覆盖网络，将多个 Docker 的守护进程连接在一起，并使群集服务能够相互通信，通常还可以使用覆盖网络来促进群集服务和独立容器之间的通信，或者在不同 Docker 的守护进程上的两个独立容器之间进行通信，使用此网络类型无须在这些容器之间执行 OS 级别的路由。

（4）macvlan：macvlan 网络，允许为容器分配 MAC 地址，使其显示为网络上的物理设备，Docker 守护进程通过其 MAC 地址将流量路由到容器，通常在需要直接连接到物理网络上的传统应用程序时，会使用 macvlan 网络。

（5）none：禁用网络，对于此容器禁用所有网络，通常与自定义网络驱动程序一起使用。none 不适用于群组服务。

通过如下指令可以清楚地看到已经创建的网络。

```
docker network ls
NETWORK ID          NAME                DRIVER              SCOPE
d814e72d8d4f        bridge              bridge              local
```

```
15121c69b735        docker-br0          bridge              local
7d5d1827e6bb        host                host                local
dffc4b4a2f8e        none                null                local
```

我们知道默认的 Docker 在运行时会创建容器，而容器会默认创建 brigde 网络，那么如果想要切换到 host 网络怎么办？很简单，在运行时添加“--network”指令即可，内容如下。

```
docker run --network host -p 8080:8080 -docker-test-webapp:002
```

除了修改网络类型，Docker 还可以设置 iptables 来提供隔离网络的规则，启动支持 IPv6、网络加密、使用代理服务等功能，由于在项目中并不多见，这里就不详细说明。

8.3.5 日志监控的利器 ELK

其实，ELK 不应该算作容器的技术，由于这里介绍容器日志的一般处理方式，因此将 ELK 放在容器来讲。

无论是微服务架构还是使用容器，都会遇到一个难题，那就是如何处理这些海量的分布在不同主机或容器内的日志，当一个错误发生时，或者要跟踪一个问题时，最先做的就是去看服务的日志。但在分布式的架构中，往往一个服务会存在多个实例，在微服务下会有成百上千个正在运行的容器，这时如果还是人工登录服务器或使用 docker logs 去观察日志肯定不现实，那么有没有一种工具可以帮助我们将这些杂乱无章，且分散在各处的日志都收集起来，以方便快速检索呢？

ELK（Elasticsearch、Logstash 和 Kibana）就是这样一种工具，是由 Elastic 公司所开发的专门用于处理海量日志收集、分析和检索的工具，Elasticsearch、Logstash 和 Kibana 都是 Elastic 系列的工具。

其中，最早成名的是 Elasticsearch，它是一个基于 Lucene 库的搜索引擎，用 Java 开发并开源发布，是一个分布式的提供友好 RESTful API 的全文搜索系统。最开始 Elastic 的起源是一个业余项目，做菜谱 App 用来管理和检索菜谱，首个迭代的版本称为 Compass，第二个迭代版本就是 Elasticsearch（基于 Apache Lucene 开发），然后 Elasticsearch 作为开源产品发布给公众，公众反响十分强烈，自然而然地就喜欢上了这一软件，由于使用量急速攀升，此软件开始有了自己的社区，并引起人们的高度关注，最后成为一家搜索公司。

当然，我们的日志管理只能搜索还不行，还需要将日志收集起来，Logstash 就是一款开源的输入功能强大的服务端数据处理管道，能够同时从多个来源采集数据、转换数据，然后将数据发送到我们喜欢的存储库中。当然，在 ELK 中我们的存储库自然是 Elasticsearch，通过 Logstash 将日志快速地收集、转换和发送到 Elasticsearch 中。

最后，日志已经收集和存储，查询的 API 也有，那么我们还需要将日志信息展示出来，Kibana 就是一款数据可视化的工具，通过 Kibana，不但能快速地定义各种查询条件来检索基础日志，而且可以自由地选择如何呈现自己的数据，Kibana 内置一批经典功能的图形工具：柱状图、线状图、饼图和旭日图等。不仅如此，我们还可以使用 Vega 语法来设计独属于自己的可视化图形，构建地图、时序图、关系图等。

当然，这一切都要依赖 Elasticsearch 的检索功能，而 Elasticsearch 自然也要依赖于 Logstash 送来的数据，所以在 Docker 中，我们的日志处理方式如图 8.5 所示。

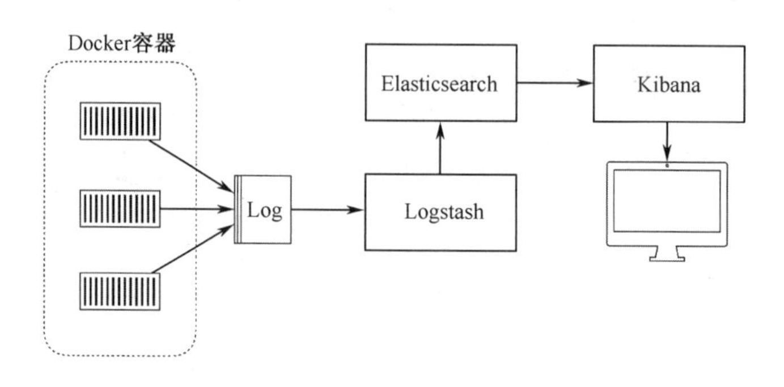

图 8.5　ELK 与 Docker 容器

在 8.3.3 节中介绍了如何通过 Docker 容器的方式运行 ELK，该如何将 Docker 容器的日志发送给 Logstash？主要有两种方式：一种是通过 Docker 容器的日志驱动将容器的日志发送给 Logstash 管道；另一种是使用 Beats 系列工具——Filebeat，将容器的日志主动地收集并发送给 Logstash。

使用 Docker 容器的日志驱动的好处是不需要再引入额外的工具，Docker 会将日志发送给 Logstash，需要配置 Logstash 中日志的输入方式，这里使用的是 ELK 的 Docker 组合镜像 sebp/elk，所以很多配置都是默认的，包括之前在启动 sebp/elk 时所公开的 5044 端口其实就是 Logstash 用来监听 Filebeat 传送的文件所使用的输入管道端口。

这里介绍一下使用 Docker 的日志驱动发送日志的方法。首先，我们需要在 Logstash 的配置文件中添加新的 input 项来支持 Docker 的日志驱动发送的日志，配置如下。

```
input {
  gelf {
    type => docker
    port => 12201
  }
}
```

其次，需要重启 Logstash 来使配置生效，只需在想要被收集日志的容器运行时加入指定的 log 驱动的参数即可，以 docker-test-webapp 为例，指令如下。

```
docker run -d --log-driver gelf --log-opt gelf-address=udp://localhost:12201
-p 8080:8080 docker-test-webapp:001
```

这样我们就可以在 Kibana 中查询到想要看到的日志，地址是 http://localhost:5601，但是需要注意，一旦使用“--log-driver”的方式将日志发送给 Logstash，就无法使用 docker logs 指令手动地在命令行观察日志了。

除了容器主动将日志发送给 Logstash，我们还可以使用 Filebeat 来收集和转发日志给 ELK，Filebeat 也是 Elastic 公司旗下的 Beats 系列产品，主要负责发送日志数据给 Logstash 或 Elasticsearch，如图 8.6 所示。

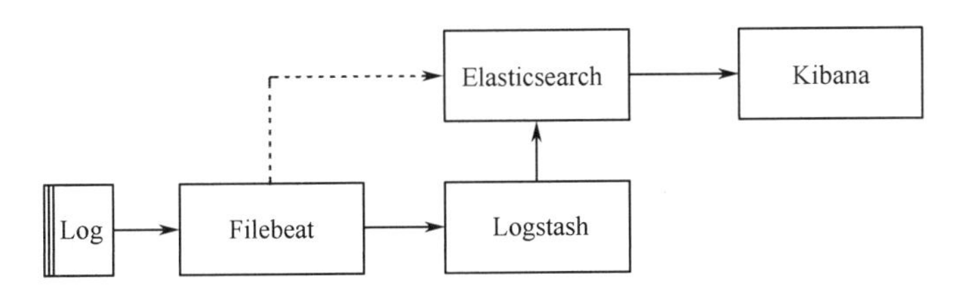

图 8.6　Filebeat 与 ELK

下面演示一下直接让 Filebeat 将日志发给 Elasticsearch 的例子，同样，我们可以使用 Docker 的方式来快速启动一个 Filebeat 的实例，指令如下。

```
docker run -d \
  --name=filebeat \
  --user=root \
  --volume="/localSetting/filebeat/filebeat.docker.yml:/usr/share/filebeat/filebeat.yml" \
  --volume="/var/lib/docker/containers:/var/lib/docker/containers:ro" \
  --volume="/var/run/docker.sock:/var/run/docker.sock:ro" \
  docker.elastic.co/beats/filebeat:6.5.4 filebeat -e -strict.perms=false
```

在上述指令中，指定 Filebeat 本地的配置文件的路径/localSetting/filebeat/filebeat.docker.yml，然后指定 Docker 容器的相关配置，这样 Filebeat 会自动收集当前服务器上所有容器的日志，可以使用 curl 指令来快速获取一个简单的配置文件，具体如下。

```
curl -L -O https://raw.githubusercontent.com/elastic/beats/6.5/deploy/docker/filebeat.docker.yml
```

然后修改 filebeat.docker.yml 的配置，内容如下。

```
filebeat.config:
  modules:
    path: ${path.config}/modules.d/*.yml
    reload.enabled: false
filebeat.autodiscover:
  providers:
    - type: docker
      hints.enabled: true
processors:
```

```
- add_cloud_metadata: ~
output.elasticsearch:
  hosts: '${ELASTICSEARCH_HOSTS:192.168.1.100:9200}'
  username: '${ELASTICSEARCH_USERNAME:}'
  password: '${ELASTICSEARCH_PASSWORD:}'
```

如上述配置，我们将日志输出给 Elasticsearch，这里 ELK 的主机地址是 192.168.1.100，大家根据自己的网络情况进行配置，更多详细的配置可以在官网上找到，或者不使用 Docker 的方式运行，通过官网下载安装包的方式可以获得更详细的配置文件。Filebeat 启动成功后，打开 Kibana 的首页，可以看到创建索引页面，如图 8.7 所示。

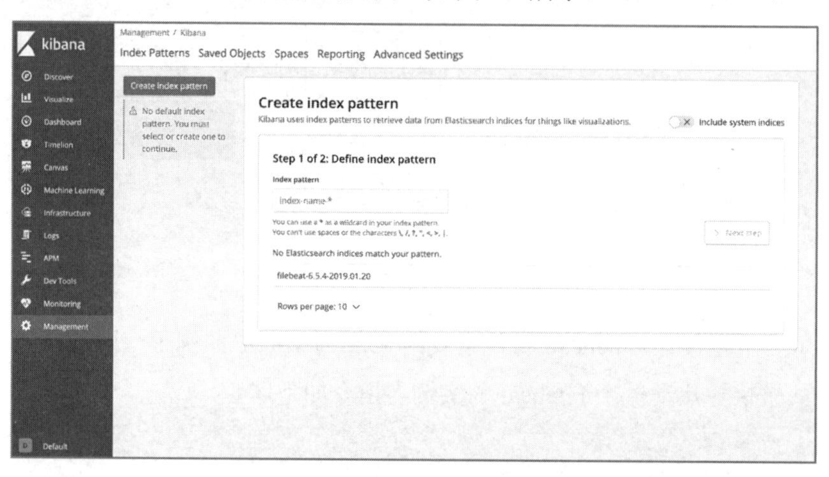

图 8.7　Kibana 创建索引

这就表示 Elasticsearch 已经有数据，我们可以创建 Kibana 的索引来查看这些日志，这里创建名为“filebeat-*”的索引，然后在 Discover 中搜索想要看到的日志，可以通过时间、容器名称或 ID 等丰富的过滤条件来搜索我们的日志，如图 8.8 所示。

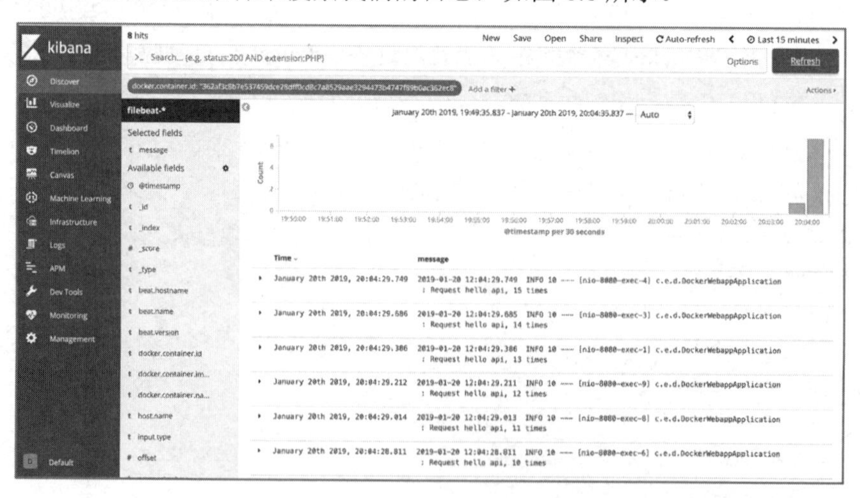

图 8.8　Kibana 日志搜索页面

除了直接将日志发送给 Elasticsearch，还可以通过 Logstash 来集中提取、处理和转换我们的数据，使用方式也很简单，只需修改之前的 Filebeat 配置文件的 output 方式即可，修改 filebeat.docker.yml 的文件内容如下。

```
filebeat.config:
  modules:
    path: ${path.config}/modules.d/*.yml
    reload.enabled: false
filebeat.autodiscover:
  providers:
    - type: docker
      hints.enabled: true
processors:
- add_cloud_metadata: ~
output.logstash:
  hosts: '192.168.1.100:5044'
```

然后重新运行新的容器即可，这里需要注意，我们使用的 sebp/elk 默认的 Logstash 配置开启 ssl 安全认证，需要复制和配置正确的证书文件才可以将数据发送给 ELK 的 5044 端口，我们通过 exec 指令进入容器，可以在路径“/etc/logstash/conf.d”中找到 beats 对应的配置文件 02-beats-input.conf，内容如下。

```
input {
  beats {
    port => 5044
    ssl => true
    ssl_certificate => "/etc/pki/tls/certs/logstash-beats.crt"
    ssl_key => "/etc/pki/tls/private/logstash-beats.key"
  }
}
```

为了演示方便，我们可以通过修改这个配置文件的配置关闭 ssl，首先在本地环境中编写新的配置文件，内容如下。

```
input {
  beats {
    port => 5044
  }
}
```

然后使用如下指令启动 sebp/elk 即可。

```
docker run -d --name elk -p 5601:5601 -p 9200:9200 -p 5044:5044
-v /localSetting/logstash/02-beats-input.conf:/etc/logstash/conf.d/02-beats-input.conf sebp/elk
```

上述指令中“/localSetting/logstash/02-beats-input.conf”就是本地的配置文件，ELK 启动成功后，进入 Kibana 的首页，创建索引后应用容器的日志同样也可以查询到，这就是使用 Filebeat 将 Docker 容器日志收集发送给 Logstash 的用法。

8.4 容器编排

所谓容器编排，简单来说，就是管理容器的生命周期，提供包括容器的部署、更新、销毁、迁移、监控等功能。复杂来说，在微服务架构下的项目中，应用程序不再是单一的服务，而是由成百甚至上千的微服务的容器化组件所组成，容器编排就是能够在不同的环境下（如分布式的网络环境）组织不同组件协同工作，保证应用程序的正常运行，包括组件的扩展、资源的分配、负载均衡等功能。

8.4.1 容器为什么需要编排

为什么需要容器编排？设想一下，没有容器编排我们应该如何去部署和运维项目，假设有 3 个容器，都是同一个服务，容器使用的是 Docker，管理起来并不困难，无论是部署还是更新，都可以通过 Docker 的指令来完成，如果服务增加到 5 个，需要部署 15 个容器，可能要花更多的时间和精力，Docker 熟手还可以应付。如果有 100 个服务和 300 个容器，可能 10 个运维人员都不一定能维护，或者像 Google 一样，运行着 20 多个亿的容器，需要多少人来维护这些容器呢？

Docker 的诞生将容器化技术推上了热潮，短短几年的时间，容器已改变了软件组织构建、发布和维护应用程序的方式。随着微服务架构的盛行，几乎所有的微服务项目都在使用着容器技术，正如之前所提到的，在微服务架构中，应用程序进一步分解为各种离散的小服务，每个服务都打包在一个单独的容器中运行，随着服务的规模越来越大，容器的可扩展性也成为运维的一项新的挑战，特别是在大型动态环境中，人工的维护几乎不可能，所以需要一个可以帮助我们完成容器编排功能的工具或平台。

一个优秀的容器编排平台应当拥有很多功能，但最核心或者说最迫切需要的功能应该包括以下几方面。

（1）容器的部署。

（2）容器的扩展或删除。

（3）容器的自动迁移。

（4）容器的资源分配。

（5）对外暴露容器内部服务。

（6）容器之间的服务发现和负载均衡。

（7）容器和主机的健康监测。

（8）应用程序运行时配置。

容器编排工具的优点是可以在任何可运行容器的环境中使用它们。目前几乎任何类型的环境都支持容器，从传统的内部部署服务器到现在的云厂商，如 Amazon Web Services（AWS）、Google Cloud Platform（GCP）和 Microsoft Azure 中运行的公共云实例，都能够看到容器编排的运用。

目前，市面上主流的容器编排平台有 3 个，分别是由 Google 开源的 Kubernetes、Docker 官方的 Swarm 及 Apache 的 Mesos，这些都是优秀且被广泛应用的容器编排平台或工具，不过目前以 Kubernetes 最为流行，且它的实现方式和服务抽象已经成为业界容器编排的黄金标准，几乎所有的云厂商都支持这些标准化的实现，因此大部分的企业和团队更愿意使用 Kubernetes 作为自己容器编排的方案来避免被云厂商技术套牢。

此外，虽然 Kubernetes 作为一款容器编排的平台，主要功能是对容器的管理，并不只依赖 Docker 作为容器化引擎的实现，但是大多数容器编排工具都是在构建 Docker 容器时考虑的。所以，目前最主流的方式是采用 Kubernetes + Docker 的形式来部署和维护微服务应用的。

8.4.2 Kubernetes 的概念

那么 Kubernetes 到底是什么？又是如何工作的？下面一起来了解一下。早在 10 多年前 Google 就开始使用容器技术，为了更好地使用和管理容器，Google 内部在 2004 年前后推出 Borg 系统。Borg 是一个大规模的内部集群管理系统，它运行着来自数千个不同应用程序的数十万个作业，跨越许多集群，每个集群拥有数万台计算机。

继 Borg 之后，Google 还推出了 Omega 等集群管理系统，能够在大型集群系统中灵活、可扩展地调度程序。随着容器技术的盛行，在 2014 年，原 Borg 开发者开发出第三个容器管理系统，并对其进行开源，它就是 Kubernetes。在拥有 10 年容器管理经验和两次容器管理系统开发经验的基础上，Kubernetes 一经推出就大受欢迎，同年微软 RedHat、IBM、Docker 等纷纷加入 Kubernetes 社区。在 2015 年 Google 将 Kubernetes 捐赠给 Linux 基金会，并与其共同建立了云原生计算基金会（CNCF），用于 Kubernetes 社区运作，并在同年推出 Kubernetes v1.0 和 v1.1 版本，华为等国内知名公司也纷纷加入 Kubernetes 社区，2016 年 Kubernetes 彻底成为容器自动化部署和集群管理的主流系统。

Kubernetes 不仅是一个编排系统，还是一个跨主机集群的开源的容器调度平台，使用它进行自动化应用容器的部署、扩展和操作，提供以容器为中心的基础架构。通过 Kubernetes 我们可以轻松实现快速、可预测地部署应用程序、即时地扩展应用程序、无缝地发布新功能、优化硬件资源分配等功能。

引入 Kubernetes 官方的定义，Kubernetes 是生产级别的容器编排系统，是用于自动部署、扩展和管理容器化应用程序的开源系统，能够模块化、可插拔、可挂载、可组合，支持各种形式的扩展，可以自保持应用状态、可自重启、自复制、自缩放，通过声明式语法提供强大的自修复能力，同时几乎所有的云框架都能支持 Kubernetes，无论是私有云还是公有云都能够便携地使用 Kubernetes。例如，Azure 的 AKS（Azure Kubernetes Service）、AWS 的 EKS（Elastic Container Service for Kubernetes）及国内阿里云的 ACK（Aliyun Container Kubernetes）等都提供了高效易用的 Kubernetes 容器化应用的管理能力和运行环境。

我们经常会看到一些网站或论坛都用 K8s 来简写 Kubernetes，尤其是在中文的网站中最多，因为在中文里，K8s 的发音与 Kubernetes 的发音比较接近，所以中国的 Kubernetes 开发者和使用者喜欢用 8 来替代 ubernete，以 K8s 作为 Kubernetes 的简称，后来国外也接受了这个简称。后面的章节中我们也使用 K8s 来代表 Kubernetes。

8.4.3 K8s 的设计理念

我们了解到 K8s 的核心功能容器编排有很多方便的功能，它是如何做到的？下面来了解一下 K8s 的设计理念，包括其相关的概念和实践的工作架构。

首先我们需要了解 Master 和 Node。Master 和 Node 是构建一个 K8s 集群的主要组成部分。一个 K8s 的集群中一定会包括至少一个 Master 和一个 Node，甚至在一些简单环境中，如测试环境，Master 和 Node 会是同一个。

Master 是 K8s 集群的总控制中心，负责维护集群的目标状态，即对应用进行调度管理，是 K8s 集群的主控组件，并负责管理所有的 Node，Master 也会运行在集群的某个节点上，这个节点称为 Master 节点，我们可以任意扩展 Master 节点来提高 Master 的性能和可用性。

Node 的作用是管理和监控容器，负责容器的运行及将容器的状态上报给 Master，通常一个集群中会运行多个 Node 节点，用来管理不同的容器，但是我们一般不会直接与 Node 节点进行通信，而是通过与 Master 节点通信来管理 Node 节点。

通常，一个 K8s 的集群会有两个甚至更多的 Master 节点，以保证 Master 的性能和高可用，然后由 Master 来管理多个 Node 节点，如图 8.9 所示。

综上所述，我们可以知道，K8s 中 Master 节点负责管理 Node 节点，那么 Master 节点和 Node 节点具体是怎样工作的呢？

我们已经知道 Master 节点和 Node 节点的协作方式，Node 节点负责具体容器的管理，那么 Node 节点如何管理容器？尽管 Docker 是目前市面上最流行的容器技术，但在 K8s 的设计中，并没有限制容器的实现种类，由之前的章节可知，容器的运行依赖容器的 runtime，K8s 通过在容器 runtime 上抽象出 Pod 模块，Node 就是通过操作 Pod 来进行容器管理和监控的。

Pod 是 K8s 中最小的构建单元，被 Node 所管理，负责真正地操作各容器，Pod 封装了应用容器的资源、网络控制及运行方式等功能，而 Docker 只是 Pod 中常用的一款容器 runtime，Pod 还支持如 LXD、rkt 等任何符合 OCI（开放容器协议）标准的容器 runtime。

一个 Pod 中可以运行单个或多个容器，大部分情况下我们使用一个 Pod 运行一个容器，这种情况被称为 one-container-per-Pod 模式，我们可以将 Pod 视为单个容器的封装，而 K8s 直接管理 Pod 而不是容器。当然，有时会出现一些容器紧密耦合在一起并需要共享资源的情况，这些容器可能形成一个统一的服务单元而不容易拆分，Pod 也可以支持将这些容器和存储资源作为单个可管理实体包装在一起运行。而在同一个 Pod 中的容器使用相同的网络环境，可以彼此通信、共享资源，如图 8.10 所示。

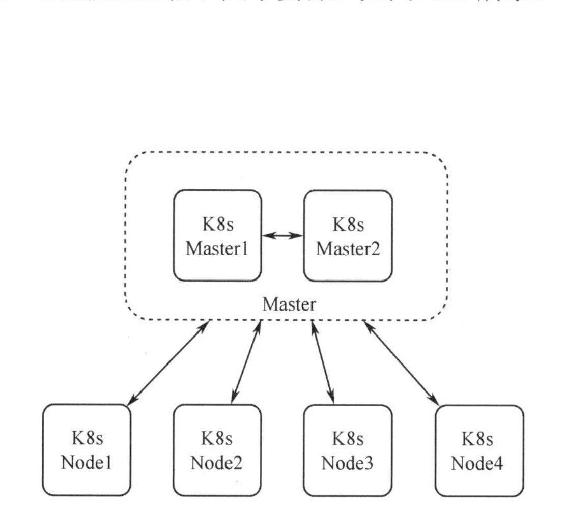

图 8.9　K8s 的 Master 节点与 Node 节点

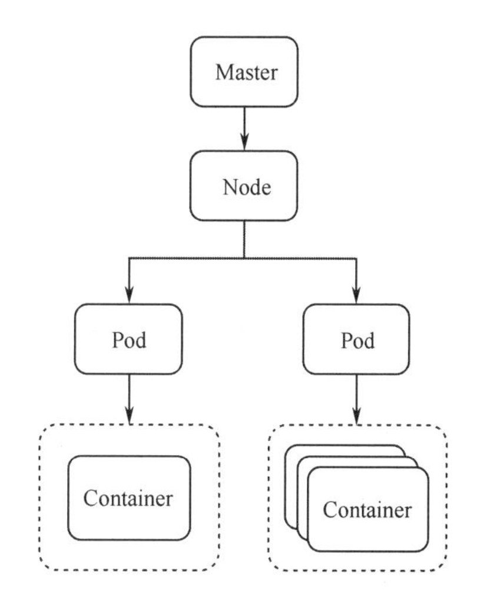

图 8.10　K8s 容器管理示意图

在 Master 节点上运行着 3 个重要的进程，即 kube-apiserver、kube-controller-manager 和 kube-scheduler。其中，kube-apiserver 主要负责提供集群的 RESTful API，通过 API 可以便捷地与 Pod、Service、Controller 等进行交互，包括各种客户端工具及 K8s 内部组件都可以通过 kube-apiserver 与 Master 进行通信；kube-controller-manager 是一个守护进程，主要负责管理 K8s 集群的各种资源，它嵌入了 K8s 附带的核心控制循环，通过 kube-apiserver 监视集群的

共享状态，并尝试将当前状态进行更改移向预期的状态；kube-scheduler 是一个提供策略丰富、拓扑感知、工作负载分析的调度程序，它负责调度 Pod，并使其运行到合适的 Node 上，通过 kube-scheduler 可显著提升应用程序的可用性、性能和容量。

另外，Master 节点上还运行着 etcd 组件用于存储和管理 K8s 的各种配置信息和资源状态，当数据发生变化时，etcd 能够及时地通知相关的组件进行配置和状态的更新，如图 8.11 所示。

在 Node 节点中同样运行着两个核心进程：kubelet 和 kube-proxy。其中，kubelet 主要负责和 Master 节点进行通信；而 kube-proxy 是一种网络代理，可以将 K8s 的网络服务代理到每个节点上。

除了 kubelet 和 kube-proxy，为了实现 Node 管理下的 Pod 可以相互通信，还需要使用一些网络管理的插件，通常我们会使用 flannel 或 calico 来实现 Pod 的网络通信，如图 8.12 所示。

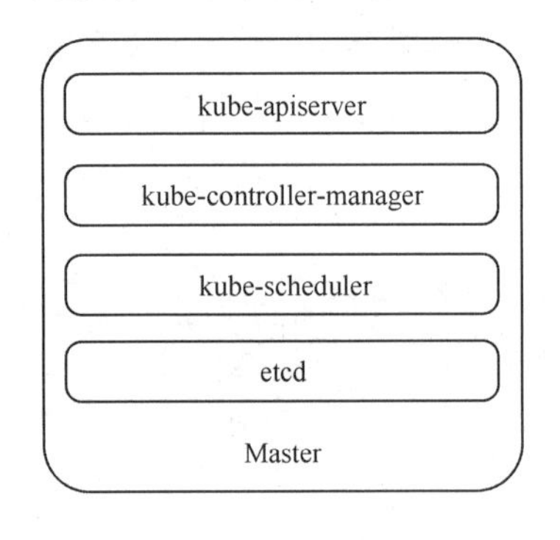

图 8.11　Master 节点

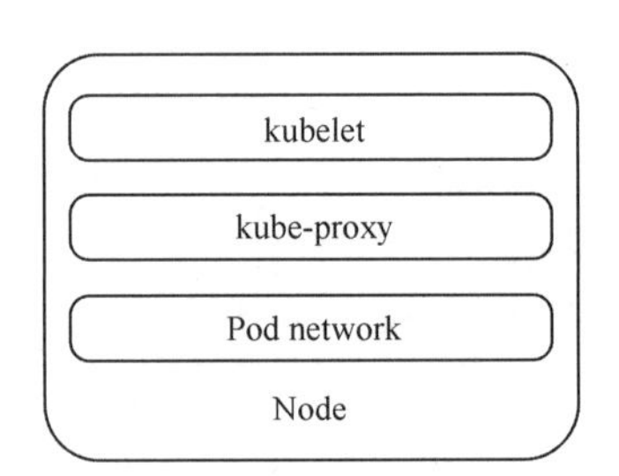

图 8.12　Node 节点

在了解了以上基本概念后，我们对 K8s 的基本设计和原理有了一定的认识，无论怎样设计，K8s 的核心都是要在分布式的环境下能够方便地管理容器的运行。我们知道，K8s 中是通过 Pod 来管理容器的，Pod 可以看作容器的封装，那么 Pod 具体是如何被管理的？

在 K8s 中会有多种控制器（Controller），如 ReplicaSet、ReplicationController、Deployment、StatefulSet 和 DaemonSet 等，K8s 可以通过这些控制器来方便地执行对 Pod 的各种操作。下面给大家列举一些主要控制器。

（1）ReplicaSet 和 ReplicationController：正如其名，两者都是用来管理 Pod 节点复制的控制器，通过使用它们可以快速正确地为 Pod 创建副本。需要注意的是，ReplicaSet 作为新一代的复制控制器，更为推荐使用，可以使用 kubectl 来调用 ReplicaSet 控制器。

（2）Deployment：部署控制器是可以用来创建、更新、回滚、扩展、暂停和恢复 Pod 的最常用的控制器，同时它可以直接调用 ReplicaSet 在创建或更新 Pod 的同时为 Pod 创建指定数量的副本。通常推荐使用通过 Deployment 来配置管理 Pod 副本的方式，而不是直接调用 ReplicaSet 控制器。

（3）StatefulSet：用于管理应用程序的状态，与 Deployments 类似，也用来管理 Pod，并为每个 Pod 维护一个持久的标识符，由序数、稳定的网络标识和稳定的存储组成，无论 Pod 被重新安排在哪个节点上，都将始终持有这个标识，可以达到按顺序重排的目的，比 Deployment 和 ReplicaSet 更适合管理无状态的 Pod。

（4）DaemonSet：一个 DaemonSet 确保所有（或部分）的 Node 运行同一个 Pod 的副本，随着 Node 添加到群集中，会将 Pod 添加到群集中。随着 Node 从群集中删除，这些 Pod 将被垃圾收集器回收。删除 DaemonSet 将清除它创建的 Pod。例如，在日志收集需求中，运行 logstatsh 或 fluentd 在每个 Node 上。

（5）Garbage Collection：K8s 的垃圾收集器，作用是删除曾经拥有所有者但现在不再拥有所有者的某些对象。

（6）TTL Controller for Finished Resources：TTL 控制器提供 TTL 机制来限制已完成执行的资源对象的生命周期。TTL 控制器现在只支持处理 Jobs，并且可以扩展以处理将完成执行的其他资源，如 Pod 和自定义资源。

（7）Jobs：用于运行到成功（Run to Completion），即成功后就删除，一个 Job 创建一个或多个 Pod，并确保它们指定数目的成功结束。随着 Pod 成功完成，该 Job 跟踪成功完成。达到指定数量的成功完成后，Job 本身就完成了，删除作业将清除它创建的 Pod。Job 还可以用于并行运行多个 Pod。例如，创建一个 Job 对象，以便可靠地运行一个 Pod 来完成。如果第一个 Pod 失败或被删除（如由于节点硬件故障或节点重启），Job 对象将启动一个新的 Pod。

（8）CronJob：CronJob 控制器是用于创建基于 Cron 格式的时间规则的 Jobs。

当我们使用 Controller 创建多个 Pod，并且为 Pod 创建了多个副本时，每个 Pod 和它的副本都有各自独立的网络 IP 和端口，要和这些 Pod 内运行的容器进行交互。例如，一个用户服务会提供一个查询用户的 HTTP 接口，那么我们部署了多个 Pod 的副本，由于 IP 是动态的，每次创建和销毁都可能导致地址的变化，这时应该如何访问这个接口？

回想一下，在讲 Spring Cloud 时，为了实现动态的服务注册与发现，有 Spring Cloud Netflix Eureka 作为服务的注册中心，服务提供者可以在注册中心注册服务，消费者可以通过注册中心发现服务，在消费者端，我们只需配置服务在注册中心中注册的 Service 名称即可，这里同样可以使用注册中心的方式来实现服务的注册与发现，屏蔽服务消费者直接访问服务 IP 的方式。

Service 就是在 K8s 中提供的服务发现机制，K8s 中 Pod 是有生命周期的，它们可以被创建，也可以被销毁，然而一旦被销毁生命就永远结束。通过 ReplicaSet 能够动态地创建和销毁 Pod。每个 Pod 都会获取它自己的 IP 地址，即使这些 IP 地址不稳定可依赖。这会导致一个问题：在 K8s 集群中，如果一组 Pod 为其他 Pod（消费者）提供服务，那么那些消费者 Pod 该如何发现并连接到这组 Pod 中的哪些实例？Service 抽象出了访问 Pod 的策略，通过 K8s Service，可以访问单个或一组 Pod。同样，与 Spring Cloud 的注册中心类似，Service 也支持配置相应的负载均衡器来实现服务的负载均衡。

如果使用单独的注册中心服务，还需要部署和维护注册中心本身，关心服务的健康状态，相比之下，K8s 的 Service 则与 K8s 的其他组件契合更好，使用更加方便。所以，在 K8s 环境下，我们更加推荐使用 Service 来完成服务的发现。

8.4.4 K8s 的命名空间

K8s 支持在同一物理集群中构建多个虚拟集群，这些虚拟集群称为命名空间（Namespace）。命名空间可以用于多个用户分布在多个团队或项目的环境中，将资源进行隔离，是一种在多个用户之间划分群集资源的方法。

默认情况下，同一命名空间中的对象将具有相同的访问控制策略，没有必要使用多个命名空间来分隔略有不同的资源。例如，同一软件的不同版本，可以使用标签来区分同一命名空间中的资源。我们可以通过以下命令列出集群中的当前命名空间。

```
$ kubectl get namespaces
NAME          STATUS    AGE
default       Active    1d
kube-system   Active    1d
kube-public   Active    1d
```

Kubernetes 有以下 3 个初始的命名空间。

（1）default：没有设置其他命名空间的对象的默认命名空间。

（2）kube-system K8s：系统创建的对象的命名空间。

（3）kube-public：可供所有用户（包括未经过身份验证的用户）读取，此命名空间主要用于群集使用，以防某些资源在整个群集中可见且可公开读取。

我们可以通过 kubectl 设置请求的命名空间，例如，要临时设置请求的命名空间，可以使用指令“--namespace”，具体如下。

```
$ kubectl --namespace=<insert-namespace-name-here> run nginx --image=nginx
$ kubectl --namespace=<insert-namespace-name-here> get pods
```

我们也可以设置命名空间的首选项，在上下文中为所有后续 kubectl 命令永久保存命名空间，指令如下。

```
$ kubectl config set-context $(kubectl config current-context) --namespace=<insert-namespace-name-here>
```

可以通过 config view 来验证配置是否生效。

```
# Validate it
$ kubectl config view | grep namespace
```

当创建服务时，它会创建相应的 DNS 条目。此条目是表单“<service-name>.<namespace-name>.svc.cluster.local”，这意味着如果容器只是使用<service-name>，那么它将解析为命名空间本地的服务。这对于在多个命名空间中使用相同的配置非常有用。如果要跨命名空间访问，就需要使用完全限定的域名（FQDN）。

不过，并非所有对象都在命名空间中，大多数 K8s 资源（如 Pod、服务、复制控制器等）都在某些命名空间中。但是，命名空间资源本身并不在命名空间中，而且低级资源（如节点和 persistentVolumes）不在任何命名空间中。

要查看哪些 K8 资源在命名空间中，哪些不在，可以通过如下指令。

```
# In a namespace
$ kubectl api-resources --namespaced=true
# Not in a namespace
$ kubectl api-resources --namespaced=false8.4.5    K8s 与 Docker
```

8.4.5 K8s 与 Docker

通过之前几节的学习，我们应该对 K8s 和 Docker 有了大致了解，一个是容器编排系统，一个是容器化技术。顾名思义，容器编排系统是管理容器，那么是否 K8s 就是管理 Docker 的呢？答案是肯定的，但不绝对，肯定的是 K8s 可以提供一整套生产级别的基于 Docker 容器的编排、调度、资源管理、监控等功能的容器管理方式，但是 K8s 绝不只是针对 Docker 这一种容器引擎。

通过前面的内容我们可以看出，K8s 通过 Pod 来操作容器，这样设计的目的是什么？其实最根本的目的就是提供一套更加通用操作容器的抽象，将容器与 K8s 隔离，无论使用什么样的容器，只要是标准的容器 runtime，K8s 就可以通过 Pod 直接对容器进行管理，通过 K8s 将容器进行迁移、复制、扩展等操作，而不需要关心具体的容器指令。

有人说是因为 Docker 的流行才造就了 K8s，但其实 Google 早在很多年前就在使用容器技术，而且内部有了名声在外的 Borg 系统，后来才有了 K8s 这样一个功能丰富、实践性强的优秀的开源系统产生，虽说后来 Docker 确实是目前容器化最主流的技术，但 K8s 从一开始就并没有将自己设计为只针对 Docker 的容器管理系统。

总体来说，Docker 是一种容器技术，而 K8s 用来管理容器，Docker 可以在 K8s 的管理下运行，两者相辅相成，K8s + Docker 的组合是现今最主流的微服务容器化部署方案。

8.4.6 K8s 与 Docker Swarm

提到 Docker Swarm 可能大家比较陌生，但 Docker 的早期使用者一定知道，因为在两年前 Docker Swarm 还是有一定的名气的，下面先来了解一下 Docker Swarm。

Docker Swarm 是 Docker 官方出品的 Docker 集群管理工具，通常简称 Swarm。同样，Docker Swarm 也是一个开源的容器编排平台，由于与 Docker 同源，因此 Docker Swarm 对 Docker 社区版和 Docker 企业版的支持更加良好，更加契合 Docker 的大部分功能，使用的指令也和 Docker 相同，熟悉 Docker 的读者可以快速上手 Docker Swarm。K8s 与 Docker Swarm 都提供了许多容器编排相同的功能，对微服务进行集群的部署和管理，同时还包括高可用、负载均衡等功能，那为什么现今 Docker 官方出品的 Docker Swarm 没有成为容器编排的主流呢？

我们先来了解一下 Docker Swarm 的优势。首先是速度，相比 Docker Swarm，K8s 在设计上更加复杂，并且为集群提供了一组统一的 API，相对会减慢容器扩展和部署速度。而 Docker Swarm 更加简单，所以 Docker Swarm 可以更加快速地部署容器。

其次是简单，Docker Swarm 可以自定义配置，并将其放入代码库中轻松部署。此外，Docker Swarm 更加契合 Docker，如属于可以跟踪容器的连续版本，检查差异或回滚到前面的版本。不过，随着 K8s 的用户体量越来越大，Docker 也开始支持 K8s 作为“一等公民”，并鼓励两大平台相互迁移，旨在创造一个更健康的生态系统，但是这一优势现今并不明显。

最后，Docker 团队在文档建设方面十分出色，这一点很多开源团队或企业都会忽视，无论是 Docker 还是 Docker Swarm 在文档上都做得十分出色，感兴趣的读者可以前往 Docker 官网进行查看。

当然，Docker Swarm 的落寞还与它的缺点有关，下面列举几个 Docker Swarm 的主要问题。

（1）依赖平台：Docker Swarm 是一个基于 Linux 的平台。虽然 Docker 支持 Windows 和 Mac OS X，但它需要在虚拟机才能在非 Linux 平台上运行。Windows 上的 Docker 容器中运行的应用程序无法在 Linux 上运行，反之亦然。

（2）不提供存储选项：Docker Swarm 不提供将容器连接到存储的无障碍方式，这是主要缺点之一，需要在主机上提供大量临时的手动配置。

（3）较弱的监控：Docker Swarm 提供有关容器的基本信息，如果只是在寻找基本的监控解决方案，那么 Stats 命令就足够了；如果正在寻找高级监控，那么使用 Docker 本身实时收集有关容器的更多数据是不可行的。

因此，在生产环境中使用 Docker Swarm 并不像我们所设想的那样简单，但是 Docker Swarm 确实消除了系统中的一些复杂性，也带来了一系列问题。如果解决这些问题，使用 K8s 会是一个不错的选择，除去安装过程的烦琐，K8s 会满足我们更多的需求。当然，通常我们在项目中都会使用云厂商来部署应用，如阿里云、AWS、Azure 和 Google Cloud 等，完全不需要担心安装的问题。

相比 Docker Swarm，K8s 提供声明性的配置方式，用户可以知道系统应该处于什么状态以避免错误。作为传统工具的源代码控制，单元测试等不能与命令式配置一起使用，但可以与声明性配置一起使用，这使得 K8s 具有不可变的声明性，所以扩展时更加容易。通过 K8s，我们可以轻松地完成服务器级别的水平扩展，快速地添加或分离应用到新的服务器，也可以支持手动或自动的方式进行扩展，更改正在运行的容器数量。

K8s 还可以检查节点和容器的运行状况，并在出现错误而导致崩溃时提供自我修复和自动替换。K8s 在多个 Pod 之间分配负载，以便在意外流量期间快速平衡资源。在 K8s 中，数据可以在容器之间共享，但如果 Pod 被终止，就会自动删除卷。而且数据是远程存储的，如果将 Pod 移动到另一个节点，数据将保留，直到用户删除为止。

最后，与 Docker Swarm 相比，K8s 本质上是支持所有标准的容器 runtime，而 Docker Swarm 只支持 Docker，不过从目前市场上 Docker 受欢迎程度来讲，这似乎并不能算作一个优势。毕竟连 K8s 也一直在争当 Docker 的“一等公民”，这样在容器市场上才会拥有更多的位置。

当然，从来没有一个万能工具，永远不要指望软件能够以你想要的方式工作，虽然 K8s 是目前的主流平台，但也不是说 Docker Swarm 不好，我们在做服务架构时需要更多考虑真实的项目场景，选择更加适合的技术和工具。

8.5 云商的支持

在一些小型项目中，或者有私有云的大厂项目中，企业都会搭建自己的 K8s 平台和 Docker 镜像中心来进行相关项目的容器部署和管理，但在大多数时候，我们通常会使用一些云服务商现成的服务。目前，市面上一些主流的云商都是支持容器技术和 K8s 服务的，使用起来十分方便，下面一起来看一下各大厂商的支持。

1. AWS（亚马逊云）

AWS 是亚马逊公司所创建的云计算平台，目前在全球云计算服务市场上拥有最多的用户量，除了基础的虚拟机等云服务，AWS 也推出了 Amazon ECS（Elastic Container Service），这是一项高度可扩展的快速容器管理服务，可轻松运行、停止和管理 Amazon EC2 实例集群上的 Docker 容器，同时也提供 Amazon ECR（Elastic Container Registry），可以方便安全地管理和部署 Docker 容器映像，ECR 与 ECS 可以集成使用，大大简化了生产工作中的开发流程。关于容器编排，亚马逊同样提供 Amazon EKS（Elastic Container Service for Kubernetes），可以让用户在 AWS 上轻松运行 K8s，而无须关注和维护 K8s 本身的控制层面。

2. Google Cloud（谷歌云）

谷歌云是谷歌推出的云计算平台，谷歌自身的核心产品都是由谷歌云部署和管理的，如谷歌搜索、谷歌地图等，大名鼎鼎的 YouTube 也是在谷歌云上运行的。与 AWS 类似，谷歌云也提供了基础的镜像注册服务（Google Container Registry），不过在容器层面，谷歌并没有提供过于基础的容器服务，而是提供了基于谷歌的计算引擎专门针对 Docker 容器进行优化的操作系统（Container-Optimized OS），来更快速、高效、安全地运行 Docker 容器，最后自然是容器编排。关于 K8s，谷歌云提供了 GKE（Google Kubernetes Engine）来提供可靠、高效和安全的 K8s 集群服务。

3. Microsoft Azure（微软云）

微软云是笔者最近一个项目接触到的云厂商，是由微软公司提供的云计算服务，微软云确实做得不错，并不比 AWS 和 Google Cloud 差，而且关于容器技术还提供了更多丰富的功能，首先微软云提供了容器注册服务，来对容器的镜像资源进行管理，对于容器，微软云提供了 ACI（Azure Container Instances）服务，相比谷歌云的操作系统更加方便，使用者无须关注容器所运行的服务器，可以直接在 Azure 上运行容器的实例。

关于容器编排，微软云也提供了 AKS（Azure Kubernetes Service），完全托管了 K8s，与 ACI 集成后，可以更加灵活地扩展应用容器，大大简化了 K8s 的管理和部署等操作。除了这些，微软云还提供了 Web App for Containers 和 Azure Service Fabric 等针对容器化应用的服务，可以让用户在 Windows 和 Linux 上轻松部署和运行容器化应用程序，简化微服务开发和管理。

4. 阿里云

阿里云是阿里巴巴旗下的云计算服务平台产品，其作为国产大型的云厂商之一，在对容器化技术的支持上做得同样出色，无论是中文友好还是网络快速，都是国内项目在云服务商选择时的不二之选。与微软云相似，阿里云也提供了容器镜像服务（免费），对于容器，阿里云提供了弹性容器实例 ECI（Elastic Container Instance）服务，敏捷安全的 Serverless 容器运行服务，用户无须管理底层服务器，只需提供打包好的镜像，即可运行容器，并且仅为容器实际运行消耗的资源付费。同样，对于 K8s，阿里云也提供了 ACK（容器服务 K8s 版），提供高性能可伸缩的容器应用管理能力，支持企业级的 Kubernetes 容器化应用的全生命周期管理。

除了上述这些云厂商，还有 IBM Cloud、腾讯云和华为云等云厂商都支持容器化和容器编排等技术，这也足以证明容器化技术在逐渐成为应用服务部署方式的主流。让我们在技术选型上可以更加大胆放心地选择容器化技术，同时也为微服务架构下服务运行和部署打通了新的道路。

09 第 9 章 持续集成、部署与交付

- 持续集成（CI）
- 持续交付（CD）
- 持续部署（CD）
- CI/CD 工具

讲到持续集成、部署与交付（CI、CD 与 CD），我们不妨回想一下微服务的概念，围绕着业务建立了一组小的服务，这些服务都可以独立运行和部署，轻量级的交互，可以使用不同的语言和数据存储技术，拥有最小化的集中管理机制，可以自动化部署。

除了自动化部署，所有的点本书中都介绍到了，虽然第 8 章提到了使用容器化技术的部署方式，但并没有实现自动化。本章就给大家介绍自动化部署的相关概念和方法，也思考一下，为什么微服务项目中需要自动化部署机制？

9.1 持续集成（CI）

持续集成（Continuous Integration，CI）是一种软件开发中的工作流程，或者是一种工程实践方式。我们知道，在软件开发过程中，有各式各样的集成，需要集成数据库、客户端，有的项目还需要集成第三方的系统或服务。在微服务项目中集成则更多见，我们需要集成 BFF、API Gateway、后端不同的基础服务、各种数据存储等。

那么，持续集成又是什么意思？它与传统的软件集成方式相比有哪些不同？

9.1.1 传统的系统集成

在软件工程中，系统集成以满足用户需求为根本目的，将各类资源整合在一起，形成一个完整的系统，其中包括设备、网络、数据、应用系统等集成。通常，我们在项目开发过程中所说的系统集成多指应用系统集成，就是将系统的各组件或子系统集成到一个系统中的过程，在这个过程中我们将各个应用系统连接在一起，并确保它们可以在一起运行，如图 9.1 所示。

在微服务项目中，由于服务数量相对较多，系统集成的工作就显得尤为重要，很多时候各组件在独立的运行环境中可以良好地运行，但集成在一起时就会出现各种各样的问题。当然，我们通过之前的章节已经掌握了很多微服务的实践，如使用容器化技术来减少不同环境的差异性影响，使用契约测试来保证各个服务的交互正确性，使用 BFF 来为不同的客户端定制不同的数据处理策略，通过这些软性的手段，降低系统在集成时的困难程度和出错率，但绝不是百分之百地避免出错，再健壮的系统架构也需要测试，尤其是集成测试。

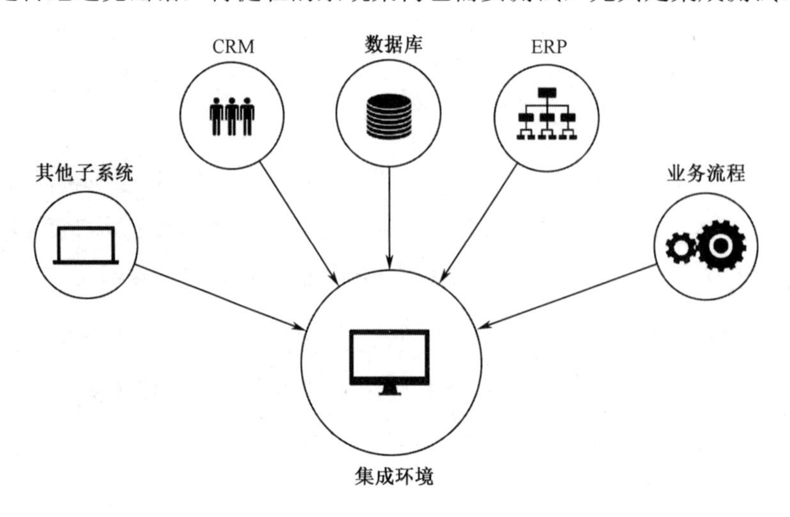

图 9.1　应用系统集成示意图

为了保证系统能够正确的运行，我们需要把系统集成在一起进行测试，然后上线部署，再测试，最后发布到生产环境，这也是为什么需要那么多集成测试的环境，如 SIT、UAT、Staging 等。

传统的系统集成是如何做的？我们设想一个场景。例如，一个完整的电商平台，需要商品子系统、库存子系统、订单子系统、用户子系统、物流子系统等集成在一起运行，当我们需要在商品子系统中开发一些新的功能时，如在商品子系统中丰富商品的检索功能，可以根据商品的库存和销量等信息对商品进行检索。

正常的流程是我们需要和订单子系统、库存子系统等有关联的系统约定好接口定义，然后开始开发工作，等到该版本开发完成后，再将系统部署到集成环境进行测试，首先这一步是人工手动完成，人工的过程就有可能出错，其次一个大的版本开发完成后，由本地环境部署到集成环境的过程中会遇到各种各样的问题，如数据库集成、接口兼容、配置项的问题，甚至是第三方子系统接口调用问题等，这时又需要把版本打回，然后对相关问题进行修复，再继续集成，传统系统集成流程如图 9.2 所示。

无论是从开发效率方面，还是从敏捷方法论的角度，传统的系统集成方式并不能适应如今软件开发的需求，尤其是在微服务架构下，服务的职责范围都不大，各服务数目众多，迭代频繁，传统的系统集成速度甚至赶不上微服务版本的开发速度，各系统无法提前验证集成运行时的正确性，集成的问题频繁暴露，开发者也只能一边开发新功能，一边修复之前版本的集成 BUG，所以聪明的程序员又在想出路。

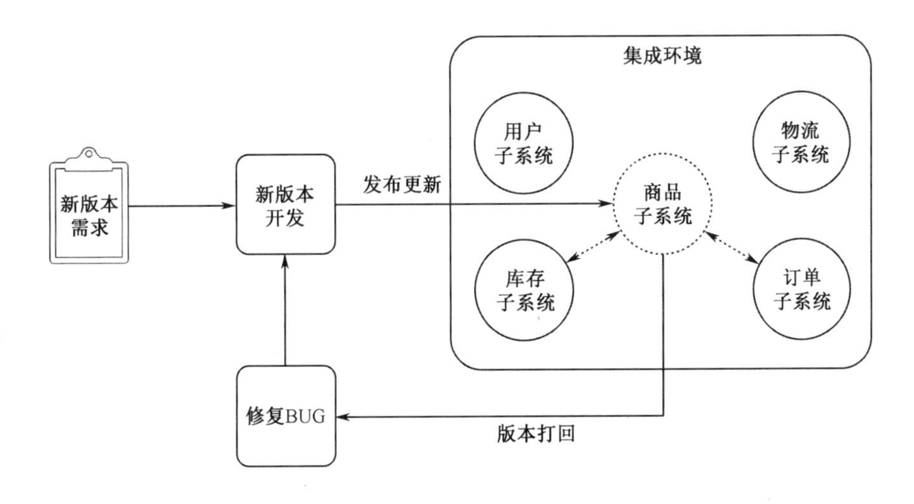

图 9.2　传统系统集成流程

基于微服务的特性和敏捷的工程思想，希望我们开发的功能能够更快更早地被集成和验证，最好是自动化，这样只要代码有变化，新的代码就会自动部署到集成环境中，问题在第一时间暴露，于是持续集成的概念就被提出来了。

9.1.2　持续集成的概念

持续集成（CI）是指在软件开发过程中每天持续不断地将开发者的工作产物合并到共享主线的做法。也就是说，在开发人员提交代码之后，自动将新的代码进行构建，新的代码最后附有单元测试，然后将新的构建产物集成到集成环境中，以便于快速地发现新的代码和原有的环境是否能正常地集成在一起运行，持续集成流程如图 9.3 所示。

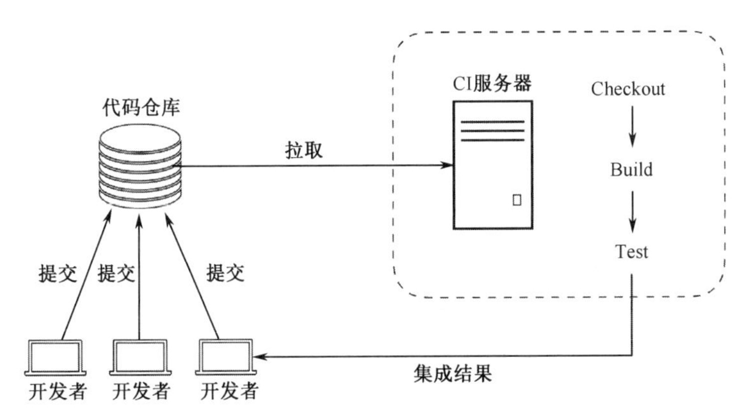

图 9.3　持续集成流程

通常要做到持续集成，除了使用一些集成工具，还需要团队在开发过程中达成共识并共同使用良好的开发实践，从而确保项目的 CI 可被顺利执行。那么，要做到持续集成，需要哪些实践呢？

1. 代码管理

首先，持续集成需要获取最新的交付物，也就是我们的项目代码，它需要维护一个公共的代码仓库来存储代码和管理代码版本的变更。例如，我们经常在项目中使用的 SVN、Git 等代码管理工具来管理代码版本，搭建或购买私有代码仓库来存储代码，这是实践持续集成的第一步。

有人认为这就是版本控制，我们几乎每个项目都在用，一旦去做持续集成，就会发现总不顺畅，不是系统有问题，就是代码合并冲突。其实代码管理除了选择合适的工具，更加重要的是团队在提交时代码的质量和提交意识。首先是质量，最好新代码带有单元测试，也就是说，最好我们的每个 commit 都有测试覆盖，并且测试通过，至少在构建和运行层面，提交的代码可正常运行，不会破坏集成环境。

其次是意识，笔者在带新人时经常会教给他们一个习惯：保持你的工作区是干净的，这里的工作区当然不是指工作桌面，而是指本地代码工作区，主要是我们需要尽早地提交代码，尽早地去做代码合并，这样做的好处是可以快速地暴露代码的问题，也可以大大减少最后合并代码时解决冲突的痛苦，有些项目团队还会定时去做提交，甚至规定每天至少要提交的次数。在极限编程（XP）思想中也十分提倡这种做法。

关于代码提交的另一个重要意识就是保证提交的原子性，又称为原子提交。例如，将一组不同的更改视为单个操作应用的原子操作，如果应用了更改，就说明原子提交已成功，如果在原子提交完成之前发生故障，那么原子提交中完成的所有更改都将被撤销。这样可确保系统始终处于一致的状态。例如，编写一个新的方法需要操作两次数据，在一次提交中最好是包括两次数据的操作代码，因为提交完成了一半代码对于构建或集成来讲都没有意义，也不方便进行代码的版本管理，所以代码的测试最好一起提交。

2. 自动构建

有了有效的代码管理策略，自动构建相对简单，首先我们要选择合适的构建工具或框架，如在 Java 项目中的 Maven 和 Gradle 就是很好的构建工具，能够帮助我们快速地进行依赖管理和编译构建，接下来只需选择合适的自动构建工具来自动获取最新的主线代码进行构建即可。常用的工具有 Jenkins、GoCD 等，而拉取最新的代码一般有两种策略：一种是通过配置定时任务，如每 5 分钟定时任务会去拉取最新的代码，然后和本地的版本进行比较，若有新的提交，则开始执行构建；另一种是由代码仓库主动触发构建，当有新代码提交时，代码仓库会主动地触发持续集成工具的自动构建接口，当然第二种方式需要代码仓库的功能支持。

3. 自动测试

在自动构建的过程中，测试代码是否能够正常执行，除了测试新提交的代码，还需要回归地测试原有的代码是否会受到影响。通常我们会要求每个提交都有单元测试覆盖，这样在集成时，都会先过一遍所有的单元测试，以确保新老代码都可以正常运行，有时还要单独编写一些接口的集成测试，以确保在集成环境中端到端的测试通过，确认系统的逻辑运行正常。

9.1.3　微服务的 CI

在微服务架构中我们会有更多的服务，大部分项目还会有 API 网关、BFF 等服务，也就是会有更多的集成点，如果每个服务都各自为政，等待版本开发完成后再去集成，那么在集成时所有的问题都集中爆发，哪怕是一些小的问题，都有可能影响整个系统的集成进展，这时就需要花费相当大的精力去解决问题。

既然微服务架构下的集成点更多，就需要系统能够更加敏捷地去集成，更加快速地去验证代码的正确性。所以，在采用微服务架构的项目中，几乎都使用或自建 CI 环境来确保各个服务能够做到持续集成。笔者所参与的项目中通常还会专门申请一台大电视，用来展示项目的 CI 墙（CI Monitor），如图 9.4 所示。

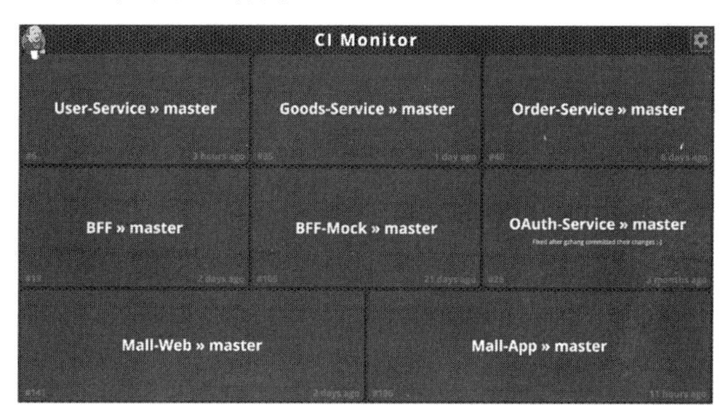

图 9.4　CI Monitor

这样可以及时地展示各服务的集成进度和状态，一旦持续集成过程中构建或测试失败，CI Monitor 就会变红，告警团队有问题需要处理，所以在敏捷团队中经常会有“流水线红不过夜”的说法。

9.2　持续交付（CD）

除了 CI，还有一个更高级的自动化部署方式，那就是持续交付（Continuous Delivery，

CD）。持续交付就是持续不断地自动化交付我们的软件工件。那么，它和 CI 有什么不同呢？我们又该如何做到持续交付呢？

9.2.1 CD 的概念

在我们提起 CI 时，往往会和 CD 一起说，那么 CD 是指什么？和 CI 有什么区别？

CD 就是持续交付，如果说 CI 是将新的交付产物集成起来并且可以执行相关的测试，那么 CD 实际上就是比 CI 又往前一步，我们新的代码不仅可以持续构建和测试，还可以自动部署。例如，完成了一个新的接口的开发，这时 CD 工具不仅可以拉取最新的代码进行构建和测试，还可以将构建好的服务部署到系统的开发环境、测试环境或集成环境中，持续交付流程如图 9.5 所示。

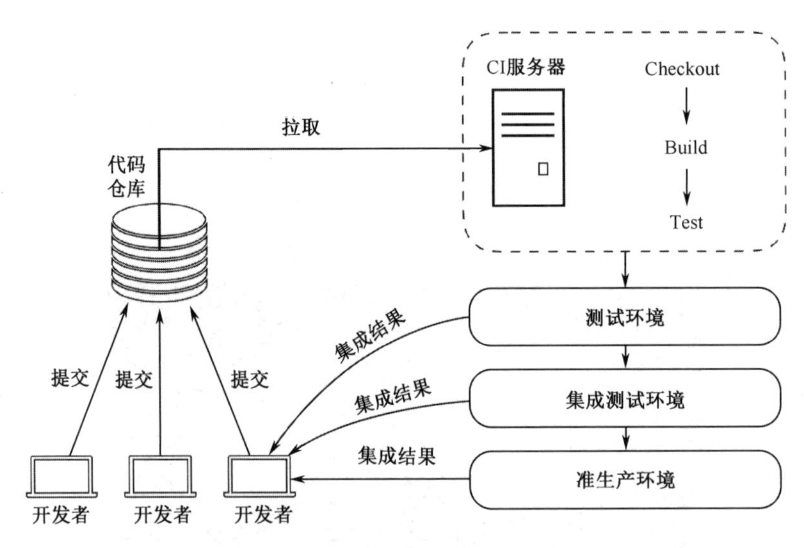

图 9.5 持续交付流程

持续交付将集成做得更加彻底，它确保了团队在每次提交后所产生的增量的可交付物，可以随时发布部署，一旦各环节都验证通过，就可以在最后手动地将产品增量发布到生产环境中，从而有助于降低成本、时间和交付变更的风险。这个过程对业务人员同样重要，意味着一旦开发人员开发完成了某一个小功能，甚至是小部件，业务人员可以随时验证这些改动，并提供相应的反馈。

而对于持续交付的实施，配置简单且可重复的部署过程非常重要，这里所说的部署主要是将测试通过的构建产物部署到相应的集成环境中，通过一些流程配置，还可以中断整个问题代码的部署，保证集成环境的稳定，我们一般都会为项目建立整个的持续集成流程，而这个流程通常称为流水线（Pipeline）。图 9.6 所示为 Jenkins 的 CI 流水线示例。

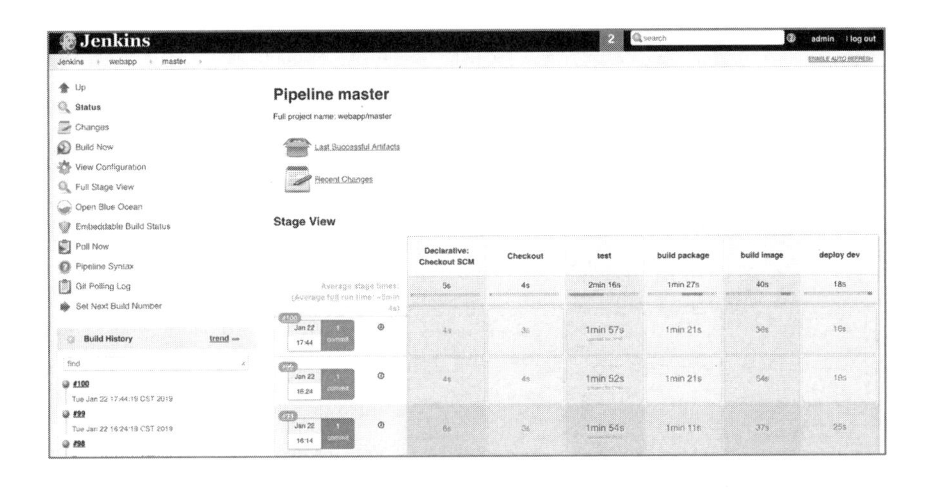

图 9.6 Jenkins 的 CI 流水线示例

图 9.6 所示的流水线配置了 5 个步骤：代码下载→测试→构建打包→构建镜像→部署。其中任何一个步骤失败都会导致流水线中断，保护了集成环境的文档，也可以提前暴露集成的问题。

9.2.2 DevOps 与持续交付

DevOps 是近几年出现的新词，目前还很流行，常常与 CI/CD 一起提起，其实 CD 就是 CI 的进化版，在持续集成的基础上，将持续集成的流程扩展到交付现实的产物。

那 DevOps 又是什么？从字面上理解，DevOps 似乎是 Dev（开发）加 Ops（运维），是一种新的项目角色，同时拥有开发和运维的能力，很多时候大家可能理解 DevOps 就是来搭建 CI/CD 的，但实际上 DevOps 的范围比 CI/CD 更广阔。

DevOps 往往是以文化变革为中心，特别是参与软件交付的各个团队的协作，以及软件交付的流程自动化，是一种将软件开发和信息运维相结合的方法，目的与持续交付类似，都是缩短软件开发的生命周期。而持续交付（CD）是一种自动交付的方法，侧重于将不同的流程汇集在一起更快、更频繁地执行。

因此，DevOps 与持续交付经常结合使用，持续交付的重点是自动化软件交付流程，DevOps 更专注于组织变更，以及所涉及的众多功能之间的良好协作。其最终的目的都是加快软件的变更速率，缩短反馈环，为最终客户提供重要价值。

9.2.3 软件质量门

在持续交付的过程中还有一个很重要的概念，那就是质量门（Quality Gate）。简单来说，质量门就是一个质量标准，如通过全部的单元测试，代码测试覆盖率大于 85%，重复代码小于 10%等对交付产物质量的标准，只有通过了这些标准才能成功发布。

那么，质量门有什么作用？最直接的就是可以通过设定质量门提高项目的质量，如果用过 SonarQube 等代码扫描工具，就可以看到有关质量门的设置项，可以通过组合各种条件或运算符来配置一个项目的质量门，如图 9.7 所示。

Metric	Over Leak Period	Operator	Warning	Error		
Coverage on New Code	Always	is less than		80	Update	Delete
Duplicated Lines on New Code (%)	Always	is greater than		3	Update	Delete
Maintainability Rating on New Code	Always	is worse than		A ×	Update	Delete
Reliability Rating on New Code	Always	is worse than		A ×	Update	Delete
Security Rating on New Code	Always	is worse than		A ×	Update	Delete

图 9.7　SonarQube 质量门配置

然后在 CI/CD 流水线中加入 SonarQube 扫描的步骤，如果没有通过质量门就中断流水线的进程。除了基础的代码质量扫描，质量门也是一种测试和部署的策略，其实 CI/CD 除了能够减少人工集成的工作量，最大的目的是快速检验新交付工件、新的代码是否能够集成到对应的环境中。所以，可以把它理解成一种测试，在软件项目过程中，往往会存在多种环境，如开发环境、测试环境、集成测试环境、准生产环境和生产环境等，通常我们的代码会按照顺序逐步通过这些环境直到最终的生成环境。那么，我们的质量门应该设立在哪里？

其实每个环境的测试，无论是代码扫描还是单元测试，或者是人工测试，都是对质量的一种把关，所以每个环境都会有自己的质量门，只不过这些质量门的侧重点可能各不相同，每个质量门的输入都是上一个质量门的输出，我们的代码就像“闯关者”一样，通过重重考验，最终发布到生产环境中，如图 9.8 所示。

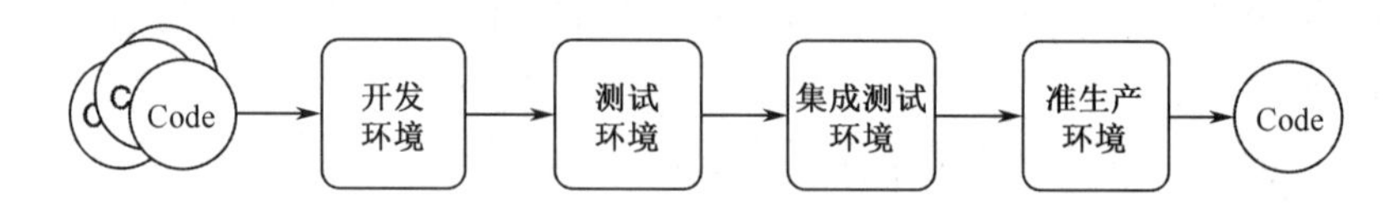

图 9.8　代码通过质量门的筛选

在图 9.8 中，每个步骤只需关注自己的质量标准，这样既可以保证最终的交付质量，又减少重复的质量检测工作，在风险管理或测试管理中称为瑞士奶酪模型（Swiss Cheese Model），这个模型在很多航空安全、工程、医疗卫生和应急服务机构中也作为基础的安全分层原则，如图 9.9 所示。

该模型由曼彻斯特大学的 Dante Orlandella 和 James T.Reason 联合提出，从图 9.9 中可以看出，在软件开发过程中存在很多风险，需要通过层层的质量门来帮助开发者对软件漏洞进行把关。例如，开发环境可能关注于单元测试，测试环境可能关注于功能的测试，集成测试环境可能关注于端到端的集成测试，而准生产环境可能关注于性能和各种配置项的测试，每个质量门就像一片奶酪一样，可能存在很多漏洞，但是每片奶酪的漏洞都不重叠，通过层层的筛选，最终可以保证风险不会穿透所有的分层，这种结果也被称为累积行为效应。

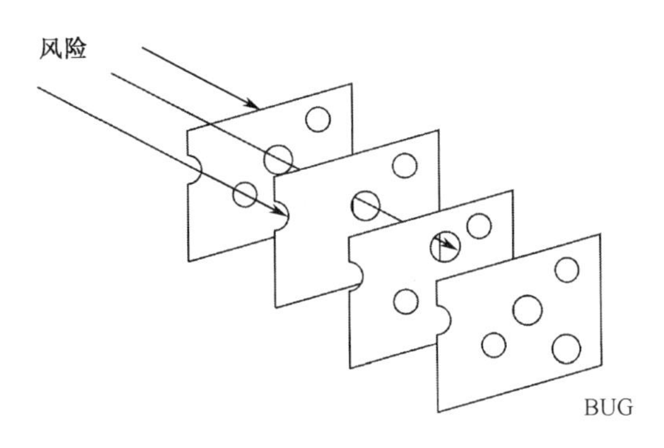

图 9.9　瑞士奶酪模型

9.3　持续部署（CD）

其实，CD 除了持续交付的意思，还有持续部署的含义，由第 9.2 节我们知道持续交付其实是指将可交付的软件增量持续不断地提交到各测试环境中，持续部署则是明确地表示部署到最终用户可见的环境中，即将新的交付产物持续不断地部署到生产环境中，如图 9.10 所示。

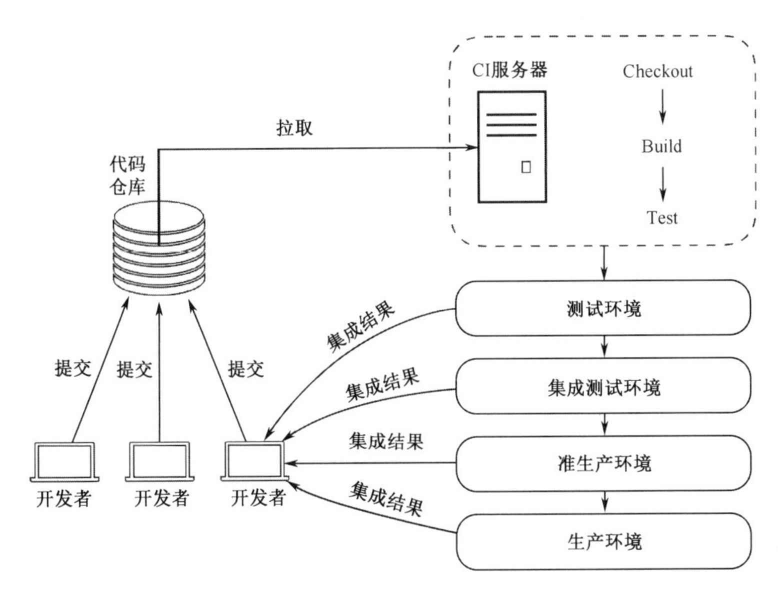

图 9.10　持续部署流程

虽然生产环境和准生产环境就差一个字，图 9.10 也只是比图 9.5 多了一个环境的部署，但在部署的运维工作上却是千差万别，很多项目或产品团队都可以很容易地做到持续集成和持续交付，但真正做到持续部署或做好持续部署的确很难。

9.3.1 生产环境部署的难点

为什么说持续部署要比持续集成和持续交付更难？其主要原因还是生产环境的复杂性造成了生产环境的部署工作本身就很难，而且我们一般对生产环境部署过程的要求会比其他环境要高出很多。例如，其他环境如果出错了我们可以反复调试、修复，而生产环境如果出错了，每秒都会造成很大的经济损失，如果再加上要自动化完成这些事情就更难了。那么，生产环境部署都会遇到哪些难题呢？

1. 安全限制

安全限制是很多项目中最常遇到的问题，有时我们的项目要有很高的安全要求，如金融类的项目、数据类的项目，除了基础的网络端口、IP 等限制，可能还会存在本身物理上的隔离。例如，安全级别高的系统网络只能够内网访问，有时还需要使用各种证书、VPN、跳板机等工具才能顺利连接，所以流水线的网络和权限都需要与生产环境打通后，才可以做到持续部署。

2. 在线用户

生产环境一般都会有在线用户，在线用户量可多可少，需要考虑到如何不停机让用户无感知地升级系统。

3. 环境复杂

生产环境中一般要比其他环境更加复杂，如开发环境 1～2 台机器就可以部署了，而生产环境往往有更高的配置，每个服务都有多个节点，数据库也会有热备等，单从服务器的数量来讲就不是一个层次的，再加上一些负载均衡、缓存、代理、CDN 等高级配置，使得生产环境需要接触的配置会更多、更复杂。

4. 回滚策略

每次生产环境上线，项目经理都会让技术负责人准备好版本回滚的策略，保证在发现一些难以立刻解决的问题时，可以回滚到之前的版本，保证系统的正常工作。

生产环境的部署面临着比其他环境都要大得多的风险，因为一旦失败或出现问题，就很可能会直接影响到真实的用户，尤其是在竞争激烈的互联网应用上，一次生产事故就能直接造成很大经济损失。

那么，如何降低生产环境部署的风险？最简单直接的方式就是提高部署频率，更小步、更高频地进行生产部署，从而降低每次部署的风险。然后就是减少人工操作的成分，把自动化的可能做到最大，因为只要验证成功的流程，机器的成功率绝对大于人工，这正是持续部署所带来的价值，持续不断地部署到生产环境，自动化地部署流程。据说亚马逊平均每 11.7 秒就要部署一次代码，Netflix 每天可能要部署上千次，所以即使是在越来越复杂的环境里，面对越来越多的难题，我们仍然需要努力做到持续部署，因为它所带来的价值是巨大的。

9.3.2　蓝绿部署

蓝绿部署是一种解决部署过程中不停机、在线用户无感知部署的一种方法。正如其名，蓝绿部署需要蓝绿两套生产环境，蓝色环境代表正在使用的生产环境，即老版本的系统，绿色环境则用来部署新版本，如图 9.11 所示。

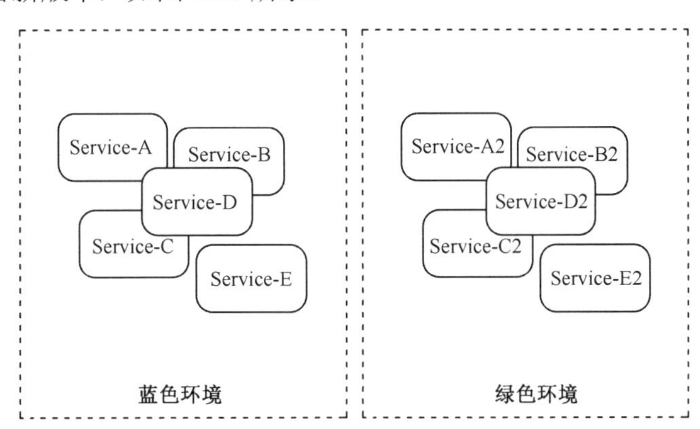

图 9.11　蓝色环境和绿色环境

当绿色环境部署成功后，我们可以在绿色环境上进行测试，并不会改变或影响老版本蓝色环境的正常运行。当测试成功后，通过流量控制、负载重定向等手段将用户流量指向新的绿色环境即可不停机地完成新系统的切换，而且此时蓝色环境并不会停机，一旦新系统出现问题需要回滚版本，将用户流量直接切换回蓝色环境即可，蓝绿部署示意图如图 9.12 所示。

这样做的好处有两个：一是可以不停机地部署新系统；二是可以对新系统进行测试。在更新过程中出现问题后，老系统可以立即回滚，风险较小。当绿色环境稳定后，就成为新的蓝色环境，而蓝色环境可以作为绿色环境去部署新的版本。

不过蓝绿部署也存在一些问题，如需要准备完全相同的两套环境，尤其是生产环境配置相对较高，比较浪费资源。在一个微服务架构下，各服务都有自己独立的数据库，两套环境切换还要考虑数据同步和迁移的问题。一旦某一个地方出现问题，回滚就是整个版本范围的回滚。为了解决这些问题，一个比蓝绿部署更为灵活的部署方式应运而生：滚动部署。

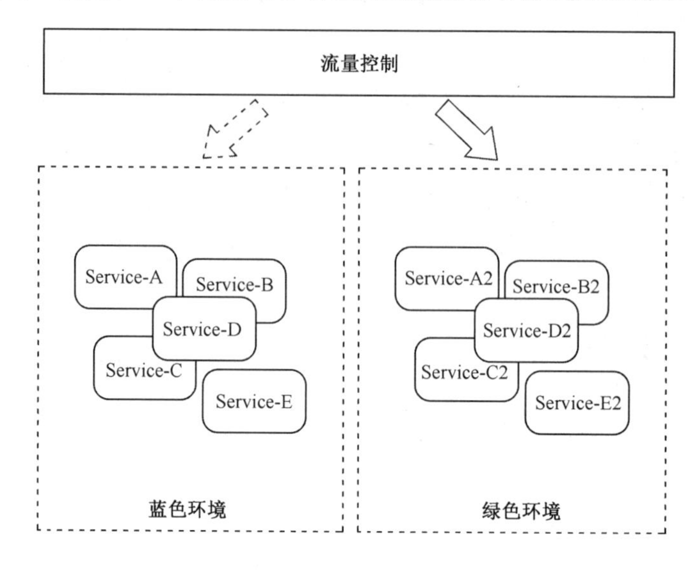

图 9.12　蓝绿部署示意图

9.3.3　滚动部署

滚动部署相比蓝绿部署更加灵活，它首先完成一个或多个服务的更新部署，即部分新版本的上线，进行相关的测试，然后继续部署部分服务，继续测试，不断地滚动循环这个过程，直到所有的服务都部署和测试完成。

滚动部署的优点相当明显，相比蓝绿部署，它不需要多提供一套生产环境，更加敏捷，可以逐步更新、逐步验证，也更加适用于微服务的架构。因为微服务架构下服务的数量众多，滚动部署能够将服务逐步分批更新部署，降低单次风险。

不过滚动部署也存在很多问题，首先最大的问题就是滚动部署是直接修改生产环境，有些服务更新可能需要重启，用户并不能做到完全无感知；其次，滚动部署是单次部署部分的服务，会造成新老版本同时在线的情况，这就对服务本身的版本兼容性要求相当高，有时可能需要添加一些新功能的开关控制代码，这会增加开发的复杂度和版本部署对代码的侵入性；最后，滚动部署并不能很方便地做到版本的回滚。例如，项目有 100 个服务，当我们部署到一半时，已经更新了 50 个服务，在部署第 51 个服务时出现问题，无法在短时间内解决，需要回滚版本，这时运维就很痛苦，要回滚 50 个服务的版本。

于是，我们继续将部署方式进行改进，灰度发布便出现了。

9.3.4 灰度发布

灰度发布其实有结合蓝绿部署和部分滚动部署的思想，采用 A/B 切换的方式，同时采用了将系统进行增量发布，逐步进行发布和验证的方式。只不过相比蓝绿部署，灰度发布有着和滚动部署类似的优势，不需要额外的环境，更加灵活；而相比滚动部署，灰度发布也有着蓝绿部署类似的优势，部署方式更加平滑，可以做到用户无感知，并且通过一定的真实用户测试，保证部署的正确性，降低需要回滚的风险。

那么，灰度发布具体如何做呢？正如上面所介绍的，灰度发布采用增量的发布方式，但与滚动部署不同，灰度发布在更新一个服务时，会先部署一个新版本，新的服务通常被称为“金丝雀”，然后通过流量负载机制，将一部分用户流量分配到“金丝雀”服务上，如果测试没有问题，就将全部流量都分配到“金丝雀”服务上，并开始升级其他服务，如图 9.13 所示。

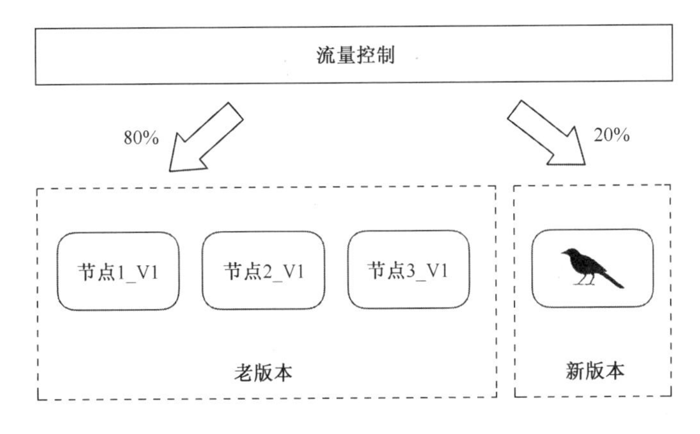

图 9.13　灰度发布示意图

从图 9.13 中可以看出，灰度发布并不会对老版本产生影响，只是在更新“金丝雀”服务，并且分配了小部分用户到新版本上进行测试，测试成功后会将流量全部分配到新服务中，如果有问题就将流量全部分配到老版本，再回滚或直接删除“金丝雀”服务。我们通常提到的 A/B 测试就是这种方法，A/B 测试的目的就在于通过实验设计、抽样采样、分流或小流量测试等方式来获得可信的结论，再推广到全部流量使用。

为什么新的服务被称为“金丝雀”？其实这里还有一个典故，在很久之前的英国，工具还没有发展得很先进的时候，矿工们只能靠个人的经验来判断矿洞中的瓦斯量是否有危险，然而人类本身对瓦斯的感知是迟钝的，瓦斯中毒事件频频发生，一次偶然的机会，人们发现金丝雀对瓦斯十分敏感，哪怕有极其微量的瓦斯，金丝雀也会停止歌唱，当瓦斯超过一定含量时，矿工们还毫无察觉，金丝雀早就毒发身亡了。所以，后来的一段时间，矿工们每次下井都会带上一只金丝雀作为“瓦斯警报器”。在灰度发布中，我们实际上也是利用这个新的服务进行小范围的测试和验证，所以引用了“金丝雀”一词，通常灰度发布又称为金丝雀发布。

9.4 CI/CD 工具

介绍了这么多 CI/CD 的理论，下面介绍实践的环节，其实 CI/CD 的工具还是很多的，这里介绍一些比较常用的工具，都是在项目中经过反复验证的好工具。

9.4.1 Jenkins

Jenkins 是一个开源的 CI/CD 工具软件，使用 Java 开发，它的前身是 Hudson，后来 Oracle 收购 Java 后，将 Hudson 注册为商标并开始商业版本的开发，而后 Hudson 的开源社区将它更名为 Jenkins，展开了开源社区和商业公司的软件争夺战。不过 Hudson 的发展明显不如 Jenkins 迅速，后来 Oracle 不得不承认，Hudson 无法赶上 Jenkins 的步伐，放弃了商标的控制，将 Hudson 捐赠给 Eclipse 基金会，截至 2018 年中旬，GitHub 上统计的 Jenkins 组织拥有 650 个项目成员和 1900 个公共项目仓库，而 Hudson 只有 28 个成员和 20 个公共项目仓库。

Jenkins 的成功很大一部分原因在于它的插件功能设计，开发者可以开发各种功能的插件，集成各种语言的代码，各种版本控制系统、测试和构建工具，甚至可以改变 Jenkins 的外观，目前有超过 1000 个由开源社区贡献的插件，以支持自动化地构建、集成和部署任何项目。同时，Jenkins 的配置简单，可以通过其网页界面轻松设置和配置，安装也十分便捷，可以使用安装包、Docker 或 war 文件等方式进行安装，而且支持分布式部署，可以轻松地在多台机器上分配工作，帮助开发者更快速地跨多个平台推动构建、测试和部署。

让我们来实际体验一下 Jenkins 的用法，首先登录 Jenkins 的官方网站（https://jenkins.io）下载最新的安装包或查看教程。Jenkins 官网提供两个版本：LTS 版和周版的下载，Jenkins 每周都会发布一个版本，用来发布一些问题修复或新功能，周版可以让我们体验到最新的 Jenkins 版本，而 LTS（Long-Term Support，长期支持）版就是稳定版，每 12 周，社区都将以协商的方式选取一个相对较新而且较稳定的周版本作为 LTS 版本，Jenkins 支持多种平台（Mac OS X/OpenBSD/Red Hat/Fedora/CentOS/Ubuntu/Debian/Windows）的安装部署，也支持 war 包、安装包、原始包和 Docker 容器等多种安装方式。其中，最简单的是 Mac 的安装包方式，直接下载双击即可，这里不再演示，有 Java 环境的用户可以使用 war 包的方式运行 Jenkins，不过新手并不推荐使用 Docker 容器的方式运行 Jenkins，因为有很多用户权限、存储和网络等问题需要解决。

这里使用比较简单的 war 包的方式进行启动，下载 war 包后，执行如下指令运行即可（这里需要 Java 环境）。

```
java -jar jenkins.war --httpPort=8080
```

运行成功后用浏览器进入 http://localhost:8080 即可访问 Jenkins 的首页，如果是初次运行，那么需要经过几个简单的引导步骤才可以开始使用，进入 Jenkins 的初始化解锁页面，如图 9.14 所示。

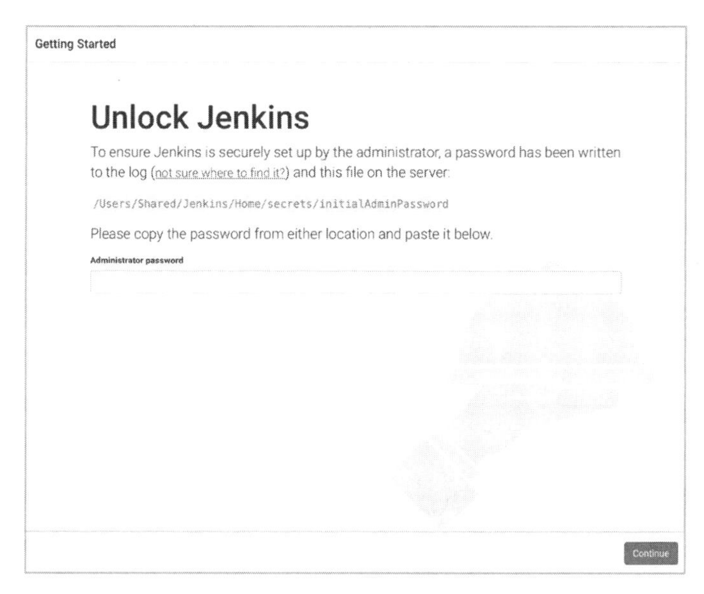

图 9.14　Jenkins 初始化解锁页面

这里按照提示需要访问/User/Shared/jenkins/Home/secrets/initialAdminPassword 的内容，作为解锁密码输入图 9.14 所示的文本框中，然后单击“Continue”按钮继续。

接着选择 Jenkins 插件的页面，有两个选项：一个是下载安装官方推荐的常用插件；另一个是自己选择想要安装的插件。当然，插件的安装不是一次性的，运行成功后在 Jenkins 的插件管理页面同样可以自行下载和安装想要的插件，这里为了方便，我们选择推荐的插件进行安装，然后 Jenkins 就会开始自动下载和安装相关的插件，并显示安装进度，Jenkins 初始化插件页面如图 9.15 所示。

等待几分钟后插件安装完成，进入初始化管理员页面，在这里创建 Jenkins 的第一个管理员账号，需要填写 Jenkins 管理员的用户名、密码和邮箱等信息，如图 9.16 所示。

设置好管理员账号后就是最后一个配置页，我们可以设置 Jenkins 的 URL，这里使用默认的路径，单击“Save and Finish”按钮即可完成配置，其页面如图 9.17 所示。

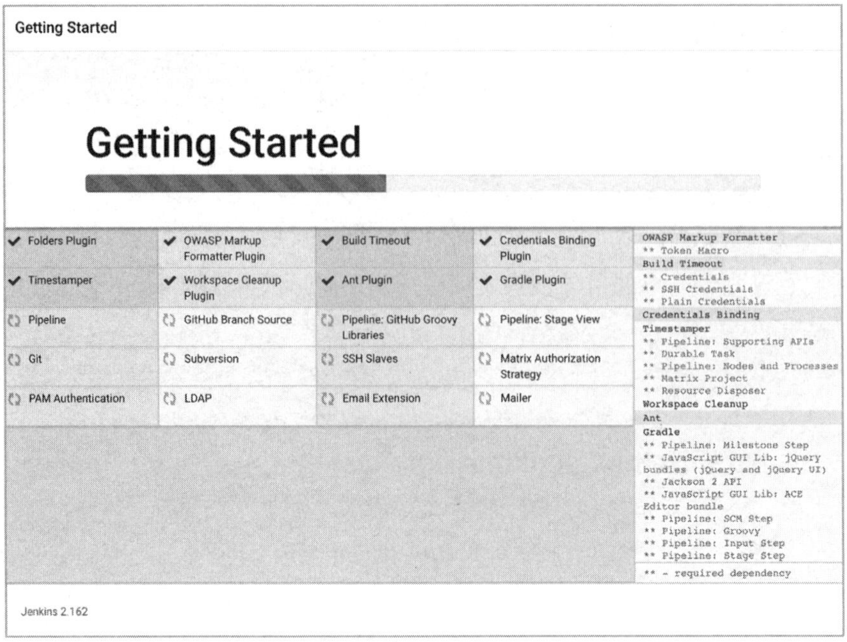

Getting Started

Getting Started

Folders Plugin	OWASP Markup Formatter Plugin	Build Timeout	Credentials Binding Plugin
Timestamper	Workspace Cleanup Plugin	Ant Plugin	Gradle Plugin
Pipeline	GitHub Branch Source	Pipeline: GitHub Groovy Libraries	Pipeline: Stage View
Git	Subversion	SSH Slaves	Matrix Authorization Strategy
PAM Authentication	LDAP	Email Extension	Mailer

```
OWASP Markup Formatter
** Token Macro
Build Timeout
** Credentials
** SSH Credentials
** Plain Credentials
Credentials Binding
Timestamper
** Pipeline: Supporting APIs
** Durable Task
** Pipeline: Nodes and Processes
** Matrix Project
** Resource Disposer
Workspace Cleanup
Ant
Gradle
** Pipeline: Milestone Step
** JavaScript GUI Lib: jQuery bundles (jQuery and jQuery UI)
** Jackson 2 API
** JavaScript GUI Lib: ACE Editor bundle
** Pipeline: SCM Step
** Pipeline: Groovy
** Pipeline: Input Step
** Pipeline: Stage Step
** - required dependency
```

Jenkins 2.162

图 9.15　Jenkins 初始化插件页面

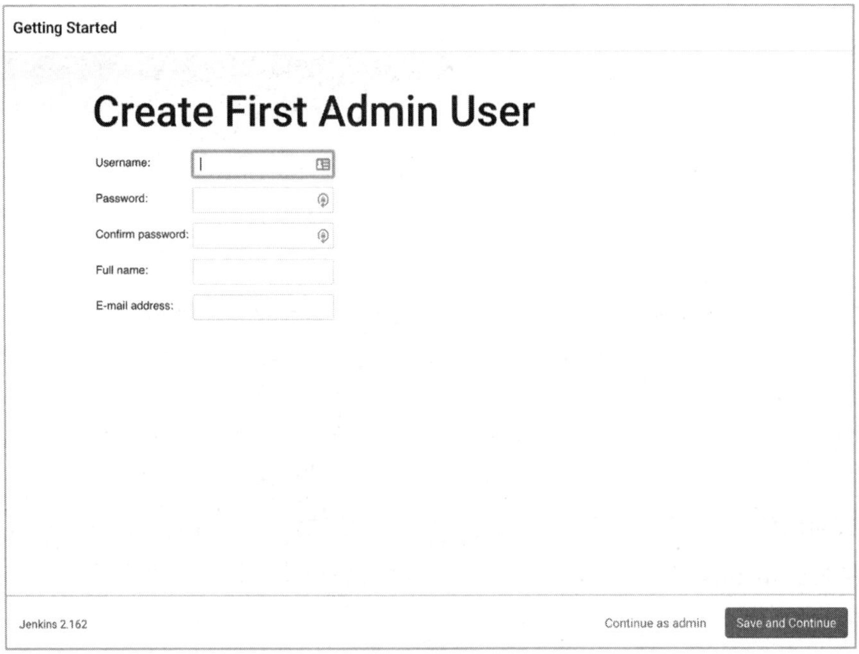

Getting Started

Create First Admin User

Username:

Password:

Confirm password:

Full name:

E-mail address:

Jenkins 2.162　　Continue as admin　　Save and Continue

图 9.16　Jenkins 初始化管理员页面

Getting Started

Instance Configuration

Jenkins URL: http://localhost:8080/

The Jenkins URL is used to provide the root URL for absolute links to various Jenkins resources. That means this value is required for proper operation of many Jenkins features including email notifications, PR status updates, and the BUILD_URL environment variable provided to build steps.

The proposed default value shown is **not saved yet** and is generated from the current request, if possible. The best practice is to set this value to the URL that users are expected to use. This will avoid confusion when sharing or viewing links.

Jenkins 2.162　Not now　Save and Finish

图 9.17　Jenkins URL 初始化配置页面

完成所有配置后，系统会提示“Jenkins is ready”，表示初始化成功，页面如图 9.18 所示。

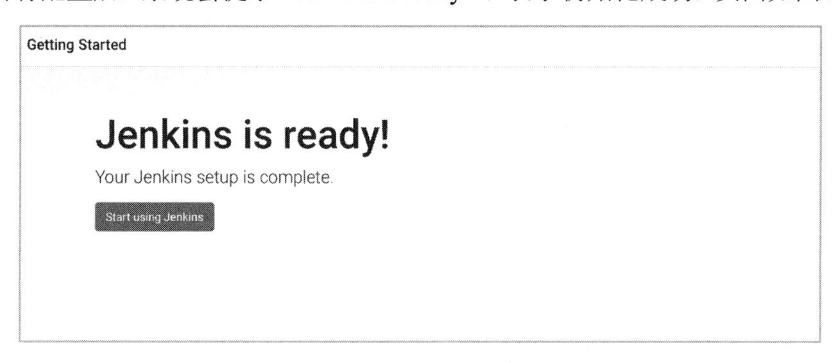

图 9.18　Jenkins 初始化成功页面

然后单击“Start using Jenkins”按钮即可跳转到 Jenkins 的首页，现在就可以开始使用 Jenkins 了。单击首页左上角的“New Item”菜单（或者中间的“create new jobs”）就可以创建一个新的 CI/CD 作业，如图 9.19 所示。

Jenkins 经历过很多时代，因此提供了多种配置 CI/CD 的方式，有纯手动的一步步的配置方式，也有现在比较流行的代码，即流水线（Pipeline as Code）的部署方式，手工配置的方式比较老旧，界面操作的配置方式相对比较容易，这里就来介绍一下 Pipeline as Code 的方式。

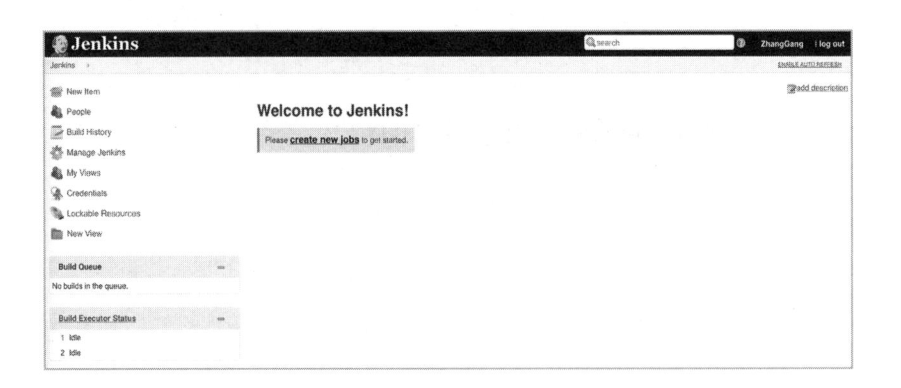

图 9.19　Jenkins 首页

首先，使用我们之前使用过的 docker-test-webapp 项目，为了模拟真实的项目环境，使用 Git 来管理项目版本，在 GitHub 上创建一个项目作为远端仓库，在项目的根目录添加文件，文件名为 Jenkinsfile，内容如下。

```
pipeline {
    agent any
    stages {
        stage('checkout') {
            steps {
                checkout scm
            }
        }
        stage('build') {
            steps {
                sh "./gradlew clean build"
            }
        }
        stage('build && push image') {
            steps {
                echo "build image"
                sh "docker build -t test-webapp:${env.BUILD_ID} ."
            }
        }
        stage("deploy") {
            steps {
                sh "docker stop test-webapp || true"
                sh "docker rm test-webapp || true"
                sh "docker run -d --name test-webapp -p 8001:8080 test-webapp:${env.BUILD_ID}"
            }
        }
    }
}
```

由上述代码可知，流水线分了几个步骤，通过编写 stage（步骤名称）来设置每个步骤，Jenkins 会像工厂的流水线作业一样，按照 stage 的顺序一步步执行，任何一步出现错误，都会中断当前的作业。

在该 Jenkinsfile 中，首先是 checkout，即从远程仓库下载项目代码；其次执行 build，使用 Gradle 指令构建项目 jar 包；再次使用 docker build 构建项目镜像；最后是部署，停止和删除之前的容器，再通过 docker run 运行构建好的镜像完成部署。

在完成配置文件的编写后，我们需要将它提交到远端仓库（GitHub），然后就可以配置 Jenkins 的作业，在 Jenkins 的首页单击"New Item"菜单来创建一个新的作业，如图 9.20 所示。

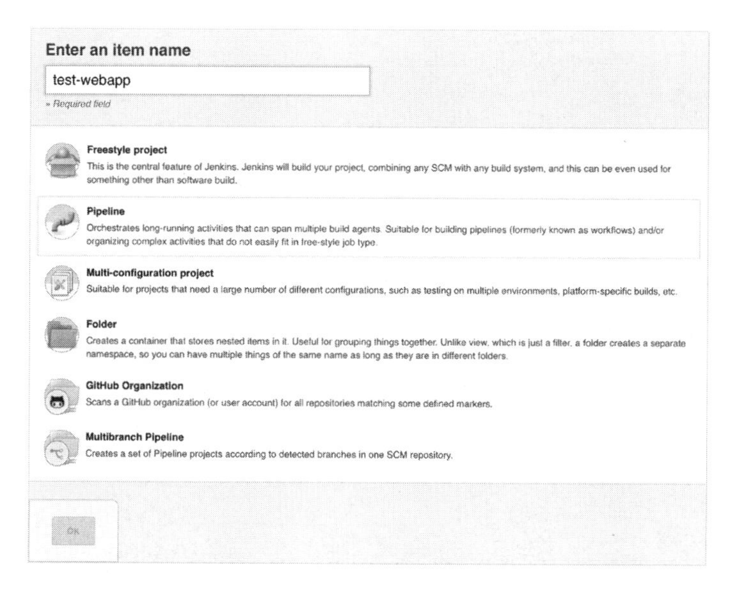

图 9.20　创建一个 CI/CD 作业

为作业输入一个名称并选择一个方式来配置作业，由于这里只有演示代码，在 GitHub 上只有一个 master 分支，选择 Pipeline 即可。如果真实项目中有多个分支需要集成或部署，可以选择 Multibranch Pipeline，单击"OK"按钮进入下一步，直接滑动页面至最下方 Pipeline 设置项的位置，如图 9.21 所示。

这里有两种方式配置流水线：一是直接在 Jenkins 中编写 Pipeline 脚本；二是从远端仓库下载 Pipeline 脚本。由于之前已经在代码仓库中编写好脚本，因此这里选择第二种方式，在 Definition（定义）项中选择"Pipeline script from SCM"选项，然后 SCM 的类型选择 Git，接着需要指定对应的 Repository，就是告诉 Jenkins 从哪个远端仓库下载，填入 Repository 的 URL 即可。如果是初始的 Jenkins，还需要添加一个信用证书，就是设置远端仓库的访问账号，单击"Credentials"右侧的"Add"按钮，出现证书的配置页面，如图 9.22 所示。

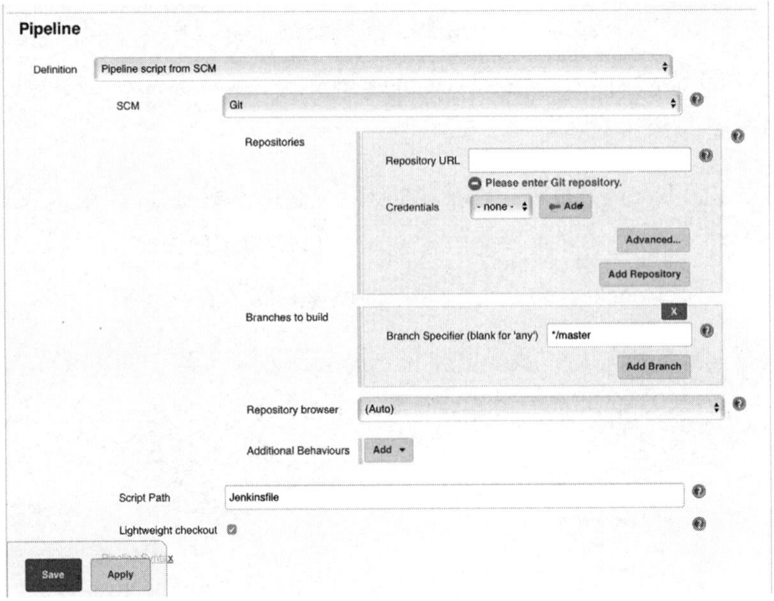

图 9.21 配置远端仓库和 Jenkinsfile 路径

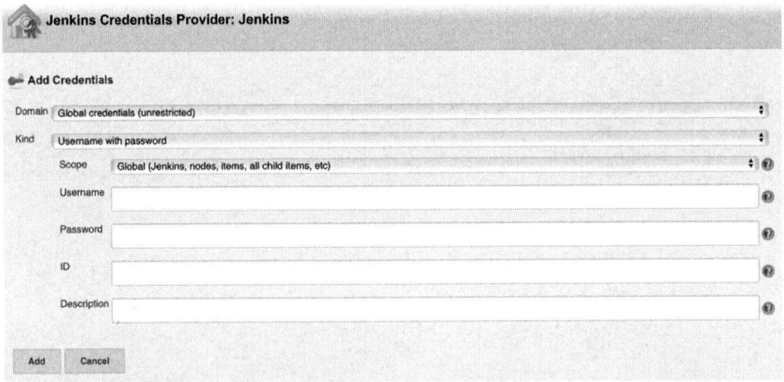

图 9.22 配置远端仓库证书

证书的配置方式很多，Git 证书基本上会使用 SSH 或用户名密码的方式。需要注意的是，证书的类型需要对应之前填写的 Repository 的 URL 方式。如果选择 SSH 证书，那么 Git 仓库的 URL 也需要 SSH 的地址；如果是用户名密码，那么 Git 仓库的 URL 应该是 HTTPS 的地址。配置好后，单击“Add”按钮完成添加，并在“Credentials”项中选择刚才添加的证书，当然通常情况下推荐使用 SSH 的方式配置 Git 权限。

接着需要配置分支和脚本的路径，Branches to build 选择默认的 master 即可，由于我们的 Jenkinsfile 是在项目的根路径下，因此 Script Path 也是默认的路径（Jenkinsfile），不需要修改，单击“Save”按钮保存配置，然后回到作业的首页，单击左侧的“Build Now”按钮即可，如图 9.23 所示。

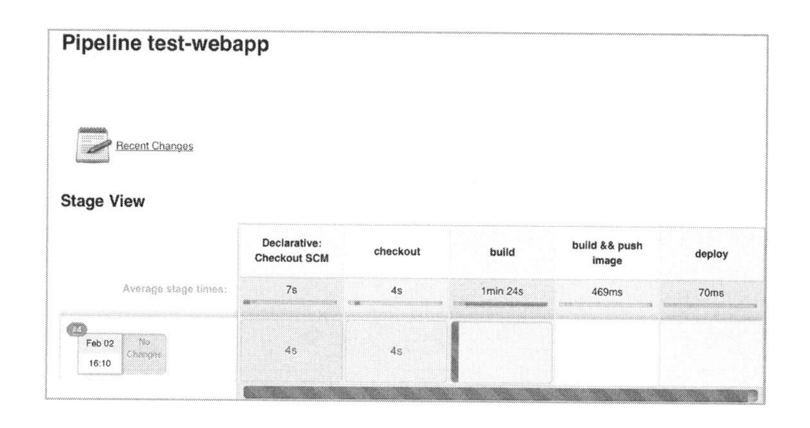

图 9.23　Jenkins 流水线正在执行

这里可能遇到一个错误，即在执行 build 和 build && push image 的步骤时可能出现 command not found 的问题，这时需要配置 Jenkins 的一些全局变量，指定 PATH 变量，变量值代码如下。

```
$PATH:/usr/local/bin:/usr/bin:/bin:/usr/sbin:/sbin:/Users/buildserver/Library/Group\ Containers/group.com.docker/bin
```

单击左侧菜单的 Manage Jenkins（管理 Jenkins）项，然后在 Configure System（系统配置）的 Global properties（全局属性）配置项中，选中 Environment variables（环境变量）复选框，配置变量名和变量值，如图 9.24 所示。

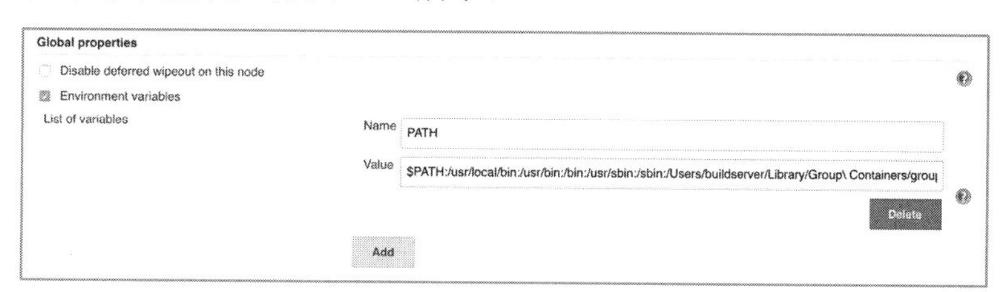

图 9.24　Jenkins 环境变量配置

执行成功后，可以使用 docker ps 命令查看应用容器是否成功部署。

9.4.2　GoCD 概述

GoCD 是由 ThoughtWorks 开发的一款用法更加简单的开源的 CI/CD 工具，使用 GoCD 可以轻松地实现端到端的可视化价值流程，即完整地展示整个生产作业的流水线状态，发现效率低下的步骤和瓶颈，无须初始化插件，开箱即用，而且可以很方便地集成云环境，支持如 Docker 和 K8s 等部署方式。

GoCD 相比 Jenkins 发布更早，更擅长建立复杂的持续交付流程，可以进行依赖关系管理，并且具有更高级的故障追溯功能，通过跟踪从提交到实时部署的每个更改，可以对损坏的管道进行故障排除，从而得到更加快速和准确的反馈。

首先了解一下 GoCD 的工作原理，与 Jenkins 不同，GoCD 的运行由两个部分组成：Server（服务）和 Agent（代理），如图 9.25 所示。

在 GoCD 的生态系统中，服务器是控制一切的服务器。它为系统用户提供用户界面，并为代理提供工作，代理是执行由系统的用户或管理员配置的任何工作的代理。服务器本身不会执行任何用户指定的工作，它不会运行任何命令或部署，所以要安装 GoCD 就必须按照至少一个 GoCD 服务对应一个 GoCD 代理。

GoCD 的官网（https://www.gocd.org）提供了多种环境的安装包下载，我们可以根据不同的环境下载相对应的安装包，这里以 Mac OS X 为例，来演示一下如何安装 GoCD。

由 GoCD 的工作原理可知，使用 GoCD 需要安装 Server 和 Agent，所以首先访问 GoCD 的官网（https://www.gocd.org/download），然后选择操作系统，这里使用的是 OS X，分别下载 Server 和 Agent，就会得到 Server.app 和 Agent.app 文件，将它们都拖曳到 Application（应用程序文件夹）中即可，然后在应用中可以看到 Go Server 和 Go Agent 两个程序，首先启动 Go Server，可以看到正在启动的小窗口，如图 9.26 所示。

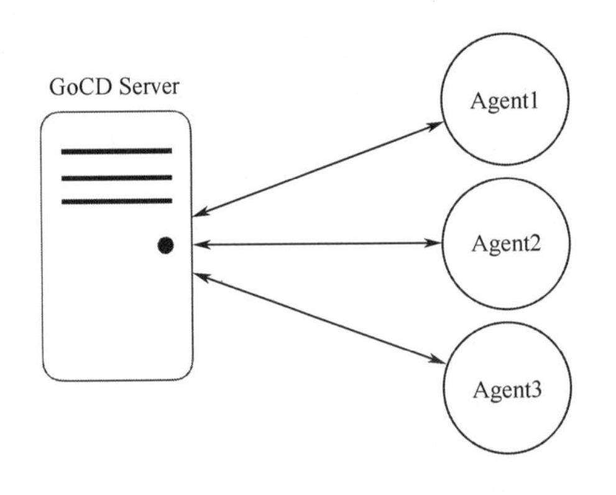

图 9.25 GoCD 工作原理

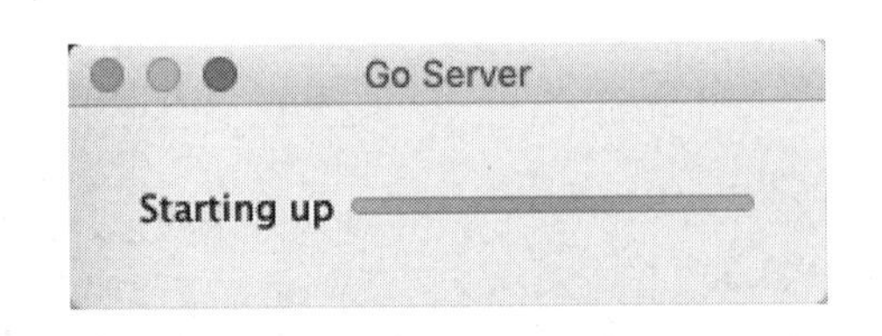

图 9.26 Go Server 启动中

启动成功后，会自动打开浏览器进入默认的首页（http://localhost:8153），然后通过简单的初始化用户，就能够访问 GoCD 的首页，如图 9.27 所示。

接着就可以启动 Go Agent，默认 Agent 连接 localhost 的 Go Server，如果需要修改，也可以打开“Go Agent”的设置菜单，如图 9.28 所示。

我们在用一个 host 下启动的 Server 和 Agent，无须修改配置，这样就算完成安装，无须插件，开箱即用。其他环境的 GoCD 安装同样简单，这里不再介绍，官网上有详细的教程。

接下来通过 GoCD 创建一个流水线任务，如果当前没有一个流水线，首页就会默认添加流水线（Add Pipeline）的页面，如图 9.27 所示。首先输入流水线的名称和分组，单击“NEXT”按钮后配置源码的下载地址和管理方式，这里选择 Git 和之前 webapp 的项目地址，如图 9.29 所示。

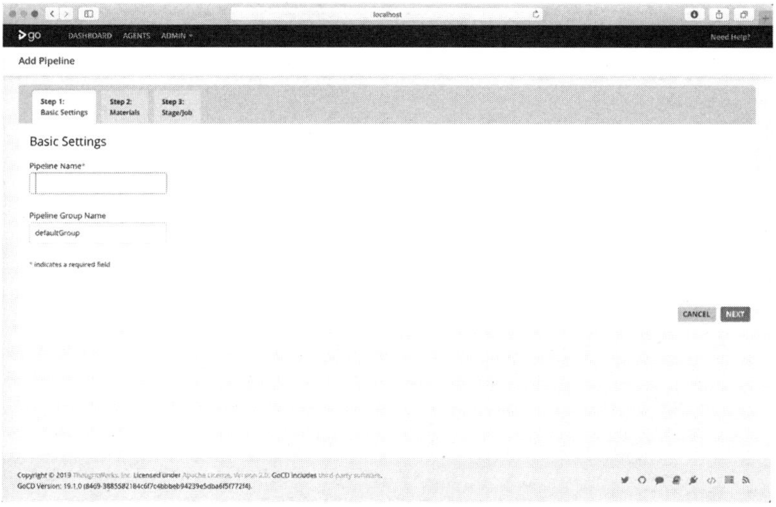

localhost
go DASHBOARD AGENTS ADMIN
Need Help?
Add Pipeline
Step 1: Basic Settings
Step 2: Materials
Step 3: Stage/Job
Basic Settings
Pipeline Name*
Pipeline Group Name
defaultGroup
* indicates a required field
CANCEL NEXT
Copyright © 2019 ThoughtWorks, Inc. Licensed under Apache License, Version 2.0. GoCD includes third-party software.
GoCD Version: 19.1.0 (8469-3885582184c6f7c4bbbeb94239e5dba6f5f772f4)

图 9.27　GoCD 首页

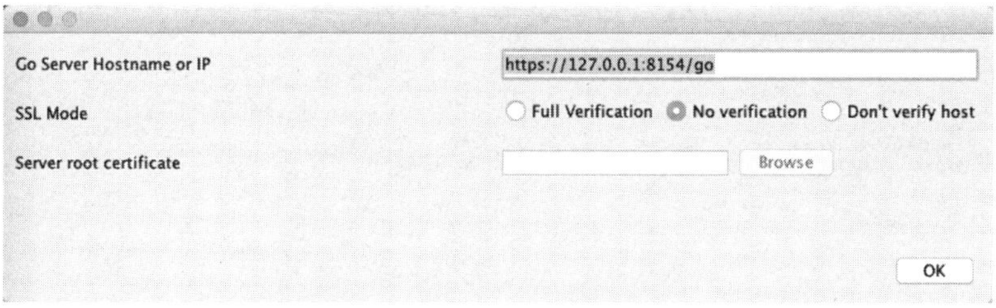

Go Server Hostname or IP
https://127.0.0.1:8154/go
SSL Mode
Full Verification
No verification
Don't verify host
Server root certificate
Browse
OK

图 9.28　Go Agent 的设置菜单

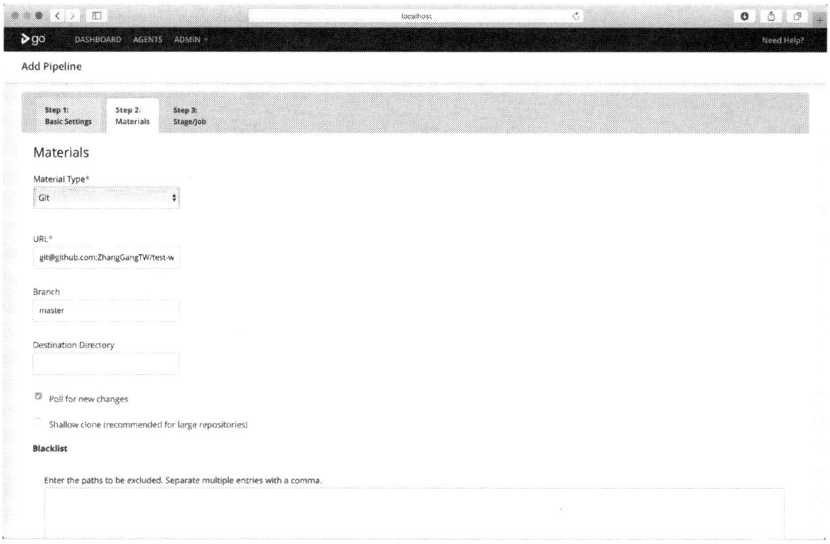

localhost
go DASHBOARD AGENTS ADMIN
Need Help?
Add Pipeline
Step 1: Basic Settings
Step 2: Materials
Step 3: Stage/Job
Materials
Material Type*
Git
URL*
git@github.com:ZhangGangTW/test-w
Branch
master
Destination Directory
Poll for new changes
Shallow clone (recommended for large repositories)
Blacklist
Enter the paths to be excluded. Separate multiple entries with a comma.

图 9.29　项目源码配置

最后需要配置具体的管道步骤，首先可以设置管道名称和任务名称，以及触发任务的条件，这里假设我们配置的测试环境，然后任务是构建，如图 9.30 所示。

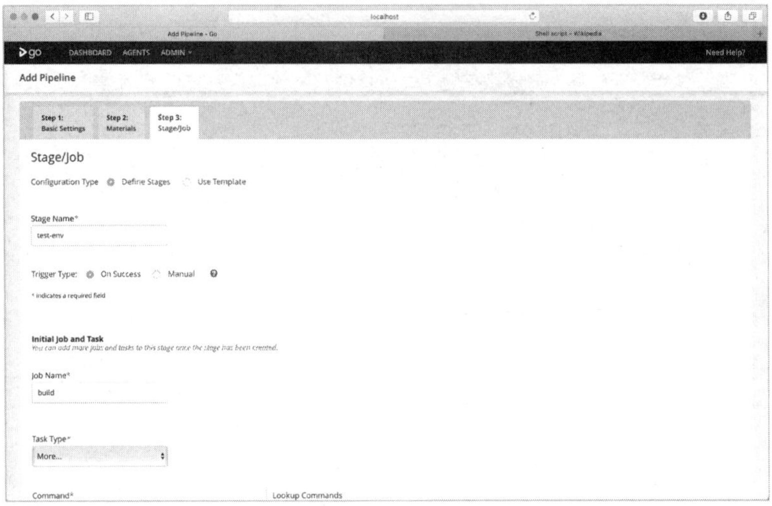

图 9.30　配置管道和任务名称

接着需要配置任务的执行方式，这里选择 shell 脚本的方式，并且 GoCD 需要指定脚本的名称和路径，如图 9.31 所示。

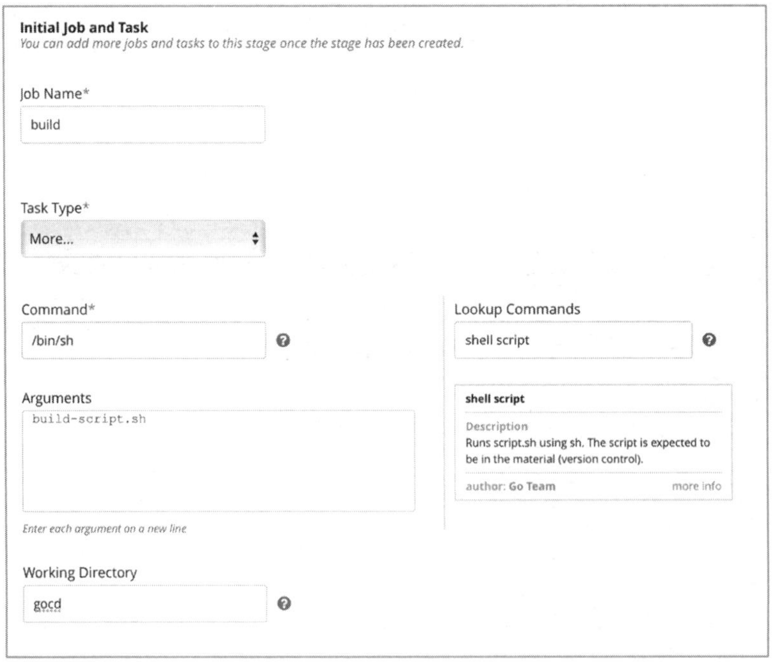

图 9.31　配置管道要执行的任务

根据图 9.31 中的配置，我们需要在项目的根目录下添加 gocd 文件夹，在 gocd 文件夹中添加 build-script.sh 文件，由于项目使用 Gradle，因此构建脚本的内容如下。

```
#!/usr/bin/env bash
cd ..
./gradlew clean build
```

最后单击“FINISH”按钮即可完成配置，当然一个管道可以配置多个任务，初次添加的引导页只能添加一个任务，在添加后的配置页面中添加多个任务。接下来先验证当前配置的正确性，再来添加后续的步骤，配置完成后会自动触发流水线执行，可以在首页看到当前新添加的流水线，如图 9.32 所示。

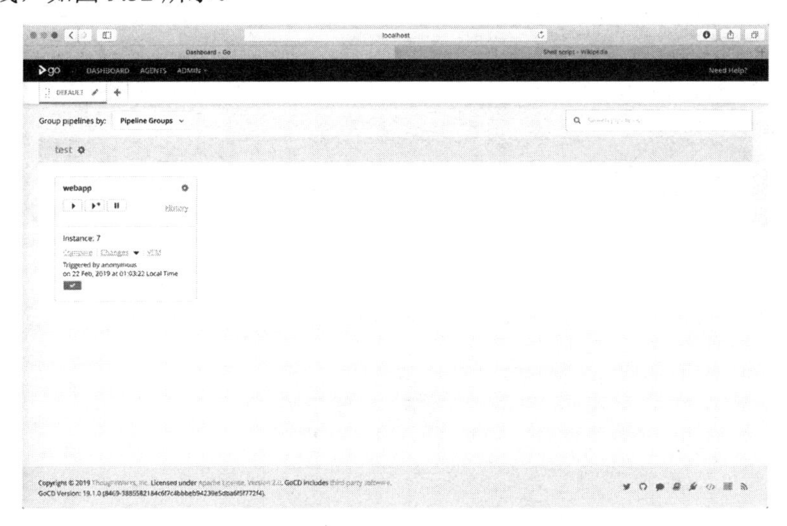

图 9.32　GoCD 首页流水线展示

流水线触发执行后会在下方展示任务的结果，如图 9.32 中展示的是一个“ ”，表示执行成功，单击按钮，可以快捷地进入任务的详情页面，如图 9.33 所示。

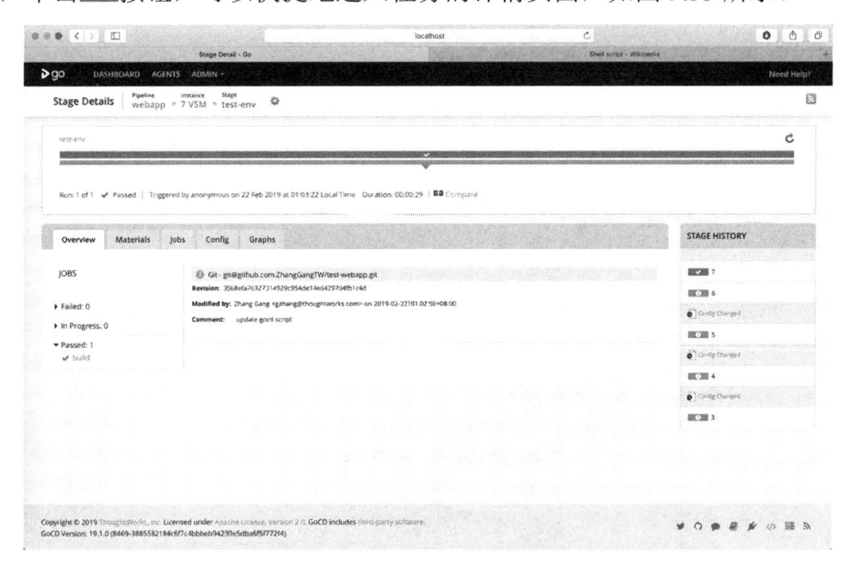

图 9.33　任务详情页面

由图 9.33 可知，目前流水线只有一个任务，并且通过一个，选择“Jobs”菜单项，单击任务名称“build”可以查看当前任务的执行日志，如图 9.34 所示。

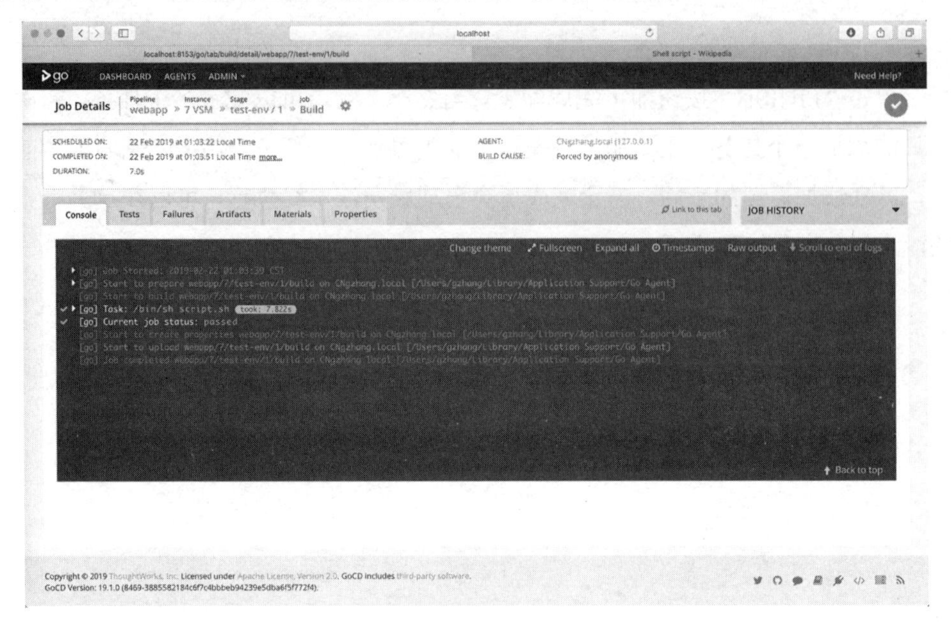

图 9.34　任务的执行日志页面

接下来将流水线配置完整，它能够完成一次部署。单击首页流水线右上方的设置按钮，可以快捷地进入流水线的配置页面，如图 9.35 所示。

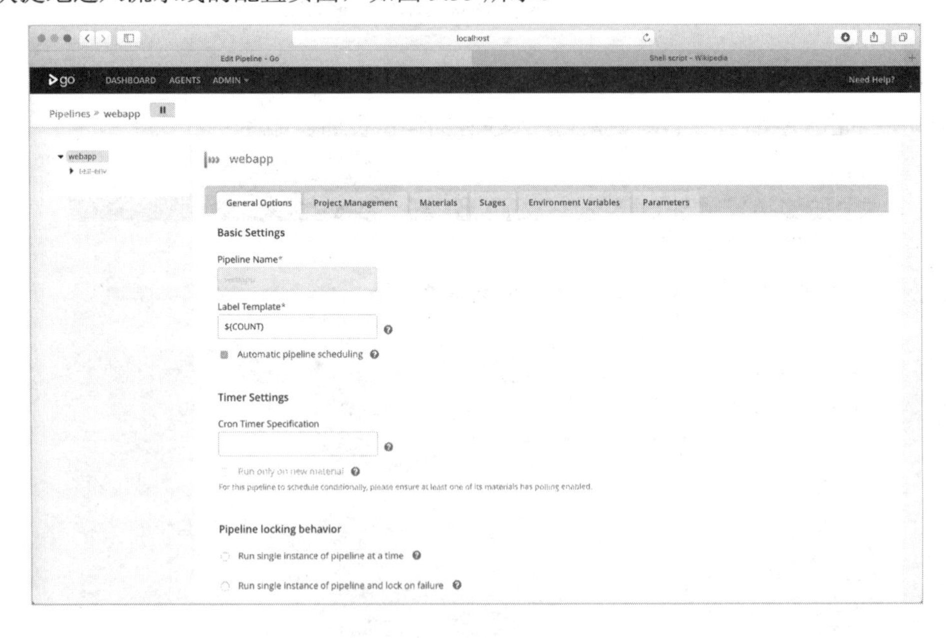

图 9.35　流水线配置页面

选择“Stages”菜单项，如图 9.36 所示。

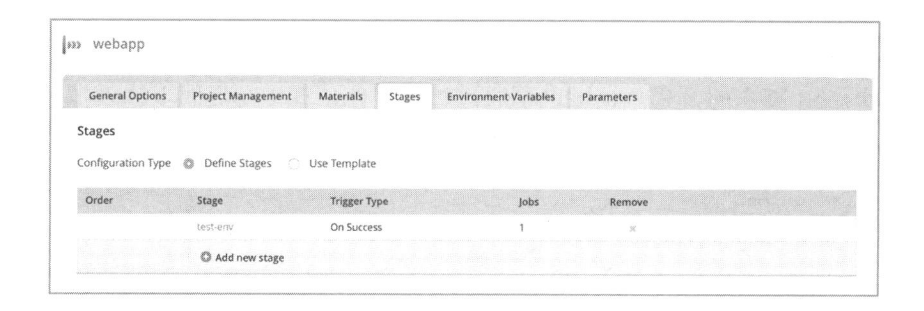

图 9.36　Stages 配置页面

从图 9.36 中可以看出，一个流水线同样可以拥有多个 stage，单击之前配置的“test-env”，然后选择“Jobs”菜单项，可以进入所选 stage 的任务列表页面，如图 9.37 所示。

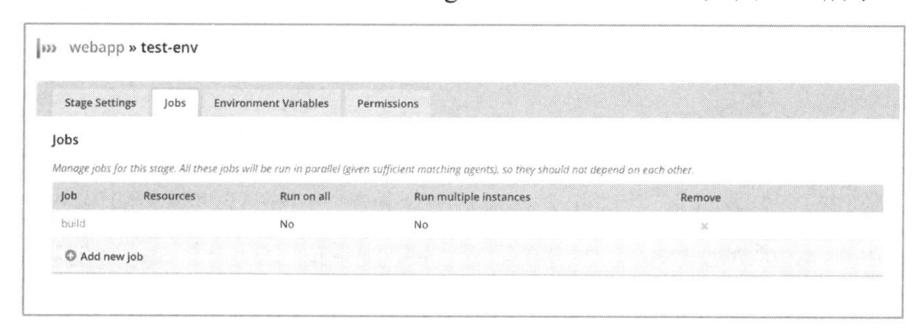

图 9.37　Jobs 任务列表页面

然后通过单击列表下方的“Add new job”按钮来添加一个新的任务，任务配置页面如图 9.38 所示。

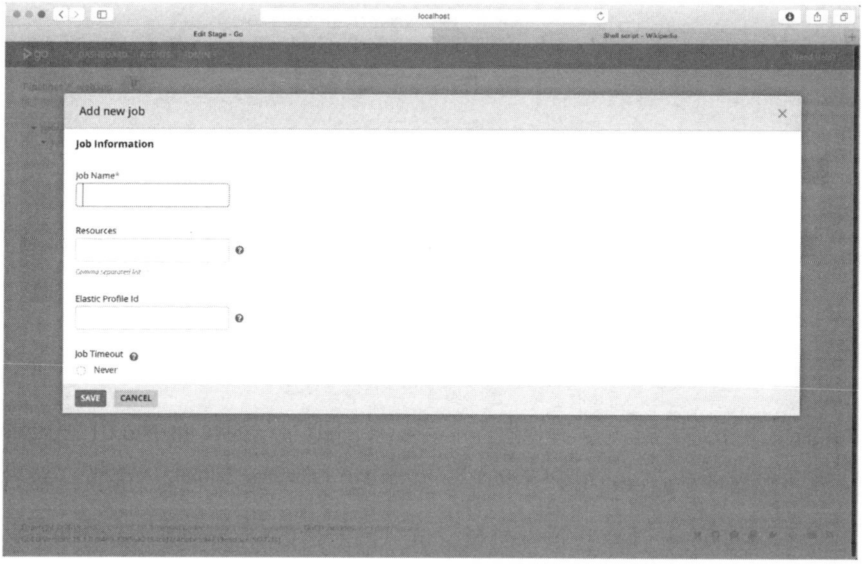

图 9.38　任务配置页面

还是采用 shell 脚本的方式，不过这次的任务是构建一个 Docker 镜像，所以任务名称为 image。使用 shell 脚本的方式，也可以不通过脚本文件，直接在页面上输入指令内容，如图 9.39 所示。

图 9.39 构建镜像 bash 脚本配置

这里为了展示 bash 的用法，使用在页面上配置命令的方式，但我们更希望使用文件的方式将命令随代码一起被 Git 管理起来。最后只需配置一个运行的任务即可，配置方式和 image 任务相似，将其命名为 run，不过在运行之前要先删除上一个正在运行的容器。GoCD 的任务可以执行多个指令，首先按照之前相同的方式配置任务，然后在 Jobs 的配置页面单击“Add new task”按钮来添加多个任务。如图 9.40 所示，run 的 Job 下添加了两个 task。

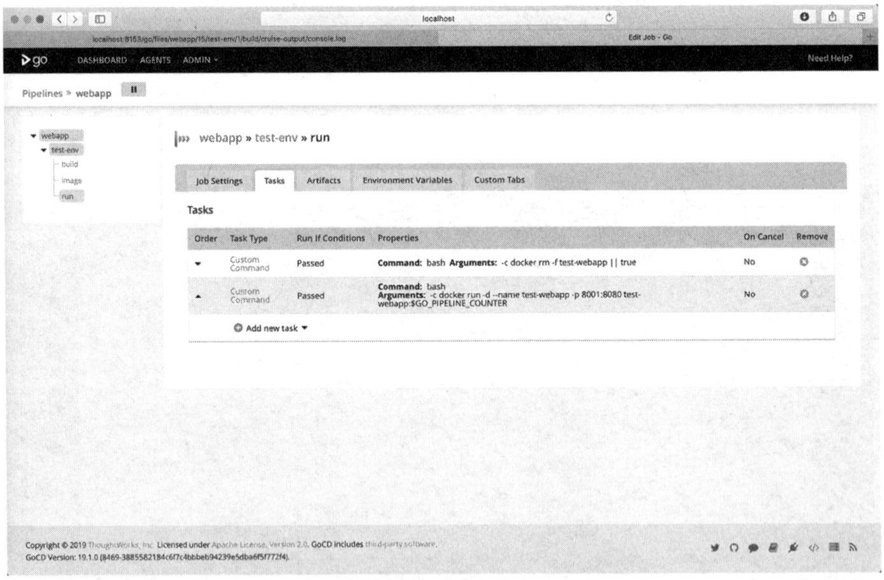

图 9.40 Job 下配置多个 task

配置完成后，可以执行流水线进行测试，这里可能遇到一个问题，就是我们的 Agent 在执行 Docker 指令时会报错找不到 Docker 命名，和之前 Jenkins 的问题类似，我们需要指定 PATH 的环境变量来加载相关的指令路径，单击系统上方的“ADMIN”菜单项，然后选择第一列的“Environments”（环境）选项，如图 9.41 所示。

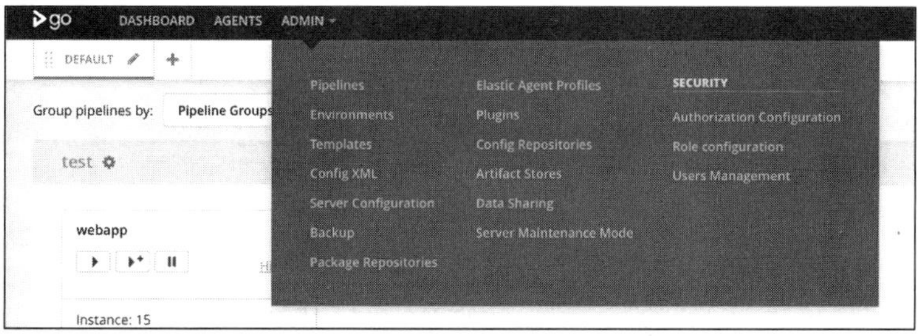

go DASHBOARD AGENTS ADMIN
DEFAULT +
Group pipelines by: Pipeline Groups
test
webapp
Instance: 15
Pipelines
Environments
Templates
Config XML
Server Configuration
Backup
Package Repositories
Elastic Agent Profiles
Plugins
Config Repositories
Artifact Stores
Data Sharing
Server Maintenance Mode
SECURITY
Authorization Configuration
Role configuration
Users Management

图 9.41　环境变量配置入口

单击“ADD A NEW ENVIRONMENT”按钮，可以看到如图 9.42 所示的页面。

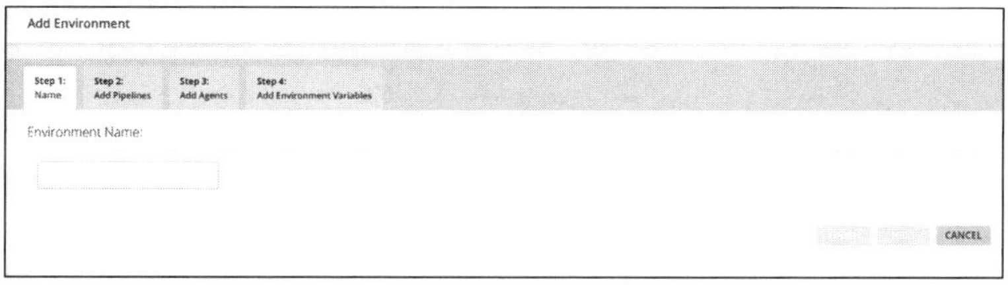

Add Environment
Step 1: Name
Step 2: Add Pipelines
Step 3: Add Agents
Step 4: Add Environment Variables
Environment Name:
CANCEL

图 9.42　添加环境变量引导页面

通过添加环境变量的引导页面，我们可以设置当前环境的名称，并选择变量关联的流水线和 Agent，以及变量的键和值，这里添加和之前 Jenkins 中所添加的环境变量相同的键值，内容如下。

```
$PATH:/usr/local/bin:/usr/bin:/bin:/usr/sbin:/sbin:/Users/buildserver/Library/Group\
Containers/group.com.docker/bin）
```

环境变量设置页面如图 9.43 所示。

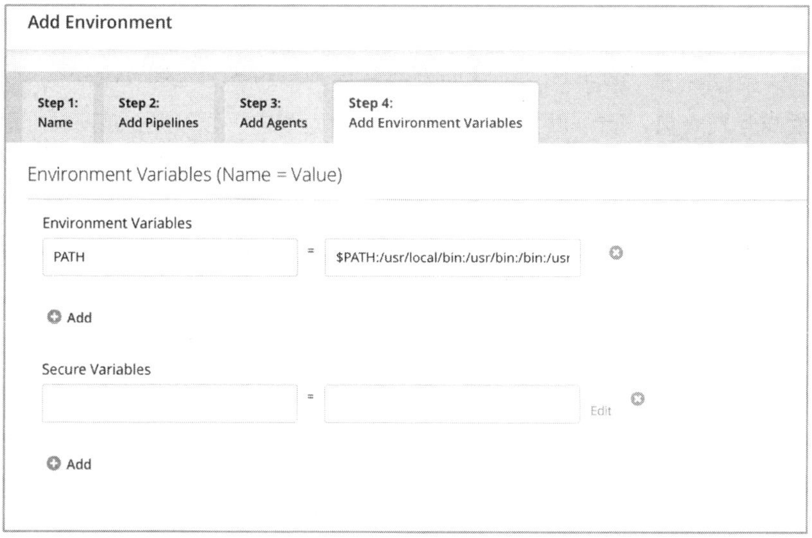

Add Environment
Step 1: Name
Step 2: Add Pipelines
Step 3: Add Agents
Step 4: Add Environment Variables
Environment Variables (Name = Value)
Environment Variables
PATH = $PATH:/usr/local/bin:/usr/bin:/bin:/usr
Add
Secure Variables
= Edit
Add

图 9.43　环境变量设置页面

单击“FINISH”按钮即可完成配置，当前流水线即可正常运行，其运行结果页面如图 9.44 所示。

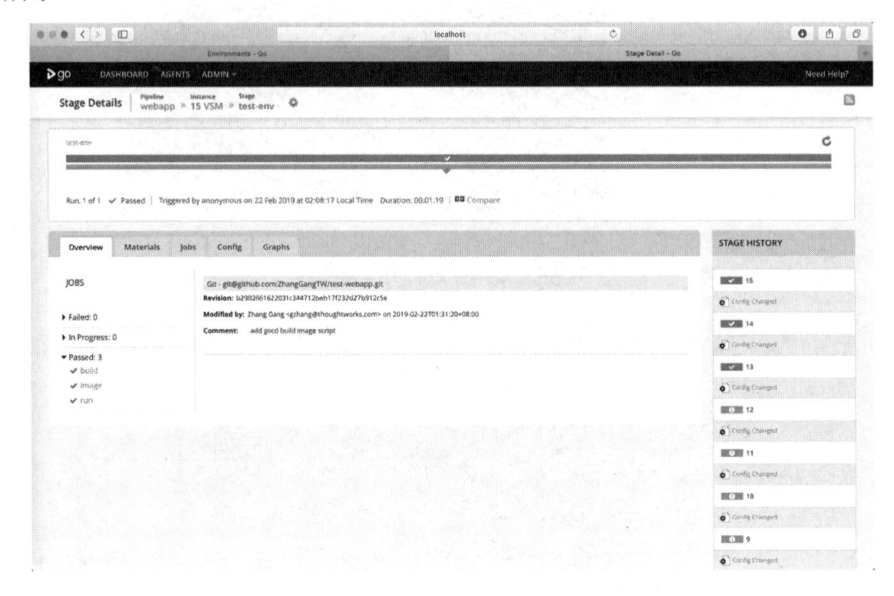

图 9.44　流水线运行结果页面

9.4.3　DevOps 概述

DevOps 是近几年很流行的一个概念，有人认为它是一种文化，有人认为它是一项软件运动，也有人认为它是一种方法，定义有很多，而且在不同的团队、不同的企业都有不同的理解。那到底 DevOps 是什么？

很多定义都是在讨论 DevOps 的实践，从字面上看，DevOps 就是软件的开发人员（Dev）和运维人员（Ops）的结合，结合的方式有很多，可大可小。例如，一个小团队中可以培养一个全栈开发人员，既可以写代码，又可以做运维，可以理解它是一种新的角色或职位。又如，一个企业中可能是开发部门和运维部门的结合，不仅是技能扩展，甚至涉及公司的组织架构、工作流程、考核指标等方面的变革，那么可以理解它是一种文化、流程。再上升到整个 IT 行业，DevOps 又可以理解为一种软件的革新运动。不论定义是什么，DevOps 的目标都一致，都是通过重视开发和运维的结合，缩短开发周期，让软件交付能够更快捷、更高效、更可靠地构建、测试和发布。

可以看出，DevOps 的理念十分契合敏捷方法，也算是敏捷大伞下的产物，而 CI/CD 也是 DevOps 实践中提倡的重要工具之一。所以说 DevOps 是文化也没错，即使在小团队，向 DevOps 过渡也需要思想上的转变。简单来说，DevOps 的宗旨就是消除两个传统上孤立的职能之间的壁垒，通过合作，甚至是身兼两职，来达到频繁沟通、频繁验证、提高交付质量和体验。

复杂来说，DevOps 还涉及大量的实践和流程的改变，如搭建 CI/CD，确保可以频繁地持续集成和部署，运用各种开发方法和自动化测试的手段，保证代码可独立交付，利用容器化等技术统一部署接口和脚本，与开发代码同步版本管理，自动构建更新，采用微服务的架构方式，使服务的开发和部署更加独立和轻量。总而言之，就是让开发环节（Dev）和运维环节（Ops）的工作可以动态地结合起来，就像两个环节可以无缝互相运转一样，如图 9.45 所示。

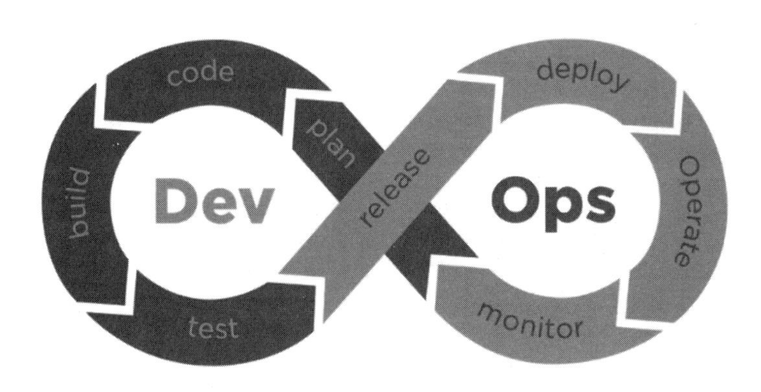

图 9.45　Dev 与 Ops 相结合

第 10 章　任务管理

- 任务管理概述
- 实战演练

至此，微服务的概念、技术框架、实战用法基本上都介绍了，但在软件开发过程中，无论是项目还是产品，都有自己的独特性，不可能所有的项目都千篇一律。我们会遇到各种各样的场景，万能的解决方案不存在，需求是千变万化的，开发过程中会遇到各种问题，所以我们需要去思考，创造更多的技术框架、开发方法来解决问题。

除了一些宏观的架构和设计，微服务架构在技术细节上也有很多需要注意的地方，如任务管理，当然这可能是分布式架构的特性而不仅限于微服务架构。

10.1　任务管理概述

计划任务是软件开发中比较常见的一种手段，如有时需要在指定的时间点生成一些报告，或者定时从系统中同步数据，这些任务有一次性的，也有按照固定时间点执行的，还有些任务是按照间隔不间断地轮询，这些都是根据不同的需求设计出的不同类型的任务，这在单体式服务下很容易。

例如，Java 项目可以用 Quartz 等框架方便地创建和配置出不同的计划任务，甚至一些简单的场景可以直接使用原生的 JDK 来创建定时任务，那么微服务模式下会遇到什么问题？在微服务模式下，首先需要考虑的就是任务互斥。

10.1.1　如何解决任务互斥

什么是任务互斥？从字面上理解就是任务相互排斥，即多个任务的执行会相互排斥，任务互斥允许任务在不同时间执行，也不限制任务的执行顺序，但一个任务开始执行需要等待另一个任务执行完成才行。

那么问题来了，任务为什么要互斥？通常如果多个任务都会修改同一个资源时，要考虑这些任务是否需要互斥，最常见的场景就是同一个服务多个实例下的任务互斥。在单体式架构下同一个任务只会有一个实例在执行，即同一时间只会有一个相同的任务在执行，只要任务设计在不同时间执行，就不会出现多个任务同时修改一个数据的问题。而在微服务模式下，采用的都是分布式的部署方式，通常我们的服务实例可以水平扩展多个节点，当一个任务在服务中被配置好后，一旦服务部署了多个实例，同一时刻，就会有多个相同的任务在执行，这些相同的任务会访问或修改相同的数据，很可能造成数据错乱的问题。

既然明白了任务互斥的理由，那么微服务下如何做到任务互斥？做法很简单，就像微服务定义说的那样，微服务中会有最小化的集中式服务来管理服务的发现、请求的负载分发，任务互斥也是一样。最简单的做法就是建立一个中心化的任务管理机制。当然，这个任务管理中心可以很小，如一个任务管理中心只负责一个服务下的不同节点的任务管理，以实现最小化任务管理中心，如图 10.1 所示。

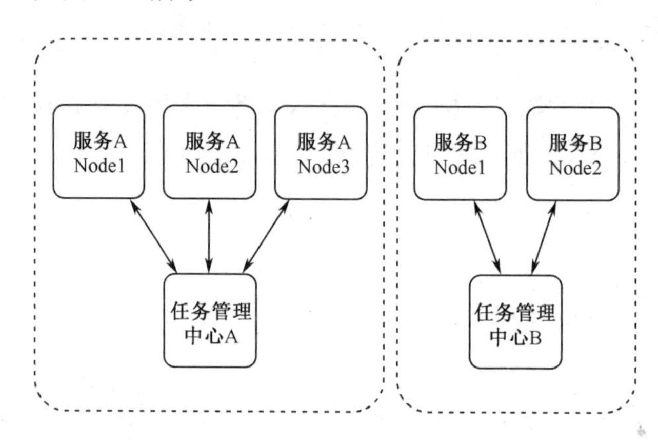

图 10.1　最小化任务管理中心

建立的任务管理中心又是如何管理任务，做到任务互斥的呢？我们不妨思考一下，现在一个任务虽然有多个实例，但通过任务管理中心，每个实例可以相互沟通和交互，每个任务实例可以在要执行时知道当前任务的执行状态，即任务有没有被执行，被谁执行，正在执行还是已经执行完。只要知道了这些信息，在任务执行前确认任务没有被执行，就可以让当前实例执行任务。当然，这里的任务检查肯定要线程安全，这样通过任务管理中心就可以实现与本地进程的同步锁一样的效果，从而使同一个任务的不同实例只能有一个可以争抢到任务并执行，而其他实例只能等待下次执行任务时再去争抢执行权。

总结下思路，任务管理中心工作原理如图 10.2 所示。

10.1.2　任务调度平台

什么是任务调度？对于一些简单的场景，我们采用任务互斥足以解决问题，但是当服务越来越多时，海量的任务不仅需要互斥，还有些任务存在依赖关系，或者执行顺序要求，对于大量的任务更加需要了解任务的执行状态，需要管理任务的生命周期，如对任务执行状态的追踪、任务异常的处理、任务的执行结果报告等。

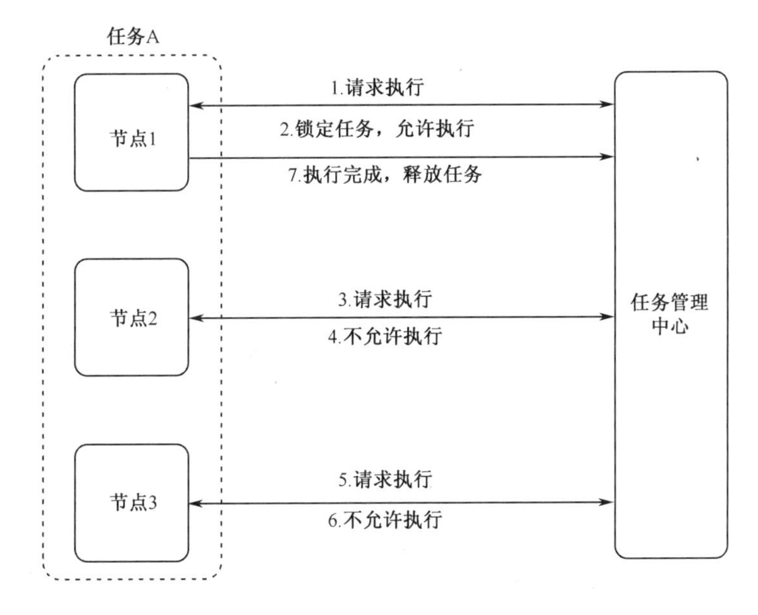

图 10.2 任务管理中心工作原理

其实，大部分任务管理的职责都基本相同，一旦微服务数量庞大，针对每个服务都建立一个任务管理中心，可能会造成资源的浪费和带来更高的维护成本。在任务拥有一定规模之后，我们通常将这些最小的管理中心升级为任务调度服务，来提供任务调度的服务，完成统一的任务调度，监控任务的生命周期，所以任务调度平台建立的好处首先是降低重复的开发和维护成本，统一操作，不同项目的开发任务不用再学习和关心任务调度的逻辑，不需要对线程、Timer 等机制有很深的了解，只需要考虑任务本身的设计即可，而且平台可以提供一些友好的操作界面，提高任务调度的易用性。

其次，任务调度平台将业务和调度隔离开来，互不影响，新的任务只需增加相关配置即可，容易扩展，任务调度平台本身的集群也可以保证任务的高可用，一些分布式的任务调度平台设置可以根据任务执行的状态动态地扩展任务执行的资源配置。

10.2 实战演练

在了解微服务系统中任务管理的难点和解决方案后，我们在实际项目中又该如何实现呢？计划任务是软件开发中比较常见的一种手段，下面介绍一些常用框架和平台的用法。

10.2.1 Quartz

下面介绍一下实战的用法，以 Java 项目为例，提到任务调度，自然会想到 Quartz 框架，Spring Boot 默认集成 Quartz 来实现任务调度的功能，通过几行简单的注解就可以完成一个任务的配置，代码如下。

```
@SpringBootApplication
@EnableScheduling
public class TestApplication {
    public static void main(String[] args) {
        SpringApplication.run(PaymentGatewayApplication.class, args);
    }
    @Scheduled(cron = "0/5 * * * * ?")
    public void testJob() {
        System.out.println("test job: " + LocalDateTime.now().toString());
    }
}
```

在上述代码中，首先需要在 Spring Boot 的启动类中加上@EnableScheduling 的注解，表示开启任务调度的功能，然后在任意 Spring 的配置类中添加任务代码即可，这里为了方便演示，就将任务方法（testJob）直接添加在启动类中，最后只需在方法上添加@Scheduled 的注解配置需要的 cron 表达式来控制任务的调度策略即可。上述代码中的配置为每 5s 执行一次，我们可以运行这个应用来验证代码是否生效，项目启动后，在控制台中显示如下。

```
test job: 2019-04-22T22:55:00.003
test job: 2019-04-22T22:55:05.004
test job: 2019-04-22T22:55:10.004
test job: 2019-04-22T22:55:15.002
test job: 2019-04-22T22:55:20.001
test job: 2019-04-22T22:55:25.001
test job: 2019-04-22T22:55:30.004
…
```

确实很方便，不过这种用法并不是本节中要介绍的，因为在集群环境中，这种方式并不能做到之前在 10.1.1 节中提到的任务互斥，如果只想实现一个简单的任务，而不想搭建一个任务调度平台，该如何做到任务互斥呢？

其实要实现任务互斥，最简单的就是要有一个中心节点来负责管理任务的调度，默认的 Quartz 的任务处理控制的相关数据都保存在内存中，在集群环境下显然不能满足任务互斥的条件，不过 Quartz 也为我们提供了任务互斥的方式，就是将这些数据保存在数据库中，通过中心数据库来实现任务互斥，其原理如图 10.3 所示。

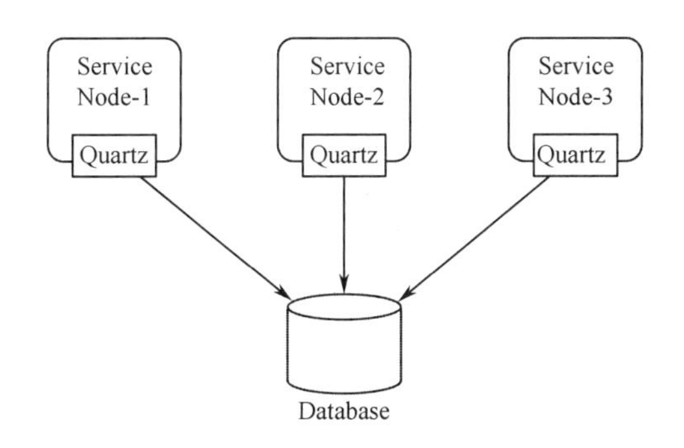

图 10.3 Quartz 任务互斥原理

Quartz 可以在数据库中记录任务执行各种信息，如任务执行状态、执行者（服务实例）、任务执行时间、任务执行类等信息，在任务未执行时，多个实例的 Quartz 就会争抢任务，一旦有一个实例的 Quartz 争抢到任务，就会通过修改数据库的数据将任务锁住，其他实例的 Quartz 就不会执行该任务；当执行任务的实例销毁时，其他实例就会接替任务执行者继续执行任务。

原理清楚了，下面介绍代码如何实现，首先要引入 jar 包，以 Gradle 为例，需要在 build.gradle 中添加如下代码。

```
Implementation 'org.springframework.boot:spring-boot-starter-quartz'
```

然后在数据库中创建 Quartz 所需要的数据表，在 Quartz 的 jar 包中可以找到对应各种数据库版本的初始化脚本，package 路径为 org.quartz.impl.jdbcjobstore，Quartz 所提供的脚本如下。

```
tables_cloudscape.sql
tables_cubrid.sql
tables_db2.sql
tables_db2_v8.sql
tables_db2_v72.sql
tables_db2_v95.sql
tables_derby.sql
tables_derby_previous.sql
tables_firebird.sql
tables_h2.sql
tables_hsqldb.sql
tables_hsqldb_old.sql
tables_informix.sql
tables_mysql.sql
tables_mysql_innodb.sql
tables_oracle.sql
tables_pointbase.sql
tables_postgres.sql
```

```
tables_sapdb.sql
tables_solid.sql
tables_sqlServer.sql
tables_sybase.sql
```

根据我们需要的数据库类型选择一个数据库脚本将数据表初始化，也可以使用 flyway 来完成数据表的初始化，引入 flyway 的依赖，内容如下。

```
implementation 'org.flywaydb:flyway-core'
```

然后在 resources 的 db/migration 文件夹下添加对应的 SQL 文件，文件名格式为“V + Version（可以是时间）+ "__" + ”描述，具体如下。

```
V2019_04_22_19_45__Create_Table_Quartz_Mysql.sql
```

可以通过 docker 快速启动一个 MySQL 数据库，指令如下。

```
docker run --name mysql -p 3306:3306 -e MYSQL_DATABASE=quartz-test
-e MYSQL_ROOT_PASSWORD=123456 -d mysql:latest
```

在数据表创建完成之后，进行基础的配置工作，Spring Boot 并没有 Quartz 数据库的默认配置，所以这里需要多一些手动的配置项，内容如下。

```
spring:
  quartz:
    job-store-type: jdbc
    properties:
      # 调度实例配置
      org.quartz.scheduler.instanceName: MyTestClusteredScheduler
      org.quartz.scheduler.instanceId: AUTO
      # 线程池配置
      org.quartz.threadPool.class: org.quartz.simpl.SimpleThreadPool
      org.quartz.threadPool.threadCount: 25
      org.quartz.threadPool.threadPriority: 5
      # 任务存储配置
      org.quartz.jobStore.class: org.quartz.impl.jdbcjobstore.JobStoreTX
      org.quartz.jobStore.driverDelegateClass: org.quartz.impl.jdbcjobstore.StdJDBCDelegate
      org.quartz.jobStore.dataSource: quartz
      org.quartz.jobStore.isClustered: true
      # 数据源配置
      org.quartz.dataSource.quartz.driver: com.mysql.jdbc.Driver
      org.quartz.dataSource.quartz.URL: ${spring.datasource.url}
      org.quartz.dataSource.quartz.user: ${spring.datasource.username}
      org.quartz.dataSource.quartz.password: ${spring.datasource.password}
      org.quartz.dataSource.quartz.provider: hikaricp
  datasource:
    url: jdbc:mysql://localhost:3306/quartz-test
    username: root
    password: 123456
```

由上述配置可知，首先需要配置 quartz 的 job-store-type 类型为 jdbc（还有一个类型是 memory），所以还需要添加 jdbc 的相关依赖，build.gradle 配置如下。

```
implementation 'org.springframework.boot:spring-boot-starter-jdbc'
runtimeOnly 'mysql:mysql-connector-java'
```

然后配置任意的实例名称和线程数量，这里需要注意的是任务存储配置，不同的数据库类型需要配置不同的 driverDelegateClass，这里使用的是 MySQL，所以使用通用的 StdJDBCDelegate 类，如果是 SQL Server，driverDelegateClass 就应该是 MSSQLDelegate，对应的配置说明在 Quartz 的官网上可以查询到，官网地址是 http://www.quartz-scheduler.org，最后，数据源的配置使用之前创建好的数据表相同的数据源即可。

关于 Quartz 的相关配置就配置好了，接下来开发任务代码，首先创建一个 TestJob 类并继承 QuartzJobBean 来完成任务的具体执行，代码如下。

```
import org.quartz.JobExecutionContext;
import org.springframework.lang.Nullable;
import org.springframework.scheduling.quartz.QuartzJobBean;
import org.springframework.stereotype.Component;
import java.time.LocalDateTime;
@Component
public class TestJob extends QuartzJobBean {
    @Override
    protected void executeInternal(@Nullable JobExecutionContext context) {
        System.out.println("test Job: " + LocalDateTime.now().toString());
    }
}
```

然后配置具体任务调度的策略，最常用的就是使用 cron 表达式，假设我们的 cron 表达式配置如下（可以配置在 spring 的 application.yml 中）。

```
testJob:
  cron: "0/5 * * * * ?"
```

创建一个 TestJobConfig 类来完成任务调度的相关配置，代码如下。

```
import org.quartz.JobDetail;
import org.springframework.beans.factory.annotation.Value;
import org.springframework.context.annotation.Bean;
import org.springframework.context.annotation.Configuration;
import org.springframework.scheduling.quartz.CronTriggerFactoryBean;
import org.springframework.scheduling.quartz.JobDetailFactoryBean;
@Configuration
public class TestJobConfig {
    @Bean
    public CronTriggerFactoryBean testJobTrigger(JobDetail testJobDetail,
                                                 @Value("${testJob.cron}") String cronExpression) {
```

```
        CronTriggerFactoryBean triggerFactoryBean = new CronTriggerFactoryBean();
        triggerFactoryBean.setCronExpression(cronExpression);
        triggerFactoryBean.setJobDetail(testJobDetail);
        return triggerFactoryBean;
    }
    @Bean
    public JobDetailFactoryBean testJobDetail() {
        JobDetailFactoryBean jobDetailFactoryBean = new JobDetailFactoryBean();
        jobDetailFactoryBean.setJobClass(TestJob.class);
        jobDetailFactoryBean.setDurability(true);
        return jobDetailFactoryBean;
    }
}
```

在上述代码中，通过 CronTriggerFactory 来配置任务和调度的策略，通过 JobDetailFactoryBean 来配置一个任务，然后通过配置不同的端口启动多个实例模拟集群环境的场景来验证一下任务是否真的会互斥，关闭正在执行任务的实例，会发现另一个实例会继续执行任务。

这里还需要注意的是，由于所有任务数据都是保存在数据库中，也包括了任务的执行策略，如果我们修改了 cron 表达式，并不能及时生效，需要手动将数据库中的 cron 表达式改掉才行。不过，我们可以通过实现 SchedulerFactoryBeanCustomizer 来完成一些定制化的配置，代码如下。

```
import org.springframework.boot.autoconfigure.quartz.SchedulerFactoryBeanCustomizer;
import org.springframework.scheduling.quartz.SchedulerFactoryBean;
import org.springframework.stereotype.Component;
@Component
public class SchedulerCustomizeFactoryBean implements SchedulerFactoryBeanCustomizer {
    @Override
    public void customize(SchedulerFactoryBean schedulerFactoryBean) {
        schedulerFactoryBean.setOverwriteExistingJobs(true);
    }
}
```

在上述代码中，设置了覆盖已存在的任务为 true，这样就可以在我们修改了服务的 cron 表达式配置后实时生效了。

10.2.2 XXL-JOB

XXL-JOB 是许雪里老师所开发的一款轻量级的开源的分布式任务调度平台，相比其他的一些分布式任务调度平台，其用法更加简单，而且稳定性良好、易扩展，所以这里在演示任务调度平台时选择了它。当然，这并不是说其他的框架或平台不好，当我们在做一些工具或框架选型时，更多的还是应该根据项目的实际情况来选择最合适的技术实践。

XXL-JOB 的官网上有详细的使用说明，这里带着大家一起来搭建一个分布式的任务调度平台，体验一下任务调度平台的一些基础的功能用法，XXL-JOB 的官网地址是 http://www.xuxueli.com/xxl-job/#/，感兴趣的读者可以前往学习。

XXL-JOB 的设计原理是将任务调度的工作分为了调度中心和执行器两个部分，调度中心与业务解耦，只关心任务的管理、执行器的管理、日志管理及任务的注册等功能，执行器则负责响应调度中心的调度，完成任务的执行使命，并提交相关日志，XXL-JOB 的结构如图 10.4 所示。

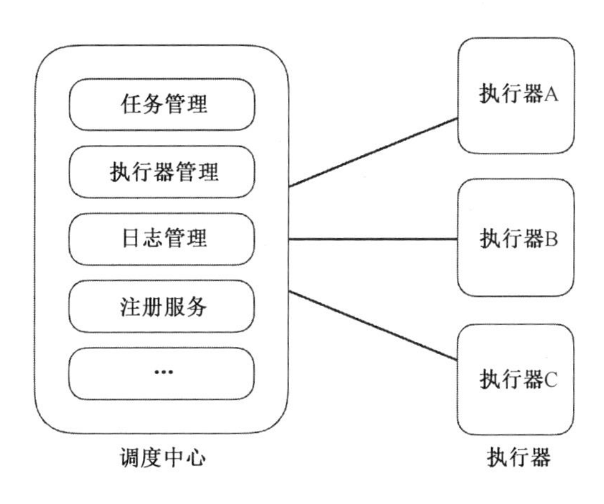

图 10.4　XXL-JOB 的结构

在了解 XXL-JOB 的结构后，可知 XXL-JOB 分为 xxl-job-admin 和 xxl-job-core 两个核心模块。其中，xxl-job-admin 就是任务调度中心，官方文档上说明了 xxl-job-admin 也提供了 Docker 的方式安装部署，不过笔者在实验时发现镜像似乎无法下载，于是采取源码编译的方式进行安装和配置。首先我们需要下载 xxl-job-admin 的源码，国内用户推荐使用 XXL-JOB 的码云地址 https://gitee.com/xuxueli0323/xxl-job 下载。

下载后，通过 IDE 或 maven 进行编译运行即可，不过在运行之前需要配置相应的数据库，xxl-job-admin 支持 MySQL 数据库，在源码的该路径下可以找到相应的 MySQL 数据库的启动脚本 https://gitee.com/xuxueli0323/xxl-job/tree/master/doc/db/tables_xxl_job.sql，这里数据库的安装不再详细介绍，可以继续使用 Docker 快速启动一个 MySQL 数据库，然后将脚本导入数据库中，脚本会创建一个名为 xxl-job 的数据库及相应的数据表。

因为 xxl-job-admin 采用的框架是 Spring Boot，所以我们只需在对应的 application.properties 文件中配置数据库的信息即可，代码如下。

```
### web
server.port=8600
server.context-path=/xxl-job-admin
```

```
### resources
spring.mvc.static-path-pattern=/static/**
spring.resources.static-locations=classpath:/static/
### freemarker
spring.freemarker.templateLoaderPath=classpath:/templates/
spring.freemarker.suffix=.ftl
spring.freemarker.charset=UTF-8
spring.freemarker.request-context-attribute=request
spring.freemarker.settings.number_format=0.##########
### mybatis
mybatis.mapper-locations=classpath:/mybatis-mapper/*Mapper.xml
### xxl-job, datasource
spring.datasource.url=jdbc:mysql://127.0.0.1:3306/xxl-job?Unicode=true&characterEncoding=UTF-8
spring.datasource.username=root
spring.datasource.password=123456
spring.datasource.driver-class-name=com.mysql.jdbc.Driver
spring.datasource.type=org.apache.tomcat.jdbc.pool.DataSource
spring.datasource.tomcat.max-wait=10000
spring.datasource.tomcat.max-active=30
spring.datasource.tomcat.test-on-borrow=true
spring.datasource.tomcat.validation-query=SELECT 1
spring.datasource.tomcat.validation-interval=30000
### xxl-job email
spring.mail.host=smtp.qq.com
spring.mail.port=25
spring.mail.username=xxx@qq.com
spring.mail.password=xxx
spring.mail.properties.mail.smtp.auth=true
spring.mail.properties.mail.smtp.starttls.enable=true
spring.mail.properties.mail.smtp.starttls.required=true
### xxl-job login
xxl.job.login.username=admin
xxl.job.login.password=123456
### xxl-job, access token
xxl.job.accessToken=
### xxl-job, i18n (default empty as chinese, "en" as english)
xxl.job.i18n=
```

在上述配置中，除了可以配置基础的数据源，还可以修改管理员账号密码、邮件信息等配置，配置好后启动该工程，然后访问 http://localhost:8600/xxl-job-admin 即可进入 XXL-JOB 的登录页，如图 10.5 所示。

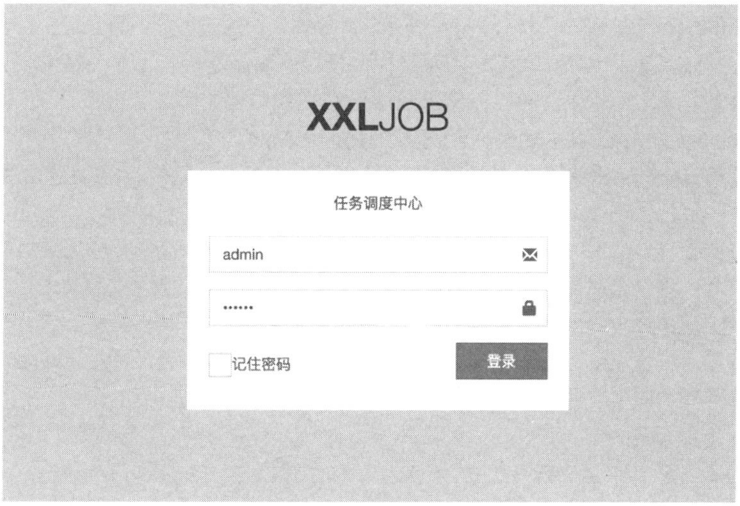

图 10.5　XXL-JOB 登录页

这里需要注意的是，项目的 logback.xml 配置 log.path 是一个绝对路径，在运行时可能会报错路径不存在，这时修改路径或创建相匹配的路径即可。然后输入我们配置的管理员账号密码（配置项为 xxl.job.login）即可登录，成功登录后，XXL-JOB 首页如图 10.6 所示。

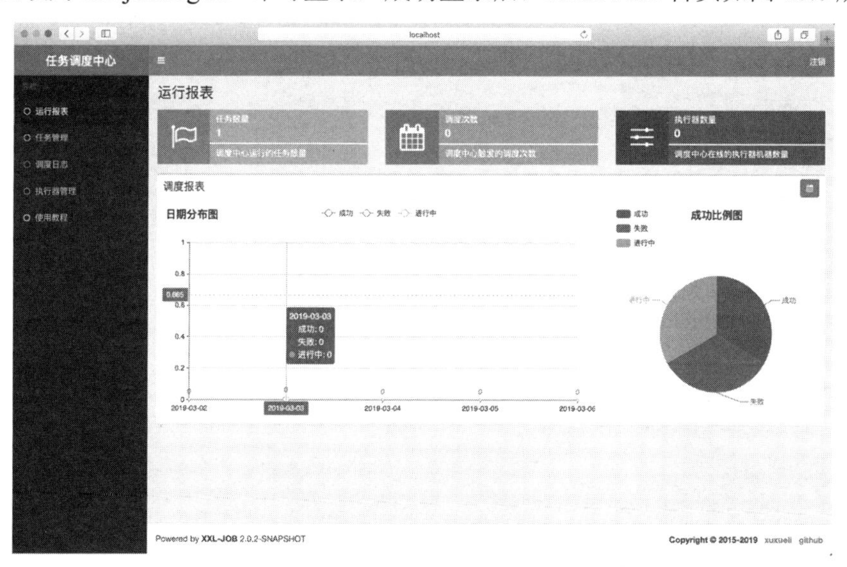

图 10.6　XXL-JOB 首页

如果看到图 10.6 中的页面，证明任务调度中心已经部署成功，接下来就需要配置任务，也就是执行器。首先在我们需要完成任务的项目中引入 xxl-job-core 的依赖，假设还是使用 Gradle，代码如下。

```
implementation 'com.xuxueli:xxl-job-core:2.0.2'
```

同样，在配置文件中配置一些 XXL-JOB 的信息，代码如下。

```
server.port=8500
### 调度中心部署根地址 [选填]：若调度中心集群部署存在多个地址，则用逗号分隔。执行器将会使用该地址进行"执行器心跳注册"和"任务结果回调"；若为空，则关闭自动注册
xxl.job.admin.addresses=http://127.0.0.1:8600/xxl-job-admin
### 执行器 AppName [选填]：执行器心跳注册分组依据；若为空，则关闭自动注册
xxl.job.executor.appname=test-job
### 执行器 IP [选填]：默认为空，表示自动获取 IP，多网卡时可手动设置指定 IP，该 IP 不会绑定 Host 仅作为通信使用；地址信息用于 "执行器注册" 和 "调度中心请求并触发任务"
xxl.job.executor.ip=
### 执行器端口号 [选填]：小于等于 0 则自动获取；默认端口为 9999，单机部署多个执行器时，注意要配置不同执行器端口
xxl.job.executor.port=0
### 执行器通信 TOKEN [选填]：非空时启用
xxl.job.accessToken=
### 执行器运行日志文件存储磁盘路径 [选填] ：需要对该路径拥有读写权限；若为空，则使用默认路径
xxl.job.executor.logpath=./joblogs/
### 执行器日志保存天数 [选填] ：值大于 3 时生效，启用执行器 Log 文件定期清理功能，否则不生效
xxl.job.executor.logretentiondays=-1
```

在上述配置中，我们需要配置 xxl-job-admin 的地址，选填配置注释得很清楚，这里不再赘述。配置文件写好后手动配置一个 XxlJobSpringExecutor 的 SpringBean，可以参考 XXL-JOB 源码中的 Spring Boot 集成示例，具体代码如下。

```
@Configuration
@Slf4j
public class XxlJobConfig {
    @Value("${xxl.job.admin.addresses}")
    private String adminAddresses;
    @Value("${xxl.job.executor.appname}")
    private String appName;
    @Value("${xxl.job.executor.ip}")
    private String ip;
    @Value("${xxl.job.executor.port}")
    private int port;
    @Value("${xxl.job.accessToken}")
    private String accessToken;
    @Value("${xxl.job.executor.logpath}")
    private String logPath;
    @Value("${xxl.job.executor.logretentiondays}")
    private int logRetentionDays;
    @Bean(initMethod = "start", destroyMethod = "destroy")
    public XxlJobSpringExecutor xxlJobExecutor() {
        log.info(">>>>>>>>>>> xxl-job config init.");
        XxlJobSpringExecutor xxlJobSpringExecutor = new XxlJobSpringExecutor();
        xxlJobSpringExecutor.setAdminAddresses(adminAddresses);
        xxlJobSpringExecutor.setAppName(appName);
```

```
            xxlJobSpringExecutor.setIp(ip);
            xxlJobSpringExecutor.setPort(port);
            xxlJobSpringExecutor.setAccessToken(accessToken);
            xxlJobSpringExecutor.setLogPath(logPath);
            xxlJobSpringExecutor.setLogRetentionDays(logRetentionDays);
            return xxlJobSpringExecutor;
        }
    }
```

XXL-JOB 执行器提供了很多种任务的执行方式，下面简单介绍一个最常用的 Bean 模式任务执行器，新建一个 TestJobHandler 类继承 IJobHandler，代码如下。

```
@JobHandler(value = "testJobHandler")
@Component
public class TestJobHandler extends IJobHandler {
    @Override
    public ReturnT<String> execute(String param) throws Exception {
        XxlJobLogger.log("XXL-JOB, Hello World.");
        XxlJobLogger.log("param is :" + param);
        return SUCCESS;
    }
}
```

在上述代码中，XxlJobLogger 是 XXL-JOB 提供的日志接口，可以将日志输出并收集到任务调度中心 xxl-job-admin 上，这里的任务只是将参数输出在日志中，然后启动该执行器所在的项目。

接下来进入 xxl-job-admin 来进行执行器的配置，首先创建一个执行器，单击左侧的“执行器管理”菜单项，然后选择“新增执行器”选项，输入相关的 AppName，与配置文件中的保持一致，如图 10.7 所示。

图 10.7　新增执行器示例

接着进入“任务管理”页面，单击“新增任务”，如图 10.8 所示。

图 10.8 新增任务示例

在图 10.8 中，选择我们刚才创建好的执行器，编辑 cron 表达式，运行模式配置为“BEAN”，JobHandler 配置与代码中@JobHandler 注解所配置的 value 值要一致，这里还可以配置超时时间、失败重试和报警邮件等信息。最后，任务参数传递到任务执行代码中的 param，单击“保存”按钮后返回任务管理列表，如图 10.9 所示。

图 10.9 任务管理列表

在列表中，可以看到之前创建的任务，并且状态是“STOP”，在操作项中，可以单击“执行”按钮来执行一次任务，快速地验证任务是否可以正常执行，单击“启动”按钮即可持续运行该任务。然后单击“日志”按钮就可以看到任务的执行记录，任务日志列表如图 10.10 所示。

图 10.10 任务日志列表

在日志列表中单击“操作”列中的“执行日志”，即可看到任务执行日志的详情，如图 10.11 所示。

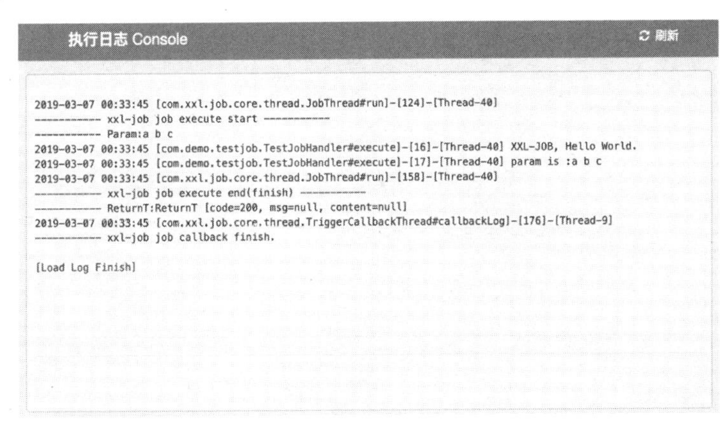

图 10.11　执行日志

除了执行日志，我们还可以在任务调度中心的首页查看相关任务的统计情况，如图 10.12 所示。

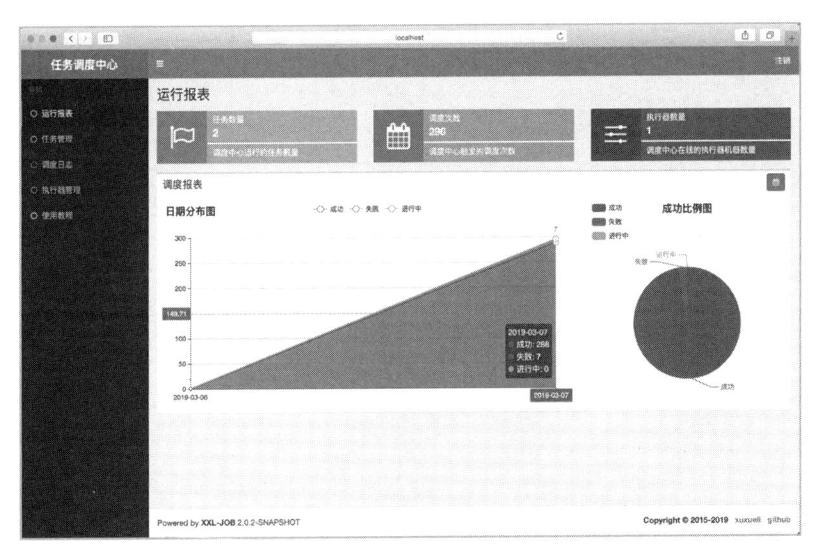

图 10.12　任务统计页面

除了常用的基础任务配置，XXL-JOB 还提供了多种任务调度的方式，可以实现集群部署、分片执行任务等功能，支持弹性扩容缩容，一旦有新的执行器上线或下线，下次调度时将重新分配任务。

第 11 章　事务管理

- 事务概述
- CAP 理论
- BASE 理论
- 解决方案
- 对账是最后的屏障

事务管理一直都是软件开发中的难点，即使很多优秀的框架能够帮助我们处理一些简单的逻辑，如在单体式架构中使用 AOP 的事务管理框架来管理事务，但在微服务架构下，或者任何分布式架构的系统中，事务管理的难度增大了。

而且事务管理本身除了技术上的难点，更复杂的还是事务在业务上的逻辑，现实世界中的一些场景在微服务架构下，它的业务可能会被拆分成多个服务来共同处理。那么，面对分布式的业务，分布式事务又该如何处理呢？

11.1　事务概述

在介绍分布式事务之前，有必要说一下事务的概念，以确保对这个问题的概念理解一致。那么，什么是事务？

事务（Transaction）的原意是指交易，在商业中通常是指买方和卖方为交换资产在进行支付时的金融交易。在计算机领域中提到事务，是指一系列信息交换相关操作的不可分割性，这里信息交换是对数据的相关操作，如添加、更新或删除数据库的信息，这里事务的重点在于不可分割，每个事务都是一个完整的单元。

例如，网上购买一部手机，假设这时商家的库存有 200 部，下单成功后，库存的数据应该更新为 199 部，这个下单和减库存就应该是一个单元，不能下单成功而库存没减，或者下单失败但库存减了，只要有一个操作没有成功，另一个操作也要跟着失败，下单和减库存这两个操作只能都成功或都失败，这样的一系列操作就是事务操作，如图 11.1 所示。

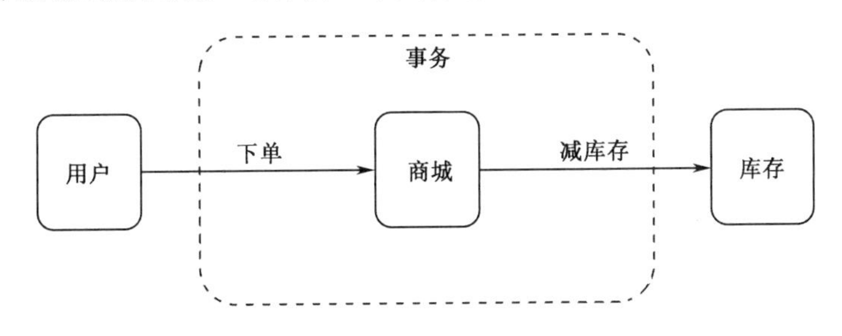

图 11.1　网上购物事务示例

当我们谈论事务时，更多的会涉及数据库事务，之前提到过事务中通常会有数据交换，而数据交换通常发生在数据库中，如数据库的批量删除，或者同时删除一笔数据和更新另一笔数据。这样的场景在平时的工作和学习中并不陌生，在数据库事务中也对事务有着明确的定性，那就是 ACID 属性，具体如下。

原子性（Atomicity）：一个事务中的所有操作，或全部完成，或全部不完成，不会在中间的新环节结束。在数据库中，事务在执行过程中发生错误，则数据会被回滚到事务开始前的状态。数据就像没有变化一样，即事务是不可分割的。

一致性（Consistency）：比较官方的解释是在事务开始之前和事务结束以后，数据库的完整性没有被破坏，写入的数据必须完全符合所有的预设约束、触发器、级联回滚等。这和我们通常提到的分布式事务的一致性并不一样，数据库的一致性指的是内部一致性，主要是指数据丢失修改、不可重复读、脏读和幻读等问题。

隔离性（Isolation）：数据库允许多个并发事务的同时有对其数据进行读写和修改的能力，隔离性可以防止多个事务并发执行时由于交叉执行而导致数据的不一致。事务隔离分为不同级别，包括读未提交（Read Uncommitted）、读提交（Read Committed）、可重复读（Repeatable Read）和串行化（Serializable）。

持久性（Durability）：指事务处理结束后对数据的修改永久生效，即便系统故障也不会丢失。

11.2 CAP 理论

在了解事务的基本概念后，事务管理通常就是要保证事务的 ACID，但这在分布式系统中是很难完成的事情。由于分布式系统中通常存在多个数据库，因此无法运用数据本身的 ACID 特性，而针对分布式系统的特点，加州大学伯克利分校的计算机科学家 Eric Brewer 总结出了新的特性，也就是 CAP 定理，具体如下。

一致性（Consistency）：每次读取都会收到最近的写入或错误，等同于所有节点访问同一份最新的数据副本，获取到的数据都是最新的数据。

可用性（Availability）：每个请求都会收到（非错误）响应，但不保证它包含最新的写入，即保证数据的正确性，但是不保证获取的数据为最新数据。

分区容错性（Partition tolerance）：无论节点之间的网络丢失（或延迟）多少数量的消息，系统仍继续运行。

CAP 原则如图 11.2 所示。

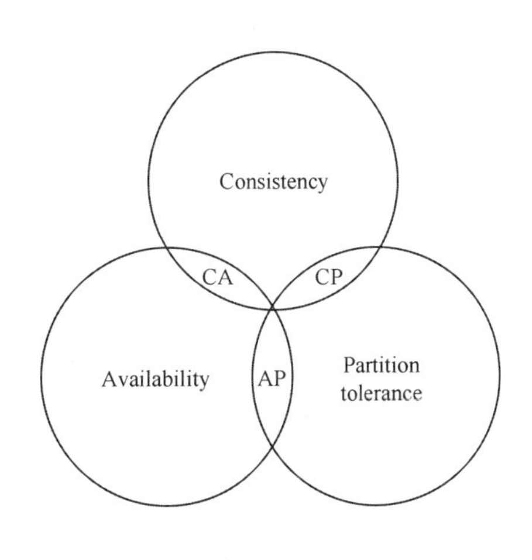

图 11.2 CAP 原则

Eric Brewer 指出，在分布式系统中只可能满足 CAP 中的两项，不能三项都满足，这又是为什么？

我们先来分析一下分区容错性（P），在分布式系统中，分区一定存在，因为我们的服务或数据都是分布式存在的，一般来说，分区容错无法避免，所以可以理解为 CAP 中的 P 是百分之百存在的。

再来看看一致性（C）和可用性（A），这里的一致性与数据库事务的 ACID 中的一致性不一样，CAP 中的一致性通常是指外部的一致性。也就是说，在写操作之后的读操作必须读到最新状态的值。可用性是指无论数据是什么状态，每个读操作都会读到一个值，无论这个值是否最新。所以，要想保证一致性通常会牺牲一部分可用性。

因为在现实中可能存在网络错误，即分区错误一定存在，所以无法保证每个节点的数据都一致。如果要保证一致性，当一个分区发生写操作时，锁住其他分区的读写操作，数据同步后才重新开放，这就会造成其他分区出现不可用的情况。如果要保证可用性，就不能锁住其他分区，这必然会出现数据不一致的情况，也不能满足一致性。

综上所述，在做分布式事务管理时只能选择一个目标，要么追求一致性，要么追求可用性。所以，我们在谈论一些分布式事务的框架或相关技术时都会提到是基于 AP 原则的实现还是基于 CP 原则的实现。

11.3 BASE 理论

我们了解到分布式事务的 CAP 原则，即对于分布式系统而言，只能从 CAP 中选择两个条件，由于 P 的确定性，当面临 CP 原则或 AP 原则的选择时，在大部分 2C 软件中都会选择 CP 原则，牺牲一致性而保障系统的可用性，而在一些金融系统中，为了保证财产的安全往往选择 AP 原则，牺牲可用性而保障数据的一致性。

当然，这里所说的牺牲并不是完全放弃某一个特性，更多的是牺牲强特性而换取弱特性，如 AP 原则，就是牺牲了强一致性而换取了强可用性和弱一致性；而 CP 原则就是牺牲了强可用性而换取强一致性和弱可用性。那么，如何理解强和弱呢？

BASE 理论很好地解释了强和弱的概念，它就是对于 CAP 原则的衍生，最初由 eBay 的架构师 Dan Pritchett 提出，是基于 eBay 在分布式系统中实践总结的关于一致性和可用性权衡的结果，BASE 是以下 3 个概念的缩写。

基本可用（Basically Available）：系统在出现故障时，允许损失部分可用性，保证核心功能可用，通常又可以细化分为两种，即损失时间上的可用性和损失功能上的可用性。

软状态（Soft State）：允许系统中存在中间状态，这个状态不影响系统可用性，即允许不同分区副本的数据出现一定时间内的不一致。

最终一致性（Eventually Consistent）：指经过一段时间后，所有节点数据都将达到一致，即系统不可能一直存在软状态，在一定时间内会保证数据最终的一致性。

BASE 被认为是 ACID 的替代品，与 ACID 的思路截然相反。ACID 悲观地控制每个数据操作，保证数据在操作结束时的一致性，而 BASE 则会乐观地允许数据出现暂时得不一致，保证数据在操作结束时的强一致性。所以，BASE 理论上其实是一个基于 AP 原则的设计，即通过牺牲强一致性而获得系统的高可用性。

11.4 解决方案

基于这些理论和大量行业先辈的探索，虽然分布式事务管理很难，但还是总结了不少解决方案，如常见的两段提交、基于消息的事务管理，以及基于最终一致性原则的 TCC 模式，虽然这些方式已经运用在很多场景下，但微服务下事务管理的复杂度还居高不下，所以最好的方式还是尽量避免过度的设计而导致过多的分布式事务的存在。

11.4.1 基于可靠消息的事务管理

什么是消息中间件？消息中间件就是通过网络，使用队列的形式，采用发布和订阅的模式对消息进行传递，如 RabbitMQ、RocketMQ、ActiveMQ 和 Kafka，都是一些比较常用的消息中间件，消息发布者可以通过这些消息中间件发布想要传递的消息，而这些消息的订阅者就会收到相应的消息。

那么，基于消息中间件如何实现微服务的事务管理？有个说法称为“基于可靠消息服务的分布式事务管理”。可见，如果要使用消息中间件来管理事务，首要条件是可靠，那么如何做到可靠？消息中间件既然是用来发布和订阅消息的，可靠的条件就是发布可靠和订阅可靠两个要素，具体如下。

（1）消息一定要发布成功，即发布者的消息一定要被消息中间件接收到。

（2）消息一定要被消费成功，即订阅者一定要成功地将消息接收到。

如何做到这两点？方式有很多，对于发布可靠通常的做法是在消息发布者的本地建立一个消息状态记录表，如图 11.3 所示。

Message Record	
id:	**消息ID**
type:	**消息类型**
data:	**数据**
timestamp:	**时间戳**
retry:	**重试次数**
status:	**消息状态**
...	

图 11.3　本地消息状态记录表

消息发布者在本地事务完成的同时，会在本地的消息表中插入一笔消息记录，并标记状态为未发送，插入操作与本地事务在同一个事务中，如果本地事务执行失败，就不会有消息记录产生，如果消息记录插入失败，那么本地事务也会回滚，这时就会有一个定时任务来轮询消息表中未发送的消息，并且将这些消息发往消息中间件，然后更新消息的状态。当然这个过程也可能失败，不过定时任务会反复执行，从而最大限度地保证消息发布的成功率，但反复执行也要有限度，我们可以给系统设置一个阈值，当发生消息的重试次数超过了这个阈值，就表示消息中间件不可用，需要预警进行人工修复。

对于订阅可靠就需要消息中间件的特性支持，当消息投递给订阅者时，都会有回应。例如，订阅者会返回消息投递成功的消息给消息中间件，当消息中间件接收到订阅者的成功回复后，就代表消息投递成功，否则需要继续重试投递。所以，我们在选择使用消息中间件作为事务管理机制时，就需要尽量考虑选择可以支持重试消息投递的消息中间件。

当然，消息发送失败可能是下游系统确实没有成功接收到消息，或者下游系统接收到消息，但返回响应时出现了错误导致消息中间件没有接收到消息订阅者的正常成功返回。那么，消息中间件都将进行消息重发，这就导致了一个新的问题，就是消息订阅者可能收到多份同样的消息。这里就引入了一个新的概念：幂等性。

解决分布式事务的问题时，通常都会提到幂等性，什么是幂等性？简单来说，一个服务能够反复消费同一个消息且保持业务数据状态不变，这就是幂等性。所以，要保证消息中间件的订阅可靠，消息订阅者需要做幂等处理，做法有很多种，比较常见的做法和消息发布者的处理方式类似，在消息订阅者的本地也维护一个消息消费记录表，来记录一个消息是否被正常消费。如果没有记录，那么进行正常的业务处理，并记录一笔消费，如果消费过就直接返回成功，不会再重复消费，本地消息状态记录表如图 11.4 所示。

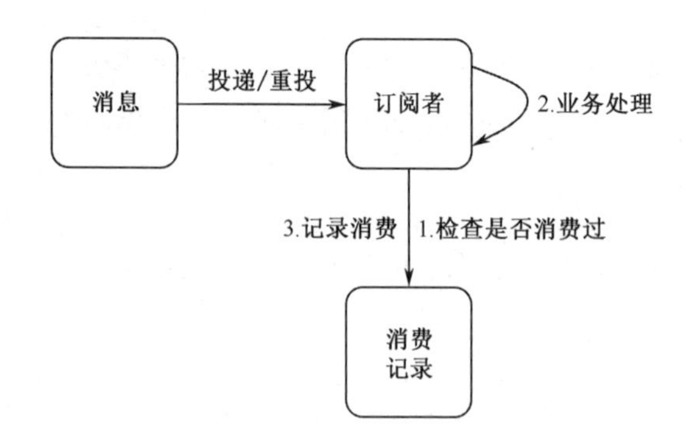

图 11.4　本地消息状态记录表

那么，在保证了消息中间件的可靠性后，就可以利用消息的传递来完成事务的控制。消息中间件处理事务示意图如图 11.5 所示。

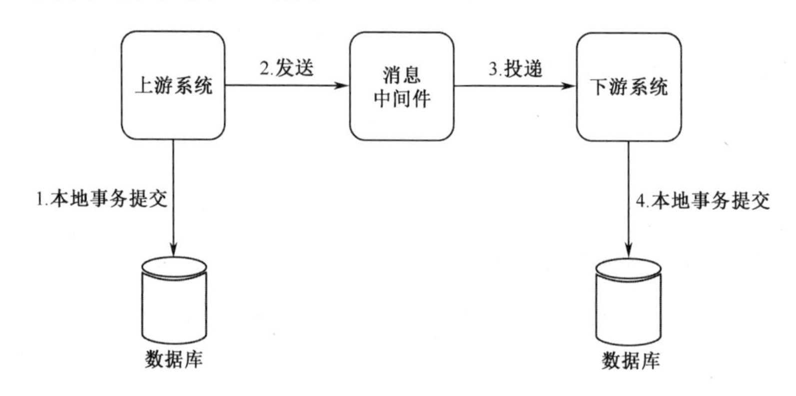

图 11.5　消息中间件处理事务示意图

在图 11.5 中，通过消息中间件设计，上游系统处理完本地事务后，将消息发送给下游系统，下游系统再处理自己的本地事务。消息收发的可靠性设计，可以保证下游系统一定会收到消息。如果下游系统处理本地事务时失败了，上游系统此时事务已经提交，那该怎么处理？

很简单，还是利用消息中间件，如果下游系统事务处理失败，就返回失败的消息给消息中间件，消息中间件就会再次将消息重新发送给下游系统，由于下游系统已做了幂等处理，因此可以多次重试，直到本地事务处理成功为止。不过重试次数也要有限度，可以在下游系统做本地事务失败次数的记录，下游系统事务重试示意图如图 11.6 所示。

这样就通过可靠的消息中间件实现了微服务系统的事务管理。使用消息中间件管理事务的方式还有很多，如超时回滚等，此处给大家介绍的便是尽最大努力通知的方式，也是比较简单和普遍采用的一种方式。这种方式的优点是会尽量保证系统业务处理的成功；缺点是实时性会差一些，但最终会保证数据的正确性。

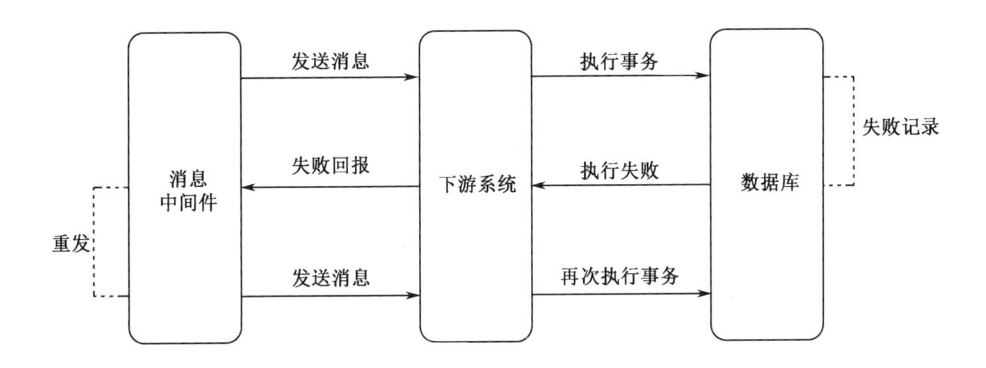

图 11.6　下游系统事务重试示意图

11.4.2　两段提交事务

两段提交（Two-Phase Commit，2PC 协议）算是比较简单的方式来处理分布式事务，它的成立主要基于以下假设。

（1）系统中存在一个中心节点作为协调者，其他节点作为参与者，当然，节点之间可以进行网络通信。

（2）所有节点都采用预写式日志，且日志被写入后即被保存在可靠的存储设备上，即使节点损坏不会导致日志数据的消失。

（3）所有节点不会永久性损坏，即使损坏后仍然可以恢复。

下面来看两段提交的方式。

1. 第一段提交

第一阶段的主要工作是询问，协调者将询问所有的参与者是否可以执行提交操作，即要求所有的参与者都准备好提交。也就是说，让所有参与者执行预提交，参与者会告诉协调者是否准备好或是否完成预提交。

2. 第二段提交

如果所有的参与者在第一阶段的返回为成功时，协调者就会再次向所有参与者发送正式提交的请求，完成所有事务的最终提交，如果有任何一个参与者在第一阶段的返回是失败，协调者就会通知所有参与者进行事务回滚操作。

两段提交的模式相对比较好理解，而且很多数据库开始对两段提交进行支持，在数据库中这种方式被称为 XA（eXtended Architecture）事务管理，如图 11.7 所示。

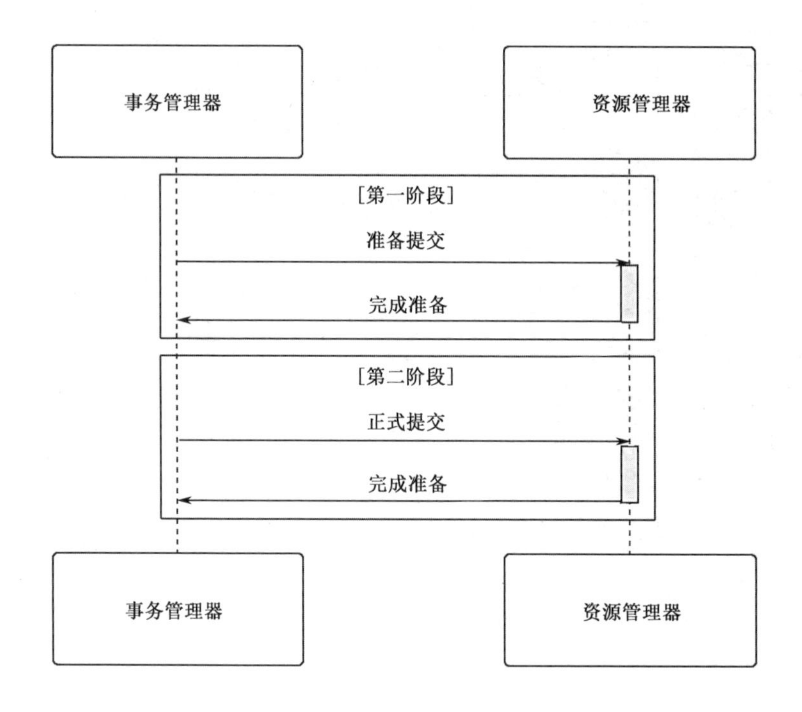

图 11.7 XA 事务管理

在图 11.7 中，事务管理器就是全局的协调者，资源管理器就是分区的参与者，通过两次提交而最终保证数据的一致性。可以看出，两段提交是基于 CP 协议的事务管理实现，这也是两段提交最大的缺点。因为在事务管理器执行期间，所有的节点都处于阻塞状态，必须等到所有节点正常响应后才可以进行提交，只要有某个节点出现高负载或响应较慢，就会连带影响其他节点进入等待状态，所以两段提交的系统可用性不好。此外，还有事务管理器的单点故障问题，一旦事务管理器本身出现问题，那么整个分布式事务管理都将无法进行。

11.4.3 TCC 模式事务管理

TCC 是 Try/Confirm/Cancel 的简称，首先，它要求所有业务服务都必须提供 Try（尝试）、Confirm（确认）、Cancel（取消）3 个接口。

Try 接口：尝试业务执行是否可行，并不会真正执行业务，但会预留业务资源。

Confirm 接口：确认执行业务，使用 Try 阶段预留的业务资源。

Cancel 接口：取消业务执行，释放 Try 阶段预留的资源。

其次，TCC 模式需要有一个中心的业务活动管理器来协调 TCC 的活动并记录活动日志。

TCC 在应对事务管理时，除了保证基本的分布式事务一致性，更多的是提高业务一致性和合理性。例如，我们去电子商城买东西，简化步骤，不考虑发货，主要就是付款下单和减库存这两个步骤。假设订单系统和库存系统是两个独立的微服务，下订单需要付款成功，并且成功减少库存，那么当服务并发量高时，很可能付款成功，但库存已经没有，这时如果做数据回滚，如取消订单，用户体验肯定不好，或者库存减扣成功，但是用户账户上没有余额下单失败，就会导致库存再次被释放，影响真正可以购买的用户。

那么，使用 TCC 来管理事务应该怎么做？

TCC 模式的具体实践方式有很多种，这里介绍比较常用的一种方式，其事务管理示意图如图 11.8 所示。当商城主服务发起一个下单请求时，首先会调用订单系统和库存系统的 Try 接口，进行可行性的尝试，并锁定相应的资源。例如，在订单系统中，先锁定用户账户购买商品所需的金额，在库存系统中先锁定用户购买的商品数量，这样不会影响用户的其他订单。

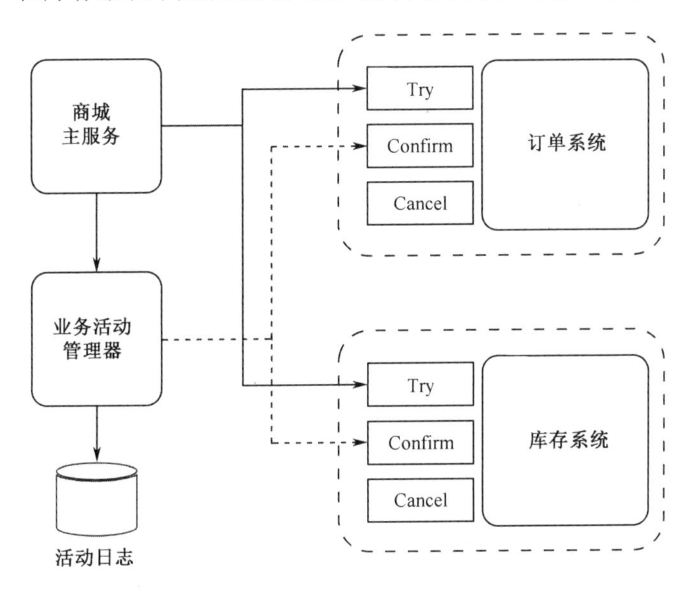

图 11.8　TCC 事务管理示意图

如果其他用户并发地购买这个商品，那么由业务活动管理器记录所有下游服务的活动日志，即查看是否都 Try 成功。如果所有的 Try 都成功，那么将由业务活动管理器发起 Confirm 请求，确认执行业务操作，即使用之前 Try 接口锁定的资源，真正地提交事务，完成业务操作；如果有任何一个 Try 失败，那么业务活动管理器就调用 Cancel 接口，释放之前锁定的资源，如库存数量、用户账户资金等。

在 Confirm 或 Cancel 时可能会出现错误，为了保证业务的一致性，业务活动管理器会根据活动日志，对 Confirm 请求进行一定次数的重试，这就要求我们在设计 Confirm 和 Cancel 接口时要保证它们的幂等性。

11.5 对账是最后的屏障

无论是 CAP 还是 BASE，无论是可靠消息还是 TCC，任何一种分布式事务管理方式都不可能保证百分之百的数据一致性，这些方案的作用就是最大限度地减少出错的可能性，哪怕是减少 99.999%的出错可能，但在巨大用户基数下，还是有出错的可能，所以一旦出现数据不一致，应该怎么办？最终的方式当然是人工对账，所以在设计一套好的分布式事务管理方案的同时，我们也要注意业务数据日志的收集，以便人工或自动对账系统可以更方便和快速地分析出结果。

最好的方式就是尽量避免使用分布式事务，尤其是在做微服务拆分时，如果能够通过设计使业务在同一个本地执行，就尽量不要使同一本地事务分开。

最后为大家推荐几个分布式事务管理的框架，感兴趣的读者可以自行学习一下，基于消息中间件主流应是 Kafka；两段提交（2PC）可以查看由阿里巴巴开源的 Fescar，它可以提供零侵入式的分布式事务管理；关于 TCC，国内的 TCC-Transaction 和国外的 Atomikos 都是比较优秀的框架。

第 12 章　传统架构的微服务转型之路

- 传统架构转型的难点
- 识别领域与界限
- 分块重构法
- 代理隔离法
- 转型不是一蹴而就的

虽然微服务的浪潮越来越热，但是软件工程这么多年以来，还是产生了大量的传统架构系统，面对已经存在了多年的老项目，系统性能越来越差，想要扩展又显得捉襟见肘，想要做微服务架构转型也处处受限，很多项目团队甚至直接选择丢弃老系统，重新开发新的系统。

那么，当我们面对技术陈旧、业务庞杂、技术债众多的老旧系统时，该如何实现微服务的转型呢？本章将详细讲解从现有传统架构向微服务架构转型的思路和过程。

12.1 传统架构转型的难点

如果你通读完前面的章节，那么从零开始去搭建一套基于微服务架构的系统应该不难，很多企业或团队的架构师同样拥有这样的能力。但是，大多数人在面临已有的传统架构的系统转型时就不知何去何从了。

那么，传统系统架构的转型究竟有哪些难题呢？

1. 技术陈旧

传统架构中最常见的就是单体架构，单体式的应用往往在项目开始时会确定系统的架构、技术方案、开发框架和规范等，然后随着项目的进程越来越长，部分组件可能会有所更新和调整，基础的底层框架或核心框架的技术是很难变化的。

例如，一个 Java 项目采用的是 Hibernate 作为数据库持久层的框架，那么若干年后，当系统有一定的代码量时，想要将持久化框架换成 MyBatis 或 JDBC 就十分困难了，这种组件级别的转型可能不是最难的，多花点时间改造的风险并不大。

但如果是底层框架的转型就难了，如一个 10 多年前的系统，使用的是 Spring 2.x 的版本，就一个核心库，到处都是复杂的 XML 文件配置，工程化也十分老旧，没有使用 Maven 或 Gradle 等现代的工程化管理工具，现在需要转型使用 Spring Boot，这就比组件转型要难多了，但这里至少还算是在 Spring 家族中做升级，如果要转成 JFinal 或 Nutz 等其他开发框架，难度系数就更高了。

再说到微服务，我们有基于注册中心、负载均衡、断路器、链路追踪、云配置管理等新的技术需要集成，所以老系统中技术陈旧是转型中的一大难题。

2. 代码职责不清晰

在讲微服务时多次提到了职责和边界的概念，在第 7 章中更是提出了限界上下文的说法，这说明我们在做微服务设计和演进时是十分在意服务的职责和边界的，如对一个资源的状态进行修改，到底应该由谁来负责？这往往需要结合业务背景、领域知识及服务交互技术等条件进行分析和考虑。

反观传统的单体式架构系统，随着时间的迁移，不同的团队或人员交替，必然会出现各种重复的业务逻辑的实现。例如，笔者见过一个项目，仅查询用户就有 10 多种方法，至于具体用哪一个，这些方法都有什么区别，已经没有人能说清楚了。由于都是本地调用，对于不用的业务场景，继承和封装的方式层出不穷，查询用户的方法还在不断增加，你无法预计这些方法是否都能被统一替换，有些方法中会夹杂着各种业务场景中特殊定制的业务。例如，修改用户的手机号码在有的方法中会触发用户的另一个状态发生变化，在有的方法中只是单纯的修改，在有的方法中会触发手机号发送短信验证码的方法。相信类似的场景大家一定都不陌生，这也是为什么大部分程序员在接项目时都不愿意做他人开发过的老系统。

对这样的系统进行微服务改造，很难找到切入点，系统中模糊的边界、重复的代码、混乱不清的模块职责，都将成为微服务转型中的绊脚石。

3. 测试覆盖率低

测试一直是软件开发中非常重要的一环，通常我们会在开发过程中内建单元测试，使软件在集成之前能够拥有一定逻辑的测试覆盖，扫清大部分可能发生的异常，甚至还有 TDD 等测试驱动的开发方法，在第 4 章中介绍的契约测试也可以算作单元测试的一种。

那么在一些旧系统中，可能遗留了各种各样的问题。例如，项目最开始的一些基础代码没有测试，从而导致后续的开发照葫芦画瓢，都不加测试，久而久之，代码量越来越大，就没有人愿意写测试了。又如，可能由于早些年一些测试的概念和技术还不成熟，导致测试的方式可能不“单元”，后续的代码经过一些改造后，原来的测试无法正常工作等，笔者也见过很多项目就是不写测试的，大家没有写测试的习惯，也不知道该如何写测试。

当然，在软件开发中不应该过度去较真 100%的测试覆盖率，毕竟不是所有的场景都可以用单元测试来完成。但是一个测试覆盖率过低的系统，确实会造成很多问题，除了影响系统本身的质量问题，最重要的就是一个没有测试保护的系统，重构所面临的风险是巨大的，在这个软件技术飞速发展的时代，无论是什么新技术、新架构，我们最终的目标就是希望软件能够快速地响应需求的变化，变化是不可避免的，那么我们能够做的就是让系统能够拥有响应变化的能力，而响应变化的前提当然是要保证系统原有的功能能够正常运行，不能说为了引进新技术就把系统之前的功能都破坏了。而且更多的时候并不是程序员不知道如何去改代码，而是不知道改完这个代码会造成多大影响，有多少功能会出问题。例如，一个错误的逻辑被好几个正确的逻辑所依赖，可能是一个方法本身存在 BUG，但是由于缺少测试，其他开发者在集成这个方法时并不知道 BUG 的存在，而是基于这个错误的方法结果去实现了自己当前业务逻辑想要的方法，那么一旦要修复这个 BUG，很可能之前使用这个方法的逻辑都会受到影响，这也是为什么我们在一些系统中修复了一个很明显的问题，但结果是一些本来正常的功能出现了问题。

如何才能保证系统原有功能的正确性呢？很大程度上就是依赖测试，一个测试覆盖率高的系统，无论是代码重构还是组件升级，都能够轻易地发现大部分的问题，保护系统功能的正确性。再说到微服务转型，我们有基于注册中心、负载均衡、断路器、链路追踪、云配置管理等众多新的技术需要集成，还有软件本身的结构、模块边界及开发方式的转变，大量的变化会给系统的质量带来巨大的风险，缺少测试无疑使系统转型困难重重。

其实不难发现，以上这些问题也不只是那些传统系统架构的问题，任何系统在经历了长期的岁月之后，总会有一些无法解决的疑难问题或设计不合理的地方，只不过这些问题在传统的系统架构中最为常见。造成这些问题的根本原因很多时候并不是当初的开发者技术有多么差，大家知道，每个软件项目都具有独特性，一个系统中有很多设计都是在当时的一些条件和情境下做出的相对合理的选择，而随着时间的迁移，这些选择可能放在如今的业务场景和软硬件的技术背景下，就会显得特别的糟糕。

所以，与其不断埋怨之前的开发者，不如思考一下该如何解决这些问题，如何对现有的系统进行重构，使系统不断地向我们预想的方向发展。

12.2　识别领域与界限

既然是微服务转型，那么最主要的目的就是将传统的单体架构拆分成多个职责单一且相对独立的微型服务，从而解决单体式架构的各种问题，使系统能够拥有微服务的特性（详见第 1 章）。所以，我们面临的第一个问题就是如何拆分。好比一台大机器，里面杂乱地安装着各式各样的零件，这台机器的功能很多，每个零件都有自己的作用，很多零件的功能有所重复，也有很多零件被很多功能所共用，零件的安装位置很乱，只是遵守着一些简单的安装规则，现在需要把这台机器改装一下，把机器内部划分出合理的功能区域，方便后期维修，如图 12.1 所示。

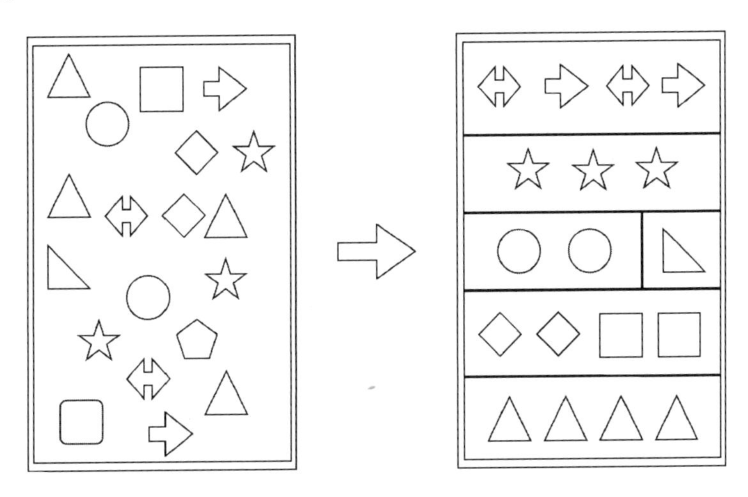

图 12.1 功能区划分示例

系统的微服务转型就好比改装机器，在大刀阔斧地改造之前，要先梳理清楚服务的领域是什么，领域的职责边界是什么，最有效的方式就是将业务功能结合在一起，梳理出用户的流程图及数据的流转方式，然后通过事件聚合等方法找到领域的各个聚合，划分出各领域的边界，详细内容参见第 7 章。

当识别出领域和领域的界限后，就可以清楚地知道到底应该划分哪几个微服务，各微服务都有哪些功能。接下来会面临转型的第二步，将单体式架构按照已识别的服务边界拆分成多个微服务，如图 12.2 所示。

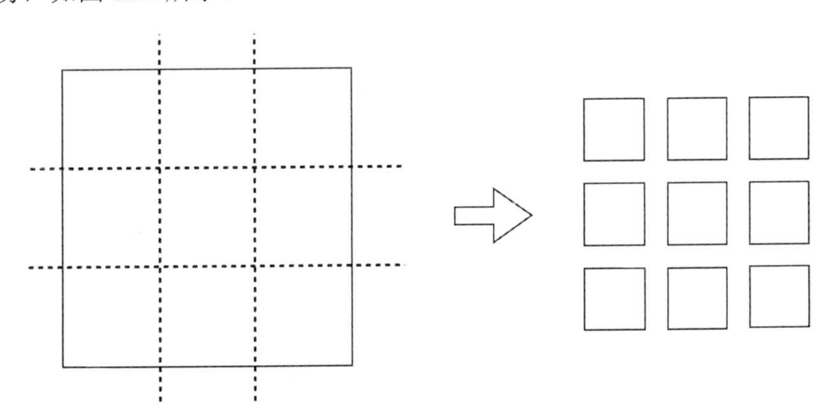

图 12.2 微服务拆分示例

在 12.1 节中，我们总结了微服务转型的几大难点，这也是大部分微服务转型项目遇到的主要难题，很多时候我们知道了该把服务拆分成什么样子，但是因为各种各样的困难导致最终改造无从下手。那么，当我们已经清楚地指定服务的领域和界限后，具体应该如何操作微服务的转型工作呢？

12.3 分块重构法

所谓分块重构法，就是将系统分成若干块，然后先对其中一块进行重构，完成后再选下一块进行重构，以此类推，逐步完成整个系统的转型改造。

例如，一个商城系统项目前期采用的是单体式架构，经过一段时间后，慢慢发现单体式架构的不足，想要做微服务改造，项目的开发过程还算比较规范，有基本的模块划分，各模块之间有少量功能重复，但整体边界还算清晰。单体式商城系统如图 12.3 所示。

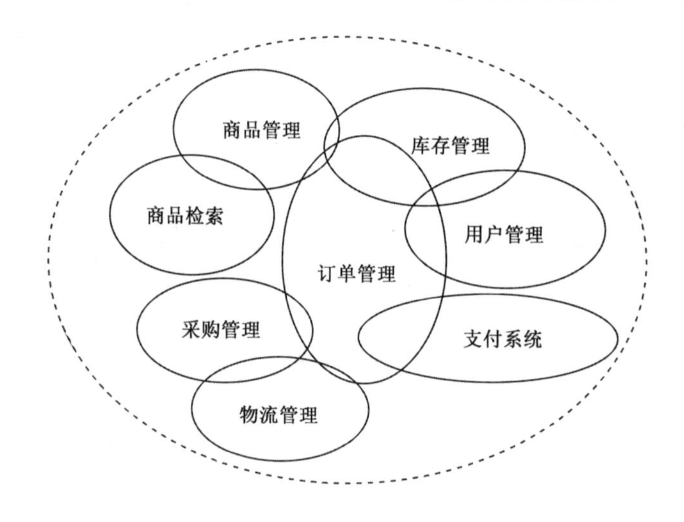

图 12.3　单体式商城系统

这里需要注意的是，在做微服务改造时，不要被原有的系统模块划分所干扰，抽取一个边缘的小模块进行改造，梳理出领域边界。例如，对图 12.3 中的单体式商城系统进行一轮简单的分析，可以暂定如下几个领域，其划分示意图如图 12.4 所示。

然后我们可以挑选一些职责比较清晰、与其他模块交叉较少的部分进行改造，如示例中的支付系统，先将这个模块的逻辑分离出来，如何做呢？首先做好测试，假设支付系统中有支付、查询和退款 3 个方法供其他模块调用，那么我们先针对这 3 个方法写好测试，测试最好能覆盖各种异常场景，补全测试示意图如图 12.5 所示。

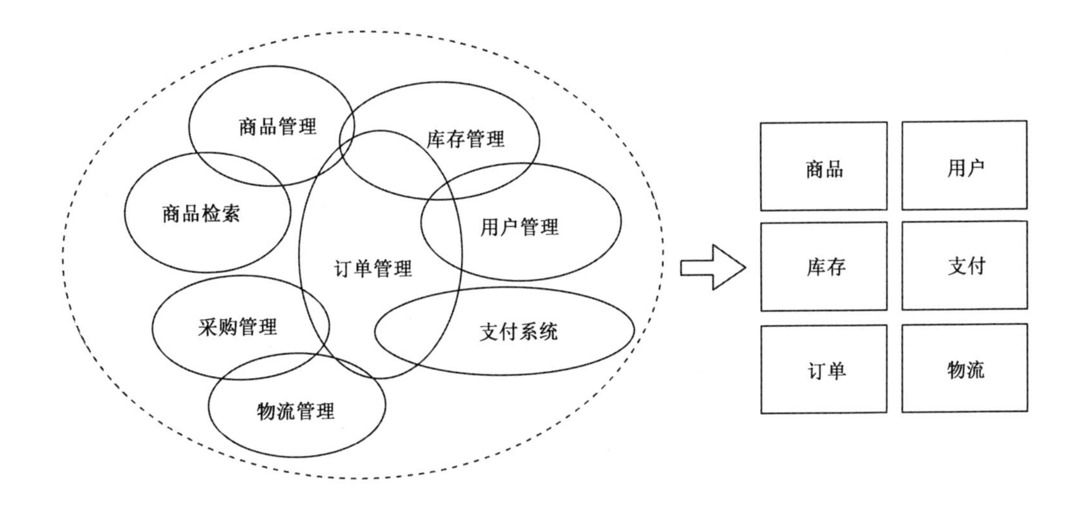

图 12.4　领域划分示意图

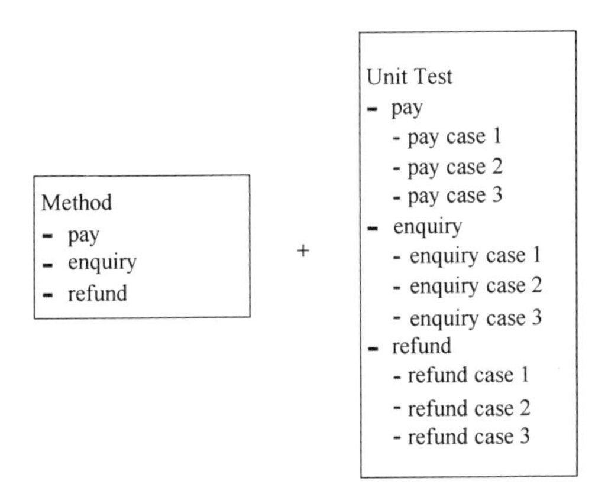

图 12.5　补全测试示意图

拥有了测试的保护之后，我们才可以更加放心地进行接下来的改造。我们可以新建一个支付服务，采用你想要的架构或开发模式开发这些方法，并提供相应的接口，然后在原系统中添加专门用于对接支付接口的类，通常称为适配器（Adapter），并与新服务的接口进行对接，适配层示意图如图 12.6 所示。

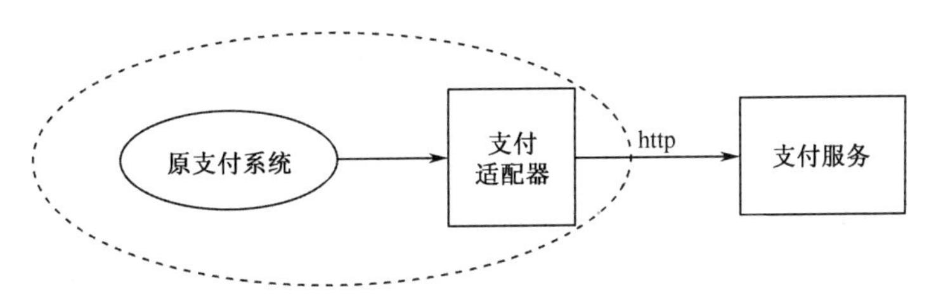

图 12.6　适配层示意图

然后将原支付系统中的方法实现全部重构为调用对应的支付适配器，由支付适配器以 http 的方式远程调用新的支付服务，从而达到服务改造的目的。

当然，本示例比较简单，一个模块中只有少量的几个方法。在真实项目中，如果一个模块中的方法较多时，也可以考虑先在新的服务中实现其中一部分的功能，适配器只提供这一部分功能的接口集成，然后逐步增加新服务的功能接口，从而将模块中的方法全部替换。当然，既然是远程调用，一定要做好契约测试（详见第 4 章）。

当整个系统改造完成后，原系统的职责可能近似于 API 网关或 BFF 的职责（关于 API 网关或 BFF 的详细介绍可参见第 5～6 章），分块重构法适配层示意图如图 12.7 所示。

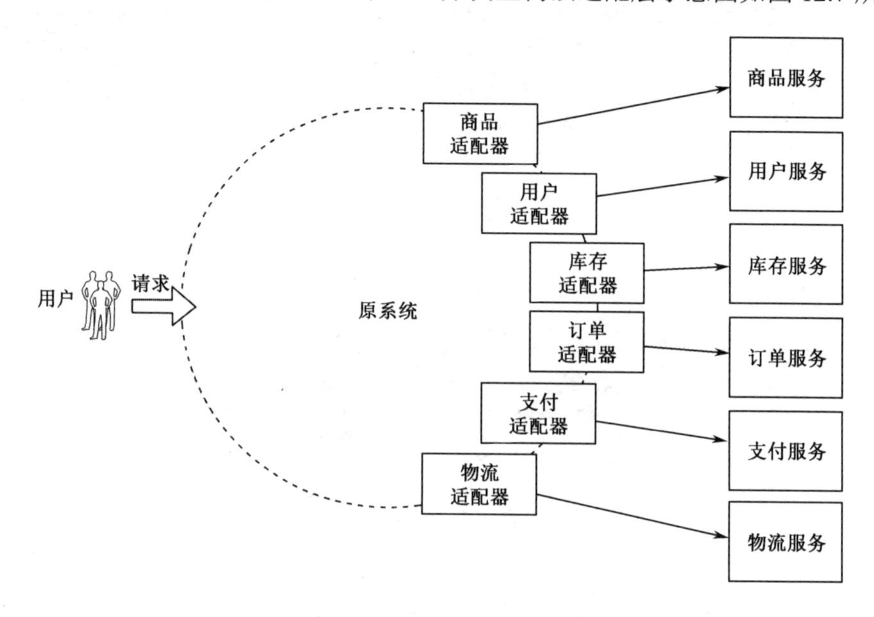

图 12.7　分块重构法适配层示意图

不难看出，分块重构法比较适合系统本身体量适中、逻辑边界较为清晰的系统。在改造过程中受限较小，可以根据实际情况调节改造的力度，通过适配器的方式小步重构系统，而且可以快速验证，不一定要等到全部的重构完成才能与原系统集成，哪怕只有一个接口，都可以根据实际情况与系统先进行集成和调试。

12.4　代理隔离法

如果说分块重构可以处理大部分结构较为清晰的系统进行微服务转型，那么面对那些结构混乱、边界模糊的系统，我们又该如何进行微服务转型呢？

代理隔离法就是我们在面对一些结构混乱、难以下手的系统时的另一选择。与分块重构法的思路完全相反，分块重构法（图 12.7）在保留原系统的同时，在系统的右侧建立一个适配器层，适配器层负责与新的微服务对接，逐步替换原有系统的功能实现，而代理隔离法的思想是要在系统的左侧建立代理层，也就是在用户和原系统中间建立一个个代理，从而逐步替代原有系统的功能。

还是以商城系统为例，假设我们已经完成了微服务的领域设计，同样还是先重构支付系统，然后创建一个支付服务，由于原系统的结构过于混乱，很难改造。因此我们直接抛弃原有系统的支付模块，在系统的外围创建一个支付的代理服务，代理的作用与适配器不同，适配器用于替换支付的方法实现，而代理用于替换用户的调用接口，支付代理示意图如图 12.8 所示。

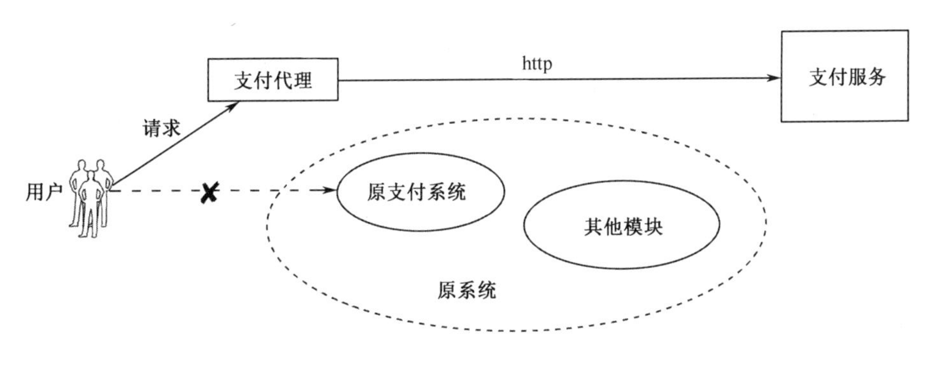

图 12.8　支付代理示意图

在图 12.8 中，只要是与支付有关的接口，都不再调用原支付系统的接口，而是改为调用支付代理，由支付代理调用新的支付服务。不过，图 12.8 中还是会有一个问题，那就是原系统中还有其他模块存在，用户或前端客户端无法知道什么时候应该调用代理，什么时候应该调用原系统。所以，在用户和支付代理之间，还需要 API 网关帮助我们进行接口的路由，API 网关+支付代理示意图如图 12.9 所示。

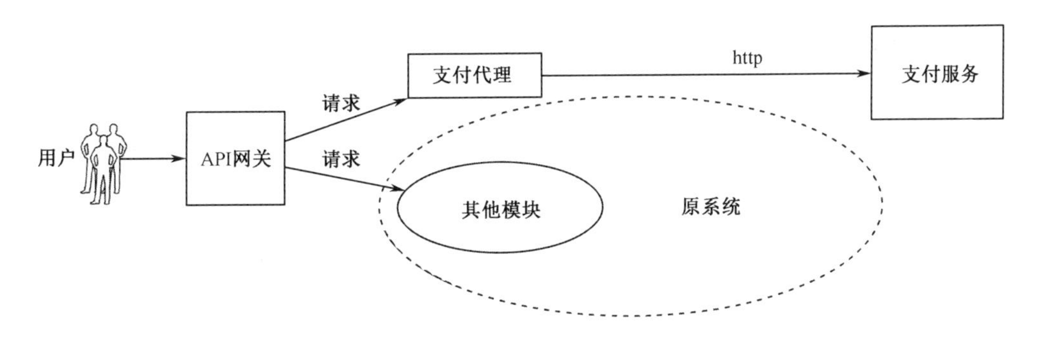

图 12.9　API 网关 + 支付代理示意图

在图 12.9 中，由 API 网关来控制接口的路由，支付代理将完全隔离原系统的支付实现，随着代理和服务的逐步完善，系统也将完全改造完成，而原系统中可能存在一些不属于领域模型应该有的职责，如一些前端的交互逻辑，也可以交由代理服务所负责，从而完全替换原系统的功能，代理隔离法代理层示意图如图 12.10 所示。

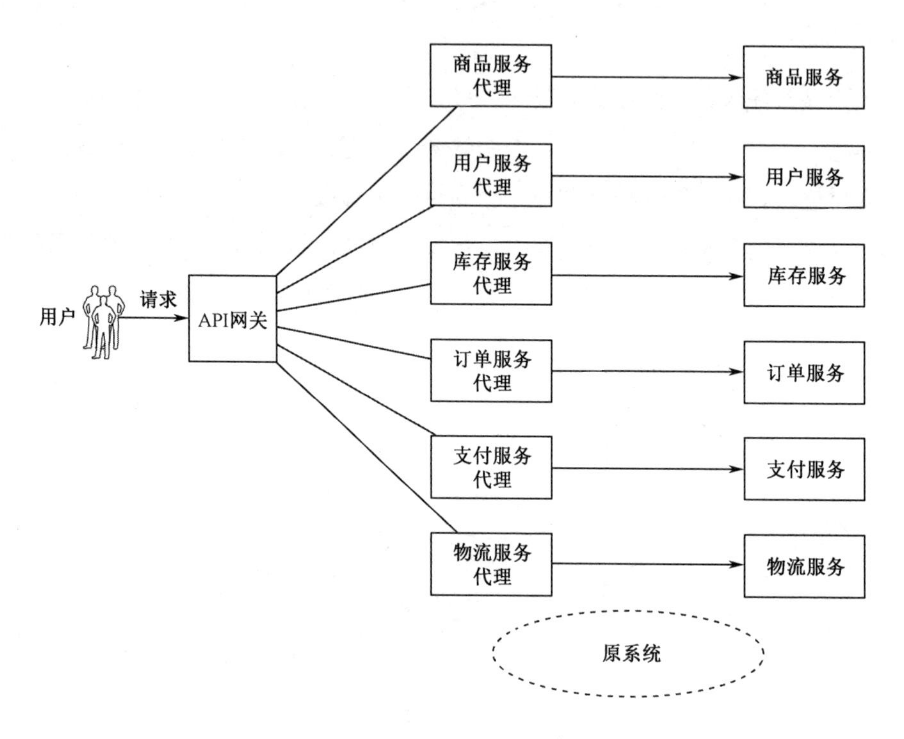

图 12.10　代理隔离法代理层示意图

需要注意的是，在使用代理隔离法时，一定要做好接口测试或契约测试，这样才能更好地保护功能的正确性。

12.5　转型不是一蹴而就的

介绍了这么多，不难发现，无论是领域识别，还是微服务的改造方法，微服务的转型绝对不是一蹴而就的事情。

虽然我们可以通过适配器或代理的方式快速地集成和验证新服务的正确性，但快速意味着小步，在微服务转型中，我们甚至可以小步到一次改造只完成一个接口或方法。因为重构从来都不是目的，而是为了更好的系统质量和维护体验，所以系统质量（如稳定性、正确性等）肯定是重构首先要保证的事情。

在面对传统系统微服务转型时，我们需要面对的系统往往已经开发了很多年，换过很多团队，会有很多“坑”，甚至一行测试都没有，而且在转型过程中，开发者除了要面对技术复杂度的问题，还可能要应付来自各业务方或管理层的压力，站在业务方或项目领导的角度而言，他们一定不会关心微服务转型对于技术或维护工作方面的便利，可能他们也无法理解微服务的快速响应力所带来的业务价值，每次的技术转型，他们更关心的是完成时间和质量风险的问题。因为开发正在占用本来可以支撑业务的时间来做重构，而重构会有出现问题的风险，所以技术人员需要调整好心态，不要有抵触情绪，应该积极与各方沟通，站在各方的角度去阐述微服务能为他们带来的价值，从而获得各方的信任和支持。

然后按照计划，该加测试的就一定要加测试，该重新划分边界的就重新划分边界，就算有各种压力也不要急于求成。既然可以分步实现，那么就慢慢来，保证每步的质量，不然新的转型只会被下一个转型所诟病。